JN107136

マイコン活用シリーズ

H8/Tinyマイコン
完璧マニュアル

The complete guide to H8/Tiny microcomputer

島田義人 編著

H8/3694Fをベースにプログラミングの基礎から
応用テクニックまでを完全マスタ

CQ出版社

まえがき

　電子機器を制御するうえで，マイコンはなくてはならない部品です．世の中で使われているマイコンは多くの種類があり，使われかたもさまざまです．マイコンを使っていくには，プログラムのしかたや，接続するハードウェアの制御方法などの知識が必要となってきます．

　本書は，トランジスタ技術2004年4月号および5月号の特集に掲載された記事を修正し加筆してまとめたものです．4月号にはH8/3694Fマイコンが搭載された基板が付録として付きました．サンハヤト(株)，(株)村田製作所，(株)ルネサス テクノロジのご協力により実現したものです．

　さて，H8/3694Fマイコンは，H8マイコンのTinyシリーズに属するマイコンで，H8マイコンの中でも小規模版でありながら，タイマ，WDT，SCI，I^2Cバス，A-Dコンバータ，汎用I/Oポートといった便利な周辺回路がたくさん内蔵されています．本書では，このH8マイコン基板を動かしながら，プログラミングの基礎からマイコンの応用テクニックまでをマスタします．

　第1章では，そもそもマイコンとはいったい何なのか，マイコンを使うとどんなことができるようになるのかを解説しています．第2章では，マイコンを動かすプログラミング言語の基礎知識を説明した後，マイコンの開発環境を整えます．現在，H8マイコンの開発環境はよく整備されており，ルネサス テクノロジが提供している統合開発環境(HEW)をはじめとする開発ツールを収録したCD-ROMを付けました．
　第3章～第6章では，まずLEDを点滅させるシンプルなプログラムを開発し，そのプログラムがマイコン内部でどのように動作するのかを理解します．第7章～第10章では，ファン・コントローラの製作を例にとって，周辺回路を作りながらハードウェアを制御する力を少しずつ養っていきます．製作編では，付録マイコン基板を使って各種の応用回路を製作し，H8マイコンの機能を使いこなすテクニックを解説します．最後に解説編では，主にこれまで解説しきれなかった周辺モジュール機能を取り上げ，H8/3694Fマイコンをより使いこなしていただけるよう加筆しました．これを機会に1人でも多くの読者が，マイコンを使った電子機器設計に興味をもっていただけたらと思っています．

　末筆ながら，マイコン特集の執筆にあたり，貴重なサンプル基板をご提供下さったサンハヤト(株) 武田洋一氏，またプログラム作成にあたり，多大なご教示を賜りました(株)ルネサス ソリューションズ 半導体トレーニングセンター 鹿取祐二氏，また本書編著の機会を賜りサポートして下さったCQ出版(株) トランジスタ技術編集部 寺前裕司氏，最後に本書編著にあたり記事掲載にご承諾下さった各筆者殿に厚く謝意を申し上げます．

2005年1月　編著者　島田義人

CONTENTS

CONTENTS

CONTENTS

CONTENTS

CONTENTS

CONTENTS

H8/3694F と H8 マイコン基板について

北野 優

　写真1は，トランジスタ技術2004年4月号の付録として提供されたH8マイコン基板MB-H8の全容です．42×37.6 mmの片面基板の中央部にあるのは，16ビット・マイコンH8/3694F（ルネサス テクノロジ）です．H8/3694Fはシリーズ名で，H8/3694のフラッシュROMタイプという意味です．固有型名はHD64F3694 FXです．

　図1にH8マイコン基板MB-H8の回路図を，**表1**と**表2**に端子機能と主な仕様を示します．現在，MB-H8の互換品としてサンハヤト（株）からMB-H8AとMB-H8A-Pが販売されています（**写真2**．2004年10月時点）．したがって，本書では，MB-H8，MB-H8A，MB-H8A-Pをまとめて「H8マイコン基板」と表記します．また，16ビット・マイコンH8/3694Fを単にH8マイコンと表記している場合もあります．

　トランジスタ技術2004年4月号では，H8/3694Fのプログラム開発ソフトウェアとして統合開発環境HEW3を使いました．本書では，H8/Tinyマイコンの統合開発環境であるHEW2無償版を使います．HEW2無償版やプログラム・ソース類，そしてそれらのインストール方法などは付属CD-ROMに収録さ

写真1　H8マイコン基板 MB-H8 の外観

れています.

　本書では，H8マイコン基板と付属CD-ROMに収録した開発ソフトウェアを実際に動かしながら，マイコンの使いかたの基礎と応用製作例などをじっくり解説します.

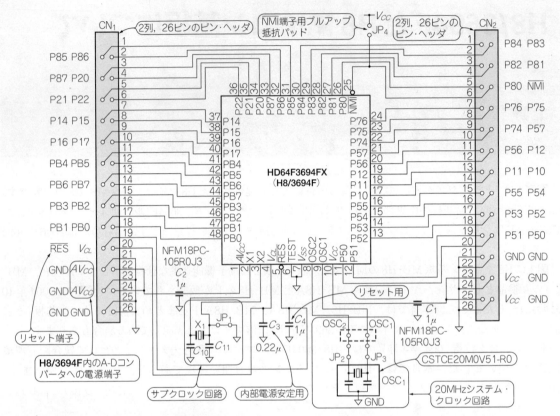

図1　H8マイコン基板 MB-H8 の全回路図

表2　H8マイコン基板 MB-H8 の主な仕様

項　目		仕　様
電気的仕様	電源	DC5 V単一
	システム・クロック	20 MHz セラロック
入出力	I/O	H8/3694F のすべての外部 I/O を開放
	オプション機能	サブクロック水晶発振子実装用のプリント・パターン. 外部クロック接続用のプリント・パターン. NMI端子プルアップ抵抗実装用のプリント・パターン
その他	電源デカップリング	電源デカップリング用の3端子セラミック・コンデンサ(1μF)をV_{CC}端子とAV_{CC}端子に実装ずみ. V_{CL}端子にセラミック・コンデンサ(0.22 μF)を実装ずみ
	リセット	リセット時定数用コンデンサ実装ずみ
	ランド・ホール	すべて 2.54 mm ピッチ・グリッド上に配置
	外形	42 × 37.6 mm

表1 H8マイコン基板MB-H8の端子機能

端子番号	信号名	説　明
1	P85	汎用入出力ポート．E7エミュレータ接続にも使う
2	P86	汎用入出力ポート．E7エミュレータ接続にも使う
3	P87	汎用入出力ポート．E7エミュレータ接続にも使う
4	P20/SCK3	汎用入出力ポート．SCI端子兼用
5	P21/RXD	汎用入出力ポート．SCI端子兼用
6	P22/TXD	汎用入出力ポート．SCI端子兼用
7	P14/$\overline{\text{IRQ0}}$	汎用入出力ポート．割り込み入力端子兼用
8	P15/$\overline{\text{IRQ1}}$	汎用入出力ポート．割り込み入力端子兼用
9	P16/$\overline{\text{IRQ2}}$	汎用入出力ポート．割り込み入力端子兼用
10	P17/$\overline{\text{IRQ3}}$/TRGV	汎用入出力ポート．割り込み入力端子．タイマV兼用
11	PB4/AN4	汎用入力ポート．A-Dコンバータ入力兼用
12	PB5/AN5	汎用入力ポート．A-Dコンバータ入力兼用
13	PB6/AN6	汎用入力ポート．A-Dコンバータ入力兼用
14	PB7/AN7	汎用入力ポート．A-Dコンバータ入力兼用
15	PB3/AN3	汎用入力ポート．A-Dコンバータ入力兼用
16	PB2/AN2	汎用入力ポート．A-Dコンバータ入力兼用
17	PB1/AN1	汎用入力ポート．A-Dコンバータ入力兼用
18	PB0/AN0	汎用入力ポート．A-Dコンバータ入力兼用
19	$\overline{\text{RES}}$	リセット端子
20	V_{CL}	内部電源引き出し端子．5Vで使用するときは未接続でよい
21	GND	GND端子
22	AV_{CC}	A-Dコンバータ用電源端子
23	GND	GND端子
24	AV_{CC}	A-Dコンバータ用電源端子
25	GND	GND端子
26	GND	GND端子

（a）CN₁

端子番号	信号名	説　明
1	P84/FTIOD	汎用入出力ポート．タイマW端子兼用
2	P83/FTIOC	汎用入出力ポート．タイマW端子兼用
3	P82/FTIOB	汎用入出力ポート．タイマW端子兼用
4	P81/FTIOA	汎用入出力ポート．タイマW端子兼用
5	P80/FTCI	汎用入出力ポート．タイマW端子兼用
6	$\overline{\text{NMI}}$	NMI入力．E7エミュレータも使う
7	P76/TMOV	汎用入出力ポート．タイマV端子兼用
8	P75/TMICV	汎用入出力ポート．タイマV端子兼用
9	P74/TMRIV	汎用入出力ポート．タイマV端子兼用
10	P57/SCL	汎用入出力ポート．I²C端子兼用
11	P56/SDA	汎用入出力ポート．I²C端子兼用
12	P12	汎用入出力ポート
13	P11	汎用入出力ポート
14	P10/TMOW	汎用入出力ポート
15	P55/$\overline{\text{WKP5}}$/$\overline{\text{ADTRG}}$	汎用入出力ポート．割り込み入力端子．A-Dトリガ入力兼用
16	P54/$\overline{\text{WKP4}}$	汎用入出力ポート．割り込み入力端子兼用
17	P53/$\overline{\text{WKP3}}$	汎用入出力ポート．割り込み入力端子兼用
18	P52/$\overline{\text{WKP2}}$	汎用入出力ポート．割り込み入力端子兼用
19	P51/$\overline{\text{WKP1}}$	汎用入出力ポート．割り込み入力端子兼用
20	P50/$\overline{\text{WKP0}}$	汎用入出力ポート．割り込み入力端子兼用
21	GND	GND端子
22	GND	GND端子
23	V_{CC}	5V電源入力端子
24	GND	GND端子
25	V_{CC}	5V電源入力端子
26	GND	GND端子

（b）CN₂

（a）MB-H8Aパッケージの外観

（b）MB-H8A-P基板の外観

写真2 「H8マイコン基板」MB-H8AとMB-H8A-P．どちらもサンハヤト（株）から入手できる
サンハヤト（株）：Tel（03）3984-7791，URL http://www.sunhayato.co.jp/

写真3　トランス整流型ACアダプタの外観
(非安定出力，9 V，200 mA)

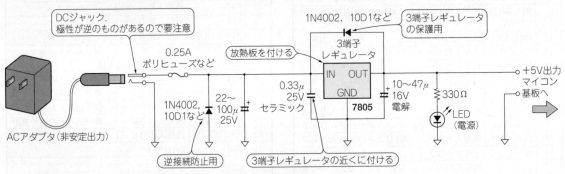

図2　非安定化タイプのACアダプタ(写真3)に対応した電源回路例

<hr>

H8マイコン基板の使いかた

● ＋5 Vを供給する

　H8マイコン基板は＋5 Vの単一電源で動作します．H8/3694Fは3 Vでも動作しますが，実装済みのセラロックの発振周波数20 MHzで確実に動作させるには，4 V〜5.5 Vを供給する必要があります．

　手軽に安定した5 V出力が得られるスイッチング電源型のACアダプタが便利でしょう．非安定化タイプ(**写真3**)を使う場合は，**図2**に示すような電源回路を製作する必要があります．H8マイコン基板では，H8/3694Fの V_{CC}，AV_{CC}，V_{CL} の各端子がそれぞれ独立して引き出されています．通常，V_{CC} と AV_{CC} はH8マイコン基板の外部で接続して，＋5 Vを供給します．V_{CC} と AV_{CC} には3端子セラミック・コンデンサが実装済みです．3端子セラミック・コンデンサの役目は，電源ラインから入ってくる高周波ノイズを遮断し，マイコンの誤動作を防止するために付けてあります．H8/3694Fには，内部ロジックに電源を供給する降圧回路が内蔵されており，その出力が V_{CL} 端子に引き出されています．

● クロック発振回路

▶ メイン・クロック源は実装済み

　H8マイコン基板には，20 MHzの負荷容量内蔵型セラミック発振子が搭載されています．周波数を変更したい場合は，**写真4**のようにショート・パッド JP_2 と JP_3 をカットして OSC_1 からクロック信号を注入します．

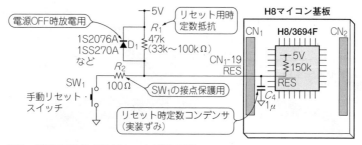

図3 確実に動作するリセット回路の例

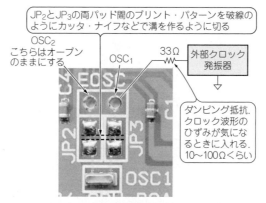

写真4 外部クロック信号源を利用するときの改造法

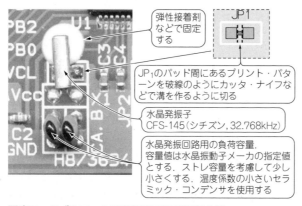

写真5 サブクロック用発振子の取り付け方法

▶ 時計用の32.768 kHzサブクロックを追加するには

H8/3694Fは，サブクロック用発振回路を内蔵しており，時計用の32.768 kHz水晶発振子を接続することができます．

H8マイコン基板では，サブクロック発振器を使わない設定になっています．使う場合は，**写真5**のようにショート・パッドJP₁をカットして，X₁に水晶発振子，C_{11}とC_{10}に発振子メーカ指定の負荷容量を実装します．負荷容量は，ストレ容量を考慮して指定値より少し小さく調整する必要があるかもしれません．

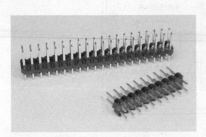

写真6　ピン・ヘッダの外観

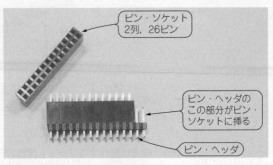

写真7　ピン・ソケットの外観

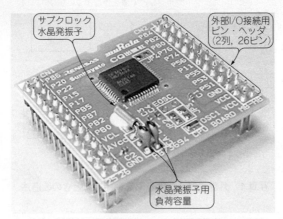

写真8　H8マイコン基板にオプション部品を取り付けたところ

● **リセット信号の供給**

　リセット信号は，マイコン内の論理回路を規定されている初期状態に移行させ，プログラムを最初からスタートさせる信号です．電源投入直後など，状態が不確定な場合に入力します．

　H8/3694Fは，$\overline{\text{RES}}$端子に "L" を入力するとリセットされます．実験的にはH8マイコン基板に実装されている C_4（1μF）と，H8/3694Fに内蔵された充電用プルアップ抵抗（150 kΩ）だけでリセットできます．確実にリセットするためには，**図3**のようなリセット回路を作成するとよいでしょう．"L" 時間は100 ms強です．ACアダプタのように電源の立ち上がりが遅いと "L" 時間が短くなりますが，問題なく動作します．また，付属のセラロックに対しての適値でもあります．

● **ピン・ヘッダを付けてユニバーサル基板と接続する**

　H8マイコン基板には，**写真6**に示すピン・ヘッダを取り付けてから利用するとよいでしょう（ただし，MB-H8A-Pにはピン・ヘッダが実装済み）．

　ユニバーサル基板側には，**写真7**に示すピン・ソケットを取り付けて，ここにH8マイコン基板を挿します．ピン・ヘッダとピン・ソケットは，2列タイプの26ピンのものを購入します．**写真8**はH8マイコン基板にオプション部品を取り付けた例です．

マイコンっていったい何だろう？

お話「マイコン」入門

大中 邦彦

基礎編では，H8マイコン基板を使いながら，マイコンのプログラム開発と基本機能について解説していきます．

第1章では，そもそもマイコンとはいったい何なのか，マイコンを使うとどんなことができるようになるのかについて解説します．

1-1 「マイコン」って何だ？

■ マイコンは「小さな」計算機

「マイコン」とはマイクロコンピュータ（Microcomputer）の略で，「小さい計算機」という意味です．しかし，マイコンの厳密な定義というものはありません．そもそも「小さい」というのは相対的な表現ですし，何と比べて小さいのかといった明確な基準はありません．

実際，マイコンという単語が指す対象は時代とともに変化しています．しかし，筆者の経験から現在のマイコンという言葉について説明するなら，

> パソコンなどの汎用的な計算機から機能をできるだけ削ることによって，特定の機能に特化して小型化した電子計算機（コンピュータ）である

といえます．

なお，マイコンのことを英語で表現する場合，Microcontrollerという場合も多く見られます．これはマイコンが計算をする（Compute）用途よりも，制御する（Control）用途に多く使われるからではないかと思います．

■ コンピュータを構成するもの

マイコンがどんなものかを説明する前に，そもそも電子計算機，つまりコンピュータにはどのような機能があるか考えてみましょう．コンピュータの例として，パソコンを見てみましょう．パソコンは，**写真 1-1**のようにたくさんの部品で構成されています．主なものは，

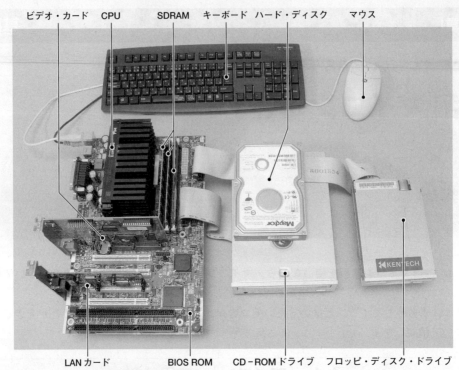

ビデオ・カード　CPU　　SDRAM　キーボード　ハード・ディスク　マウス

LAN カード　　BIOS ROM　　CD–ROM ドライブ　フロッピ・ディスク・ドライブ

写真1-1　パソコンを構成する主な部品
写真のように，パソコンはさまざまな部品で構成されている

- CPU
- RAM
- ROM（不揮発性メモリ）
- 出力装置（ディスプレイやスピーカなど）
- 入力装置（キーボードやマウス，マイクなど）
- 通信装置（LANなどのように，ほかの機器と情報を交換するためのもの）
- 外部記憶装置（ハード・ディスクなど，書き換え可能で電源を切っても情報が消えない装置）

くらいでしょう．実際には，もっといろいろな部品で構成されています．

■ 用途に応じて不要な機能を削ったコンピュータ

　さて，これらの部品はパソコンを構成するパーツとしてはどれも重要なものですが，実は「コンピュータ」として成立するには，必ずしもすべての部品が必要とは限りません．用途に応じて必要のない機能をできるだけ削って，コンパクトかつ低コストにしたものがあると便利です．それを私たちは「マイコン」と呼んでいます．

　では，コンピュータに最低限必要な機能とはいったい何でしょうか．それを理解するために，そもそも現在のコンピュータがどうしてこのような形になっているか，簡単にその成り立ちを追ってみましょう．

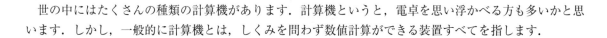
　世の中にはたくさんの種類の計算機があります．計算機というと，電卓を思い浮かべる方も多いかと思います．しかし，一般的に計算機とは，しくみを問わず数値計算ができる装置すべてを指します．

■ 電気を使わない計算機

　今ではほとんど使われていませんが，歴史をさかのぼれば，電気を使わない機械式の計算機もありました．身近なものでは，そろばんもその一種と言えるでしょう．

● 歯車じかけで動くタイガー計算器

　もう少し機械らしい計算機としては，1923年（大正12年）に大本寅治郎という人が商品として完成させた，**写真1-2**の虎印計算器というものがあります．これは後にタイガー計算器（**写真1-3**）という名前で販売された計算機で，機械式とはいえ，数字は1，2，3という見慣れたアラビア数字で表示され，10桁までの加算，減算を連続して行うことができたそうです．

　「連続して」というのは，前回の計算結果を次の計算に使えるという意味です．乗算，除算はこの機能を使って，加算や減算を反復して行うことで実現していました．

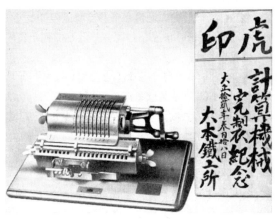

写真1-2　大正12年に発売された虎印計算器［写真提供：㈱タイガー］

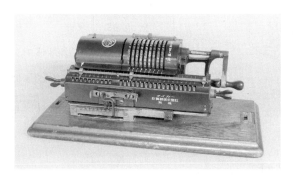

写真1-3　昭和6年に発売されたタイガー計算器の実物［資材提供：㈱タイガー］

■ 現代の電子計算機

　さて，タイガー計算器のような機械式の計算機と，現在使われている電卓は何が違うのでしょうか．もちろん，「電気じかけか機械じかけか」というのがもっとも目立つ部分ではありますが，両者にはその機能において決定的な違いがあります．

　その違いを簡単にいえば「計算の手順（アルゴリズム）にしたがって自動的に計算できるかどうか」です．

● 計算の手順にしたがって自動的に計算する

　乗算を例に説明しましょう．乗算は加算の繰り返しで答えを求められます．たとえば，1234×100という計算なら，1234に1234を99回繰り返し加算すれば答えが求まります．この「99回繰り返す」という処理が乗算のアルゴリズムになります．

　タイガー計算器では，その繰り返し処理を人間が行う必要がありました．しかし，電卓やパソコンといった現代の電子式計算機は，そのアルゴリズムをあらかじめプログラムしておけば，繰り返し処理まで自動的に行ってくれます．したがって，人間が「乗算をしろ」という命令（×ボタンを押す）を出すだけで，自動的に答えが得られます．

●「紙」を手に入れた計算機

　先ほどの例で紹介した繰り返し処理は，モータやエンジンを使えば機械式の計算機でも実現不可能ではないでしょう．しかしもう1点，機械式の計算機にはまねのできない，電子計算機のメリットがあります．それは「メモリ」です．

　メモリは，計算した結果などの数値を一時的に記憶しておく装置のことです．これは人間が計算を行う場合でいえば「紙」に相当します．紙は白紙の状態ならばメモとして使えますし，また，よく使う数値や計算式などをあらかじめ印刷しておけます．

　図1-1を見てください．2384×685という計算をしようとしています．筆者は暗算では計算できませんが，紙を使えば筆算で計算できます．筆算を使えば多桁の乗算を分解し，九九の範囲の乗算と多桁の加算だけで計算できます．もっと複雑な計算であっても，紙があれば少しずつ計算していくことで正しく解けます．逆にいえば，メモを取るための紙がないということは，解く人に非常に厳しい制限を与えることになります．

● メモリがあれば複雑な計算も自動で行える

　図1-2に，機械式計算機と電子計算機の比較を書きました．機械式計算機にはメモリに相当するものがありませんので，代わりに人間が紙にメモをとります．それに対して電子計算機は，演算回路が直接メモ

図1-1　計算に紙を使えるメリット
暗算では多桁の計算は難しいが，紙を使って筆算をすれば簡単に計算できる．この紙が計算機のメモリに相当する

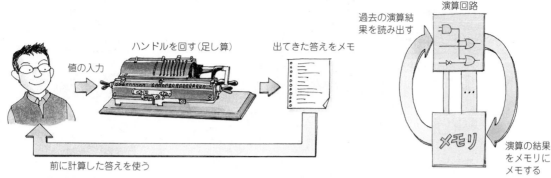

図1-2　機械式計算機と電子計算機の比較
機械式計算機の場合は，出てきた答えを一つ一つ人間がメモして繰り返し計算する．電子計算機の場合はメモリを使って，この作業を全自動で行う

リとやりとりして結果を書き込んだり，読み出したりします．ここに人間が介在する必要はありません．

　メモリというものがあることで，複雑な計算であっても全自動で計算できるのです．

● メモリに処理の手順を記述する

　メモリは，メモを取る以外にも有効な使い道があります．それが「処理の手順を記述する」という使い道です．これが「プログラム」です．

　プログラムをメモリに書いておくということは，人間の計算に例えれば「円周の長さは直径×円周率である」といったように，計算のしかたや公式などを紙に書いておくことに相当します．人に計算をお願いするときに，計算のしかたまで全部紙に書いておけばあとは「これお願い！」というだけで仕事を頼めます．そして，書いてある手順を書き換えれば，違う仕事をお願いすることもできます．

　コンピュータのプログラムも同じです．複雑な計算であっても，それを簡単な計算の組み合わせに書き換えられれば，コンピュータに「これお願い！」と頼むことができます．そしてプログラムを書き換えれば，同じコンピュータに前と違う計算を頼めるのです．

● 人間よりも速く正確に計算する

　たとえば，「問題が難しすぎて，簡単な計算の組み合わせに置き換えられない，ということはないの？」といった疑問をもたれる方もいるでしょう．詳しくは説明しませんが，もちろんそういったこともあり得ます．しかし，人間ができる計算であれば，ほとんどのことはコンピュータに解かせることができます．しかも人間よりも速く，正確にです．

1-3　コンピュータの構造

　ここまでの話は少し抽象的な表現になってしまったので，もう少し具体的なお話をしましょう．

　図1-3にコンピュータの全体的な構造を示します．

■ コンピュータの心臓部…CPU

　コンピュータの中心には演算器があります．CPUと言ったほうがなじみがあるでしょう．CPUとはCentral Processing Unitの略で，「コンピュータの中心にある演算器」という意味です．これ以降は演算器のことをCPUと呼びます．

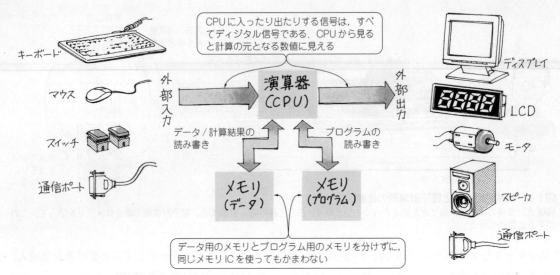

キーボード

マウス

スイッチ

通信ポート

> CPUに入ったり出たりする信号は，すべてディジタル信号である．CPUから見ると計算の元となる数値に見える

外部入力

演算器
(CPU)

外部出力

データ/計算結果の
読み書き

プログラムの
読み書き

メモリ
(データ)

メモリ
(プログラム)

> データ用のメモリとプログラム用のメモリを分けずに，同じメモリICを使ってもかまわない

ディスプレイ

LCD

モータ

スピーカ

通信ポート

図1-3　コンピュータの構造
演算器を中心に，外部入力装置，外部出力装置，メモリが接続される．データ用メモリとプログラム用メモリは分けなくてもよい

■ データの記憶領域…メモリ

　CPUにはメモリが接続されています．「CPU＋メモリ」という組み合わせは，「人間＋紙」という組み合わせに似ています．紙がたくさんあったほうが計算がしやすいのと同様に，CPUもできるだけ多くのメモリがあるほうが処理しやすくなります．ただし，メモリが増えるとコストがかかりますし，それに消費電力が増えるというデメリットがあることを覚えておきましょう．

　メモリは，真っ白な紙というよりも，方眼紙のようなマス目がある紙にたとえたほうがよいかもしれません．どこに何を書いたかがわからなくなってしまうと困るので，マス目には番号が振ってあります．それを「アドレス」といいます．アドレスは住所と同じように数値で表現され，たとえば「メモリの100番地に結果を書き込む」といったように「番地」を付けて呼びます．

■ CPUにデータを入出力する…I/Oコントローラ

　残りは入出力機器です．入出力ができないと，人間からの指示を受け付けたり，または計算した結果を返すことができません．入出力機器はいろいろなものがありますが，CPUはそれらすべての機器のことを知っているわけではありません．では，どのようなしかけで，それらの装置をCPUに接続しているのでしょうか．

● CPUにデータを入力する

　まずは，CPUにデータを入力する方法を考えてみましょう．CPUはメモリ上にあるデータに対して計算を行い，結果をまたメモリ上に書き込む装置でした．たとえばメモリ中の，ある場所に書かれた数値を読んで，その2倍の値を計算してメモリに書き込むといったぐあいです．

　ここで，メモリ上に書かれた値ではなく，数字の書かれたスイッチがあり，押された番号の2倍の値を計算したいとしたらどうでしょう．そのためには「CPUから見ると，スイッチがあたかもメモリであるかのように見える変換装置」があればよいのです．

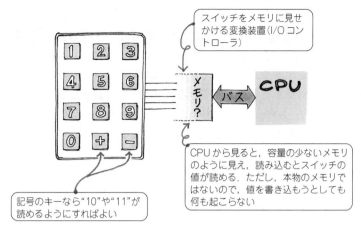

スイッチをメモリに見せかける変換装置（I/Oコントローラ）

記号のキーなら"10"や"11"が読めるようにすればよい

CPUから見ると，容量の少ないメモリのように見え，読み込むとスイッチの値が読める．ただし，本物のメモリではないので，値を書き込もうとしても何も起こらない

図1-4　I/Oコントローラは外部装置をメモリとして見せる
CPUから見れば，外部装置はすべてメモリに見えるため，値を読み込めばスイッチの状態がわかる

　図1-4を見てください．この変換装置をCPUに接続すると，CPUはメモリを読んだつもりなのに，実際には押されているスイッチの値を読み込むことになります．このような動作をする装置をI/Oコントローラと呼びます．

● **CPUからのデータを出力する**

　もうおわかりかと思いますが，データを出力する場合も同じです．CPUから見ると，メモリと同じように見えるI/Oコントローラを用意します．CPUがそこに値を書き込むと，実際にはその値が画面に表示されたり，またはスピーカが駆動されて音が出たり，モータが回ったりするのです．

　なお，CPUの中にはメモリとI/Oを区別して扱うものもありますが，基本的なしくみは同じです．

■ コンピュータの「バス」

　メモリそのものや，メモリに見立てたI/OコントローラをCPUに接続するラインを「バス」と呼びます．バスは乗り合い自動車のバスと同じ意味で，さまざまなデータがそこを共有するところから，そう呼ばれています．

● **バスには決まり事がある**

　自動車のバスには各路線ごとに乗りかた，たとえば「前乗りでどこまで乗っても200円」というようなルールが決まっています．コンピュータのバスにもそのような決まり事があります．

　その決まりとは，たとえばCPUと装置を接続する物理的な配線や，データをやり取りする手順，その上を流れる電気信号の特性などです．そのルールを守ることができれば，どんなものでもCPUに接続できます．

● **バスに接続される機器はアドレスで区別される**

　バスは複数の機器で共有されますが，バスを共有している複数の機器はアドレスで区別されます．たとえば，1001番地にはI/OコントローラＡがあり，1002番地にはI/OコントローラＢがあるといったぐあいです．CPUからは，これらの機器は異なる番地に存在するように見えるため，アクセスするアドレスで機器を使い分けることができます．

　コンピュータは単純な計算をすることができ，与えられた指示（プログラム）に従って単純な計算を繰り返すことで，結果的に複雑な計算を行うことができる装置だという話をしました．しかし，コンピュータは円周率を100万桁計算したり，方程式を解いたりといった，ただの計算だけをするものではありません．

　コンピュータは単なる計算装置としてではない，もっとおもしろい，さまざまな使いかたがあります．

■ 「制御」するコンピュータ

　みなさんの身の回りのコンピュータというと，やはりパソコンが真っ先に思い浮かぶと思います．しかし身の回りでは，気づかないところでもたくさんのコンピュータが使われています．

● ごはんを炊くコンピュータ

　電子炊飯器を例にとってみましょう．昔は炊飯器というとサーモ・スタットを使った簡単なものでしたが，今どきの炊飯器は炊き始める時間をタイマでセットできるくらいは朝飯前で，炊き上がり加減を選んだり，お急ぎモードでいつもより早く炊けるようにしたりといったことまでできます．

　よく，ごはんのおいしい炊きかたとして「はじめちょろちょろ中ぱっぱ，赤子泣いても蓋とるな」などといいます．そのように，ごはんをおいしく炊くためには火加減の微妙な制御が必要になります．そういった細かな制御ができるようになったのは，炊飯器の中にコンピュータが組み込まれたためです．

● 炊飯器の中のCPUは何をしているのか

　図1-5にマイコン制御の電子炊飯器のイメージを描いてみました．

　CPUは電子炊飯器の中に入っていて，釜の温度や時間など，さまざまな状況を観察しています．「観察

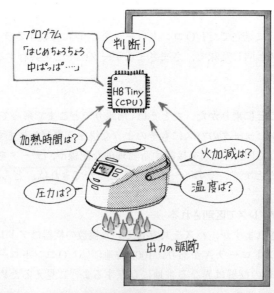

図1-5　マイコン制御の炊飯器はごはんを炊くコンピュータだ！
釜の温度や圧力，今の火加減や加熱時間から計算して，「はじめちょろちょろ中ぱっぱ」を実現する

をする」というのは，つまり釜の温度などを数値に変換するI/Oコントローラがあり，それを定期的に読み込むことで状態を調べることを意味しています．

また，CPUは状況に応じて火加減を調整します．火加減の調整にも同様にI/Oコントローラが必要です．つまり，大きな値を書き込むと釜の温度が高くなるようなI/Oコントローラがあるわけです．

● 計算結果で物を動かす

コンピュータと炊飯器というものは，一見すると全然関係のないもののように見えます．しかし，I/Oコントローラによって自然界のさまざまなデータを数値として取り込んだり，モータやヒータを動かすことによって「計算してごはんを炊く」ことができるのです．

さて，電卓に入っているCPUと炊飯器に入っているCPUは，どちらも「計算する」という点では同じです．もちろん程度の差こそあれ，I/Oコントローラが付いているので，どちらもコンピュータと言えるでしょう．電卓と炊飯器の決定的な違いは，「計算結果そのものを人間に出力するか否か」です．電卓は計算結果を人間に見せますが，炊飯器は計算結果を熱量に変えて，釜の温度を制御します．このような用途に使われるのが一般的に言われる「マイコン」です．

1-5　マイコン用CPUの特徴

■ コンピュータに本当に必要な部品とは

● 最低限必要なものは？

今まで説明してきたように，CPUとメモリは複雑な計算や処理をするうえで欠かせないものです．メモリには2種類があり，書き換えが可能なRAM (Random Access Memory)と，書き換えられない代わりに電源を切っても内容が消えないROM (Read Only Memory)があります．

ROMは，コンピュータの電源がONになったとき，最初に実行するプログラムを書いておくために使われます．また，ある決まったデータなどを書いておくためにも使われます．なお，先ほど「書き換えられない」と述べましたが，これは「CPUが計算のために書き換えることができない」ということです．

CPUとROM/RAM以外には，入力装置や出力装置が必要です．場合によっては，通信装置や外部記憶装置が必要になるでしょう．これらはすべて，バスを通してCPUと接続される装置です．

また部品ではありませんが，OSやアプリケーションなどのソフトウェアも，パソコンを使ううえでは欠かせないものの一つです．

● パソコンだけがコンピュータじゃない

「パソコンを買って来たけどディスプレイがない」ということになったらパソコンが使えません．そういう意味では，ディスプレイはパソコンにとって必要不可欠な装置といえるでしょう．キーボードやマウスなどもないと困る装置です．しかし，コンピュータの用途によっては，それらの装置は必ずしも必要とは限りません．

炊飯器の例を思い出してみましょう．炊飯器にはキーボードもディスプレイも付いていません．その代わりに，いくつかのスイッチと小さな液晶パネルが付いています．場合によっては液晶パネルではなく，単に光るだけのLEDが付いている場合もあります．

マイコンは，パソコンと比べて外部の入出力装置を簡略化し，本当に必要な装置だけに限定したコンピュータです．したがって，マイコンにはCPUとメモリは必ず必要といってよいでしょう．逆に言えば，それ以外の装置は場合によっては不要なのです．

■ マイコン用CPUに求められるもの

　マイコン用のCPUには，パソコンに使われているPentium4やAthlonといった高性能なCPUも使えます．しかし，高性能なCPUは値段も高く，電気的な特性が厳しかったり，温度管理が難しいといったデメリットがあります．

　マイコンのCPUは，外部入出力装置と同じように，処理性能も必要最低限とすべきです．つまりマイコンでは「大は小を兼ねない」のです．

● 処理能力を抑えるだけでよいのか？

　マイコン用のCPUには，パソコンで使われているCPUのように高い処理能力は必要ありません．では，10年前のパソコンに使われていたような，古くて処理能力の低いCPUをそのまま使えばよいのでしょうか？答えはNoです．

　マイコンは，CPUとメモリだけで完成するわけではなく，さまざまな入出力機器と組み合わされて初めて目的の機能が達成されます．またマイコンは，安くてコンパクトであることが求められます．小さくできればできるほどコストも安くなりますし，装置に組み込んでも邪魔にならないので応用範囲が広がります．

　古いCPUは単に処理能力が低いだけではなく，半導体製造技術も古いのでチップ・サイズが大きく，動作するのに多くの電力を必要とします．

● 必要なものを一つにしてマイコンを小さくする

　マイコンを小さくするためには，単にCPUが小さければよいというわけではありません．それに接続するメモリやI/Oコントローラ，入出力装置といったものまで小さく構成する必要があります．古いCPUは，マイコンを構成するためにいろいろな部品を付ける必要があり，必然的に全体のサイズが大きくなってしまいます．

　そこでCPUにメモリやI/Oコントローラを内蔵してしまい，少ない部品点数でマイコンを実現できるものが生まれました．これを「ワンチップ・マイコン」と呼びます．組み込み向けCPUと呼ぶ場合もあります．最近では，ワンチップ・マイコンのことを，単に「マイコン」と呼ぶ場合も多いようです．

　H8マイコン基板に付いているH8/3694Fも，ワンチップ・マイコンの一つです．CPUの機能だけでなく，ROMやRAM，A-Dコンバータ（アナログをディジタルに変換），パラレル・ポート，シリアル・ポート，タイマといった，さまざまな周辺機能が一つのチップに集約されています．

　図1-6は，H8マイコン基板に付いているH8/3694Fの内部ブロック図です．コンピュータを構成するために必要なものが，一通りワンチップに集積されています．

　図の中央上段にある「CPU H8/300H」というブロックは「CPUコア」と呼ばれるもので，この部分がプログラムの実行を担っています．H8マイコンにはたくさんの種類がありますが，型番が違っても同じH8/300HというCPUコアをもつマイコンならば，基本的に同じ命令を解釈し実行できるといえます．

　CPUコアの下に描かれているのがROMとRAMで，CPUコアはこの部分に書かれたプログラムを実行します．ROMは電源を切っても内容が消えないメモリですが，H8/3694FではROMの部分がフラッシュROMになっていて外部から内容を書き換えることができます．

　それ以外のタイマやSCIといったものは，「ペリフェラル（周辺装置）」と呼ばれます．パソコンでいえば，PCIスロットなどに接続される拡張ボードに相当します．マイコンで実現できることの多くはこのペリフェラルの機能で決まってきます．したがって，同じCPUコアを使ったマイコンでもペリフェラルの構成が異なるだけで性格が大きく変わり，用途も異なってきます．使用するマイコンを選定するときは，

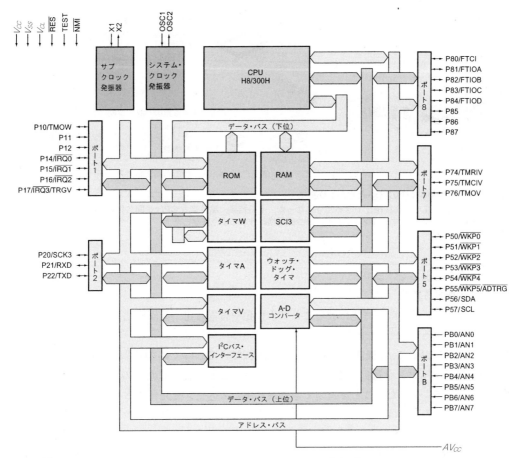

図1-6^(1)　H8 マイコン基板に実装されているマイコン H8/3694F の内部ブロック図
コンピュータに必要なものが一通りワンチップに収められている

CPUの処理性能だけでなく，ペリフェラルの構成にも十分注意しましょう．

　個々のペリフェラルの説明は後の章で詳しく行いますのでここでは省略します．内部の機能については，解説編の第23章を読んでください．

● 半導体の集積技術の進歩とマイコンの発展

　図1-7は，半導体の集積技術の進歩と，CPUの進化のようすです．半導体の集積技術が飛躍的に高まったおかげで，パソコン向けのCPUではより高速に動作するものを作れるようになりました．通常は半導体の集積度が上がれば上がるほど消費電力も小さくできるのですが，今日のパソコン向けCPUは非常に消費電力が大きくなっています．

　原因は，CPUを高速に動作させるために多くの回路を集積したことです．また，消費電力は動作周波数に比例する性質があるのですが，より高速に動作させるために高い周波数で動作させていることも原因の一つです．

　パソコン向けのCPUと違い，半導体の集積技術を別の方向に発展させ，性能を落とさずに低価格化，低消費電力化，高機能化を果たしたのがマイコンのCPUであるといえます．動作周波数は10 MHz～数十MHzと10年前のパソコンとあまり変わらないまま，ROM，RAM，I/Oコントローラなどを内蔵し，そ

- 高性能だが消費電力が大きい
　パソコンやワークステーション向け
- 高価格
- 体積はそれほど変わっていない

- 性能は昔のパソコン向けCPUと同じか
　それ以上
- メモリやA-Dコンバータなどの周辺回
　路を内蔵
- 低価格
- 小型で低消費電力

図1-7　半導体技術の進歩とCPUの進化
半導体技術の進歩で高集積化できるようになった．その結果，高性能なCPUを同じ体積で作れるようにもなり，比較的性能の低いCPUやマイコンは小さく，かつ低価格に作れるようになった

れでいて低価格を実現しています．

● マイコンを選択する基準

　マイコンとは，必要最低限の機能に絞ることで小型化や省電力化，低価格化を実現したコンピュータです．

　これはマイコンにおいて，「機能が豊富なほうが優れているわけではない」ということを意味しています．したがって，マイコンを選択する際には「どのようなことを実現したいのか」をはっきりさせることが重要です．そして，やりたいことを実現できる最低限のスペックを見極める必要があります．

　マイコンを選択する基準はスペックだけではありません．開発の容易さ，つまり開発ツールの使いやすさやマニュアルの充実度なども重要でしょう．筆者は英語が苦手なので，日本語の資料が入手しやすいかといった点も重要視しています．

□引用文献□
(1)　H8/3694シリーズ　ハードウェアマニュアル，2003年3月，第3版，(株)日立製作所．

マイコン開発の第一歩…開発環境のインストールとマイコンとの通信

プログラミング言語の基礎と モニタ・プログラムの書き込み

大中 邦彦

「コンピュータ，ソフトなければただの箱」などといわれるように，H8マイコン基板に実装されたH8マイコンもプログラムがなければ動作しません．ここがアナログICなどとは違うところで，はんだ付けして「はい終了」というわけにはいきません．

　本章では，マイコンを動かすプログラミング言語の基礎知識を説明した後，マイコンの開発環境を整えます．そして，早速H8/3694Fを実装したH8マイコン基板にプログラムを書き込んで動作させてみます．マイコン開発のはじめの一歩です．じっくりと読んでください．

■ 2-1　マイコンを動かすプログラミング言語の基礎知識

● マイコン界の言語「マシン語」

　人に何か仕事を依頼する場合は，日本語などの人間の言葉で伝えます．しかし，マイコンには日本語は伝わりません．マイコンが理解できる言葉を使って話しかけなければなりません．このマイコンの世界の言語を「マシン語」または「機械語」といいます．

　マシン語をお見せしましょう．リスト2-1のように数値だけの羅列で，これは皆さんが普段よく使用しているメモ帳などのテキスト・エディタで書いたものです．これをマイコンに転送して書き込む必要があります．

　マシン語の文法は，CPUコアの種類ごとに異なるのが普通です．方言のような細かな違いから，日本語と英語のように単語や文の作りかたからまるっきり異なるものまでさまざまです．この文法はCPUのメーカが決めているので，メーカが同じだったり，生い立ちが同じコア用のマシン語は似ています．

リスト2-1　マシン語の例

リスト2-2　アセンブリ言語の例

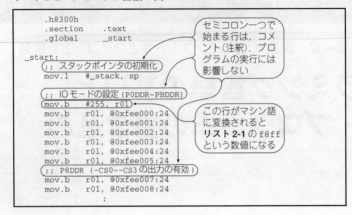

```
        .h8300h
        .section    .text
        .global     _start

_start:
        ;; スタックポインタの初期化
        mov.l   #_stack, sp

        ;; IOモードの設定 (P0DDR~PBDDR)
        mov.b   #255, r0l
        mov.b   r0l, @0xfee000:24
        mov.b   r0l, @0xfee001:24
        mov.b   r0l, @0xfee002:24
        mov.b   r0l, @0xfee003:24
        mov.b   r0l, @0xfee004:24
        mov.b   r0l, @0xfee005:24
        ;; P8DDR (~CS0~~CS3 の出力の有効 )
        mov.b   r0l, @0xfee007:24
        mov.b   r0l, @0xfee008:24
                :
```

セミコロン一つで始まる行は，コメント（注釈）．プログラムの実行には影響しない

この行がマシン語に変換されるとリスト2-1のf8ffという数値になる

リスト2-3　C言語の例

```
void main(void) {
 static int flag = 0;
 volatile unsigned char *led_register = (unsigned char *)0xffdb;

 while(1) {
   if( flag == 0 ) {
     flag = 1;
     *led_register = 0x02;
   } else {
     flag = 0;
     *led_register = 0x04;
   }
 }
}
```

　H8マイコン基板に実装されているH8/3694Fには，内部のCPUコアであるH8/300H CPUが理解できる専用のマシン語で話しかけなければなりません．

● マシン語を英単語に置き換えた「アセンブリ言語」

　マシン語は数値の羅列で，何がなんだかわかりません．でも安心してください．通訳を使って，人間が使う言語で話しかければよいのです．この言語をアセンブリ言語，通訳をアセンブラといいます．

　リスト2-2にアセンブリ言語の例を示します．これもテキスト・エディタで書いたものです．アセンブリ言語は，マシン語の数値が表す意味を，英単語を省略した形で置き替えたものです．アセンブラは，この英単語を翻訳してマイコンに話しかけてくれるソフトウェアです．

● アセンブリ言語よりわかりやすい「C言語」

　アセンブリ言語はマシン語と比べれば，人間に馴染みのある言語ですが，それでもまだとっつきにくい感じがします．たとえば，数値同士を加算したい場合，本来なら"A+B"のように書ければ簡単ですが，アセンブリ言語では"add A, B"のように記述します．また，乗算したい場合に，使用するマイコンが理解できるマシン語に「乗算」という単語がない場合は，乗算を加算に分解して記述しなければなりません．これでは手間です．

　そこで，アセンブリ言語よりもさらに人間に理解しやすい言語が考えられました．これを「高級言語」と呼びます．本書では「C言語」と呼ばれる高級言語を使います．リスト2-3にC言語の例を示します．これもテキスト・エディタで書いたものです．まだ，意味まではわからないかもしれませんが，省略された

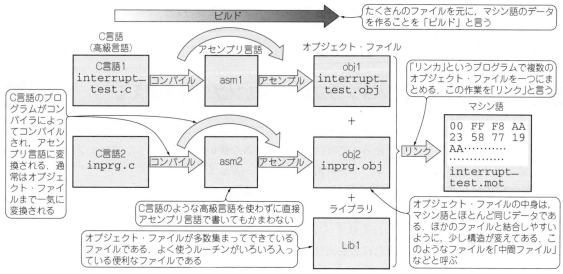

図2-1　C言語で書いたプログラムがマシン語に変換されるまで

英単語が使われていたアセンブリ言語よりは，いくぶん読みやすいのではないかと思います．

● C言語をマシン語に翻訳してくれる「コンパイラ」

　C言語で書かれたプログラムをマイコンに理解させるためには，C言語からマシン語への翻訳作業が必要です．といっても人間がやるわけではなく，Cコンパイラというパソコン上で動くソフトウェアにやらせます．

　図2-1にC言語で書かれたプログラムがマシン語になるまでの過程を示しました．

　まず，C言語のプログラムはCコンパイラによってアセンブリ言語に変換されます．そしてアセンブラによって，いったん「オブジェクト・ファイル」というファイルに変換されます．オブジェクト・ファイルの中身はマシン語にかなり近い形をしています．

　「かなり近い形」と言ったのは，この段階ではまだマイコンで実行可能なマシン語になっていないからです．通常，メモリ上に存在するプログラム，つまりマシン語のプログラムは，メモリ上の違うアドレスへ移動されると動かなくなってしまいます．これはマシン語の命令の中に，プログラムのアドレス情報が直接書かれているのが原因です．そこで，そういった情報をひとまず空欄にしておき，書き換えられるような形式にしたものがオブジェクト・ファイルです．

● よく使うルーチンをまとめた便利なファイル「ライブラリ」

　オブジェクト・ファイルはアドレスなどが空欄なので，好きなところに配置できます．言い換えれば，オブジェクト・ファイルは再利用性に優れています．よく使うプログラムをあらかじめオブジェクト・ファイルの形で用意しておけば，必要なときに，好きなプログラムに簡単にくっつけることができて便利です．しかも，オブジェクト・ファイルなので毎回コンパイル/アセンブルする必要はありません．

　このような，よく使うオブジェクト・ファイルをたくさん集めて一つのファイルに固めたものを「ライブラリ」と呼びます．

● 複数のオブジェクト・ファイルをまとめる「リンカ」

　オブジェクト・ファイルの空欄部分を埋めて，さらに複数のオブジェクト・ファイルを合体させるのが

リンカです．リンカによって，プログラムを配置するアドレスが決定され，マイコンで実行可能なマシン語のファイルが生成されます．

このファイルをマイコンのROMやRAMに書き込むことで，はじめてマイコンが動作します．

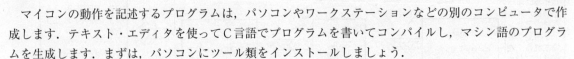

2-2　パソコンのプログラミング環境を整える

マイコンの動作を記述するプログラムは，パソコンやワークステーションなどの別のコンピュータで作成します．テキスト・エディタを使ってC言語でプログラムを書いてコンパイルし，マシン語のプログラムを生成します．まずは，パソコンにツール類をインストールしましょう．

● 付属CD-ROMに収録された手順書を見ながら指示どおり慎重にインストールする

テキスト・エディタでプログラムを書いたり，コンパイルしたりといった作業は，マイコンとは別のコンピュータで行います．この手の作業はすべてWindowsパソコン上で行えます．できあがったプログラムをマイコンに書き込んだり，または書き込む前にシミュレーションしたり，不具合を見付ける（「デバッグ」という）ときにもパソコンを使います．

これらのマイコンを動かすプログラムを開発するために必要なソフトウェアやハードウェアを「開発環境」といいます．正しく動作するプログラムを作るためには，開発環境を整えることがとても重要です．

では，付属CD-ROMをCD-ROMドライブに挿入してください．自動的にインストール・マニュアルが表示されるので，これを読みながら，慌てず慎重にインストールを進めてください．

● 三つの開発ツール

① 統合開発環境HEW2無償版…コンパイラ，アセンブラ，リンカが一体化された開発ツール

HEWとは，High-performance Embedded Workshopの略で，H8マイコン用のコンパイラやアセンブラ，リンカといったソフトウェアをひとまとめにした統合開発環境です．ルネサス テクノロジ社が，自社のマイコン用のプログラムを効率良く開発するために作ったものです．

本来は有償の製品ですが，サポートするマイコンをTinyシリーズなどに制限し，機能も縮小された無償版のコンパイラの収録を許可していただきました．

無償版にはありませんが，製品版にはメモリ上に配置されたモジュールをグラフィカルに表示するツールやシミュレータなどが含まれています．また，性能の向上したコンパイラなどが収録されたHEW3というバージョンもリリースされています（2005年1月）．より効率的な開発を行いたい方は製品版の購入を検討してみてください．

② フラッシュROM書き込みツールFDT 3.2

HEWで生成したマシン語のプログラムをH8マイコンに内蔵されているフラッシュROMに書き込む作業を担当するソフトウェアです．

H8/3694F内のCPUコアがアクセスできる内蔵メモリは次の二つです．

- フラッシュROM
- RAM

パソコンのシリアル・ポートとH8マイコン基板のシリアル・ポートを接続すると，HEWで開発したマシン語プログラムをフラッシュROMに書き込むことができます．

③ ターミナル・ソフトウェアHtermとモニタ・プログラム

モニタ・プログラムと呼ばれるプログラムをマイコンに書き込んでおくと，シリアル・ポート経由でパ

ソコンからマイコンの状態を監視することができます．基礎編では，ルネサス テクノロジ製のモニタ・プログラム（組み込み型モニタ）を使用します．

　このモニタ・プログラムを利用するためには，パソコンにシリアル通信を行うターミナル・ソフトウェアをインストールする必要があります．基礎編では，ルネサス テクノロジ製のHtermというターミナル・ソフトウェアを利用します．

2-3　マシン語プログラムをマイコンに転送するための準備

■　パソコンのシリアル・ポートを経由してマイコンにプログラムを送り込む

●　シリアル・ポートの有無を確認する

　HEW，FDT，Htermのインストールが終わったら次に進みましょう．

　パソコンで作成したマシン語プログラムをH8マイコン内のフラッシュROMに転送しなければなりません．マシン語プログラムは，パソコンのシリアル・ポートを使ってH8マイコンに転送します．シリアル・ポートは，COMポートまたはEIA-232（RS232C），EIA-574などとも呼ばれます．

　まず，自分のパソコンにシリアル・ポートが付いているかどうかを確かめましょう．ほとんどのパソコンのシリアル・ポートは，**写真2-1**のような形をしています．Windows 2000上でシリアル・ポートの設定を調べるには，まずスタート・メニューから［設定］-［コントロール・パネル］を選択し，システムを開

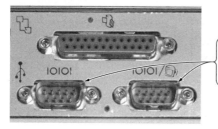

この二つのコネクタがシリアル・ポートである．二つ以上ある場合は，どのポート番号（COM1, COM2など）と対応しているかよく確かめること

写真2-1　シリアル・ポートの外観

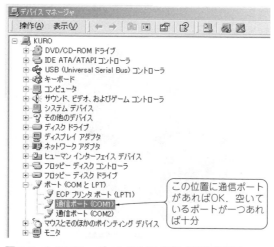

この位置に通信ポートがあればOK．空いているポートが一つあれば十分

図2-2　シリアル・ポートの有無を調べる設定画面

きます．システムのプロパティの画面が開いたら，ハードウェアというタブをクリックします．［デバイス・マネージャ(D)...］ボタンを押すと，図2-2に示すデバイス・マネージャの画面が開きます．ポート(COM と LPT)の下にある通信ポート(COM1)という表示があります．これがシリアル・ポートの存在を表しています．

● 基礎編では COM1 を使う

パソコンに複数のシリアル・ポートが装備されている場合は，デバイス・マネージャのウィンドウに示されている通信ポート番号と実際のシリアル・ポート・コネクタの対応をマニュアルなどで確認しておきましょう．これをまちがえると動作しません．

とくに，シリアル・ポートにほかの機器をすでに接続している場合は，空いているシリアル・ポート番号を必ず確認してください．基礎編では COM1 を使います．なおシリアル・ポートがないパソコンでも，インターフェース・カードを増設することで対応できる場合があります．

■ シリアル・ポートと H8 マイコン基板のインターフェース回路を作る

● 必要な部品類

後述しますが，パソコンと H8 マイコン基板は直結できないので，専用のレベル・コンバータ IC ADM232AAN（アナログ・デバイセズ）を使いました．ADM232AAN は，MAX232CPE（マキシム）でも使用できます．IC 以外に 5 個のコンデンサが必要です．パソコンのシリアル・ポートと同様のコネクタも必要です．

写真2-2に示すのは，筆者が製作した基板の外観です．+5V 出力の AC アダプタ，スイッチ，コネクタ，万能基板，配線材，パソコンと接続するためのシリアル・ケーブルなどが必要です．

● シリアル・ポートと H8 マイコン基板は直結できない

H8 マイコン基板に搭載されている H8/3694F は，シリアル・ポートの出力信号を受信できるようにシリアル・インターフェース回路を内蔵しています．しかし，シリアル・ポートの出力信号の電圧レベルと H8/3694F の受け取れる電圧レベルが違うために直結はできません．レベル変換回路を作る必要があります．

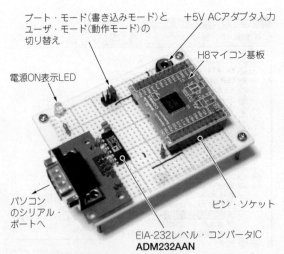

写真2-2　H8 マイコン基板に周辺回路を追加してプログラムを書き込めるようにしたところ

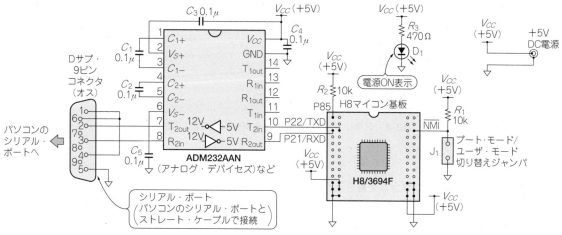

図2-3 H8マイコン基板を動作させるのに最低限必要な回路

　図2-3にH8マイコン基板を動作させるために最低限必要な回路を示します．まず，H8マイコンの電源（+5 V）を配線します．パソコンのシリアル・ポートと同じDサブ9ピン・コネクタを取り付け，レベル・コンバータIC ADM232AANを経由してH8マイコンのRXD端子とTXD端子に接続します．

● モード切り替え用の回路も必要

　H8マイコンの動作モード（ユーザ・モードとブート・モード）を切り替えるためのプルアップ抵抗（R_1）とジャンパ端子を取り付けます．P85端子に接続されている抵抗（R_2）も，プルアップ抵抗として使っており，ブート・モードの際に必要です．

　ブート・モードは，H8マイコン内のフラッシュROMにプログラムを書き込むモードです．ジャンパ端子J_1をジャンパ・ピンでショートするとブート・モードになります．

　ブート・モードについては，解説編の第24章を参照してください．

● H8マイコン基板を取り外せるようにしておくと便利

　筆者はH8マイコン基板にピン・ヘッダを，万能基板にピン・ソケットを取り付けて，分離できるようにしました．フラッシュROMは，いったんデータを書き込むと電源を落としても内容が消えないメモリですから，H8マイコン基板を取り外して別の基板に乗せ換えても，開発したプログラムが動作します．

2-4　マイコンの状態を監視するモニタ・プログラムの準備

● モニタ・プログラムとは

　先ほども少し説明しましたが，モニタ・プログラムはマイコンの中の状態を監視したり，プログラムの流れを一時停止しながら動きを観察したりできる，便利なプログラムです．また，HEWが生成したマシン語のファイルを，マイコンのRAMにダウンロードする機能も備えています．モニタ・プログラムの詳細については第4章を参照してください．

　基礎編では，一部の章を除いてモニタ・プログラムを使って，プログラムをダウンロードし実行します．そこで，製作した書き込み基板の動作確認も含めて，モニタ・プログラムを書き込んでみましょう．

図2-4　フラッシュROM書き込みツールFDT3.2の起動画面

● H8/3694F にモニタ・プログラムを書き込む

　H8/3694F 用のモニタ・プログラムは，付属CD-ROM に入っています．インストール時にCD-ROM からモニタ・プログラム用のフォルダ一式がコピーされます．C:¥H8Book¥TinyMonitor というフォルダがあることを確認してください．

　モニタ・プログラムをH8/3694F に書き込みましょう．さきほどインストールしたFDT を起動します．スタート・メニューから[プログラム]-[Renesas]-[Flash Development Toolkit 3.2]-[Flash Development Toolkit 3.2]を選択します．評価版である旨が表示され，図2-4のような画面が起動します．

　Welcome! ダイアログでBrowse to another project workspace を選択し，[OK]ボタンを押します．ファイル・ダイアログでc:¥H8Book¥TinyMonitor フォルダの中にあるプロジェクト・ファイル(TinyMonitor.aws)を開きます．

　パソコンのシリアル・ポート(COM1)と基板のシリアル・ポートをストレート・ケーブルで接続します．

　製作した基板(写真2-2)のモード切り替え端子にジャンパ・ピンを取り付けてブート・モードにします．この状態で電源を投入すると，H8/3694F のフラッシュROM を書き換えられる状態になります．

　FDT の画面の左のツリーからMONITOR.MOT ファイルを右クリックして，メニューから[Download File]を選択します．FDT のウィンドウの下にメッセージが表示されて，Image successfully written to device と表示されれば書き込みは終了です．FDT を終了し，H8/3694F の電源をOFF してジャンパ・ピンを外します．ROM の書き込み手法については，第5章にも詳しい解説があります．

● うまく書き込めないときは…

　TinyMonitor のプロジェクト・ファイルは，COM1 ポートを使ってフラッシュROM へ書き込もうとします．COM1 以外のポートを使って書き込む場合は，FDT のツール・バーの右端にある[Configure Flash Project]ボタンを押してプロパティ画面を開き，Communications タブを開いて「Port」を変更してください(図2-5)．灰色になっていて値を変更できない場合は，メニュー・バーからの[Device]-[Disconnect]を選んで通信を切断してみてください．

　それでもうまく書き込めない場合はエラー・メッセージをよく見て，エラーの原因を探ってください．通信の異常であれば，

- ●ほかにCOM1(シリアル)ポートを使用しているプログラムがあれば終了する
- ●回路図どおりに回路が組まれているかどうか確認する
- ●ケーブルの接続が正しいか確認する

といったことを実行してみてください．また，FDT がデフォルトのフォルダにインストールされていないと動かない場合があります．

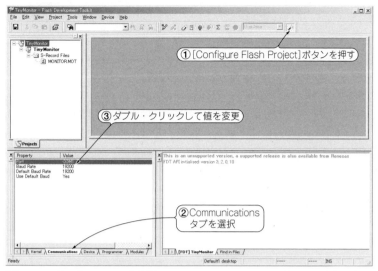

図2-5　フラッシュROM書き込みツールFDT3.2でCOMポートの設定を変える画面

図2-6　ターミナル・ソフトHterm を使ってマイコンに
書き込んだモニタ・プログラムと通信できたところ

● Hterm でモニタ・プログラムと通信する

　モニタ・プログラムをうまく書き込むことができたら，FDTを終了してHtermを起動します．フォルダC:¥htermからHterm.exeを実行します．シリアル・ケーブルはそのまま接続しておいてください．

　Htermが起動したら，マイコン基板の電源を入れます．図2-6のような表示が出たら正常に動作したということです．

　文字化けが発生してしまったり，何も文字が表示されない場合は，メニュー・バーから［通信］-［切断］を選んで，いったん接続を解除してください．次に［ファイル］-［プロパティ］を選びます．プロパティ・ダイアログで通信ポートやビット・レートが正しく設定されているかどうか確認します．ビット・レートは19200 bpsに設定しなければなりません．

● モニタ・プログラムを使ってみる

　パソコンのキーボードから？と入力して，リターン・キーを押してみるとモニタ・プログラムの使いかたを説明したヘルプが表示されます．いろいろなコマンドがあるので試してみてください．モニタ・プログラムのより詳しい使いかたは次章以降で解説します．

[第**3**章]
基礎編

LED を点滅させるシンプルなプログラムから始めよう！

はじめてのマイコン・プログラミング

三好 健文/島田 義人

　本章では，どのようにしたら H8 マイコンにプログラムを与え，実行させることができるのかを解説します．具体的には，H8 マイコンに LED を接続しただけの簡単なターゲット・ボードを例に，ルネサス テクノロジが提供する Tiny/SLP 無償版統合開発環境 HEW2（以下 HEW）の使いかたを含めて，プログラミング方法を説明していきます．

■ 3-1　マイコンを使って LED を操作する

■ 下準備…ターゲット・ボードを作る

　第2章で製作した書き込み基板に LED を二つ，そして第6章で説明する割り込みの実験のためにプッシュ・スイッチを追加したターゲット・ボードを製作します．追加部分の回路図を**図3-1**に，実際に製作したターゲット・ボードを**写真3-1**に示します．

● LED の接続

　入出力ポートであるポート8のビット1（P81）とビット2（P82）に，それぞれ LED を接続しています．カソード側は H8 マイコンの入出力ポートに，アノード側は 330 Ω の抵抗を介して電源に接続します．このように接続すると，ポートに "L"（'0'）を出力すると LED が点灯し，逆にポートを "H"（'1'）にすると LED が消灯します．

● プッシュ・スイッチの接続

　図3-1のプッシュ・スイッチ周辺の回路を見てください．スイッチのほかにコンデンサや抵抗，それに IC が一つ付いています．これは，チャッタリング（chattering）を防止するための回路です．

　チャッタリングとは，スイッチを押したり離したりする瞬間に，信号が "H" や "L" の間をバタバタと行き来する現象で，H8 マイコン側から見たとき，スイッチを1回押したはずなのに何回も押されたように見えます．そのために，コンデンサで波形を少しなまらせたあと，シュミット・トリガの 74HC14 できれいな "H"/"L" に波形整形してから H8 マイコンに入力します．

　この回路では，H8 マイコンのポートはスイッチを押したとき "H" に，スイッチを離したとき "L" になります．

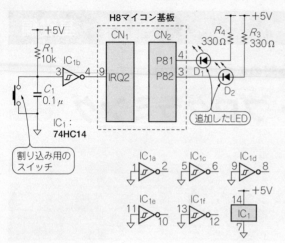

図3-1　第2章で説明した書き込み基板に追加する回路
LED 2個と割り込み用のスイッチ，チャッタリング防止回路を
追加した．IC$_1$の未使用入力端子はグラウンドに接続する

写真3-1　製作したターゲット・ボードの外観
LED 2個と割り込み用のスイッチ，チャッタリング防止回路
を追加した

**図3-2　Htermを起動して
H8マイコンの電源を入れた
ときの画面**
正常に接続できていれば，H8
マイコンからのメッセージがコ
ンソールに表示される

H8マイコンからのメッセージ．
表示されない場合や文字化けして
いる場合は通信速度を確認する

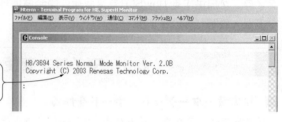

■ モニタを使ってH8マイコンを操作する

　さて，実際にプログラムを書く前に，まずはモニタ・プログラム（モニタ）を通してH8マイコンを動か
し，LEDを点灯させてみましょう．製作したターゲット・ボードとパソコンをシリアル・ケーブルで接
続したら，Htermを起動してマイコン・ボードに電源を接続します．

　H8マイコンからのメッセージが**図3-2**のように表示されるはずです．表示されない場合には，パソコ
ンとの接続やモニタとHtermの通信速度を確認してみましょう．

● I/Oの制御のしかた

　H8マイコンのI/O（Input/Output：入出力）はメモリ・マップトI/O方式になっていて，アドレスを指
定してデータを書き込んだり，読み込んだりします．メモリ・マップトI/O方式やポートの使いかたに関
しての詳しい説明は，第3章Appendixを読んでください．また，Htermとモニタの使いかたについては
第4章を読んでください．

　さて，LEDを接続したポート8は，入出力可能な双方向のポートです．ポートの構造については，解説
編の第23章を読んでください．このポートの操作には，**図3-3**のように二つのレジスタが関係しています．

- ●ポート・コントロール・レジスタ：ポートの入出力の方向を決めるレジスタ
- ●ポート・データ・レジスタ：ポートに出力する値を書き込んだり，ポートの状態を読み込むための
　レジスタ

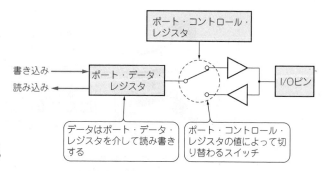

図3-3　H8マイコンのI/Oポートの構造
ポート・コントロール・レジスタで入出力を切り替える.
データはポート・データ・レジスタを介して読み書きする

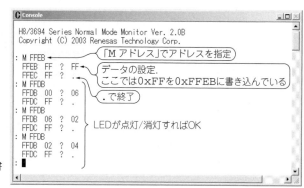

図3-4　モニタからH8マイコンを操作する
Mコマンドでアドレスを指定すると, データの読み込みや書
き込みができる. プロンプトに戻るときは".”を入力する

● モニタのコマンドを使ってH8マイコンのレジスタを操作してみよう

　ポート8のポート・コントロール・レジスタのアドレスは0xFFEB, ポート・データ・レジスタのアド
レスは0xFFDBです. レジスタのアドレスについては, 解説編の第23章を読んでください. Htermから
モニタを操作するには, **図3-4**のようにHtermのコンソール・ウィンドウを使います.

▶ ポート・コントロール・レジスタを設定する

　まず, ポート・コントロール・レジスタを出力に設定します. モニタのプロンプト(:)に続いて, 次の
ように入力してみてましょう.

　　: M FFEB［リターン・キー］

　M FFEBは, 0xFFEB番地のメモリの内容を表示させることを表しています. リターン・キーを押すと,

　　FFEB FF ?

と表示されます. これは, 0xFFEB番地のメモリの内容が0xFFであることを示しています. ?の後に続
けて,

　　FF［リターン・キー］

と入力してみましょう. これは, 先のアドレス(0xFFEB)に0xFFを書き込むことを示しています. モニ
タは0xFFEB番地にデータ0xFFを書き込むと, 以下のように次のアドレス(0xFFEC)と内容を表示し,
値を求めてきます.

　　FFEC FF ?

　今は0xFFEB番地の値だけを変更したかったので, ここでは単に".”(ピリオド)を入力します.

　　.［リターン・キー］

　ここまでで, LEDが点灯するはずです.

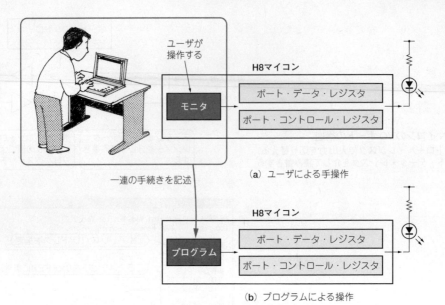

（a）ユーザによる手操作

（b）プログラムによる操作

図3-5　プログラムはH8マイコンに与えた操作を記述したもの
ユーザが行いたい一連の手続きを記述する

▶ ポート・データ・レジスタを設定する

　今度はポート・データ・レジスタを設定してみましょう．先ほど“.”を入力したあとは，モニタはプロンプトを返します．これに続けて，以下のように入力してみましょう．

　　：M FFDB ［リターン・キー］

　すると，

　　FFDB 00 ？

という表示が返ってきます．これに続けて，

　　FF ［リターン・キー］

と入力してみましょう．LEDの状態が変化します．0xFFDB番地の値をいろいろ変えてみて，LEDがどのように変化するか試してみてください．

■ プログラミングするということ＝行いたい操作を記述する

　ここまでのように，レジスタの値を操作することでLEDを点滅できました．今はモニタからレジスタの値を手操作しましたが，図3-5のように，この人手による操作をあらかじめ記述したプログラムによる操作に置き換えることが，マイコンのプログラミングです．

3-2　HEWとHtermを使ったH8マイコンのプログラミング

　それでは実際に，HEWとHtermを使ってプログラムを作っていきましょう．本章では，すでにモニタの書き込んであるH8マイコンに，HEWで作成したプログラムをダウンロードして実行することを目標とします．プログラムの作成は図3-6に示すような流れで行います．

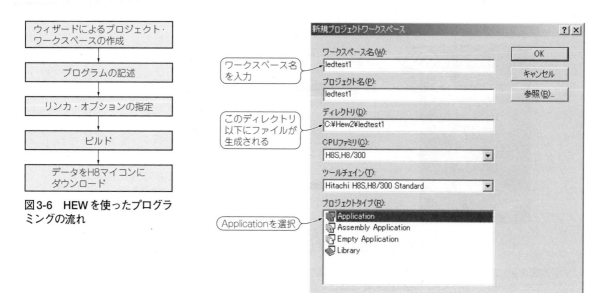

ウィザードによるプロジェクト・
ワークスペースの作成

↓

プログラムの記述

↓

リンカ・オプションの指定

↓

ビルド

↓

データをH8マイコンに
ダウンロード

**図3-6 HEWを使ったプログラ
ミングの流れ**

ワークスペース名
を入力

このディレクトリ
以下にファイルが
生成される

Applicationを選択

図3-8 新規プロジェクト・ワークスペースの名前やプロジェクトの種類の選択
プロジェクトの種類はApplication，ワークスペース名はledtest1とした

新規を選んで
[OK]をクリック

図3-7 HEWの起動画面
「新規プロジェクトワークスペースの作成」や「最近使用したプロジェクトワークスペースを開く」の選択などができる

■ HEWのプロジェクト・ワークスペースを作成する

● プロジェクト・ワークスペースとは

　プロジェクト・ワークスペースとは，ターゲットとするH8マイコンやプログラム，コンパイルするた
めの環境などを，HEWが管理する単位のことです．新しくプログラミングを始めるには，まずプロジェ
クト・ワークスペースを作成する必要があります．

　プロジェクト自体はウィザードに従って簡単に作成できます．それでは，ウィザードに従いながら実際
にプロジェクト・ワークスペースを作成していきましょう．

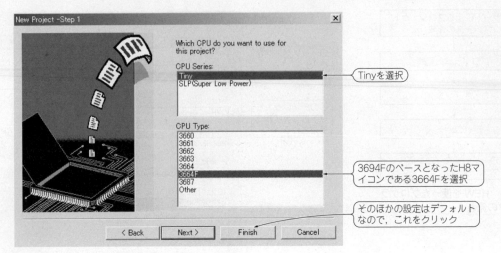

図3-9 プロジェクトの対象になるマイコンの選択
CPU Series は Tiny，CPU Type は 3664F を選択する

● プロジェクト・ワークスペースの新規作成

　HEWを起動すると**図3-7**のようにHEWが起動します．今回は新しくプロジェクト・ワークスペースを作成するので，ここで，「新規プロジェクトワークスペースの作成」のラジオ・ボタンをチェックして次に進みます．

● 新規プロジェクト・ワークスペースの作成

　図3-8は，新規プロジェクト・ワークスペースに関するダイアログ・ボックスです．ここでプロジェクトの種類とワークスペースの指定を行います．

　プロジェクトの種類は，デフォルトのままの「Application」を選択します．

　ワークスペースには，自分の記述したソース・リストや，コンパイル時に生成される中間ファイル，いくつかのライブラリなどがコピーされます．そのため，小さなプログラムでもおよそ800Kバイトほどの容量が必要なので，ディスクの空き容量に注意してください．

　とくに問題がなければデフォルトのままでかまいませんし，プロジェクト生成後に移動させることもできます．今回は，LEDを点灯させるプログラムということで「1edtest1」という名前を付けたワークスペースを作ることにします．ワークスペース名を入力すると，自動的にプロジェクト名とディレクトリの名前が付けられますが，とくに変更する必要はないでしょう．指定し終わったら［OK］をクリックして次に進みます．

● マイコンの選択

　新規プロジェクト・ワークスペースの設定を終えると，**図3-9**のダイアログ・ボックスが表示されます．ここでは，プロジェクトで対象とするマイコンに関していくつかの設定を行います．

　今回対象とするマイコンはH8/300H Tinyシリーズの3694Fなので，「CPU Series:」から「Tiny」を選択します．さらに「CPU Type:」でCPUの種類を選択するのですが，このバージョンのHEWでは3694Fをサポートしていません．今回は3694Fのベースであり内蔵しているROMおよびRAMの大きさが等しいCPUである「3664F」を選択します．

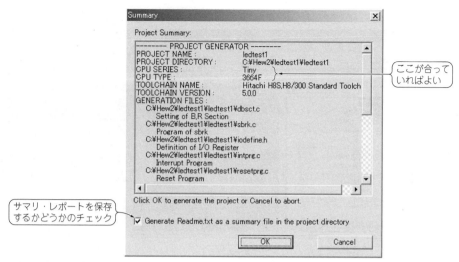

図3-10　ウィザード終了時のサマリ・レポート表示
CPU SERIESとCPU TYPEが正しいかどうか確認する

● ウィザードの終了

　マイコンの選択まで完了すれば，とりあえずターゲット・マイコンのためのプロジェクトの作成は完了
です．[Finish]をクリックしてウィザードを終了します．

　ここで[Next>]を選択すると，コンパイラの最適化レベルを変更したり，自分の必要とするライブラ
リ・ヘッダをプロジェクトに読み込んだり，メモリ配置についての指定を行ったりすることができます．
しかし，ここではデフォルトの設定を使用します．

● サマリ・レポート

　ウィザードの終了の前に，図3-10のようなサマリ・レポートが表示されます．CPU SERIESが「Tiny」，
CPU TYPEが「3664F」と指定できているか確認して，[OK]をクリックします．

　ダイアログの下のほうにある，Generate Readme.txt as a summary file in the project directoryにチ
ェックを入れると，ワークスペースで指定したディレクトリにReadme.txtという名前でこのレポート
が保存されます．今回の場合ではC:¥hew2¥ledtest1¥ledtest1¥Readme.txtに保存されます．後々
必要になってくる情報も含まれているので，特に理由がない限り保存しておくのがよいでしょう．

3-3　プログラムを作ろう！

　ウィザードを終了すると，いよいよプログラムの作成です．ウィンドウは図3-11のようになっている
はずです．左のウィンドウに，ワークスペース中に存在するファイルがツリー表示されています．

■ プログラムを書き始める…その前に

● プログラムを書くにはエディタが必要

　プログラムを書くためには，テキスト・ファイル編集用のエディタが必要です．HEWには専用のエデ
ィタが付属しています．このエディタにはC言語のためのインデント(字下げ)やキーワードへの色付けな

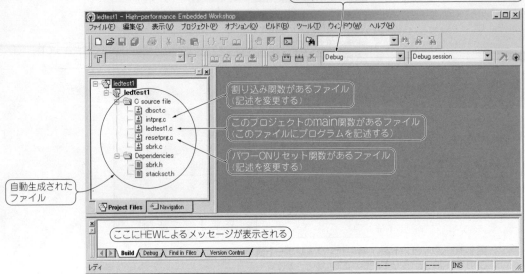

図3-11　プロジェクト作成後のHEWのメイン画面
左側にはプロジェクトに関連するファイルが，下側にはHEWによるメッセージが表示される

ど，いくつかの機能があり，便利にプログラムを記述できます．

各ファイルはワークスペース以下（C:¥hew2¥ledtest1¥ledtest1）に拡張子".c"で存在しています．

● **main関数を呼び出すまでのプログラムは自動的に作られる**

一般にマイコンのプログラムは，通常のOS，たとえばWindowsなどの上で動作するユーザ・プログラムのようにmain関数から動作が始まるわけではなく，CPUが最初に読み込むメモリのアドレスに書かれている命令から実行されます．

しかし，HEWで作成したプロジェクトではmain関数を呼び出すまでのプログラムが自動的に生成されているので，通常はmain関数からプログラムを書き始めることができます．また，今回は後ほど説明するモニタの機能を使って，好きなアドレスからプログラムを実行することができるので，やはりmain関数からプログラムを書き始めることにしましょう．

main関数は，ワークスペースの中に「プロジェクト名.c」という名前で作成されており，中身は空になっています．今回のプロジェクトの場合はledtest1.cに相当します．

■ プログラムを記述する

プログラムは先ほどモニタから操作したことをそのまま記述するだけです．図3-11の左側のツリーにあるledtest1.cをダブル・クリックすることでエディタが起動します．このエディタでファイルを編集できます．

● **LEDを点滅させるプログラム**

ledtest1.cのソース・プログラムをリスト3-1に示します．まず，ポート8のポート・コントロール・レジスタのうち，LEDを接続している二つのポートを出力に設定します．その後whileループの中で変数iを40,000回インクリメントするだけのウェイト（wait）を入れて，二つのLEDを交互に点滅させています．この40000という値を変更することで，ウェイトの間隔を変更できます．ただし，65535よ

リスト3-1　LEDを点滅させるプログラムのソース・リスト

main関数の中身を記述する．自動生成されるひな形の先頭にあるコメントは省略してある

```
#ifdef __cplusplus
 extern "C" {
 #endif
 void abort(void);
 #ifdef __cplusplus      ← 自動的に生成される
 }
 #endif

 void main(void)
 {
         volatile unsigned int i;

         volatile unsigned char *pdr = (unsigned char *)0xffdb;  /* PDR8 */


         *(unsigned char *)0xffeb = 0x06; /* PCR8 */

         while(1){                                          追加した部分
                 *pdr = 0x02;
                 for ( i = 0; i < 40000; i++);
                 *pdr = 0x04;
                 for ( i = 0; i < 40000; i++);
         }
 }
 void abort(void)
 {                     ← 自動的に生成される

 }
```

リスト3-2　リセット・プログラム・ファイル(resetprg.c)のソース・リスト

```
#pragma section ResetPRG 以前の記述や，空白行は誌面の都合上省略してある．
# 自動生成された PowerON_Reset 関数を変更する．

#pragma section ResetPRG      /* */ を追加し，(VECT=0)をコメント・アウトする
__entry( /* (vect=0) */ ) void PowerON_Reset(void)
{
    set_imask_ccr(1);
    _INITSCT();

//  _CALL_INIT();       // Remove the comment when you use global class object

//  _INIT_IOLIB();      // Remove the comment when you use SIM I/O

//  errno=0;            // Remove the comment when you use errno
//  srand(1);           // Remove the comment when you use rand()
//  _s1ptr=NULL;        // Remove the comment when you use strtok()

//  HardwareSetup();    // Remove the comment when you use Hardware Setup
    set_imask_ccr(0);

    main();

//  _CLOSEALL();        // Remove the comment when you use SIM I/O

//  _CALL_END();        // Remove the comment when you use global class object

    sleep();
}

//__interrupt(vect=1) void Manual_Reset(void)  // Remove the comment when you use Manual Reset
//{
//}

#pragma section V0

void (*const VEC_TBL0[])(void) = {      ← 追加した部分
    PowerON_Reset
};
```

りも大きな値にしてしまうと，int型が16ビットの整数なので桁があふれてしまいループを抜けられなくなってしまいます．

　各レジスタへのアクセスは，C言語のポインタという機能を使って行っています．ポインタについては第3章Appendixで説明します．

● HEWが自動生成したファイルの改変

　ここで注意事項を述べます．Htermを使ってマイコンを動作させる場合には，リセット・プログラム・ファイル（resetprg.c）と，割り込み関数ファイル（intprg.c）を改変する必要があります．

　改変したresetprg.cのソース・プログラムを**リスト3-2**に示します．

```
__entry (vect=0) void PowerON_Reset(void)
```

と記述された箇所を改変します．

　まず，(vect=0)をコメント/* */で括っておきます．

　そして，この関数の下に，

```
#pragma section V0
void (*const VEC_TBL0[])(void) = {
    PowerON_Reset
};
```

という記述を追加しておいてください．

　また，intprg.cのソース・プログラムを**リスト3-3**に示します．__interrupt(vect=**)…行の先頭にコメント//を挿入します．

　本章では，開発環境の使いかたに主眼をおいているので，これらの記述の意味については，第6章で詳しく説明します．

リスト3-3　割り込み関数ファイル（intprg.c）のソース・リスト（一部抜粋）

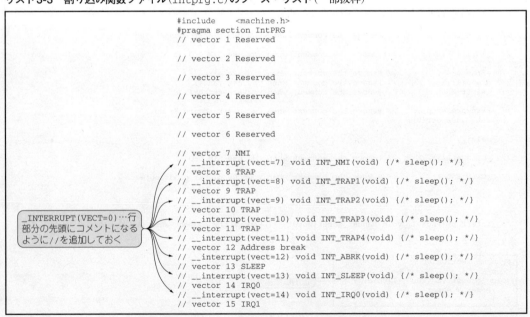

```
#include     <machine.h>
#pragma section IntPRG
// vector 1 Reserved

// vector 2 Reserved

// vector 3 Reserved

// vector 4 Reserved

// vector 5 Reserved

// vector 6 Reserved

// vector 7 NMI
// __interrupt(vect=7) void INT_NMI(void) {/* sleep(); */}
// vector 8 TRAP
// __interrupt(vect=8) void INT_TRAP1(void) {/* sleep(); */}
// vector 9 TRAP
// __interrupt(vect=9) void INT_TRAP2(void) {/* sleep(); */}
// vector 10 TRAP
// __interrupt(vect=10) void INT_TRAP3(void) {/* sleep(); */}
// vector 11 TRAP
// __interrupt(vect=11) void INT_TRAP4(void) {/* sleep(); */}
// vector 12 Address break
// __interrupt(vect=12) void INT_ABRK(void) {/* sleep(); */}
// vector 13 SLEEP
// __interrupt(vect=13) void INT_SLEEP(void) {/* sleep(); */}
// vector 14 IRQ0
// __interrupt(vect=14) void INT_IRQ0(void) {/* sleep(); */}
// vector 15 IRQ1
```

__INTERRUPT(VECT=0)…行部分の先頭にコメントになるように//を追加しておく

■ プログラムをビルドする

　普通のプログラミングはソース・リストを書き終えたら完了なのですが，マイコンのプログラミングではもう一つやることがあります．それは「プログラムをどこに配置するか」を指定することです．

　HEWのウィザードで生成したプロジェクトでは，プログラムをROMの先頭アドレスから順に配置することを想定しています．しかし，今回の場合はROMにはモニタ・プログラムが書き込まれているため，作成したプログラムをRAMに配置する必要があります．

　したがって，書いたプログラムをメモリのどこに配置するか，自分で指定する必要があるのです．

● プログラム配置の指定

　図3-12に示すように，画面上側にあるメニュー・バーから，[オプション]-[H8 Tiny/SLP...]を選択します．すると，図3-13に示すH8 Tiny/SLP Toolchainのダイアログが開きます．ここで，「Link/Library」のタブを選択し，図3-14のように「Category」の選択リストから[Section]を選択します．

図3-12　ツールチェインを開く
ツールチェインでメモリ・マップの設定を行う

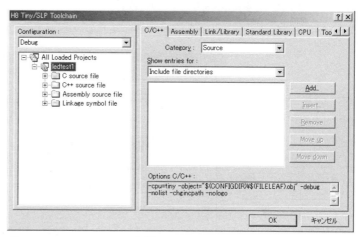

図3-13　ツールチェインの初期画面

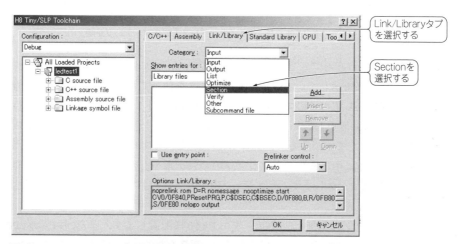

図3-14　メモリ・マップの設定画面を開く
Link/Libraryタブを選択し，CategoryをSectionにする

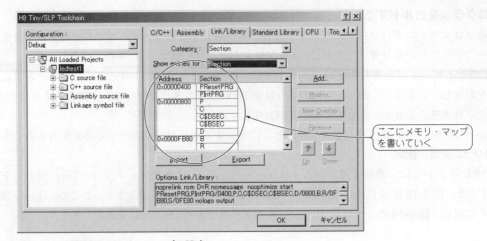

図3-15 変更前のメモリ・マップの設定
画面中央の表の左側がアドレス，右側が対応するセクションである

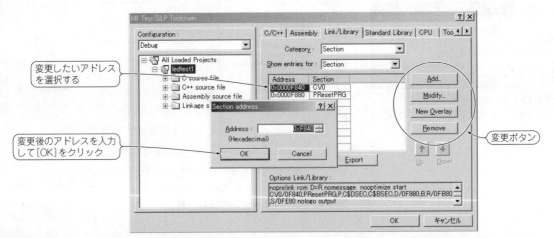

図3-16 アドレスとセクションを変更する
変更したいアドレスを選択し，[Modify]ボタンをクリックするとアドレス入力のダイアログが開く

　画面が**図3-15**のように変わったでしょうか．中央にあるテーブルは，プログラム中のセクションと，配置するアドレスの対応関係を示しています．今回はモニタを使ってプログラムをRAMに配置しますから，プログラムの先頭部分からすべてのアドレスをRAM領域のアドレスに変更します．

　メモリ・マップの変更は，変更したいアドレスやセクションをクリックしたあと，**図3-15**の右側の[Modify...]ボタンをクリックします．すると，**図3-16**のようなダイアログが現れます．変更後のアドレスとセクションの対応を**表3-1**に示します．セクションの項目を増やしたい場合は[Add...]，削除したい場合は，[Remove]ボタンをクリックします．セクション内の各項目の上下を入れ換えたい場合は[↑]，[↓]ボタンをクリックします．

　変更後は，CV0をセクションに追加し，アドレス0xF840に配置します．また，PResetPRGやP以下は0xF880に配置します．PIntPRGは削除してください．**表3-1**のようにメモリ・マップを指定し，[OK]をクリックしてダイアログを閉じれば完了です．

表3-1　変更後のアドレスとセクションの対応
各項目のセクションをRAMのアドレスに配置する

アドレス	セクション
0x0000F840	CV0
0x0000F880	PResetPRG
	P
	C
	C$DSEC
	C$BSEC
	D
0x0000FB80	B
	R
0x0000FE80	S

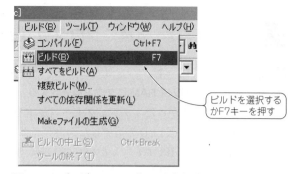

図3-17　プロジェクトのビルドを実行する
図のようにメニュー・バーから[ビルド]-[ビルド]を選択するか,
F7キーを押す

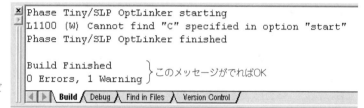

図3-18　ビルド完了のメッセージ
図のようにエラーが0,ワーニング1であれば
ビルド成功

● ビルド

　図3-17のように,メニュー・バーから[ビルド]-[ビルド]を選択するか,F7キーを押すとビルドが始まります.ビルドとは,ソース・リストのコンパイルから関数のリンク,最終的なオブジェクト・コードの生成までを一度に行うことです.1回目のビルドは,関連するライブラリのコンパイルも行われるため,少し時間がかかります.筆者の環境(Celeron 300 MHz/メモリ128 Mバイト)では約1分程度でした.図3-18のように,HEWのメッセージ・ウィンドウに,

　Build Finisshed

　0 Errors, 1 Warnings

と表示されればビルドは完了です.ワーニング(Warning)は,先ほどメモリ・マップで指定したセクションの一つであるcが使われていないことによるもので,ここでは気にする必要はありません.

図3-19　Htermを使ってH8マイコンにプログラムをダウンロードする
図のようにメニュー・バーから[コマンド]-[Load]を選択する

図3-20　ダウンロードするファイルの選択
この例では,ダウンロードするファイルはC:¥HEW2¥ledtest1¥ledtest1¥Debugに存在している

3-4 プログラムを実行してみよう！

■ プログラムのロード

● Hterm でプログラムを RAM にダウンロードする

それでは，できあがったオブジェクト・コードを RAM にロードして，実際に動作を確認してみましょう．使うのは Hterm と LED を追加したターゲット・ボードです．

Hterm を起動して H8 マイコンとパソコンをシリアル・ケーブルで接続したら，H8 マイコンの電源を ON します．それでは**図 3-19** のように，メニュー・バーから［コマンド］-［Load］を選択します．すると，**図 3-20** に示すユーザ・プログラムのダウンロードというファイル選択ダイアログが現れます．

とくに変更していなければ，`C:¥hew2¥ledtest1¥ledtest1¥Debug` に，`ledtest1.abs` というファイルがあるはずです．もし見つからなければワークスペースの場所やコンパイル・セッションが `Release` になっていることが考えられますので，確認してください．

ファイルを選択したら，［開く］ボタンをクリックします．すると，選択したファイル（オブジェクト・コード）が RAM に転送されます．ダウンロード中は**図 3-21** のようなダイアログが表示されますが，通常はすぐにダウンロードが終わって，**図 3-22** に示すダイアログが表示されます．

もし，いくら待っても**図 3-22** のダイアログが表示されない場合には，メモリ・マップの指定がまちがっている可能性があります．もう一度前節に戻ってアドレスの値を確認してみましょう．

また，ダウンロードのトップ・アドレスが，［Top Address = F840］となっているでしょうか？もし，［Top Address = 0000］であったときは誤りで，ROM 領域の先頭アドレスからダウンロードする設定になっています．この場合は，メモリ・マップの指定だけではなく，PowerON_Reset 関数（rstprg.c）のところで，（vect=0）がコメントされているかどうか，**リスト 3-2** を参考に確認してください．

● ソース・リストとメモリ・マップを表示する

無事ダウンロードが終わったら，**図 3-22** のダイアログで［はい］を選びます．すると**図 3-23** に示すよう

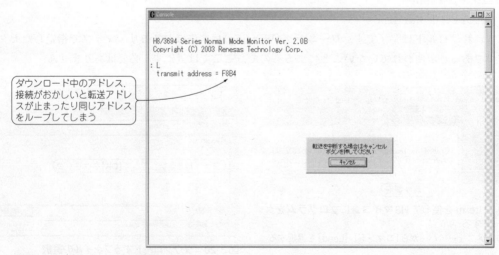

図 3-21　ダウンロード中の画面
通常はすぐにダウンロードが終わるが，接続がおかしいと転送アドレスが止まったり同じアドレスをループしてしまう

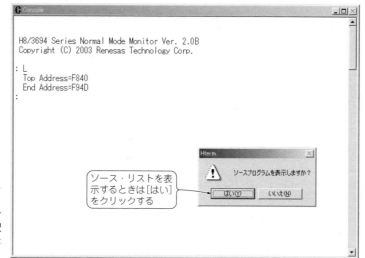

図3-22　ダウンロードが完了したあとの画面
「ソース・プログラムを表示しますか？」のダイアログで[はい]を選択すると，アドレスが割り振られたソース・リストが表示される

ソース・リストを表示するときは[はい]をクリックする

図3-23　アドレスが割り振られたソース・リストの表示例
左側にアドレス，右側に対応するリストが表示される

メモリ上のアドレス

プログラム

　な，アドレスが左に割り振られたソース・リストが表示されるはずです．これは，プログラムとそのプログラムが書かれているメモリ・アドレスの対応を示しています．

　0xF880のメモリ・アドレスに，配置されたresetprg.cのPowerON_Resetが表示されていますが，[表示]メニューからファイル名を選ぶことで，ほかのプログラムとアドレスの対応を見ることもできます．

■ 自分のプログラムへジャンプする

　ダンロードが無事に終わったら，いよいよ実行です．モニタから自分のプログラムへジャンプします．Htermのコンソールで，**図3-24**のように，

```
G F880 [リターン・キー]
```

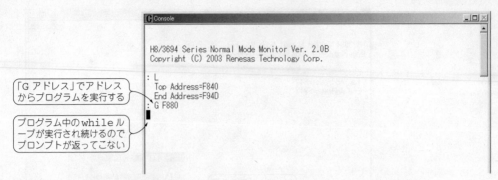

```
┌─┤Console├──────────────────────────────────────────────────────┐ _□x
│                                                                 ▲
│ H8/3694 Series Normal Mode Monitor Ver. 2.0B                    │
│ Copyright (C) 2003 Renesas Technology Corp.                     │
│                                                                 │
│ : L                                                             │
│  Top Address=F840                                               │
│  End Address=F94D                                               │
│ : G F880                                                        │
│                                                              █  │
│                                                                 │
│                                                                 │
│                                                                 ▼
```

「Ｇアドレス」でアドレス
からプログラムを実行する

プログラム中のwhileル
ープが実行され続けるので
プロンプトが返ってこない

図3-24　ダウンロードしたプログラムを実行する

と入力します．0xF880は，先ほど書いたプログラムのPowerON_Reset関数の先頭アドレスです．

　無事二つのLEDが交互に点滅すれば，プログラムが正常に動作しています．プログラムはwhileループ中を実行し続けるため，コンソールのプロンプトを再び使うことはできません．もう一度モニタに戻るには，H8マイコンそのものをリセットしなければなりません．電源を一度OFFするか，第2章のリセット・スイッチを付けている場合はそれでリセットします．

マイコンで必要となる C言語プログラミングの基礎知識

三好 健文

　パソコンのプログラムを書く場合には特に意識する必要がなくても，マイコンのプログラミングでは意識しておくべきポイントがあります．それは，

- マイコン自身の機能を利用したり，外部に接続したデバイスを操作するために，各種のレジスタにアクセスしなければならない
- コンパイラが，メモリなどのリソースの使用量を勝手に削減しようとすること

の2点です．

　ここでは，マイコンのプログラミングをするうえで知っておく必要のある基礎知識を紹介しましょう．

3A-1　アドレスを指定してデータをやりとりする…ポインタ変数

■ ポインタとは？

　C言語では，ポインタ（pointer）を使って間接的にデータを操作できます．ポインタを扱うための間接的な値をもつ変数をポインタ変数といいます．ポインタとデータの関係を**図3A-1**に示します．実際にこの図のような変数を宣言したい場合は，次のように記述します．

```
int *p;
```

　これは，int型の変数へのポインタ変数pという意味です．pでポインタ変数を表し，*pが実際のデータを表します．また*をポインタ演算子と呼びます．

● 場所が入る箱とデータが入る箱をイメージする

　「変数」という言葉が二つあって，ややこしいような気もしますが，**図3A-1**のように，

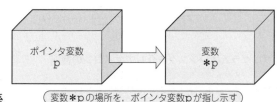

図3A-1　データとポインタの関係

変数*pの場所を，ポインタ変数pが指し示す

- ポインタ変数：場所を示す箱
- 変数　　　　：ポインタが示した場所にある箱

という，二つの箱をイメージするとよいでしょう．また，ポインタ変数の宣言は以下のように記述することもできます．

```
int* p;
```

こちらのほうがわかりやすいかもしれません．どちらでも好きなように記述できます．

■ ポインタは何に使う？

ポインタは通常のプログラミングにおいて，配列データへのアクセスの高速化や，そのほか多くの用途に使われます．しかしマイコンのプログラミングでは，もっと重要な用途に使われます．

それは，指定したアドレスにデータを書き込んだり，読み出したりするという用途です．

● H8マイコンとポインタの関係

I/Oを使ったデータの入出力や割り込み，タイマなどH8/3694Fの各機能を利用するには，アドレスを指定してデータをやりとりする必要があります．つまり**図3A-2**のように，それぞれに割り当てられた内部I/Oレジスタを通して，各機能にアクセスします．またH8マイコンでは，**図3A-3**のように内部I/Oレジスタはメモリ空間の一部に割り当てられています．

さて，ここで「アドレス」と「データ」という二つの「変数」が出てきました．ここでポインタが活躍します．つまり，ポインタ変数がアドレス，そしてそのポインタ，つまりアドレスが指し示している変数がデータに相当します．

■ ポインタの使いかた

アドレスを指定してデータをやりとりする方法を，具体的に説明しましょう．

● あるアドレスにデータを書き込む場合

ポインタ変数に代入したアドレスは，メモリ・マップに直接対応します．

たとえば，ポート8のポート・コントロール・レジスタは0xffeb番地です．ここに0xffを代入した

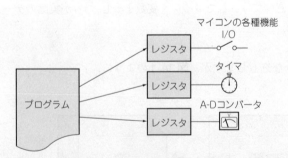

図3A-2　プログラムはレジスタを介してマイコンの機能を利用する
それぞれの機能には，設定やデータ入出力のためのいろいろなレジスタがある

アドレス	
0xffea	レジスタ
0xffeb	レジスタ
0xffec	レジスタ
0xffed	レジスタ
0xffee	レジスタ
0xffef	レジスタ
⋮	レジスタ
⋮	レジスタ

図3A-3　I/Oレジスタはメモリと同じアドレスをもっている
このようにI/Oレジスタとメモリが同一空間上に見える方式をメモリ・マップI/O方式という

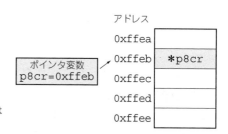

アドレス

0xffea	
0xffeb	*p8cr
0xffec	
0xffed	
0xffee	

ポインタ変数
p8cr=0xffeb

図3A-4　ポインタ変数とレジスタの関係
ポインタ変数p8crに0xffeb を代入すれば，変数 *p8cr は
ポート8のポート・コントロール・レジスタになる

いときには，次のように記述します．

```
volatile unsigned char *p8cr;
p8cr = (unsigned char*)0xffeb;
*p8cr = 0xff;
```

1行目は，ポインタ変数p8crを宣言しています．ちなみにp8crは，ポート8コントロール・レジスタのことです．

2行目は，ポインタ変数p8crに0xffebという値を，つまりポート8のポート・コントロール・レジスタのアドレスを覚えてもらう部分です．図3A-4を見ると，この関係がよくわかります．ポインタ変数p8crに0xffebという値が，そして変数 *p8crが実際のレジスタそのものに対応します．後ほど説明しますが，アドレス値をunsigned char* にキャストしていることに注意してください．

3行目は，図3A-4からわかるように，ポインタ変数p8crが示す変数 *p8cr，つまりポート8のポート・コントロール・レジスタに0xffを代入しています．

● あるアドレスからデータを読み込む場合

今度は逆に，ポート8のポート・コントロール・レジスタを読み込む場合を説明しましょう．この場合，以下のように記述します．

```
volatile unsigned char a;
volatile unsigned char *p8cr;
p8cr = (unsigned char*)0xffeb;
a    = *p8cr;
```

1行目は，読み込んだ値を保存する変数を定義しているだけです．2行目から3行目は，先ほどの書き込みの場合と同様に，ポインタ変数p8crを宣言し，アドレスを覚えてもらっています．

4行目がデータを読み込んでいる部分です．aという変数に，ポインタ変数p8crが示す変数 *p8cr，つまりポート8のポート・コントロール・レジスタの値を読み込んでいます．

● 一歩進んだアドレス指定

ポインタ変数を使えば，アドレスを指定してデータをやりとりできますが，いちいちレジスタごとにポインタ変数を宣言していたのでは，ソース・リストが長くなってしまいます．そのため，

```
*(volatile unsigned char*)0xffeb = 0xff;
```

といったように，アドレスを直接指定してデータをやりとりするような記述を目にすることがあります．

しかしこのような記述を使うと，後でソース・リストを読むときに，何がなんだかわからなくなってし

まいます.

　C言語のコンパイラには，ある特定の記述に名前を付ける，#defineという機能があります．#defineを使えば，

```
#define IO8 (*(volatile unsigned char*) 0xffeb)
IO8 = 0xff;
```

と記述できます.

　これは，先ほど示したアドレスを直接指定するのと同様に機能します．つまりIO8という部分が，コンパイラによって自動的に，(*(volatile unsigned char*)0xffeb)という記述に置き換えられるのです．実際には，このように名前を付けて記述するのが一般的です.

■ 変数のキャストって何だ？

　キャスト（cast）とは，C言語においてデータの「型」を変換する操作を指します．ポインタ変数の説明でも，「定数0xffeb」を「unsined char型のポインタ変数」へ代入するために，

```
(unsigned char*)0xffeb;
```

といったようにキャストしています．変数や定数のキャストや代入をするとき，それが普通の変数なのかポインタ変数なのかをまちがえないように気を付けましょう.

3A-2　大事な変数をコンパイラから守ろう…volatile宣言

　コンパイラは，記述したプログラムをより小さいコードに変換するために最適化処理をします．しかしこの処理によって，意図したとおりに動作しないコードが生成されてしまうことがあります.

■ volatile宣言とは？

● 意味のある記述が消えてしまう

　マイコンのプログラミングでは，同じ変数に何回も繰り返しデータを代入することがあります．たとえば第3章のリスト3-1でも，LEDを点滅させるために次のような記述を行っています.

```
*reg = 0x02;
for(i = 0; i < 40000; i++);
*reg = 0x04;
for(i = 0; i < 40000; i++);
```

　このとき，意図的に*regに0x02や0x04の値を代入しているにもかかわらず，コンパイラの最適化レベルによっては，*regへの代入が意味のないコードと解釈され，省略されてしまう場合があります.

● volatileは「この変数はちゃんと意味がありますよ～」と宣言するようなもの

　この最適化を防止し，各代入が意図的であることを示すために，マイコンのプログラムではしばしば，volatileという型修飾子を伴う変数宣言が見受けられます．volatileはANSI標準の型修飾子で，省略のような最適化を抑止する働きをします.

● 全部の変数にvolatileを付ける

　なぜ，コンパイラがプログラムから「意味のないコード」を見つけ省略するかということですが，これは，マイコンを使った組み込みプログラム以外にも，広くあてはまることなのですが,

（1） プログラム・コードを省略，すなわち実行する命令を少なくすることでプログラムを格納するのに必要なメモリを節約することができる．

（2） 必要な変数を減らすことは，プログラムが動作するときに必要なメモリを節約することにつながる．

（3） 実行する命令が少なくなれば，その分実行される速さが向上する．

　また，結果的に消費電力が少なくなるといった効果もあります．したがって，コンパイラはプログラムをできるだけコンパクトなコードにしようとします．

　もちろん，すべての変数をvolatile宣言してもかまいませんが，その場合には，上記のようなコンパイラのコードを小さくしようという処理が抑制されますので大きくて，遅いプログラムになってしまうことがあります．

■ unsignedって何だ？

　int型はsignedであり，正負の値が扱える型です．これに対してchar型はsignedかunsignedかが決まっていません．8ビット・サイズの数値計算用の変数が必要であれば，signed char，またはunsigned charまで明示する必要があります．

　また，C言語では負の値のビット表現は決まっていません．ビット演算を行う場合は正の値しかないunsignedを使うべきです．

3A-3　ソース・リストを読みやすくしよう…構造体と共用体

　マイコンのプログラムでは，内部レジスタへアクセスするために，アドレスを直接代入したくなるような場面が多くあります．しかし，アドレスをソース・リストに直接に埋め込んでいては，後でソース・リストを読んだとき何が何なのかわからなくなりますし，メインテナンス性も下がってしまいます．

　先ほども少し説明しましたが，実際には #define を使って，それぞれのレジスタのアドレスに，わかりやすい名前を付けてアクセスします．

■ I/Oレジスタを定義しているヘッダ・ファイル

　とはいえ，使うレジスタのアドレスを一つ一つ定義していたのでは，手間がかかってしまいます．また，名前の付けかたが人によってさまざまでは，やはり可読性が下ってしまいます．

　この問題を解消するために，ルネサス テクノロジのウェブ・サイトである，http://www.renesas.com/jpn/products/mpumcu/tool/corsstool/iodef/index.html よりダウンロードすることのできる，I/Oレジスタを定義しているヘッダ・ファイルを利用することをお勧めします．このサイトからはルネサス テクノロジの各種CPU向けのヘッダ・ファイルがアーカイブとしてまとめられているinclude.zipをダウンロードすることができます．解凍するとincludeというディレクトリができますが，この中の「解凍ディレクトリ¥300H¥3694s.h」が今回利用する，3694F用のヘッダ・ファイルです．このI/O定義ファイルでは，対象となるマイコンがもっているレジスタの各アドレスに #define によって名前が定義されています．また構造体と共用体によって，各レジスタに対してバイト単位でアクセスしたりビット単位でアクセスすることができます．**リスト3A-1**に3694s.hの一部を示します．

　なお，3694s.hは，付属CD-ROMに収録されています．

リスト3A-1　I/Oレジスタを定義しているヘッダ・ファイル3694s.hの一部
H8/3694F がもつレジスタが，構造体や共用体，# define を使ってすべて定義されている

```
～略～
struct st_io {                                              /* struct IO      */
          union {                                           /* PUCR1          */
                unsigned char BYTE;                         /*   Byte Access  */
                struct {                                    /*   Bit  Access  */
                      unsigned char B7:1;                   /*     Bit 7      */
                      unsigned char B6:1;                   /*     Bit 6      */
                      unsigned char B5:1;                   /*     Bit 5      */
                      unsigned char B4:1;                   /*     Bit 4      */
                      unsigned char   :1;                   /*     Bit 3      */
                      unsigned char B2:1;                   /*     Bit 2      */
                      unsigned char B1:1;                   /*     Bit 1      */
                      unsigned char B0:1;                   /*     Bit 0      */
                      }       BIT;                          /*                */
                }           PUCR1;                          /*                */
～略～
     union {                                    /* PMR5         */
                unsigned char BYTE;                         /*   Byte Access */
                struct {                                    /*   Bit  Access */
                      unsigned char   :2;                   /*               */
                      unsigned char WKP5:1;                 /*     WKP5      */
                      unsigned char WKP4:1;                 /*     WKP4      */
                      unsigned char WKP3:1;                 /*     WKP3      */
                      unsigned char WKP2:1;                 /*     WKP2      */
                      unsigned char WKP1:1;                 /*     WKP1      */
                      unsigned char WKP0:1;                 /*     WKP0      */
                      }       BIT;                          /*               */
                }           PMR5;                           /*               */
～略～
#define LVD     (*(volatile struct st_lvd   *)0xF730)       /* LVD    Address*/
#define IIC2    (*(volatile struct st_iic2  *)0xF748)       /* IIC2   Address*/
#define TW      (*(volatile struct st_tw    *)0xFF80)       /* TW     Address*/
#define FLASH   (*(volatile struct st_flash *)0xFF90)       /* FLASH  Address*/
#define TV      (*(volatile struct st_tv    *)0xFFA0)       /* TV     Address*/
#define TA      (*(volatile struct st_ta    *)0xFFA6)       /* TA     Address*/
#define SCI3    (*(volatile struct st_sci3  *)0xFFA8)       /* SCI3   Address*/
#define AD      (*(volatile struct st_ad    *)0xFFB0)       /* A/D    Address*/
#define WDT     (*(volatile struct st_wdt   *)0xFFC0)       /* WDT    Address*/
#define ABRK    (*(volatile struct st_abrk  *)0xFFC8)       /* ABRK   Address*/
#define IO      (*(volatile struct st_io    *)0xFFD0)       /* IO     Address*/
～略～
```

● **3694s.hの使いかた**

　まず，プロジェクトのファイルが格納されているワーク・ディレクトリに3694s.hをコピーします．
第3章で作成したプロジェクトの場合では，「C:¥HEW2¥ledtest1¥ledtest1」になります．

　次に，I/Oを利用するソース・コードに，

　　#include "3694s.h"

と記述します．こうすることで，ビルド時にHEWが3694s.hをプロジェクトに追加してくれます．こ
の3694s.hを利用することで，第3章のリスト3-1で示したプログラムは，**リスト3A-2**のようにすっき
り記述することができます．

■ **構造体って何だ？**

　構造体とは，**図3A-5**のように複数のデータを使いやすいように一つの塊にしたものです．また構造体

リスト3A-2 ヘッダ・ファイル3694s.h を使ったLED の点滅プログラム

レジスタ定義部分が不要になり，またH8/3694F のもつレジスタの名前がデータシートと1：1で対応しているため，読みやすい

```
#include "3694s.h"        /* 3694s.hを使うことを宣言 */

#ifdef __cplusplus
extern "C" {
#endif
void abort(void);
#ifdef __cplusplus
}
#endif

void main(void)
{
        volatile unsigned int i;

        IO.PCR8 = 0x06;

        while(1){
                IO.PDR8.BYTE = 0x02;
                for ( i = 0; i < 40000; i++);
                IO.PDR8.BYTE = 0x04;
                for ( i = 0; i < 40000; i++);
        }
}
```

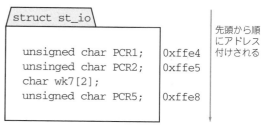

```
struct st_io

    unsigned char PCR1;
    unsinged char PCR2;
    char wk7[2];
    unsigned char PCR5;
```

図3A-5 構造体は変数の集まりに名前を付けるもの

```
struct st_io

    unsigned char PCR1;      0xffe4
    unsinged char PCR2;      0xffe5
    char wk7[2];
    unsigned char PCR5;      0xffe8
```

先頭から順にアドレス付けされる

図3A-6 変数には順番にアドレスが付けられる
図中のアドレスは適当な値である

では，宣言されている変数が本書で使用したコンパイラの場合**図3A-6**のように順にアドレス付けされるため，構造体の先頭のアドレスを定義するだけで，複数のレジスタのアドレスを一発で決められます．

変数名は，グループ名としての構造体の名前と，変数名の2種類で付けられるので，コードの可読性向上にもつながります．

■ 共用体って何だ？

マイコンのプログラムでは，特定のレジスタの，特定のビットだけにアクセスしたいということがよくあります．たとえば，あるポート・コントロール・レジスタのビット0だけを '1' にしたいといった場合です．

ビット一つ一つに名前を付けるのは面倒です．これを解消するために使用されるのが共用体です．共用体は**図3A-7**のように，同じアドレスに対して複数の異なった名前を付けることができます．

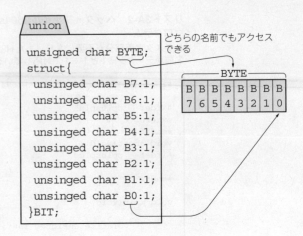

```
union

unsigned char BYTE;
struct{
 unsigned char B7:1;
 unsigned char B6:1;
 unsigned char B5:1;
 unsigned char B4:1;
 unsigned char B3:1;
 unsigned char B2:1;
 unsigned char B1:1;
 unsigned char B0:1;
}BIT;
```

どちらの名前でもアクセスできる

BYTE

| B7 | B6 | B5 | B4 | B3 | B2 | B1 | B0 |

図3A-7 共用体を使うと同じアドレスに複数の名前を付けられる

■ ビット・フィールド構造体

3694s.hの中で,

　　unsigned char B7:1;

などのように定義されている変数があります．これは，型はunsigned charなのですが，実際のデータは1ビットを表しています．ビットごとにデータを入出力する機会の多いマイコン・プログラムでは，こういった記述をよく目にします．

プログラムの流れを見てみよう

モニタ・プログラムの使いかたとデバッグ手法

三好 健文

モニタには，単にメモリやレジスタの値を見たり操作したりする以外にも，たくさんの機能があります．本章では，モニタとHtermの使いかた，そしてこれらを使ってプログラムをデバッグする方法を説明します．

4-1　組み込み型モニタとは

これまで単にモニタと呼んできたものは，正確には組み込み型モニタと呼ばれるもので，ユーザの実機システムに組み込んで，ユーザ・プログラムのデバッグを行うためのソフトウェアのことです．**図4-1**のように，モニタ自体はROMに書き込まれ，接続されたホスト・コンピュータ（今回はWindowsのインストールされたパソコン）と通信することで，対話的にH8マイコンにアクセスしたり，ユーザ・プログラムをダウンロードして実行したりできます．

モニタは，通常はEIA-232などのシリアル・インターフェースでホスト・コンピュータとやりとりを行います．したがって，ホスト・コンピュータにシリアル通信をサポートしている通信プログラム（ターミナル・ソフトウェア）があれば，たいていの場合モニタを操作できます．

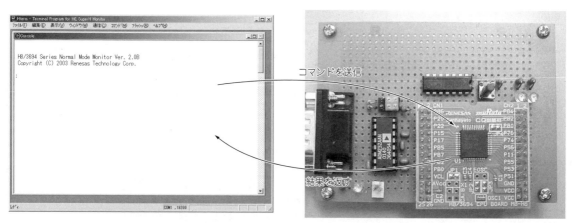

図4-1　モニタにコマンドを送信して処理結果を受信する
コマンドや処理結果は，すべてシリアル通信で行われる

表4-1 モニタのコマンドと機能

項　目	コマンド・フォーマット	機　能	備　考
1行アセンブル	A 命令を埋め込む先頭アドレス	指定されたアドレスに命令を埋め込む. コマンド入力後は下記の操作が可能である. ・" "（ブランク）を入力すると2バイト先のアドレスを表示する ・"^"を入力すると2バイト手前のアドレスを表示する ・命令を入力するとメモリの内容をその命令に変更する ・"."（ピリオド）を入力するとコマンドを終了する	アドレスは偶数である必要がある
ブレーク・ポイントの設定	B 設定アドレス	ユーザ・プログラムを停止するアドレス（ブレーク・ポイント）を設定する. 最大8個までのブレーク・ポイントを設定できる.	
ブレーク・ポイントの解除	B － [解除アドレス]	設定されているブレーク・ポイントを解除する. アドレスが指定されていなければ，すべてのブレーク・ポイントを解除する.	
ブレーク・ポイントの表示	B	設定されているブレーク・ポイントを表示する.	
メモリ内容のダンプ	D 先頭アドレス [最終アドレス] [B/W/L]	先頭アドレスから最終アドレスまでをダンプする. 最終アドレスは省略可能で，その場合256バイトをダンプする. Bを指定するとバイト単位，Wを指定するとワード（2バイト）単位，Lを指定するとロング・ワード（4バイト）単位で表示する.	
ディスアセンブル	DA 先頭アドレス [最終アドレス]	先頭アドレスから最終アドレスまでをディスアセンブルする. 最終アドレスを省略した場合は16命令ぶんディスアセンブルする.	
データの書き込み	F 先頭アドレス 最終アドレス データ	指定されたメモリ領域に，指定された1バイトのデータを書き込む.	
ユーザ・プログラムの実行	G [先頭アドレス]	アドレスで指定したアドレスからユーザ・プログラムを実行する. アドレスが省略された場合は現在のアドレスから実行する.	
内蔵周辺機能の状態表示	H8 周辺機能名	内蔵周辺機能のレジスタの状態を表示する.	周辺機能名として使えるものは，TV, TW, SCI3, A/D, WDT, IIC, ABRK, I/O, INTなどである
プログラムのダウンロード	L	ホスト端末から，Sレコード・フォーマットのロード・モジュールをメモリ上にダウンロードする.	
メモリ内容の表示と変更	M アドレス [B/W/L]	指定されたアドレスのメモリ内容を，サイズで指定した単位で表示，変更する. コマンド入力後は下記の操作が可能である. ・" "（ブランク）を入力すると2バイト先のアドレスを表示する ・"^"を入力すると2バイト手前のアドレスを表示する ・データを入力するとメモリの内容をそのデータに変更する ・"."（ピリオド）を入力するとコマンドを終了する	
CPUレジスタの一覧表示	R	CPUのコントロール・レジスタ，汎用レジスタの一覧を表示する.	
ステップ実行	S [実行ステップ数]	ユーザ・プログラムのステップ実行を行い，レジスタ内容と実行した命令を表示する.	ステップ数は10進数で指定する
CPUレジスタの表示と変更	. レジスタ名 [データ]	CPUのコントロール・レジスタ/汎用レジスタの内容を表示，変更する. データを指定すると該当のレジスタだけ変更を行う. データを省略すると該当のレジスタから順番に会話形式でレジスタ値の表示，変更を行う. ・" "（ブランク）を入力すると2バイト先のレジスタを表示する ・"^"を入力すると2バイト手前のレジスタを表示する ・データを入力するとレジスタの内容をそのデータに変更する ・"."（ピリオド）を入力するとコマンドを終了する	レジスタの表示順は以下のとおり ER0, ER1, ER2, ER3, ER4, ER5, ER6, ER7, PC, CCR, SP, R0, R1, R2, R3, R4, R5, R6, R7, E0, E1, E2, E3, E4, E5, E6, E7, R0L, R1L, R2L, R3L, R4L, R5L, R6L, R7L, R0H, R1H, R2H, R3H, R4H, R5H, R6H, R7H
コマンドのヘルプ表示	[コマンド名] ?	コマンドの使用方法を表示する. コマンド名を省略するとモニタがもっているコマンドの一覧を表示する. コマンド名を指定すると該当のコマンドの使用方法を表示する.	
コマンド履歴	コマンド名 .	指定されたコマンドの前回の内容を表示し，キーボード入力待ち状態になる.	

注▶ [ ]内の値や文字は省略可能である.

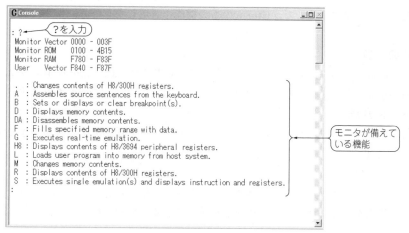

図4-2　？コマンドでモニタに組み込まれているコマンドの一覧を表示したようす
このウィンドウがConsoleウィンドウである

● 付属CD-ROMに収録されているモニタの概要

　ルネサス テクノロジから提供されているモニタ・プログラムは，ほんの少しカスタマイズをすることで，H8/300HシリーズやH8/300H Tinyシリーズのほとんどで利用できます．

　付属CD-ROMに収録されているモニタ・プログラムは，H8/3694F用にカスタマイズしたものです．ホスト・コンピュータとのシリアル通信の速度は，ターミナル・ソフトウェアHtermのデフォルトの通信速度である19200 bpsになっています．以降，単にモニタと呼ぶ場合は，このH8/3694F用のモニタ・プログラムのことを指します．

● モニタのコマンド

　モニタには，ユーザがソフトウェア開発する際に有用な，多くの機能が実装されています．モニタが備えているコマンドと機能を**表4-1**に示します．実際にはモニタのすべてのコマンドが実行できるようになっているわけではなく，マイコンのROMやRAMの容量に合わせて，一部の機能が削られたりカスタマイズされています．

　たとえば，前に実行したコマンドを呼び出すヒストリ機能というものがあります．しかし，この機能はHtermにも備わっているので，付属のモニタではコマンドのヒストリ機能をOFFにしています．

　書き込んであるモニタで使用可能なコマンドの一覧は，**図4-2**のようにコマンド・プロンプト（セミコロン）の右に？を入力することで得ることができます．

4-2　ターミナル・ソフトウェアHtermとは

　ルネサス テクノロジが提供しているHterm（正確にはHtermMDI）は，H8マイコンのモニタ・プログラムと通信してデバッグを行うことのできる，マルチ・ウィンドウのターミナル・ソフトウェアです．

　組み込み型モニタのところでも少し触れましたが，モニタのコマンドの実行はマイコン自身で行われます．コマンドや結果のやりとり自体は単なるシリアル通信ですから，一般的なシリアル通信をサポートしているターミナル・ソフトを使っても，マイコンにアクセスしながらデバッグを行うことができます．

　しかし，Htermには，一般的なターミナル・ソフトには備わっていない，モニタに対応した便利な機

能がいろいろ備わっています．そこで，Htermのもつ機能を説明しましょう．

■ コンソールの機能

図4-2で示した画面がHtermのConsoleウィンドウです．基本的には，このウィンドウを通してコマンドを送ったり結果を見たりします．Htermのコンソールには次のような機能があります．

● コマンドのヒストリ機能

モニタに発行したコマンドの履歴(ヒストリ)を↑キーや↓キーで呼び出すことができます．コマンドは16個まで保存されます．

● 画面のスクロール・ロック

Ctrlキー＋s(コントロール・キーを押しながらsを押す)を入力することで，画面のスクロールをロックできます．長い出力を好きなところで止めながら確認できる，便利な機能です．

■ 各種コマンドの実行

基本的には，コンソールからコマンドをH8マイコンに送り実行結果を確認しますが，Htermではいくつかのコマンドをメニューから実行できます．この場合，図4-3のようにコンソール・ウィンドウとは独立したウィンドウが開きます．また，ホスト・コンピュータに保存されているソース・リストを利用した表示を行うこともできます．

● ユーザ・プログラムのダウンロード

第3章では，この機能を使って作成したプログラムをダウンロードしました．メニュー・バーから[コマンド]-[Load]を選択して，ダウンロードしたいファイルを選択すれば，自動的にプログラムが転送されます．

ダウンロードできるファイル形式は，第3章で利用したELF/DWARF2フォーマット(拡張子が.abs)のほかに，Sレコード形式のファイル(.mot)や，sysrofフォーマット(.abs)も扱うことができます．

● 逆アセンブル表示

逆アセンブル(ディスアセンブル)とは，マシン語からアセンブリ言語に変換することです．つまり，メモリに書かれているディジタル・データを，人間が読めるアセンブリ言語に変換して表示します．

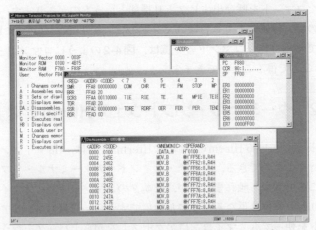

図4-3　Htermで複数のウィンドウを表示しているようす
コマンドごとにいろいろなウィンドウを表示できるので，効率的に操作できる

メニュー・バーから［表示］-［DisAssemble］を選択すると，**図4-4**のダイアログが表示されます．ここで，逆アセンブルしたい場所の先頭アドレスと，表示行数を指定します．PC連動モードは，現在のプログラム・カウンタに合わせて表示が更新される，便利なモードです．

［OK］をクリックすれば，**図4-5**のように逆アセンブルした結果が表示されます．表示されるデータは，

アドレス　コード　ニーモニック　オペランド

の順で並んでいます．

● **メモリ・ダンプ表示**

メモリの内容を256バイト表示する機能です．［表示］-［Dump］を選択すると，**図4-6**のダイアログが開きます．ここで，表示したいメモリの先頭アドレスを指定します．ダンプ表示のサイズは，バイトごと，ワード（2バイト）ごと，ロング・ワード（4バイト）ごとの3種類の表示が選べます．

アドレスとサイズの指定をしたら［OK］をクリックします．すると，**図4-7**のようにメモリの内容が表示されます．

● **メモリ内容の表示と変更**

先ほどのメモリ・ダンプと似ていますが，こちらは内容を表示するだけでなく，変更もできます．［表示］-［Memory］を選択すると，**図4-8**のダイアログが開きます．メモリ・ダンプと同じように，アドレスとサイズ，そして表示する個数を設定します．

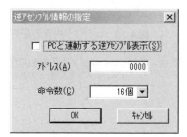

図4-4　逆アセンブル情報の指定ダイアログ
逆アセンブルしたい先頭アドレスと命令数を設定する．PC連動モードにすれば，現在のプログラム・カウンタに合わせて表示が更新される

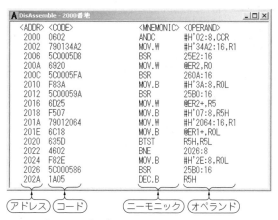

図4-5　逆アセンブル表示

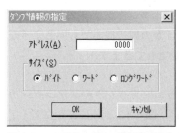

図4-6　メモリ・ダンプ情報の指定ダイアログ
表示したいメモリの先頭アドレスと，表示サイズを指定する

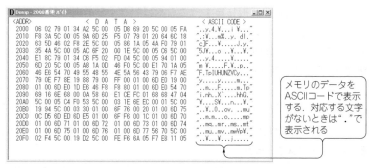

メモリのデータをASCIIコードで表示する．対応する文字がないときは“.”で表示される

図4-7　メモリ・ダンプ表示
左から順に，アドレス，データ，ASCIIコード表示の順で並んでいる

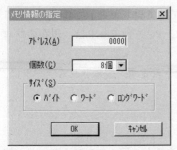

図4-8　メモリ情報の指定ダイアログ
表示/変更したいメモリのアドレスとサイ
ズ，個数を設定する

ダブル・クリックするとその
アドレスの値を変更できる

図4-9　メモリ内容の表示

**図4-10　メモリ内容を変更するダイ
アログ**
アドレスと値，入力形式を指定して
[OK]ボタンをクリックする

ここをクリックする
と表示する周辺機能
を変更できる

**図4-11　周辺機能レジスタ
の選択ダイアログ**
表示する周辺機能を選択した
ら[OK]ボタンをクリックする

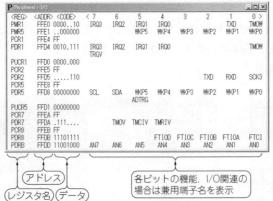

アドレス
レジスタ名　データ
各ビットの機能．I/O関連の
場合は兼用端子名を表示

図4-12　周辺機能のレジスタの表示
この図ではI/O関連のレジスタを表示している．読み込み不可
能なレジスタの値は保証されない

**図4-13　レジスタ内容の変更
ダイアログ**
変更したいレジスタと値を入力
して[OK]ボタンをクリックする

　[OK]をクリックすると，**図4-9**のようにメモリ内容が表示されます．表示されているアドレスやデー
タをダブル・クリックすると**図4-10**のようなダイアログが表示され，メモリの内容を変更できます．

● **周辺機能のレジスタ表示**

　[表示]-[Peripheral]を選択すると，**図4-11**のダイアログが表示されます．ここで，レジスタの値を表
示したい周辺機能を選択します．ここでは[I/O]を選択してみます．[OK]ボタンをクリックすると，**図
4-12**のようにI/Oに関連するレジスタの値が表示されます．もちろん，ほかの周辺機能でも同じような
表示になります．画面をダブル・クリックすれば，**図4-13**のように値の変更もできます．

● **CPU内部のレジスタ表示**

　[表示]-[Register]を選択すると，**図4-14**のようにCPU内部のプログラム・カウンタやスタック・カ
ウンタ，汎用レジスタの値を表示します．画面をダブル・クリックすれば，**図4-13**と同じようなダイア
ログが現れ，値の変更ができます．

● **ソース・リストの表示**

　ユーザ・プログラムのダウンロードを行ったとき，「ソースプログラムを表示しますか？」というダイ
アログが現れます．ここで[はい]をクリックすると，**図4-15**のようにソース・リストと対応するアドレ

図4-14　CPU内部のレジスタ表示

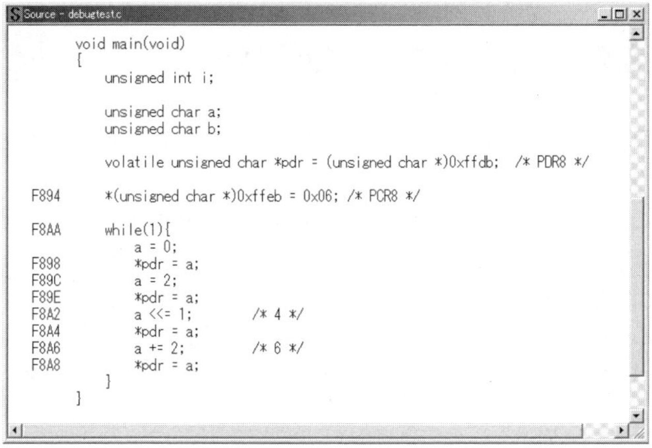

プログラム・カウンタ

ダブル・クリックすれば値を変更できる

```
void main(void)
{
        unsigned int i;

        unsigned char a;
        unsigned char b;

        volatile unsigned char *pdr = (unsigned char *)0xffdb;  /* PDR8 */

F894    *(unsigned char *)0xffeb = 0x06; /* PCR8 */

F8AA    while(1){
            a = 0;
F898        *pdr = a;
F89C        a = 2;
F89E        *pdr = a;
F8A2        a <<= 1;        /* 4 */
F8A4        *pdr = a;
F8A6        a += 2;         /* 6 */
F8A8        *pdr = a;
        }
}
```

図4-15　ソース・リストの表示
ELF/DWARF2（.abs）形式のファイルをダウンロードした後にだけ表示できる

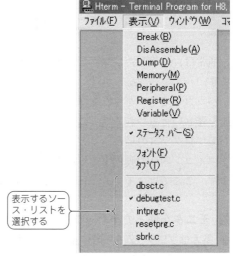

表示するソース・リストを選択する

図4-16　表示するソース・リストの選択
プログラムを構成する複数のソースがリストに挙がっている

スを表示します．

　プログラムは複数のソース・リストから構成されますが，表示したいソース・リストは**図4-15**のSourceウィンドウを選択した状態で，**図4-16**のように［表示］メニューをクリックすると選択できます．

● 変数の表示

　プログラムで使用している変数が，メモリ上のどこにマッピングされているかを表示します．Sourceウィンドウを選択した状態で，［表示］-［Variable］を選択すると，**図4-17**の画面が表示されます．なお，ソース・リストと変数は，プログラムを構成する各ファイルごとに選択，表示できます．

　ただし，たとえプログラム中で変数を宣言していても，コンパイラの最適化によって変数が省略されていたり，定数に置き換えられている場合もあります．その場合には，対応するアドレスは表示されません．

● ブレークポイントの確認と設定

　［表示］-［Break］を選択すると，**図4-18**のウィンドウが開きます．このウィンドウには，設定されているブレークポイントが表示されます．また，ウィンドウをダブル・クリックすることで，ブレークポイントを新たに設定したり，解除したりできます．

図4-17　変数の表示
コンパイラの最適化によって変数が省略されていたり, 定数に置き換えられている場合はアドレスが表示されない

図4-18　ブレークポイントの表示
現在設定されているブレークポイントが表示される. 画面をダブル・クリックすれば, ブレークポイントを設定したり, 解除したりできる

4-3　モニタとHtermを使ったプログラムのデバッグ

通常は, 作成したプログラムが1回で正常に動作することはなく, 何回かのデバッグを行う必要があります.

パソコンでプログラムを作る場合を考えてみましょう. もし動作がおかしかったら, 状態を表示する記述を怪しいと思われる場所に追加すれば, ある程度はプログラムの動作を調べられます. しかし, マイコンのプログラムの場合は, ディスプレイなどに自由に出力することは難しいでしょう.

マイコン内部の動作を知るためには, モニタやターミナル・ソフトウェアを有効に活用する必要があります. ここでは, モニタとHtermを利用したデバッグ手法を簡単に説明します.

■ モニタを使ったデバッグ
● 基本はプログラムを一時停止することだ！

モニタを使ったデバッグの基本は, ブレークポイントを設定してプログラムの動作を一時停止したり, ステップ実行を使って, プログラムの動作を追っていくことです. これによって, 以下のことを確認できます.

- 動作の流れは正しいか？
- 変数やメモリの値は正しいか？
- レジスタの値は期待したとおりか？

ここでは**リスト4-1**に示す簡単な演算を行うプログラムを例に, モニタとHtermを使って実際にプログラムのデバッグを行ってみましょう.

プログラムは第3章と同様の方法でビルドし, マイコンにダウンロードします. ソース・リストは表示しておいたほうがわかりやすいでしょう.

● Pstepを使ったソース・コード・デバッグ

PstepとはC言語のソース・コードに対応してプログラムを実行することのできるHtermの機能です. Pstepを利用することで, ソース・コードの1行ごとのレジスタの状態を確認しながらプログラムを動作させることができます.

それでは, Pstepを使って**リスト4-1**のプログラムの動作を確認してみましょう.

はじめにmain関数のあるソース・ファイルを開きます. ここでは, debugtest.cというファイルがそれにあたります. これを見るとmain関数の中の,

リスト4-1　簡単な演算を行うプログラムのソース・リスト
変数aに対して簡単な計算を行い，その結果をLEDで表示する．変数iとbは未使用である．リストはmain関数だけを抜粋したもので，自動生成されるコメントやabort関数は省略してある

```
void main(void)
{
    unsigned int i;

    unsigned char a;
    unsigned char b;

    volatile unsigned char *pdr = (unsigned char *)0xffdb;  /* PDR8 */

    *(unsigned char *)0xffeb = 0x06; /* PCR8 */

    while(1){
        a = 0;
        *pdr = a;
        a = 2;
        *pdr = a;
        a <<= 1;          /* 4 */
        *pdr = a;
        a += 2;           /* 6 */
        *pdr = a;
    }
}
```

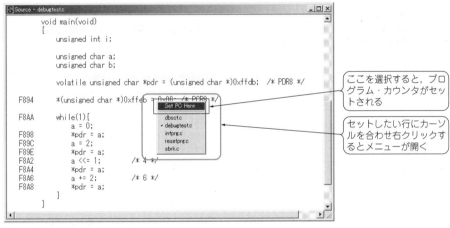

図4-19　プログラム・カウンタをセットする
セットしたい行にカーソルを合わせて右クリックする

```
    *(unsigned char*)0xffeb = 0x06;
```
という行がプログラムのはじまりであることがわかります．まずは，この番地からプログラムを実行させるためにプログラム・カウンタをセットします．プログラム・カウンタのセットは，**図4-19**のように，セットしたい行のところで右クリックすることで表示されるメニューから選択することで行うことができます．プログラム・カウンタをセットするとその行がハイライトされます（**図4-20**）．

　次に，メニューから［コマンド］-［Pstep］と選択します（**図4-21**）．これで，ソース・コード1行分だけ命令が実行されます．このときのレジスタの値が**図4-22**のようにConsoleウィンドウに表示されます．またプログラム・カウンタが次の行に進み，**図4-23**のようにハイライトされます．

　次々とPstepコマンドを実行することで，プログラムをソース・コード・レベルで実行することができます．**リスト4-2**は，このときのConsoleウィンドウの内容です．このように，変数aを保持しているレジスタR0Hの値が期待どおりに変化していることを確認することができます．

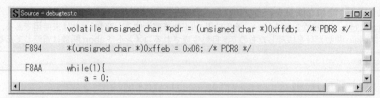

図4-20　プログラム・カウンタをセットしたようす
セットされた行がハイライトされる

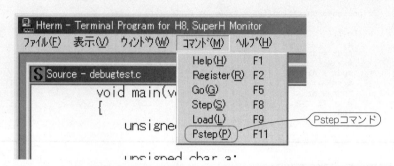

図4-21　Pstepの実行
Sourceウィンドウがアクティブになっている状態でコマンド・メニューを開いて，
Pstepを選択する

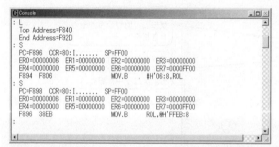

**図4-22　Pstepによる実行で変化したレジスタがconsole
ウィンドウに表示されている**

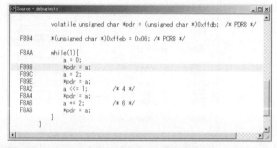

**図4-23　Pstepを実行すると，プログラム・カウンタは
次の行へ移動する**

● ステップ実行のしかた

　Pstepコマンドを使うことでソース・コード・レベルでのデバッグを行うことができました．しかし，プログラムの動作を確認していくうえで，ソース・コード・レベルでのデバッグだけではなく，実際の機械語レベルでの動作確認や，各レジスタ，ペリフェラルの値を確認したいという場面もあります．そのような場合に役立つコマンドがステップ実行です．

　ステップ実行とは，プログラムを1ステップ，つまり1命令ごとに実行することです．ステップ・コマンドはメニュー・バーから［コマンド］-［Step］を選択するか，コンソール・ウィンドウのプロンプトで，

　　　: S ［リターン・キー］

と入力します．ほかにもF8キーを押すことで，同じくステップ実行できます．キー一つですから，こちらのほうが手軽でよいでしょう．ステップ実行すると，**図4-24**のように1ステップだけプログラムが実行され，その時点のレジスタの状態が表示されます．

リスト4-2　Pstep コマンドを次々と実行したようす
変数aに対応するR0Hの値が期待したように変化していることが確認できる

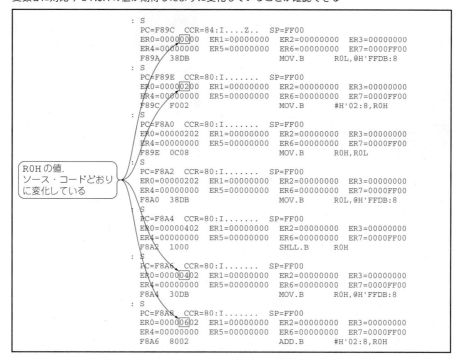

ROHの値。
ソース・コードどおり
に変化している

```
            : S
              PC=F89C  CCR=84:I....Z..  SP=FF00
              ER0=00000000  ER1=00000000  ER2=00000000  ER3=00000000
              ER4=00000000  ER5=00000000  ER6=00000000  ER7=0000FF00
              F89A  38DB             MOV.B    R0L,@H'FFDB:8
            : S
              PC=F89E  CCR=80:I......  SP=FF00
              ER0=00000200  ER1=00000000  ER2=00000000  ER3=00000000
              ER4=00000000  ER5=00000000  ER6=00000000  ER7=0000FF00
              F89C  F002             MOV.B    #H'02:8,R0H
            : S
              PC=F8A0  CCR=80:I......  SP=FF00
              ER0=00000202  ER1=00000000  ER2=00000000  ER3=00000000
              ER4=00000000  ER5=00000000  ER6=00000000  ER7=0000FF00
              F89E  0C08             MOV.B    R0H,R0L
            : S
              PC=F8A2  CCR=80:I......  SP=FF00
              ER0=00000202  ER1=00000000  ER2=00000000  ER3=00000000
              ER4=00000000  ER5=00000000  ER6=00000000  ER7=0000FF00
              F8A0  38DB             MOV.B    R0L,@H'FFDB:8
            : S
              PC=F8A4  CCR=80:I......  SP=FF00
              ER0=00000402  ER1=00000000  ER2=00000000  ER3=00000000
              ER4=00000000  ER5=00000000  ER6=00000000  ER7=0000FF00
              F8A2  1000             SHLL.B   R0H
            : S
              PC=F8A6  CCR=80:I......  SP=FF00
              ER0=00000402  ER1=00000000  ER2=00000000  ER3=00000000
              ER4=00000000  ER5=00000000  ER6=00000000  ER7=0000FF00
              F8A4  30DB             MOV.B    R0H,@H'FFDB:8
            : S
              PC=F8A8  CCR=80:I......  SP=FF00
              ER0=00000602  ER1=00000000  ER2=00000000  ER3=00000000
              ER4=00000000  ER5=00000000  ER6=00000000  ER7=0000FF00
              F8A6  8002             ADD.B    #H'02:8,R0H
```

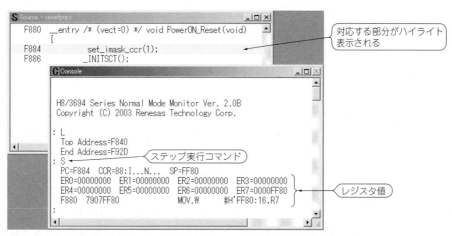

対応する部分がハイライト
表示される

ステップ実行コマンド

レジスタ値

図4-24　プログラムをダウンロードした後にステップ実行したようす
Source ウィンドウでは，実行した部分がハイライト表示される

● ブレークポイントとは

　ステップ実行でプログラムを順々に実行していくことで，一つ一つのプログラムの状態を確認できます．しかし，これではなかなか目的の処理部分までたどり着くことができません．

　たいていの場合は，ある程度までは自動でプログラムを進めて，そこから先はステップ実行したい，ということがほとんどだと思います．このような場合に利用するのがブレークポイントです．ブレークポイ

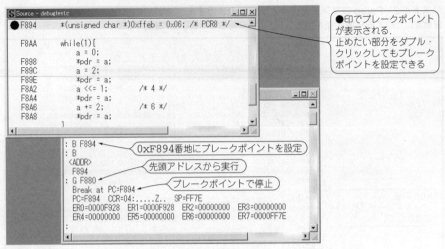

図4-25 ブレークポイントを設定して任意の場所でプログラムを停止する
図ではBコマンドでブレークポイントを設定しているが，Sourceウィンドウの任意の場所をダブル・クリックしても，同じようにブレークポイントを設定できる

ントを指定することで，指定したポイントでプログラムを一時停止させることができます．

● **ブレークポイントの設定とステップ実行を組み合わせたデバッグ手法**

　まず，ポート8のポート・コントロール・レジスタの値を設定しているところで，プログラムをブレークさせることにします．ソース・リストとアドレスの対応関係をSourceウィンドウで確認すると，アドレスは0xF894になっています．そこで，Consoleウィンドウのプロンプトで，

　　　: B F894 ［リターン・キー］

と入力します．これで，0xF89A番地にブレークポイントを設定できました．設定が終わったら，同じくプロンプトから，

　　　: G F880 ［リターン・キー］

と入力します．

　するとプログラムが順に実行され，0xF894番地で停止します．**図4-25**のように，ConsoleウィンドウにはPC=F894という実行結果が，またSourceウィンドウでは0xF894のラインが強調表示されていると思います．指定の場所まできたら，

　　　: S ［リターン・キー］

と入力すると，1ステップずつプログラムを実行できます．次々とステップ実行することで，LEDが点滅するようすと，プログラムがwhileの中をループしていることを確認できるはずです．

　ブレークポイントは8個まで指定することが可能なので，プログラム中の確認すべきポイントにそれぞれ設定することで，その時点の状態を確認できます．

■ メモリやレジスタの値も確認する

　同時にPeripheralウィンドウやMemoryウィンドウなどを開いておくと，アクセスしているレジスタの値を確認できます．ただし，ステップ実行時にはペリフェラル（周辺機能）の値を毎回更新するために，マイコンとの通信によって，実行に時間がかかります．Gコマンドでブレークポイントまで進める場合には，値の更新が最後にだけ起こるため，それほど遅くはなりません．

電源ONですぐに動くプログラムを作る

マイコン・プログラムのROM化手法

三好 健文

　前章までは，自分の書いたプログラムをモニタを使ってH8マイコンのRAMに書き込み，実行してきました．しかしRAMへの書き込みであるため，電源をONするたびにパソコンからプログラムをダウンロードしなければなりません．実際に利用する場合には不便なことも多いでしょう．

　読者の方の最終目標は，電源ONですぐに動くシステム，つまりスタンドアローンで動くシステムを作ることでしょう．そのためには，作ったプログラムをROMに書き込む必要があります．この章では，自分の書いたプログラムをROMに書き込む方法を説明します．

■ 5-1　RAMにダウンロードする場合とROMに書き込む場合の違い

■ スーパーファミコンはどう動く？

　ちょっと古いですが，スーパーファミコンというゲーム機がありました．いろいろなゲームのカセットを「ROM」と呼んだことはありませんか？これは，マイコンのROMとまったく同じで，CPUのバスにROMが直結されています．

　図5-1（a）のように，カセットを挿さずに電源をONにしたことはありますか？この場合，まったく画面が出てきません．ROMが，つまり実行するプログラムがないので，当然マイコンはおかしな動作をしてしまいます．しかし，カセットを挿して電源をONすれば，すぐにゲームが立ち上がります．

■ PlayStation2はどう動く？

　もう少し進んで，PlayStation2の場合を考えてみましょう．ゲームはCD-ROMやDVD-ROMで供給されています．これを入れないで電源をONしてみます．すると，図5-1（b）のようにオープニング画面が出たあと，メニュー画面に移ります．このメニュー・プログラムはPlayStation2の中に入っているROMに書き込まれています．厳密には違うのですが，このメニュー・プログラムが，マイコンのモニタだと思ってください．

　さて，ゲームを実行する場合を考えてみましょう．CD-ROMをセットすれば，PlayStation2のROMに入っているプログラムが自動的にゲームをRAMにロードして実行します．モニタでプログラムをRAMにダウンロードするのに似ています．プログラムの読み込みにも，少し時間がかかります．

（a）スーパーファミコンはカセット（ROM）を入れないと動かない　　（b）PlayStation2はCD-ROMを入れなくてもメニューが起動する

図5-1　スーパーファミコンとPlayStation2はどう違う？

■ プログラムをROMに置くかRAMに置くかの違い

　さて，先ほどの例でゲームの立ち上がり時間に差があると説明しました．もちろん，CD-ROMを回すという機械的な時間もあるのですが，本質的には，RAMでプログラムを実行する場合はROMの場合に比べて，ダウンロードする手間や時間が余計に必要です．ほかにもいろいろな違いがあります．

　それらについて，もう少し詳しく説明していきましょう．

● プログラムを開発するときはRAMを活用しよう

　H8/3694Fには，書き換えが可能なフラッシュROMが32Kバイト内蔵されています．しかしフラッシュROMには書き換え回数制限があるため，むやみやたらに書き換えをしてしまうと，マイコンが使えなくなってしまうことがあります．それに，書き換えにはいちいちブート・モードに切り替えたりと，多少手間がかかります．

　RAMには書き換え回数制限がありませんし，モニタさえ起動すればモードを切り替えなくてもどんどんプログラムを書き換えられます．また，第4章で紹介したモニタの機能を使って，プログラムを一時停止したり，一部のプログラムを書き換えたりできるので，開発にはなにかと便利です．開発段階ではRAMでプログラムを実行して，いろいろと試してみるのをお勧めします．

● 最終的にはROMに書き込もう

　先にも説明したとおり，何かの機能を実現するため，いちいちパソコンからプログラムをダウンロードしていたのでは，手間が掛かってしまいます．そこで，最終的に完成したプログラムはフラッシュROMに書き込んで，スタンド・アローンのシステムにします．

　ROMに書き込んだプログラムは電源投入直後から動作します．先に説明したモニタも，ROMに書き込んで使うプログラムで，電源ONと同時にすぐ起動します．最終的な機器として完成させる場合は，プログラムをROMに書き込みます．

5-2　プログラムが動作するしくみ

　具体的な開発の手順について説明する前に，プログラムがどのように動作しているのか，また電源ONのあとのマイコンの動作について簡単に説明します．

■ プログラム・カウンタに従ってプログラム・コードが読まれ実行される

　ROMやRAMに書いてあるプログラムは，図5-2のようにプログラム・カウンタというレジスタの値に従ってアクセスされ，実行されます．分岐命令やサブルーチンの呼び出しなどの命令がなければ，プログラム・カウンタは順番にプログラム・コードの格納されているアドレスを指していきます．

■ 電源ON後のCPUの動作

　電源ON直後，またはリセット直後は，H8/3694Fの内部レジスタ値がすべて初期化された状態になっています．したがって，まずはプログラムを動作させるためにマイコンの設定を行う必要があります．

● プログラムはどこから実行される？

　H8/3694Fは起動直後，図5-3のようにリセット例外処理の割り込みベクタである0x0000番地のデータを読み，プログラム・カウンタに格納します．以降はプログラム・カウンタが指し示すアドレスに書いてあるコードを順に実行していきます．

● 割り込みベクタとは何か

　割り込みベクタとは，リセットや外部の割り込み入力が発生した場合に，CPUが読みに行くメモリのアドレスのことです．このアドレスは，CPUによってあらかじめ定められています．

　割り込みベクタには，次に読み出すべきプログラム(関数)が配置されているアドレスを書いておきます．CPUは，図5-4のように割り込みベクタに入っている値をプログラム・カウンタに格納し，次の命令へと進みます．割り込みに関しては第6章で解説します．

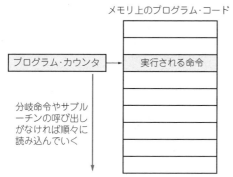

図5-2　プログラム・カウンタとメモリの関係
プログラム・カウンタの値によって，メモリ上のプログラム・コードが読み込まれ，実行される

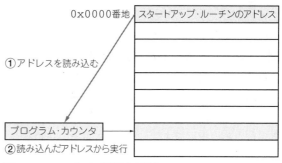

図5-3　H8マイコン起動時の動作
まず，メモリの先頭番地(0x0000)に入っている，スタートアップ・ルーチンのアドレスがプログラム・カウンタに取り込まれ，そのアドレスからプログラムが実行される

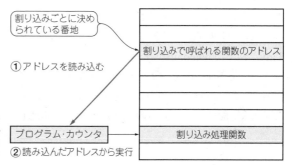

図5-4　割り込みベクタと割り込み動作
割り込みベクタとは，リセットや外部の割り込み入力が発生した場合にCPUが読みに行くメモリのアドレスである．割り込み発生時には，このメモリに入っている値をプログラム・カウンタに読み込み，目的の割り込み処理を実行する

● スタートアップ・ルーチン

CPUが最初に呼び出す処理をスタートアップ・ルーチンと呼びます．スタートアップ・ルーチンは何をするものだという明確な定義はありませんが，主にCPUを動かすために，内部レジスタの値を設定する一連の処理のことを指します．

H8/3694Fのスタートアップ・ルーチンには，スタックの初期化，例外処理のための設定などがあります．また必要に応じて，各種I/Oの機能を選択するためにレジスタ値の設定などを行います．

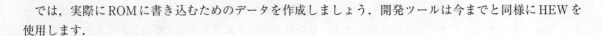

5-3　ROMに書き込むプログラムを作る

では，実際にROMに書き込むためのデータを作成しましょう．開発ツールは今までと同様にHEWを使用します．

■ プログラムの作成

第3章で作成したプログラムをROMに書き込んで実行してみましょう．ROMに書き込むプログラムといっても，とくに難しいことはありません．

実はHEWで作成するプロジェクトは最初から，プログラムをROMに書き込むことを想定しています．そのため，ウィザードに従ってプロジェクトを作成すれば，電源ON直後に必要なスタートアップ・ルーチンが自動生成されます．

ここでは，第3章のledtest1と同じプログラムですが，改めてromtestというプロジェクトを作成しました．

■ リセット直後に実行される処理

自動生成されたリセット直後の処理はresetprg.cに記述されています．このファイルの，

　_entry (vect=0) void PowerON_Reset(void)

という記述は，この関数へのポインタ，つまりこの関数を置く先頭アドレスを，割り込みベクタ0番に書き込むための指示です．したがってリセット直後は，CPUはこのPowerON_Reset関数を呼び出します．

その後，割り込み関係の初期化などの処理があり，自分が処理を記述した関数，つまりmain関数が呼ばれます．

■ プログラムのビルド

第3章と同様に，main関数以下にプログラムを記述したらビルドします．ビルドする前に，プログラムがきちんとROMに配置されるように指定されているかどうか確認しておきましょう．

これは，H8 Tiny/SLP Toolchainウィンドウで確認できます．メニュー・バーから[オプション]-[H8 Tiny/ SLP Toolchain…]を選び，ウィンドウを開きます．次にLink/Libraryタブを選択し，CategoryメニューからSectionを選択します．図5-5のようになっているでしょうか．resetprg.cの中で指定してあったPResetPRGセクションが0x400に，プログラム・コードが0x800以降に割り当てられ，どちらもROMに配置されているのがわかります．確認したら，F7キーを押してビルドしましょう．

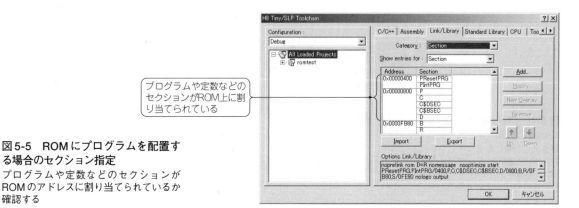

図5-5 ROMにプログラムを配置する場合のセクション指定
プログラムや定数などのセクションが
ROMのアドレスに割り当てられているか
確認する

プログラムや定数などの
セクションがROM上に割
り当てられている

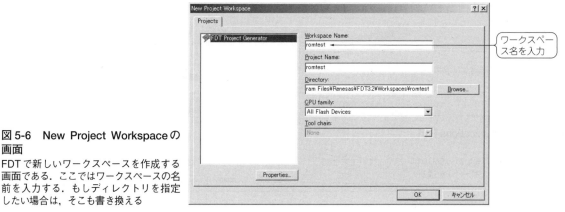

図5-6 New Project Workspaceの画面
FDTで新しいワークスペースを作成する
画面である．ここではワークスペースの名
前を入力する．もしディレクトリを指定
したい場合は，そこも書き換える

ワークスペー
ス名を入力

5-4 ROMへの書き込み

　それでは，できあがったバイナリ・ファイルをROMに書き込んでみましょう．書き込みには，モニタの書き込みにも利用したFDTを使います．起動するとUnsupported Versionというメッセージ・ボックスが出ますが，そのまま[OK]をクリックして先に進みます．

■ ワークスペースの作成
　まずは新しいワークスペースを作成しましょう．ワークスペースには書き込むファイルはもちろん，対象となるマイコンの種類や書き込むモードなど，いろいろな情報が保存されます．起動直後のダイアログでCreate a new project workspaceを選択し，ウィザードを進めます．

● ワークスペースの設定
　入力しなければならない項目と設定内容は以下のとおりです．
　　● New Project Workspace
　図5-6の画面で，プロジェクトの名前と保存するディレクトリを入力します．ワークスペースの名前は，HEWで付けた名前と同じでなくてもかまいません．むしろ，一つのプロジェクトに複数のバイナリファイルを保存できるので，CPUの種類ごとに一つのプロジェクトを作成するほうが手間が省けてよいかも

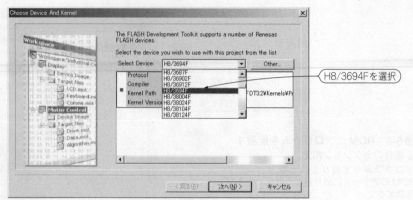

図 5-7　Choose Device And Kernel の画面
書き込む対象になるマイコン（H8/3694F）を選択する．フラッシュROM の書き込みに使われるカーネルは自動選択されるので，特に気にする必要はない

H8/3694Fを選択

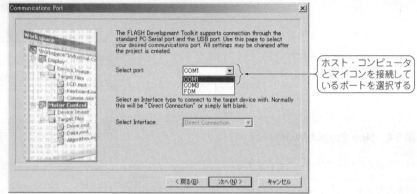

図5-8　Communications Port の画面
マイコンと接続するためのシリアル・ポート（COMポート）を選択する

ホスト・コンピュータとマイコンを接続しているポートを選択する

しれません．ここでは，romtestという名前のワークスペースを作成しました．入力し終わったら[OK]をクリックして，先に進みましょう．

● Choose Device And Kernel

図5-7の画面で，対象となるマイコンを選択します．もちろん，ここではH8/3694Fを選択します．[OK]をクリックして，先に進んでください．

● Communications Port

図5-8の画面で，マイコンと接続するためのシリアル・ポート（COMポート）を選択します．これは，使用しているパソコンに合わせて選択してください．なお，真のCOMポートだけでなく，標準のCOMポートに見えるUSB-シリアル変換アダプタも利用できるようです．選択し終わったら，[OK]をクリックして，先に進んでください．

● Device Settings

図5-9の画面では，対象のマイコンについての設定を行います．H8マイコン基板を利用する場合には，周波数が20MHzになっていることを確認してください．確認したら，[OK]をクリックして先に進みます．

● Connection Type

図5-10の画面は，書き込み時のマイコンの動作モードと，通信速度の設定です．書き込みモードはBOOT Modeを選択します．速度はUse Defaultで問題ありません．どうしても通信速度を変えたい場合は，Use Defaultのチェックを外して，通信速度を変更します．設定したら[OK]をクリックして，先に

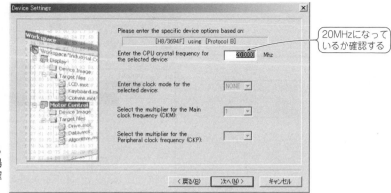

20MHzになって
いるか確認する

図5-9 Device Settings の画面
書き込み対象になるマイコンに関する
設定を行う．H8マイコン基板を使う場
合は周波数が20MHzになっているか確
認する

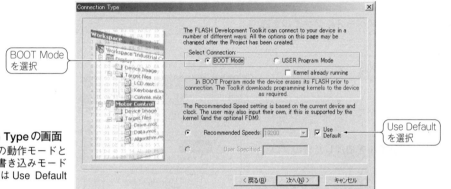

BOOT Mode
を選択

Use Default
を選択

図5-10 Connection Type の画面
書き込み時のマイコンの動作モードと
通信速度を設定する．書き込みモード
は BOOT Mode，速度は Use Default
を選択する

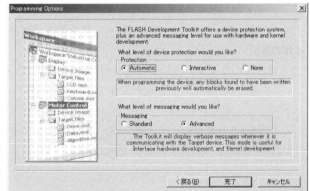

**図5-11 Programming Options の
画面**
特に変更する部分はないので，[完了]
をクリックしてウィザードを終了する

進みましょう．

● Programming Options

最後の設定画面は**図5-11**です．ここは特に変更する必要はありません．ここまで来たら[完了]をクリックします．

＊

すべての設定が終わると，作成したワークスペースが`romtest.aws`という名前で保存されます．次回

右クリックして出てくる
メニューから[Add Files...]
を選択する

図5-12　ワークスペースにファイルを追加する

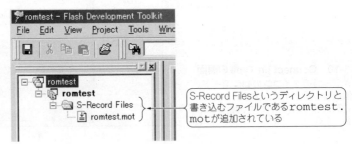

図5-13　ファイルを追加した後のプロジェクト・ツリー
S-Record Filesというディレクトリと、書き込むファイルであるromtest.motが追加されているかどうか確認する

S-Record Filesというディレクトリと、書き込むファイルであるromtest.motが追加されている

以降はこのワークスペースを開くことで，ワークスペースを作る手間を省けます．

● 書き込むファイルの選択

図5-12に示すように，左のウィンドウの中で右クリックし，開いたメニューから[Add Files...]を選択します．するとファイル選択のダイアログが現れますので，HEWのワークスペースからromtest.motを選択します．

ファイル追加すると図5-13のように，ワークスペースの下にS-Record Filesというディレクトリが作成され，その中に選択したromtest.motが登録されます．

■ いざ書き込み！

● まずはH8マイコンをブート・モードにする

ブート・モードとは，H8マイコンのフラッシュROMを書き換えるための特別なモードです．ブート・モードについては，解説編の第24章を読んでください．フラッシュROMの書き込みは，図5-14のような手順で行われます．実際にはこの手順はFDTが自動的に行うので，ユーザが意識する必要はとくにありません．

H8マイコンをブート・モードで起動したあと，まず最初にホスト・コンピュータからフラッシュROMを書き換えるためプログラムをダウンロードします．するとH8マイコンは，ROMイメージのダウンロ

H8/3694F
(ブート・モード)
①フラッシュROMへ書き込むカーネルのダウンロード
②ROMイメージを待つ
③ROMイメージのダウンロード

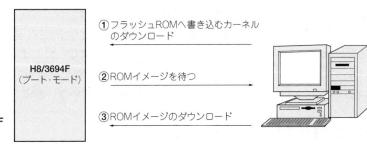

図5-14　ブート・モード時のH8/3694Fの動作

romtest
romtest
S-Record Files
Open romtest.mot
Add Files...
INS
Remove Files...
Allow Docking
Hide
Properties
Display Block Usage...
Exclude romtest.mot
User Boot Area File
Download File
File Checksum
Compare File->Device Checksum
Projects
romtest.motを右クリックして出てくるメニューから[Download File]を選択する

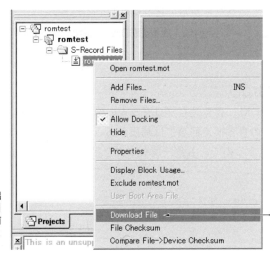

図5-15　プログラムの書き込み
書き込むファイルを右クリックし，出てくるメニューから[Download File]を選択する．ここをクリックする前に，もう一度マイコンとの接続をチェックしておく

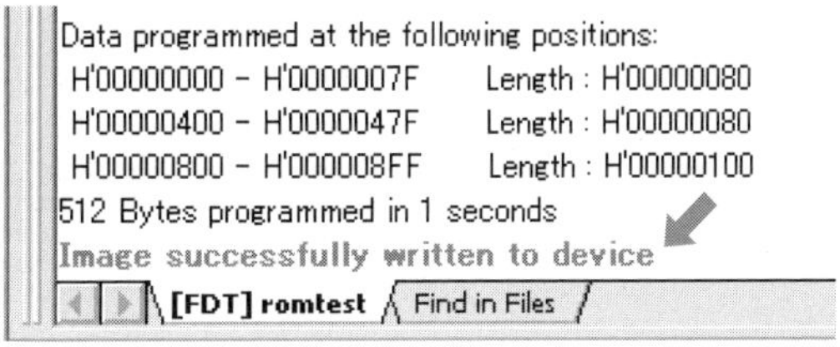

Data programmed at the following positions:
H'00000000 - H'0000007F　Length : H'00000080
H'00000400 - H'0000047F　Length : H'00000080
H'00000800 - H'000008FF　Length : H'00000100
512 Bytes programmed in 1 seconds
Image successfully written to device
[FDT] romtest
Find in Files

図5-16　正常にプログラムの書き込みができたときのメッセージ
画面上では最後に緑色の文字でImage successfully written to deviceと表示される

ード待ちの状態になります．その後ホスト・コンピュータから，実際に書き込むROMイメージを転送します．

● ブート・モードにするにはどうする？

H8/3694Fでは，P85端子を“H”，$\overline{\text{NMI}}$端子を“L”にして電源をONすると，ブート・モードで起動します．第2章で製作した基板では，P85端子はプルアップしていますが，$\overline{\text{NMI}}$端子はプルアップしており，ジャンパ・ピンでGNDに接続できるようにしていました．これが，ブート・モードにするための回路です．なお，端子の状態変更は，マイコン・ボードなどの電源をOFFにした状態で行ってください．

ブート・モードで起動する準備ができたら，シリアル・ケーブルをつないで電源をONにしましょう．

● ROMの書き込み

FDTのウィンドウの左側で登録した`romtest.mot`にマウス・カーソルを合わせて，右クリックしてメニューを開きます．ここから**図5-15**のように[Download File]を選択します．すると，先に説明した

ような手順でフラッシュROMの書き込みが始まります.

　書き込みが成功すると，**図5-16**に示すように緑の文字でSuccessfullyと表示されます. また失敗の場合には赤い文字でエラーが表示されます. エラーになってしまった場合には，CPUがブート・モードになっているか，シリアル・ケーブルは正しく接続されているか，また同じシリアル・ポートを使用しているアプリケーション(とくにHtermなど)が起動していないか確認しましょう.

■ 動作を確認してみよう

　無事ダウンロードに成功したら電源をOFFにして，ブート・モードから通常のモードに戻します. $\overline{\text{NMI}}$端子をGNDに接続していたジャンパ・ピンを外してください.

　それでは電源をONにしてみましょう. 無事LEDが点滅すれば，電源ONですぐ起動するシステムの完成です.

■ モニタを書き戻しておこう

　さて，本稿では実際にROMに書き込むプログラムの作りかたを説明したわけですが，先にも説明したとおり，フラッシュROMの書き換え回数には制限があったり，モニタの便利な機能を使ってデバッグしたほうが効率が良かったりするので，もう一度モニタを書き込んでおきましょう. 手順は第2章を参照してください.

[第6章]

マイコンに効率よく仕事をさせるために

マイコンに欠かせない機能 「割り込み」をマスタする

三好 健文/島田 義人

第3章のプログラムでは，点滅と点滅の間の時間を，

```
for(i=0;i<40000;i++);
```

というように単純な計算を繰り返して作り出していました．その間，マイコンは一所懸命，計算を繰り返しているのですが，その計算結果を外部に出力するわけでもなく，一所懸命に待ち時間を作っているだけなのです．待ち時間を一所懸命に作るというのは，なんともむだなことですよね．これは，図6-1（a）のように，次の処理を延々と待っているようなものです．図6-1（b）のように，この待ち時間に，気持ちを切り替えて別の処理をすれば，もっと効率良くたくさんの仕事をこなせるはずです．

また実際のアプリケーションでは，マイコンは何か一つの処理だけをすればよいというものではありません．スイッチが押されるなどして外部から信号が入力されたら，別の処理に移るということも必要です．

このようなアプリケーションに有効な機能が，ハードウェア割り込み機能です．

ハードウェア割り込みでは，図6-2のように，特定の端子に変化があった場合に，その変化をトリガ

（a）割り込みを使わないと

（b）割り込みを使えば

図6-1　割り込み機能の有無の違い

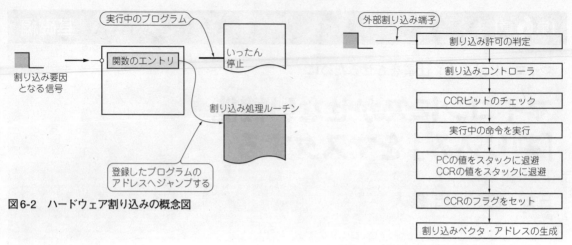

図6-2 ハードウェア割り込みの概念図

（図6-2内のラベル）
実行中のプログラム
いったん停止
関数のエントリ
割り込み要因となる信号
割り込み処理ルーチン
登録したプログラムのアドレスへジャンプする

（図6-3内のラベル）
外部割り込み端子
割り込み許可の判定
割り込みコントローラ
CCRビットのチェック
実行中の命令を実行
PCの値をスタックに退避
CCRの値をスタックに退避
CCRのフラグをセット
割り込みベクタ・アドレスの生成

図6-3 割り込み要求から実行までのフロー

（きっかけ）として，現在実行中の処理を退避させた後で，指定したプログラム（以下割り込みプログラム）に移ることができます．ハードウェア割り込みは，マイコン自身がもっている機能です．

6-1 割り込み処理の基礎知識

■ H8/3694F の割り込み機能

H8/3694F には，$\overline{\text{IRQ3}}$〜$\overline{\text{IRQ0}}$ の四つの外部割り込み端子があり，それぞれ独立に使用することができます．これらの端子に入力されている信号のレベルの変化に応じて，割り込みプログラムが実行されます．

以下，割り込みの使いかたについて，CPUに対する手続きと指定方法を説明します．

● 割り込みのしくみ

ハードウェア割り込みが発生してからのマイコンの処理の流れを**図6-3**に示します．割り込み要求があり，またその割り込みが有効であれば，割り込みフラグ・レジスタの対応するビットにフラグを立てます．

CPUは現在実行中の命令が終了するのを待って，現在処理中の内容（プログラム・カウンタやスタック・ポインタなど）を退避します．その後，その割り込みに対応する命令を実行します．

この割り込みに対応する命令コードは，マイコンによって決められたアドレスに書いてある値から生成されます．この割り込みごとに決められたアドレスを，割り込みベクタと呼びます．

H8/3694Fの割り込みベクタは，メモリ・マップの上位60バイトで，**表6-1**のように並んでいます．また，割り込み要求の優先度も定まっており，同時に割り込みが発生した場合には優先度の低いものは，割り込みコントローラによってその実行を待たされます．

● 割り込みを使用したプログラム

割り込みを使用した，スイッチでLEDを点灯/消灯するプログラムを**リスト6-1**に示します．詳細は次項で解説します．

main関数の中で割り込みに関する設定を行い，割り込みによって呼ばれる関数`IRQ2`を記述しています．このプログラムはモニタ上で実行します．

表6-1 [1] **例外処理要因と割り込みベクタのアドレス**

発生元	例外処理要因	ベクタ番号	ベクタ・アドレス	優先度
RES端子 ウォッチ・ドッグ・タイマ	リセット	0	0x0000 ～ 0x0001	高
–	システム予約	1～6	0x0002 ～ 0x000D	
外部割り込み端子	NMI	7	0x000E ～ 0x000F	
CPU	トラップ命令 #0	8	0x0010 ～ 0x0011	
	トラップ命令 #1	9	0x0012 ～ 0x0013	
	トラップ命令 #2	10	0x0014 ～ 0x0015	
	トラップ命令 #3	11	0x0016 ～ 0x0017	
アドレス・ブレーク	ブレーク条件成立	12	0x0018 ～ 0x0019	
CPU	スリープ命令の実行による直接遷移	13	0x001A ～ 0x001B	
外部割り込み端子	IRQ0 低電圧検出割り込み[1]	14	0x001C ～ 0x001D	
	IRQ1	15	0x001E ～ 0x001F	
	IRQ2	16	0x0020 ～ 0x0021	
	IRQ3	17	0x0022 ～ 0x0023	
	WKP(ウェイク・アップ)	18	0x0024 ～ 0x0025	
タイマA	オーバフロー	19	0x0026 ～ 0x0027	
–	システム予約	20	0x0028 ～ 0x0029	
タイマW	インプット・キャプチャA/コンペア・マッチA インプット・キャプチャB/コンペア・マッチB インプット・キャプチャC/コンペア・マッチC インプット・キャプチャD/コンペア・マッチD オーバフロー	21	0x002A ～ 0x002B	
タイマV	コンペア・マッチA コンペア・マッチB オーバフロー	22	0x002C ～ 0x002D	
SCI3	受信データ・フル 送信データ・エンプティ 送信終了 受信エラー	23	0x002E ～ 0x002F	
IIC2	送信データ・エンプティ，送信終了 受信データ・フル， アービトレーション・ロスト/オーバラン・エラー NACK検出，停止条件検出	24	0x0030 ～ 0x0031	
A‐Dコンバータ	A‐D変換終了	25	0x0032 ～ 0x0033	低

注▶(1)低電圧検出割り込みは，パワーONリセット&低電圧検出回路内蔵版だけ有効．H8マイコン基板のH8/3694Fは内蔵していない

● **割り込みの使用方法**

　割り込みを使用するまでの手続きを**図6-4**に示します．

　割り込みを使用するためには，まずほかの機能と共用になっているP16/$\overline{\text{IRQ2}}$端子を割り込み($\overline{\text{IRQ2}}$)用に指定する必要があります．main関数内の，

　　IO.PMR1.BYTE = 0x4e;

が，それに該当します．

　割り込み端子をセットしている間に割り込みが発生してしまった場合，CPUは正常に動作できなくなってしまいます．したがって，この段階では割り込み使用不可に設定する必要があります．

　この設定には，

　　set_imask_ccr(1);

という関数(引き数1を設定)を利用します．なお，set_imask_ccr関数を使うためにmachine.hを，

リスト6-1　割り込みを使用したスイッチでLEDを点灯/消灯するプログラム（interrupt_test.c）

```
#include <machine.h>
#include "3694s.h"

#ifdef __cplusplus
extern "C" {
#endif
void abort(void);
#ifdef __cplusplus
}
#endif

/* IRQ2 を割り込み関数であるとする */
#pragma interrupt (IRQ2)    ←──（割り込み関数の定義）

void IRQ2(void);

#pragma section V1          /* CV1 */
/* 仮想ベクタテーブル */
void (*const VEC_TBL1[])(void) = {
  IRQ2                      /* IRQ2 */
};

#pragma section             /* P   */

void main(void)
{
  set_imask_ccr(1);         /* 割り込み禁止状態に遷移 */

  IO.PMR1.BYTE = 0x4e;      /* PMR1 P15/-IRQ2 を IRQ2 にセット */
  IEGR1.BYTE = 0x74;        /* IRQ2 を立ち上がりエッジにする */
  IENR1.BYTE = 0x14;        /* IENR IRQ2 を有効にする */
  IRR1.BYTE = 0x30;         /* 割り込みフラグをクリア */

  set_imask_ccr(0);         /* 割り込み許可状態に遷移 */

  IO.PCR8 = 0x06;           /* PCR8 */

  while(1){ }

}

void abort(void)
{

}

/* IRQ2 が発生した場合モニタから呼ばれる関数 */
void IRQ2(void) {

  static char flag = 0;

  IRR1.BYTE &= 0xfb;   /* IRQ2 の割込みフラグをクリアする */

  if( flag == 0 ) {
     flag = 1;
     IO.PDR8.BYTE = 0x02;    /* PDR8 */
  } else {
     flag = 0;
     IO.PDR8.BYTE = 0x04;    /* PDR8 */
  }
}
```

（割り込み関数 IRQ2 の実体）

また3694s.hも忘れずに記述します．

次に，割り込み端子の設定，割り込み信号のセンスの方向（立ち上がりエッジを使うか，立ち下がりエッジを使うか）を設定します．main関数中の，

    IEGR1.BYTE=0x74;

    IENR1.BYTE=0x14;

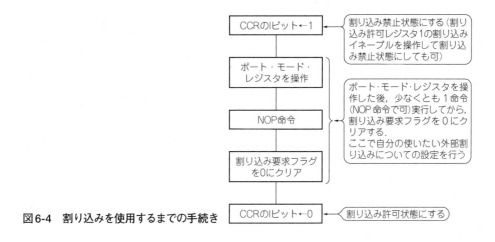

図6-4　割り込みを使用するまでの手続き

が，それに該当します．LSBから2ビット目のフラグが割り込みの立ち上がり/立ち下がりエッジおよび許可/不許可を表しています．

　また，現在すでに割り込みフラグが立っていた場合にも期待する動作が望めないので，フラグをクリアします．

```
IRR1.BYTE=0x30;
```

　最後に，

```
set_imask_ccr(0);
```

で割り込みを許可し（引き数0を設定），CPUの割り込みが使用可能になります．

■ 割り込みプログラムの記述方法

　割り込みプログラムの記述には，次の二つのポイントがあります．
- 特定のアドレス，割り込みベクタへの登録
- 割り込み関数であることの指定

● 割り込みベクタへの登録方法

　割り込みプログラムは，その関数のアドレスを割り込みベクタに登録する必要があります．

　リスト6-1では，関数IRQ2を割り込みベクタに登録するためにセクションV1を作り，リンカでこのセクションを対応する割り込みベクタへ登録します．

● 割り込み関数であることの明示方法

　通常，C言語で記述されたプログラムで関数の処理が終了した場合，その呼び出し元へ処理が戻ります．

　しかし割り込みルーチンは，ハードウェアの割り込みによって呼び出された関数であり，呼び出し元の関数はありません．戻り先は，割り込みが発生する以前に実行していた関数です．したがって，割り込み関数であることをコンパイラに伝える必要があります．

　この指定には，#pragmaを使用します．たとえば，割り込み関数IRQ2を定義したい場合には，

```
#pragma interrupt(IRQ2)
```

のように記述します．

　また，プログラム・コードや変数をセクション名で指定できるように#pragma文を利用して，たとえば次のように記述します．

```
#pragma section V1
void (*const VEC_TBL1[]) (void) = {
    IRQ2
}
```

これは，関数IRQ2へのポインタのアドレスを定数データとし，そのデータの先頭をV1というセクション名に名前付けしていることを示しています．

プログラム中で新しくV1というセクションを作った場合，HEWのリンカに与えるためのシンボルはCを頭に付けてcV1という名前になります．

いずれも，#pragmaは処理系依存や設定を行うためのプリプロセス文です．

処理系依存なのでHEW以外の処理系，たとえばgccなどを使う場合には，異なる記述方法になります．

■ モニタによる割り込みの管理

割り込みプログラムでは，割り込み関数を#pragmaを使用して宣言すること，割り込みベクタにその関数のアドレスを登録する必要があることを説明しました．

マイコンのすべての領域を自由に使うことができる場合には，この方法で割り込みプログラムを作成できますが，今回のようにモニタ・プログラムがすでにROM上に書き込まれている場合には，事情が変わってきます．

なぜなら，ROMにはプログラムを書き込むことができず，RAMにしか書き込めないからです．

● ベクタ・テーブルの二重化

モニタは，RAM領域に配置したプログラムでも割り込みを利用することができるように，ベクタ・テーブルの二重化方式をサポートしています．ベクタ・テーブルの二重化方式とは，**図6-5**のように仮想的にRAM上にベクタ・テーブルを作成する方式のことです．このベクタ・テーブルを仮想ベクタ・テーブルと呼びます．

割り込み処理によってCPUは，まずROM上の割り込みベクタに書いてあるアドレスのプログラムを

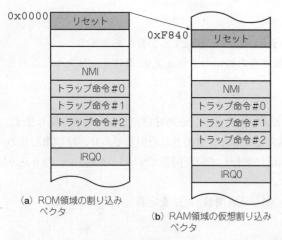

(a) ROM領域の割り込みベクタ

(b) RAM領域の仮想割り込みベクタ

図6-5　ベクタ・テーブルの二重化
モニタを使いながらでも割り込み処理ができるように，ROMとRAMに同じようなベクタ・テーブルを用意する

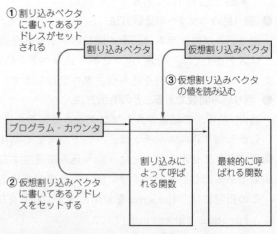

図6-6　仮想ベクタ・テーブルの動作
モニタには，ROM上の割り込みベクタからある関数にジャンプし，RAM上の仮想的なベクタ・テーブルの値を読み込んでさらに別な関数へジャンプする機能が備わっている

実行しようとします．ここには，**図6-6**のように，モニタによるRAM上の仮想的なベクタ・テーブルの値を読み，そこへプログラムをジャンプさせるような記述があります．つまり割り込みが発生すると，ROM上の割り込みテーブルからRAM上の割り込みテーブルへと2回ジャンプして目的の処理を実行するわけです．

● 仮想ベクタ・テーブル上のアドレス

　仮想ベクタ・テーブルのアドレスは，RAM上であれば任意のアドレスに配置できます．付属CD-ROMのモニタでは，0xF840を仮想ベクタ・テーブルの先頭アドレスと定義しています．

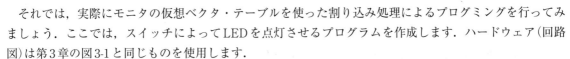

6-2　割り込み処理に対応したLED点灯プログラム

　それでは，実際にモニタの仮想ベクタ・テーブルを使った割り込み処理によるプログラミングを行ってみましょう．ここでは，スイッチによってLEDを点灯させるプログラムを作成します．ハードウェア（回路図）は第3章の図3-1と同じものを使用します．

　これまでと同様の手順でプロジェクトを作成し，プログラムを作成します．**リスト6-1**にプログラムを示します．

■ 自動生成されたプログラム・ファイルを改変

　第3章でHtermを使ってH8マイコンを動作させたときに，リセット・プログラム関連のソース・ファイル（resetprg.c，リスト3-2）の改変をしています．まず，

　　__entry (vect=0) void PowerON_Reset(void)

と記述された箇所の(vect=0)を削除するか，もしくはコメント・アウト（コメントにする）して，

　　__entry /* (vect=0) */ void PowerON_Reset(void)

のように改変します．理由は，vect=0がPowerON_Reset関数をROM領域であるベクタ・テーブルの0番地に設定するための指示だからです．ベクタ・テーブルは固定番地であり，この指示があると，どのようなオプションを設定しても，モニタ・プログラムの仮想ベクタには配置できずROM領域配置となってしまいます．

　次に，この関数の下に，

```
#pragma section V0
void (*const VEC_TBL0[])(void) = {
    PowerON_Reset
};
```

と記述します．vect=0を除外してベクタ・テーブルを生成しないようにした代わりに，セクションのアドレス指定を使ってパワー・オン・リセット関数PowerON_ResetをRAM領域の仮想ベクタ・テーブルに配置します．

　なお，__entryはコメントや削除せずに残しておきましょう．理由はentryがなければ関数の先頭でスタック・ポインタ(SP)の初期化が行われないからです．

　次に，自動生成された割り込み関連のソース・ファイル（intprg.c，リスト3-3）を改変します．

　__interrupt(vect=**)…とある行の先頭に//を挿入してコメント・アウトします．これもvect=**が，個別にベクタ・テーブルを生成してしまうからです．

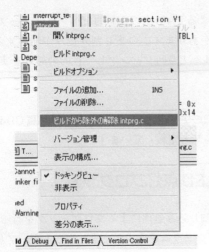

図6-7 使わないintprg.cをプロジェクト
から除外する

表6-2 今回のマップ. 仮想ベクタ・テーブ
ルに関数ポインタのセクションを追加した

アドレス	セクション名
0xF840	CV0
0xF860	CV1
0xF880	PResetPRG
	P
	C
	C$DSEC
	C$BSEC
	D
0xFB80	B
	R
0xFE80	S

● 自動生成された割り込み関連ファイルを除外

intprg.cに関しては, 改変以外にファイルごとプロジェクトから外してビルド対象外にしてしまう方法も
あります. ソース・ファイルをビルド対象外にするには, 画面のソース・ツリーでその対象外とするファ
イルにカーソルを当てて右クリックし, 表示されるコンテクスト・メニューから[ビルドから除外]を選
択します(図6-7).

■ セクションのアドレス指定

パワー・オン・リセット関数PowerON_Resetや, 割り込み関数IRQ2へのポインタを格納するために,
宣言したセクションV0及びV1を配置したアドレス・マップを表6-2に示します.

セクションV0は, ベクタ領域の先頭である0xF840番地に配置します. IRQ2は, 本来のベクタ・アド
レスが0x020なので, 仮想ベクタ・テーブル上では, ベクタ領域の先頭アドレス(0xF840) + 0x020と
考えて, 0xF860に設定します. したがって, ソース・コード上のV1に対応するCV1を0xF860に対応
付けています.

■ ビルドと実行

プログラムを作成し終えたらビルドしてオブジェクト・コードをH8マイコンにダウンロードします.
コンソールから,

    :G F880

と入力した後, ターゲット・ボードのスイッチを押し, 押すごとにLEDが交互に点灯すれば正常に動作
しています.

液晶表示部を作りながらマスタする

I/Oポートを使った入出力のテクニック

島田 義人

　H8マイコンの表示器として，LCDキャラクタ・モジュールを使ってみましょう．**写真7-1**にLCDキャラクタ・モジュールとして，Sunlike Display Tech.製のSC1602Bの表示例を示します．これは一般的によく使われている16文字×2行タイプのLCDキャラクタ・モジュールです．

　LCDキャラクタ・モジュールは，大文字，小文字を含むアルファベット，カタカナ，記号，ユーザ定義文字を表示できます．さらに，単に文字を表示するだけでなく，カーソルを表示したり，文字を点滅させたり，文字表示を移動したりすることもできます．

　ここでは，LCDキャラクタ・モジュールのしくみと使いかたについて簡単に説明した後，H8/3694FのI/Oポートを使って制御する事例を紹介します．

7-1　LCDキャラクタ・モジュールのしくみと使いかた

■ LCDキャラクタ・モジュールのしくみ
● 全体の構成

　図7-1にLCDキャラクタ・モジュール全体のブロック図を，**写真7-2**に外観を示します．また，LCDキャラクタ・モジュールの端子機能を**表7-1**に示します．電源関連の端子として，+5V電源端子(V_{DD})，グラウンド端子(V_{SS})，コントラスト調整電源端子(V_{LC})があります．また，LEDバックライトが付いているLCDキャラクタ・モジュールには，アノード端子(A)，カソード端子(K)が付いています．LCDコ

写真7-1　LCDキャラクタ・モジュール
SC1602Bの表示例(Sunlike Display Tech.)

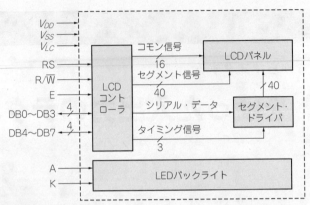

図7-1 LCDキャラクタ・モジュール全体のブロック図

（a）液晶表示面側から見た外観

（b）裏面側から見た外観

写真7-2 LCDキャラクタ・モジュールの外観(Sunlike Display Tech.)

ントローラには，それぞれ8ビットのデータ・バス(DB0～DB7)，動作起動信号(E)，読み出し/書き込み選択信号(R/$\overline{W}$)，レジスタ選択信号(RS)端子があります．

　LCDキャラクタ・モジュールの内部では，LCDコントローラからLCDパネルへコモン信号(16本)とセグメント信号(40本)が接続されており，またLCDコントローラからセグメント・ドライバへシリアル・データ(1本)とタイミング信号(3本)が接続されています．セグメント・ドライバからLCDパネルへは，16文字×2行のLCDキャラクタ・モジュールの場合で40本の信号が接続されています．

● **LCDコントローラのブロック図**

　LCDキャラクタ・モジュールの中枢ともいうべき部分はLCDコントローラです．たいていのLCDコントローラは，ルネサス テクノロジ製のHD44780，またはその互換品です．表示文字数や行数の異なるLCDキャラクタ・モジュールでもすべて同じように使えます．LCDコントローラのブロック図を**図7-2**に示します．

▶ **インストラクション・レジスタ(IR)とデータ・レジスタ(DR)**

　LCDコントローラには，インストラクション・レジスタ(IR：Instruction Register)とデータ・レジスタ(DR：Data Register)の2種類の8ビット・レジスタがあります．LCDキャラクタ・モジュールを制御するとき，直接制御できるのはIRとDRの二つのレジスタだけです．制御用マイコンからの信号速度と，LCDコントローラの内部動作の速度とは一般的にスピードが異なるため，整合がとれるようにここでいったん制御情報を記憶します．

　インストラクション・レジスタ(IR)は，表示クリア，カーソル・シフトなどのインストラクション・

表7-1 LCDキャラクタ・モジュールの端子機能

端子番号	信号名	機　能
1	V_{DD}	電源端子(+5V)
2	V_{SS}	グラウンド端子(+0V)
3	V_{LC}	コントラスト調整電源端子(端子電圧を変えることによって，画面の濃淡を変化させることができる．0Vで最も濃くなる)
4	RS	レジスタ選択信号. "0"：インストラクション・レジスタ(書き込み) 　　　ビジー・フラグ，アドレス・カウンタ(読み出し) "1"：データ・レジスタ(書き込み/読み出し)
5	$R/\overline{W}$	読み出し/書き込み選択信号. "0"：書き込み "1"：読み出し
6	E	動作起動信号. データの書き込みおよび読み出しの起動をかける
7	DB0	下位4ビットのデータ・バス. この線を通して，データの読み出しおよび書き込みが行われる. インターフェース・データ長が4ビットのときは使用されない
8	DB1	
9	DB2	
10	DB3	
11	DB4	上位4ビットのデータ・バス. この線を通して，データの読み出しおよび書き込みが行われる. DB7はビジー・フラグとしても使用される
12	DB5	
13	DB6	
14	DB7	
—	A	LEDバックライトのアノード端子
—	K	LEDバックライトのカソード端子

注▶端子番号は，Sunlike Display Tech.製のSC1602Bのもの．各社で製造されているLCDキャラクタ・モジュールの端子番号は，ある程度の互換性があるが，中には異なるものもあるので注意

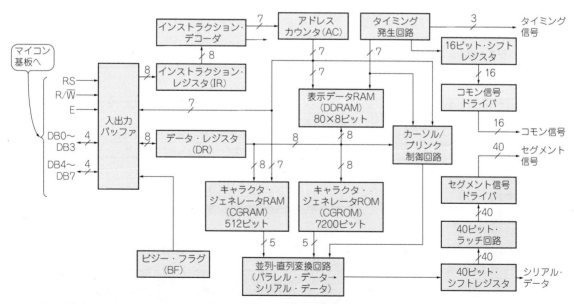

図7-2[(2)]　LCDコントローラ HD44780(ルネサス テクノロジ)の内部ブロック図

コードや，DDRAM/CGRAMのアドレス情報を記憶します．このレジスタは，書き込みはできますが読み出しはできません．

データ・レジスタ(DR)は，後述するDDRAM/CGRAMへデータを書き込んだり，DDRAM/CGRAMからデータを読み出すときに一時的にデータを記憶します．二つのレジスタの選択は，レジスタ選択信号(RS)を使って設定します．**表7-2**にレジスタの選択とその動作について示します．

▶ ビジー・フラグ(BF)

ビジー・フラグ(BF：Busy Flag)は，モジュールが次のインストラクションを受け付ける状態にあるかどうかを示す機能です．インストラクションを実行しているとき(内部動作中)は，次のインストラクションを送っても実行されません．インストラクションの実行中は，BFが '1' になっています．通常はBFをチェックして，'0' になってから次のインストラクションを送ります．BFは，RS＝0，R/$\overline{\text{W}}$＝1の条件で，DB7に出力されます．

ビジー・フラグのチェックをしないでインストラクションを送る簡易的な方法もあります．ただし，インストラクションを送った後，その実行時間よりも十分長い間隔をおいて次のインストラクションを送る必要があります．

▶ アドレス・カウンタ(AC)

アドレス・カウンタ(AC：Address Counter)は，後述するDDRAM/CGRAMへデータを書き込む際のアドレスや，DDRAM/CGRAMに記憶されているデータを読み出す際のアドレスを指定します．IRにアドレス・セットのインストラクションを書き込むと，IRからACへアドレス情報が転送されます．DDRAM/CGRAMに表示データを書き込んだときや読み出したときには，エントリ・モードの設定に従って，ACは自動的に＋1か，－1になります．RS＝0，R/$\overline{\text{W}}$＝1に設定するとACの内容がDB0〜DB6に出力されます．

▶ 表示データRAM(DDRAM)

表示データRAM(DDRAM：Display Data Random Access Memory)は，最大80×8ビットの容量をもち，8ビットの文字コードで表される表示データを80文字分記憶できます．DDRAMのアドレスとLCD

表7-2$^{(2)}$　**レジスタの設定と動作モード**

制御信号のレベル		レジスタの選択	動　作
RS	R/$\overline{\text{W}}$		
"L"	"L"	インストラクション・レジスタ	インストラクション・コードおよびDDRAM/CGRAMアドレスへの書き込み
"L"	"H"	―	ビジー・フラグ(BF)とアドレス・カウンタ(AC)の読み出し
"H"	"L"	データ・レジスタ	データ・レジスタからDDRAM/CGRAMへ書き込み
"H"	"H"	データ・レジスタ	DDRAM/CGRAMからデータ・レジスタへ読み出し

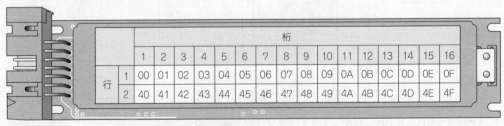

図7-3$^{(2)}$　**DDRAMのアドレスとLCDの表示位置**

表7-3 CGROM の文字コードと文字パターンの対応

下位4ビット ＼ 上位4ビット	0000	0001	0010	0011	0100	0101	0110	0111	1000	1001	1010	1011	1100	1101	1110	1111
****0000	CG RAM (1)			0	@	P	`	p				ー	タ	ミ	α	p
****0001	CG RAM (2)		!	1	A	Q	a	q			。	ア	チ	ム	ä	q
****0010	CG RAM (3)		"	2	B	R	b	r			「	イ	ツ	メ	β	θ
****0011	CG RAM (4)		#	3	C	S	c	s			」	ウ	テ	モ	ε	∞
****0100	CG RAM (5)		$	4	D	T	d	t			、	エ	ト	ヤ	μ	Ω
****0101	CG RAM (6)		%	5	E	U	e	u			・	オ	ナ	ユ	σ	ü
****0110	CG RAM (7)		&	6	F	V	f	v			ヲ	カ	ニ	ヨ	ρ	Σ
****0111	CG RAM (8)		'	7	G	W	g	w			ァ	キ	ヌ	ラ	g	π
****1000	CG RAM (1)		(	8	H	X	h	x			ィ	ク	ネ	リ	√	x̄
****1001	CG RAM (2)		)	9	I	Y	i	y			ゥ	ケ	ノ	ル	⁻¹	y
****1010	CG RAM (3)		*	:	J	Z	j	z			ェ	コ	ハ	レ	j	千
****1011	CG RAM (4)		+	;	K	[	k	{			ォ	サ	ヒ	ロ	ˣ	万
****1100	CG RAM (5)		,	<	L	¥	l	|			ャ	シ	フ	ワ	¢	円
****1101	CG RAM (6)		-	=	M	]	m	}			ュ	ス	ヘ	ン	£	÷
****1110	CG RAM (7)		.	>	N	^	n	→			ョ	セ	ホ	゛	ñ	
****1111	CG RAM (8)		/	?	O	_	o	←			ッ	ソ	マ	゜	ö	█

の表示位置の関係について図7-3に示します．16文字×2行の場合，1行目のアドレスが，00H～0FH，2行目が40H～4FHとなっていて，1行目の最後と2行目の最初のアドレスは連続ではないことに注意してください．

▶ キャラクタ・ジェネレータROM（CGROM）

キャラクタ・ジェネレータROM（CGROM：Character Generator Read Only Memory）は，8ビットの文字コードから192種の5×7ドット・マトリクスの文字パターンを発生させます．表7-3にCGROMの文字コードと文字パターンの対応を示します．上位4ビット0000の(1)～(8)は，CGRAMの領域です．

▶ キャラクタ・ジェネレータRAM（CGRAM）

キャラクタ・ジェネレータRAM（CGRAM：Character Generator Random Access Memory）は，ユーザが自由に文字パターンを作る場合に使用します．全部で8種類の文字パターンの書き込みが可能です．

▶ タイミング発生回路

タイミング発生回路は，DDRAM，CGRAM，CGROMなどの内部回路を動作させるためのタイミング信号を発生させます．

▶ ドライバ回路

16本のコモン信号ドライバ回路と40本のセグメント信号ドライバ回路があります．文字パターン・データは40ビットのシフトレジスタ中をシリアルに送られ，必要なデータがそろったところでラッチします．このラッチされたデータがドライバを制御し駆動波形を出力します．

▶ カーソル/ブリンク制御回路

カーソル/ブリンク制御回路は，カーソルやブリンク（点滅）を発生させる回路です．ACに設定されているDDRAMのアドレスに相当する桁に発生します．

■ LCDキャラクタ・モジュールの制御と動作

● LCDキャラクタ・モジュールの電気的特性とタイミング特性

表7-4に代表的なLCDキャラクタ・モジュールの電気的特性を示します．電源は5Vの単一電源で動作します．消費電力も最大4mAと極めて少ないため電池駆動にも適しています．

LCDキャラクタ・モジュールの制御信号のタイムチャートを図7-4に示します．制御関連の端子として，読み出し/書き込み選択信号（R/$\overline{\text{W}}$），レジスタ選択信号（RS），動作起動信号（E）端子の三つと，8ビットの入出力データ信号（DB0～DB7）があります．表7-5に制御信号のタイミング特性を示します．留意

表7-4　LCDキャラクタ・モジュールの電気的特性
（数値はSunlike Display Tech.製SC1602B）

$(T_a = 0 \sim 50℃)$

項　目		記号	min.	typ.	max.	単位
電源電圧		V_{DD}	4.7	5.0	5.3	V
		$V_{DD} - V_{LC}$	4.2	—	4.8	V
入力電圧 [1]	"H"	V_{IH1}	2.2	—	V_{DD}	V
	"L"	V_{IL1}	0	—	0.6	V
出力電圧 [2]	"H"	V_{OH1}	2.4	—	—	V
	"L"	V_{OL1}	—	—	0.4	V
消費電流		I_{DD}	—	2	4	mA

注▶ (1) DB0～DB7, E, R/$\overline{\text{W}}$, RS端子に適用
　　(2) DB0～DB7端子に適用

点として動作起動信号 (E) のイネーブル・パルス幅 (PW_{EH}) を最小 230 ns 確保する必要があります.

● インストラクションの概要

　LCD キャラクタ・モジュールは，インストラクションというデータ・コードを使って制御します. LCD キャラクタ・モジュールは文字を表示するだけでなく，インストラクションによりカーソルを表示したり，あるいは文字をブリンク（点滅）させることもできます. それでは，インストラクションについて詳しく解説しましょう. **表7-6** にインストラクションの一覧表を示します.

▶ 表示クリア（**図7-5**）

　表示クリアは，DB0 に '1' を書き込むことにより実行されます. このインストラクションを実行するとすべての表示をクリアした後，表示 1 行目の左端へカーソルまたはブリンクを戻します. すなわち，DDRAM の全アドレスにスペース・コード 20H が書き込まれ，AC に DDRAM アドレス 00H がセットされます. 表示クリアの命令実行後，エントリ・モード・セットの DB1 は '1' (I：インクリメント) に設定されます.

▶ カーソル・ホーム（**図7-6**）

　カーソル・ホームは DB1 に '1' を書き込むことにより，実行されます. このインストラクションを実行すると，カーソルまたはブリンクを表示 1 行目の左端へ戻します. すなわち，AC に DDRAM アドレス 00H がセットされます. DB0 は無効なビットで，'0' でも '1' でもかまいません.

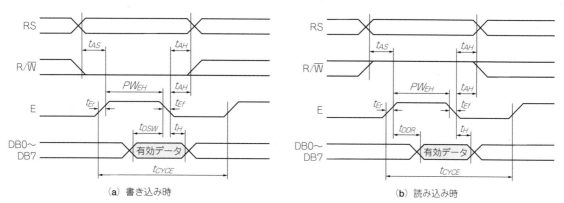

(a) 書き込み時　　　　　　　　　　　　　　　(b) 読み込み時

図7-4　LCD キャラクタ・モジュールの制御信号タイムチャート (数値は Sunlike Display Tech. 製 SC1602B). チャート上の各記号は表7-5 を参照

表7-5　LCD キャラクタ・モジュールの制御信号のタイミング特性 (数値は Sunlike Display Tech. 製 SC1602B)

項　目		記号	min.	max.	単位
イネーブル・サイクル時間		t_{CYCE}	500	—	ns
イネーブル・パルス幅		PW_{EH}	230	—	ns
イネーブル立ち上がり，立ち下がり時間		t_{Er}, t_{Ef}	—	20	ns
セットアップ時間		t_{AS}	40	—	ns
アドレス・ホールド時間		t_{AH}	10	—	ns
データ・セットアップ時間		t_{DSW}	80	—	ns
データ遅延時間		t_{DDR}	160	—	ns
データ・ホールド時間	書き込み時	t_H	10	—	ns
	読み込み時		5	—	ns

表7-6(7)　インストラクションと制御コードの対応

インストラクション	コード										機　能
	RS	R/$\overline{\text{W}}$	DB7	DB6	DB5	DB4	DB3	DB2	DB1	DB0	
表示クリア	0	0	0	0	0	0	0	0	0	1	全表示クリア後，カーソルをホーム位置(0番地)へ戻す
カーソル・ホーム	0	0	0	0	0	0	0	0	1	*	カーソルをホーム位置に戻す．シフトしていた表示も元へ戻る．DDRAMの内容は変化しない
エントリ・モード・セット	0	0	0	0	0	0	0	1	I/D	S	データの書き込みおよび読み出し時に，カーソルの進む方向(I/D)，表示をシフト(S)させるかどうかの設定
表示ON/OFFコントロール	0	0	0	0	0	0	1	D	C	B	全表示のON/OFF(D)，カーソルのON/OFF(C)，カーソル位置にある桁のブリンク(B)をセット
カーソル/表示シフト	0	0	0	0	0	1	S/C	R/L	*	*	DDRAMの内容を変えずに，左右(R/L)にカーソル／表示シフト(S/C)を行う
ファンクション・セット	0	0	0	0	1	DL	N	F	*	*	インターフェース・データ長(DL)，デューティ(N)，および文字フォント(F)を設定する
CGRAMアドレス・セット	0	0	0	1	A_5	A_4	A_3	A_2	A_1	A_0	CGRAMのアドレス(A_0〜A_5)をセット以降送受するデータはCGRAMのデータ
DDRAMアドレス・セット	0	0	1	A_6	A_5	A_4	A_3	A_2	A_1	A_0	DDRAMのアドレス(A_6〜A_0)をセット以降送受するデータはDDRAMのデータ
ビジー・フラグ/アドレス読み出し	0	1	BF	A_6	A_5	A_4	A_3	A_2	A_1	A_0	モジュールが内部動作中であることを示すビジー・フラグ(BF)およびアドレス・カウンタ(AC)の内容(A_0〜A_6)を読み出す
CGRAM/DDRAMへのデータ書き込み	1	0	D_7	D_6	D_5	D_4	D_3	D_2	D_1	D_0	DDRAMまたはCGRAMにデータ(D_0〜D_7)を書き込む
CGRAM/DDRAMからのデータ読み出し	1	1	D_7	D_6	D_5	D_4	D_3	D_2	D_1	D_0	DDRAMまたはCGRAMからデータ(D_0〜D_7)を読み出す

注▶制御信号のレベルは，0の場合が"L"，1の場合が"H"である．＊は無効ビット．

	RS	R/$\overline{\text{W}}$	DB7	DB6	DB5	DB4	DB3	DB2	DB1	DB0
コード	0	0	0	0	0	0	0	0	0	1

図7-5　表示クリアのインストラクション・コード

	RS	R/$\overline{\text{W}}$	DB7	DB6	DB5	DB4	DB3	DB2	DB1	DB0
コード	0	0	0	0	0	0	0	0	1	*

＊：無効ビット

図7-6　カーソル・ホームのインストラクション・コード

▶ エントリ・モード・セット(図7-7)

　エントリ・モード・セットはカーソルの進む方向や，表示をシフトさせるかどうかを設定します．DB2を '1' とし，DB1のI/D，DB0のSにコードを書き込むことにより実行されます．

　機能として，I/Dが '1' のときアドレスは+1になり，カーソルまたはブリンクは右に動きます(インクリメント)．一方，'0' のときにアドレスは-1になり左に動きます(デクリメント)．

　Sを '1' に設定した場合には，表示全体がシフトします．DDRAM/CGRAMへ書き込みの際には，表示

コード	RS	R/$\overline{W}$	DB7	DB6	DB5	DB4	DB3	DB2	DB1	DB0
	0	0	0	0	0	0	0	1	I/D	S

I/D=1：アドレスを＋1し，カーソルまたはブリンク(点滅)が右に動く
I/D=0：アドレスを−1し，カーソルまたはブリンク(点滅)が左に動く

S=1：表示をシフトする(I/D=1のとき左へ，I/D=0のとき右へシフト)
S=0：表示はシフトしない

図7-7　エントリ・モード・セットのインストラクション・コード

コード	RS	R/$\overline{W}$	DB7	DB6	DB5	DB4	DB3	DB2	DB1	DB0
	0	0	0	0	0	0	1	D	C	B

D=1：表示ON
D=0：表示OFF

C=1：カーソルを表示する
C=0：カーソルを表示しない

B=1：ブリンク(点滅)させる
B=0：ブリンク(点滅)しない

図7-8　表示ON/OFFコントロールのインストラクション・コード

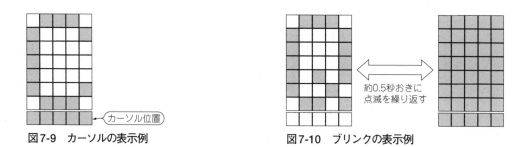

図7-9　カーソルの表示例

約0.5秒おきに点滅を繰り返す

図7-10　ブリンクの表示例

全体がシフトし，カーソルの位置は変わらず表示だけが移動します．DDRAM/CGRAMから読み出す場合には表示のシフトはしません．

▶ 表示ON/OFFコントロール(**図7-8**)

　DB3を '1' とし，DB2〜DB0のD，C，Bにコードを書き込むことにより，表示およびカーソルのON/OFF，カーソル位置の文字のブリンク(点滅)を設定します．

　カーソルのON/OFFとブリンクは，ACで指定されるDDRAMのアドレスで示される桁で行われます．D＝0で表示をOFFにしても，表示データはDDRAMに残っているので，D＝1にすれば再び表示されます．カーソルは，**図7-9**の表示例に示すように文字フォントの下のドット行に表示されます．ブリンクは**図7-10**に示すように，約0.5秒おきに全ドット黒と文字を切り替えて表示します．カーソルとブリンクは同時に設定することも可能です．

▶ カーソル/表示シフト(**図7-11**)

　DB4を '1' とし，DB3，DB2のS/C，R/Lにコードを書き込むことにより，DDRAMの内容を変えずにカーソルの移動と表示シフトを行います．表示は1行目と2行目が同時にシフトします．表示シフトを繰り返し行っても，各行の中で表示が移動するだけで，1行目の表示が2行目に移動することはありません．

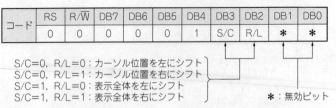

コード	RS	R/W̄	DB7	DB6	DB5	DB4	DB3	DB2	DB1	DB0
	0	0	0	0	0	1	S/C	R/L	*	*

S/C=0, R/L=0：カーソル位置を左にシフト
S/C=0, R/L=1：カーソル位置を右にシフト
S/C=1, R/L=0：表示全体を左にシフト
S/C=1, R/L=1：表示全体を右にシフト

*：無効ビット

図7-11　カーソル/表示シフトのインストラクション・コード

コード	RS	R/W̄	DB7	DB6	DB5	DB4	DB3	DB2	DB1	DB0
	0	0	0	0	1	DL	N	F	*	*

インターフェース・データ長の設定
DL=1：8ビットにセット
DL=0：4ビットにセット

デューティの設定（通常N=1にする）
N=1：1/16にセット
N=0：1/8, 1/11にセット

文字フォントの設定（N=1のときFは無効ビット）
F=1：5×10ドット・マトリクスにセット
F=0：5×7ドット・マトリクスにセット

*：無効ビット

図7-12　ファンクション・セットのインストラクション・コード

コード	RS	R/W̄	DB7	DB6	DB5	DB4	DB3	DB2	DB1	DB0
	0	0	0	1	A_5	A_4	A_3	A_2	A_1	A_0

上位ビット　　　　　　　　下位ビット

$A_5 \sim A_0$：CGRAMアドレス

図7-13　CGRAMアドレス・セットのインストラクション・コード

▶ ファンクション・セット（図7-12）

　DB5を '1' とし，DB4，DB3，DB2のDL，N，Fにコードを書き込むことにより，インターフェース・データ長，デューティ，文字フォントを設定します．インターフェース・データ長を4ビットにセットした場合には，2回のデータ転送が必要です．はじめに上位4ビットの転送を行い，次いで下位4ビットを転送します．

　デューティは通常N=1（1/16）に設定します．N=1のとき，Fは無効ビットとなります．なお，ファンクション・セットは，ビジー・フラグ/アドレス読み出しを除くすべてのインストラクションに優先して実行します．

▶ CGRAMアドレス・セット（図7-13）

　CGRAMアドレス・セットは，DB6を '1' とし，DB5〜DB0にアドレス・データ（$A_5 \sim A_0$）を書き込むことにより行います．以後の書き込み/読み出しデータはCGRAMに関して行われます．CGRAMのアドレスは，DB5が上位ビットで，DB0が下位ビットになります．

▶ DDRAMアドレス・セット（図7-14）

　DDRAMアドレス・セットは，DB7を '1' とし，DB6〜DB0にアドレス・データ（$A_6 \sim A_0$）を書き込むことにより行います．以後の書き込み/読み出しデータは，DDRAMに関して行われます．DDRAMのアドレスは，DB6が上位ビット，DB0が下位ビットになります．

コード	RS	R/$\overline{\text{W}}$	DB7	DB6	DB5	DB4	DB3	DB2	DB1	DB0
	0	0	1	A_6	A_5	A_4	A_3	A_2	A_1	A_0

上位ビット　　　　　　　　　　　下位ビット

$A_6 \sim A_0$：DDRAMアドレス

図7-14　DDRAMアドレス・セットのインストラクション・コード

コード	RS	R/$\overline{\text{W}}$	DB7	DB6	DB5	DB4	DB3	DB2	DB1	DB0
	0	1	BF	A_6	A_5	A_4	A_3	A_2	A_1	A_0

上位ビット　　　　　　　　　　　下位ビット

$A_6 \sim A_0$：CGRAM/DDRAMアドレス

図7-15　ビジー・フラグ/アドレス読み出しのインストラクション・コード

コード	RS	R/$\overline{\text{W}}$	DB7	DB6	DB5	DB4	DB3	DB2	DB1	DB0
	1	0	D_7	D_6	D_5	D_4	D_3	D_2	D_1	D_0

上位ビット　　　　　　　　　　　下位ビット

$D_7 \sim D_0$：CGRAM/DDRAMデータ

図7-16　CGRAM/DDRAMデータ書き込みのインストラクション・コード

コード	RS	R/$\overline{\text{W}}$	DB7	DB6	DB5	DB4	DB3	DB2	DB1	DB0
	1	1	D_7	D_6	D_5	D_4	D_3	D_2	D_1	D_0

上位ビット　　　　　　　　　　　下位ビット

$D_7 \sim D_0$：CGRAM/DDRAMデータ

図7-17　CGRAM/DDRAMデータ読み出しのインストラクション・コード

▶ ビジー・フラグ/アドレス読み出し（**図7-15**）

　このインストラクションは，LCDコントローラの内部状態を読み出します．このインストラクションが実行されると，DB7には内部が動作中であることを示すビジー・フラグ（BF）が読み出され，DB6〜DB0にはそのときのCGRAMもしくはDDRAMのACの内容が読み出されます．どちらのレジスタの内容が読み出されるかは，この命令以前にどちらかのアドレスがセットされていたかによって決まります．アドレスは，DB6が上位ビット，DB0が下位ビットになります．

　BF＝1のときは内部動作中であることを示し，次のインストラクションが受け付けられないため，BF＝0を確認してから書き込みを行います．

▶ CGRAM/DDRAMデータ書き込み（**図7-16**）

　このインストラクションは，RSを'1'，R/$\overline{\text{W}}$を'0'とし，$D_7 \sim D_0$にデータを書き込むことにより実行します．書き込み先がCGRAMかDDRAMかは，この命令以前に，どちらのアドレス・セットに指定されていたかで決まります．書き込み後，エントリ・モードに従って自動的にアドレスは＋1または−1になり，表示シフトもエントリ・モードに従います．データはDB7が上位ビット，DB0が下位ビットになります．

▶ CGRAM/DDRAMデータ読み出し（**図7-17**）

　このインストラクションは，RSおよびR/$\overline{\text{W}}$に'1'を書き込むことにより実行します．インストラクシ

ョンの実行により，8ビットのデータD_0〜D_7がCGRAMまたはDDRAMから読み出されます．CGRAM/DDRAMのどちらかを指定するため，インストラクションの実行前に，必ずどちらかのアドレス・セットのインストラクションを実行する必要があります．読み出し後，アドレスはエントリ・モードに従って，自動的に+1または-1されますが，表示シフトはエントリ・モードに関わらず行われません．8ビットのデータは，DB7が上位ビット，DB0が下位ビットになります．

● 自動初期設定

電源投入時に，電源電圧の立ち上がり時間が10 ms以内であれば，電源を投入するだけで自動的に次のように初期設定されます．

○ 表示クリア
○ ファンクション・セット
　DL=1（インターフェース・データ長8ビット）
　N=0，F=0（1/8デューティ，文字フォント5×7ドット・マトリクス）
○ 表示ON/OFFコントロール
　D=0（表示OFF）
　C=0（カーソルOFF）
　B=0（ブリンクOFF）
○ エントリ・モード・セット
　I/D=1（インクリメント）
　S=0（表示シフトなし）

7-2　LCDキャラクタ・モジュールへの文字表示

■ LCDキャラクタ・モジュール制御回路の構成

図7-18にH8マイコン基板を使ったLCDキャラクタ・モジュール制御回路を示します．ブート・モード用回路は，オンボードでH8/3694FのフラッシュROMにプログラムを書き込むための回路です．P85は4.7 kΩを通してV_{CC}(+5 V)電源に接続し"H"にします．

$\overline{\text{NMI}}$端子は通常は"H"にしますが，フラッシュROMへプログラムを書き込む場合には，S_4で$\overline{\text{NMI}}$端子を"L"にします．この状態でS_3を押してリセット・スタートすると，マイコン内部に組み込まれているブート・プログラムが起動します．

制御プログラムは，パソコンのEIA-232接続用回路を介して書き込みます．ここでは，モニタ・プログラムをフラッシュROMに書き込みます．

■ H8/3694FとLCDキャラクタ・モジュールとの結線

図7-18に示すようにLCDの信号線は，基本的にはデータ・バス(8本)と制御信号(3本)の計11本あります．信号線はH8/3694FのI/O(入出力)ポート(P10〜P12，P50〜P57)と直結します．

LCDキャラクタ・モジュールの外付け部品としては，LCDパネルのコントラスト調整用に半固定抵抗VR_1(10 kΩ)と，LCDバック・ライトの電流制限用に抵抗R_{19}(10 Ω)を使っています．電源は5 Vの単電

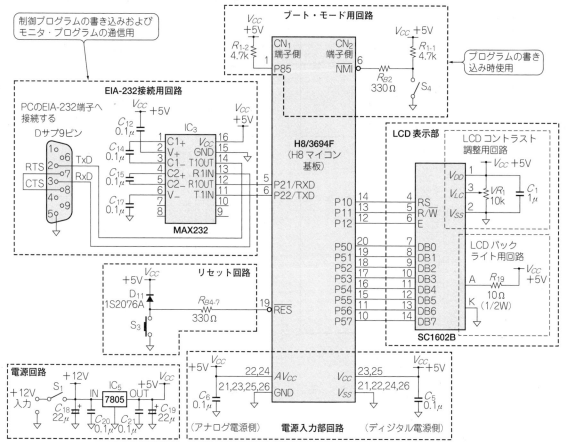

図7-18 LCDキャラクタ・モジュールの制御回路

源で動作します.

　H8/3694FとLCDキャラクタ・モジュールとの結線例はいくつか種類があります. **図7-19（a）** は，インターフェース・データ長8ビットでの接続例です. この結線でインターフェース・データ長を4ビットに設定しても，LCDキャラクタ・モジュールは動作します. **図7-18** に示したLCDキャラクタ・モジュールのテスト回路例もこの結線を使っています.

　図7-19（b） は，インターフェース・データ長4ビットでの一般的な接続例です. データ・バスは4本まで省略できますので，I/Oポートの少ないPICマイコンを使った制御回路によく使われます.

　図7-19（c） は，インターフェース・データ長8ビットの接続ですが，R/$\overline{W}$端子をGNDに接続しています. LCDキャラクタ・モジュールの書き込み表示はできますが，LCDの状態を読み出すことができません. ビジー・フラグのチェックができないため，インストラクションを送った後，その実行時間よりも十分長い間隔をおいて，次のインストラクションを送る必要があります.

　図7-19（d） は，インターフェース・データ長4ビットの接続で，R/$\overline{W}$端子をGNDに接続しています. この場合もLCDの状態を読み出すことができませんが，マイコンとの結線が一番少ないため，もっとも簡易的な接続構成として使われます.

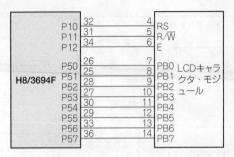

(a) インターフェース・データ長 8ビット接続
（※インターフェース・データ長 4ビットでも
動作可能なマルチ接続）

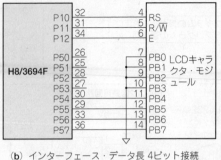

(b) インターフェース・データ長 4ビット接続
（※インターフェース・データ長 4ビットでの
一般的な接続）

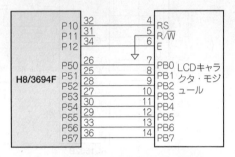

(c) インターフェース・データ長 8ビット接続
ライト・オンリ（ビジー・フラグ・チェック
なし）

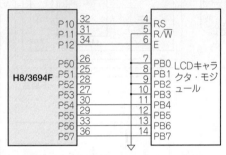

(d) インターフェース・データ長 4ビット接続
ライト・オンリ（ビジー・フラグ・チェック
なし）（※最も結線が少なくてすむ接続構成）

図7-19　H8/3694F とLCDキャラクタ・モジュールとの結線例

■ 8ビット・インターフェースで制御するプログラム

前述のように，LCDコントローラは，4ビットおよび8ビットのインターフェース・データ長で制御可能です．

LCDキャラクタ・モジュールを8ビット・データ長で制御する文字表示用のCソース・プログラムをリスト7-1に示します．

● ビットの構造体宣言

ビット・フィールドの構造体宣言で，ビット7～ビット0を構造体のメンバ名B7～B0として宣言します．このメンバは，次のレジスタの定義のところで各ビットごとに定義するために使用します．

● レジスタの定義

ここではLCDキャラクタ・モジュールとの接続ポートであるポート1およびポート5を定義します．定義内容は各ポートのコントロール・レジスタ（PCR1, PCR5）と，データ・レジスタ（PDR1, PDR5）になります．

ポート・コントロール・レジスタは，端子を出力ポートにするか入力ポートにするかを設定します．ポート・データ・レジスタは入力または出力するデータを書き込むレジスタです．LCDキャラクタ・モジュールの制御信号（RS, R/$\overline{W}$, E）については，各ビットごとに分けて定義しています．

図7-20にポート・コントロール・レジスタのビット構成を示します．このビットを '1' にセットすると，対応する端子が出力ポートとなります．'0' にクリアすると入力ポートとなります．リセット直後は

```
struct BIT {                          //
        unsigned char B7:1;           //      Bit7
        unsigned char B6:1;           //      Bit6
        unsigned char B5:1;           //      Bit5
        unsigned char B4:1;           //      Bit4          ビットの構造体宣言
        unsigned char B3:1;           //      Bit3
        unsigned char B2:1;           //      Bit2
        unsigned char B1:1;           //      Bit1
        unsigned char B0:1;           //      Bit0
};
                                      //
#define PCR1 (*(struct BIT *)0xFFE4)  //      H8 PORT1 コントロール・レジスタの定義
#define PCR10          PCR1.B0        //      H8 PORT1 コントロール・ビット0を定義
#define PCR11          PCR1.B1        //      H8 PORT1 コントロール・ビット1を定義
#define PCR12          PCR1.B2        //      H8 PORT1 コントロール・ビット2を定義
#define PDR1 (*(struct BIT *)0xFFD4)  //      H8 PORT1 データ・レジスタの定義
#define LCD_RS         PDR1.B0        //      H8 PORT1 Bit0を LCD RSに定義       レジスタの定義
#define LCD_RW         PDR1.B1        //      H8 PORT1 Bit1を LCD R/Wに定義
#define LCD_E          PDR1.B2        //      H8 PORT1 Bit2を LCD Eに定義
#define PCR5 *(volatile unsigned char *)0xFFE8 //  H8 PORT5 コントロール・レジスタの定義
#define PDR5 *(volatile unsigned char *)0xFFD8 //  H8 PORT5 データ・レジスタの定義
#define LCD_DB         PDR5           //      H8 PORT5 LCD データ・バスに定義

                              //
#define INPUT_BYTE     0x00   //      H8ポート 入力モード設定の定義(バイト単位)
#define INPUT_BIT      0      //      H8ポート 入力モード設定の定義(ビット単位)     H8ポート入出力モード設定の定義
#define OUTPUT_BYTE    0xff   //      H8ポート 出力モード設定の定義(バイト単位)
#define OUTPUT_BIT     1      //      H8ポート 出力モード設定の定義(ビット単位)

                              //
#define LCD_CMD        0      //      LCD コマンド・モード設定の定義(RS=0)
#define LCD_DAT        1      //      LCD データ・モード設定の定義(RS=1)          LCDモード設定の定義
#define LCD_WRITE      0      //      LCD 書き込みモード設定の定義(R/W=0)
#define LCD_READ       1      //      LCD 読み出しモード設定の定義(R/W=1)

                              //
#define LCD_CLAR       0x01   //      LCD 表示クリア設定の定義
#define LCD_HOME       0x02   //      LCD カーソル・ホーム設定の定義
#define LCD_ENTSET     0x06   //      LCD エントリ・モード設定の定義
                              //          I/D=1(インクリメント), S=0(表示シフトしない)
#define LCD_DISP_OFF   0x08   //      LCD 表示ON/OFFコントロール設定の定義
                              //          D=0(表示OFF), C=0(カーソルなし), B=0(ブリンクなし)
#define LCD_DISP_NCUR  0x0c   //      LCD 表示ON/OFFコントロール設定の定義
                              //          D=1(表示ON), C=0(カーソルなし), B=0(ブリンクなし)
#define LCD_DISP_CUR   0x0e   //      LCD 表示ON/OFFコントロール設定の定義
                              //          D=1(表示ON), C=1(カーソルあり), B=0(ブリンクなし)    インストラク
#define LCD_DISP_BNK   0x0d   //      LCD 表示ON/OFFコントロール設定の定義               ション・モー
                              //          D=1(表示ON), C=0(カーソルなし), B=1(ブリンクあり)    ドの定義
#define LCD_DISP_ALL   0x0f   //      LCD 表示ON/OFFコントロール設定の定義
                              //          D=1(表示ON), C=1(カーソルあり), B=1(ブリンクあり)
#define LCD_INIT8B     0x30   //      LCD ファンクション・セットの定義(LCD 初期設定時に使用)
                              //          DL=1(データ長8ビット)
#define LCD_FCSET8B    0x38   //      LCD ファンクション・セットの定義
                              //      DL=1(データ長8ビット), N=1(1/16デューティ), F=0(5*8ドット)
#define LCD_INIT4B     0x20   //      LCD ファンクション・セットの定義(LCD 初期設定時に使用)
                              //          DL=1(データ長4ビット)
#define LCD_FCSET4B    0x28   //      LCD ファンクション・セットの定義
                              //      DL=1(データ長4ビット), N=1(1/16デューティ), F=0(5*8ドット)

#define loop_const     3500   //      3500で約1ms程度(大まかな数値でよい)          ウェイトの長さを決める数値
                              //
void wait (unsigned int wait_time)  //
{                                   //      wait_time=1で, 約1ms程度のオーダー
    unsigned int    loop1;
    unsigned int    loop2;
    for( loop1 =0; loop1 < wait_time; loop1++){                          待ち時間設定関数
        for( loop2 =0; loop2 < loop_const; loop2++);
    }
}
void write_lcd_data(unsigned char data, unsigned char rs)
{                                           //
    wait(500);                              //      約500msウェイト(テスト文字列の表示時間の間隔)
    PCR5       = OUTPUT_BYTE;                //      H8 PORT5 出力モード設定            LCDコマンド/データ
    LCD_RS     = rs;                        //      rs=0(LCD_CMD), rs=1(LCD_DAT)       書き込み関数(8ビッ
    LCD_RW     = LCD_WRITE;                 //      LCD 書き込みモード設定 (R/W=0)      ト用)
    LCD_E      = 1;                         //      LCD E --->"H"
    LCD_DB     = data;                      //      データ・コード8ビットをLCDへ書き込む
```

```
    LCD_E        = 0;                            //      LCD E  --->"L"
}

void init_lcd(void)                             //      起動時に1回だけ呼び出す
{                                               //
    PCR10        = OUTPUT_BIT;                   //      H8 PORT1 コントロール・ビット0を出力モードに設定
    PCR11        = OUTPUT_BIT;                   //      H8 PORT1 コントロール・ビット1を出力モードに設定
    PCR12        = OUTPUT_BIT;                   //      H8 PORT1 コントロール・ビット2を出力モードに設定
    PCR5         = OUTPUT_BYTE;                  //      H8 PORT5 コントロール・レジスタを出力モードに設定

    LCD_RS       = LCD_CMD;                      //      LCD コマンド・モードに設定(LCD_CMD=0)
    LCD_RW       = LCD_WRITE;                    //      LCD 書き込みモード設定 (R/W=0)
    LCD_E        = 0;                            //      LCD E  --->"L"

    wait(15);                                    //      約15ms程度のウェイト
    LCD_E        = 1;                            //      LCD E  --->"H"
    LCD_DB       = LCD_INIT8B;                   //      LCD ファンクション・セット(データ長8ビット)
    LCD_E        = 0;                            //      LCD E  --->"L"

    wait(5);                                     //      約5ms程度のウェイト
    LCD_E        = 1;                            //      LCD E  --->"H"
    LCD_DB       = LCD_INIT8B;                   //      LCD ファンクション・セット(データ長8ビット)
    LCD_E        = 0;                            //      LCD E  --->"L"

    wait(1);                                     //      約1ms程度のウェイト
    LCD_E        = 1;                            //      LCD E  --->"H"
    LCD_DB       = LCD_INIT8B;                   //      LCD ファンクション・セット(データ長8ビット)
    LCD_E        = 0;                            //      LCD E  --->"L"

    wait(1);                                     //      約1ms程度のウェイト
    LCD_E        = 1;                            //      LCD E  --->"H"
    LCD_DB       = LCD_INIT8B;                   //      LCD ファンクション・セット(データ長8ビット)
    LCD_E        = 0;                            //      LCD E  --->"L"

    write_lcd_data(LCD_FCSET8B, LCD_CMD);        //      LCD ファンクション・セット(データ長8ビット),
                                                 //          N=1(1/16デューティ), F=0(5*8ドット)
    write_lcd_data(LCD_DISP_OFF, LCD_CMD);       //      LCD 表示ON/OFFコントロールの設定
                                                 //          D=0(表示OFF), C=0(カーソルなし), B=0(ブリンクなし)
    write_lcd_data(LCD_CLAR, LCD_CMD);           //      LCD 表示クリアの設定
    write_lcd_data(LCD_ENTSET, LCD_CMD);         //      LCD エントリ・モードの設定
                                                 //          I/D=1(インクリメント), S=0(表示シフトしない)
    write_lcd_data(LCD_DISP_CUR, LCD_CMD);       //      LCD 表示ON/OFFコントロールの設定
                                                 //          D=1(表示ON), C=1(カーソルあり), B=0(ブリンクなし)
}

void lcd_puts( char *str)                        //      (文字列をLCDに表示させる)
{                                                //
    while(*str) {                                //
        write_lcd_data(*str, LCD_DAT);           //      文字を順次表示
        str++;                                   //
    }                                            //
}

void lcd_xy(unsigned char x, unsigned char y)    //      桁(x=1～16), 行(y=1,2) の範囲
{                                                //
    unsigned char adr;                           //
    adr=((x-1)+(y-1)*0x40) | 0x80;               //      アドレスの算出
    write_lcd_data(adr, LCD_CMD);                //      DDRAMにアドレスデータを書き込む
}

void main(void)                                  //      メイン・ルーチン
{                                                //
    init_lcd();                                  //      LCDをイニシャライズする
    lcd_puts("CQ トランジ スタギ ジュツ");           //      テスト文字列の表示
    lcd_xy(1,2);                                 //      2行の1桁目にアドレスを設定
    lcd_puts("0123456789ABCDEF");                //      テスト文字列の表示
    while(1);                                    //      終了
}
```

LCDをイニシャライズする関数

文字列表示関数

LCD上の表示位置を設定する関数

main関数

入力ポートになっています.

　図7-21にポート・データ・レジスタのビット構成を示します. ポート・コントロール・レジスタの設定で対象となる端子が出力ポートに設定された場合は, ポートの出力値が格納されます. 一方, 入力ポートに設定された場合は, レジスタに端子の状態が格納されます.

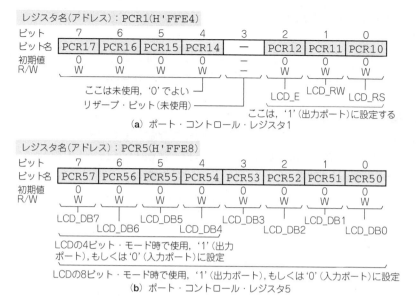

(a) ポート・コントロール・レジスタ1

(b) ポート・コントロール・レジスタ5

図7-20　ポート・コントロール・レジスタのビット構成

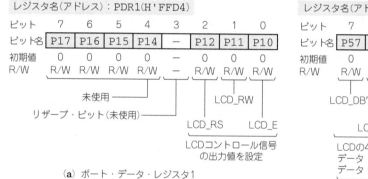

（a）ポート・データ・レジスタ1

図7-21　ポート・データ・レジスタのビット構成

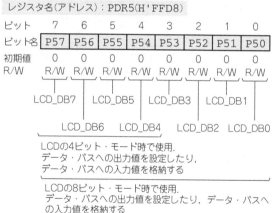

（b）ポート・データ・レジスタ5

● **ポートの入出力モード設定の定義**

　ポート・コントロール・レジスタは，'0'で入力モード，'1'で出力モードに設定されます．ここでは，バイト単位とビット単位で定義しています．ただし，入力モードに設定する場合はバイト単位で行ってください．ビット単位で行った場合，同一ポート内の他の端子が意図した設定にならないことがあります．

● **LCDモード設定の定義**

　RS='0'でコマンド・モード，RS='1'でデータ・モードに設定されることを定義します．

　また，R/$\overline{W}$='0'で書き込みモード，R/$\overline{W}$='1'で読み出しモードに設定されることを定義します．

● **インストラクション・モードの定義**

　LCDキャラクタ・モジュールのインストラクション一覧（**表7-6**）にあるファンクションの設定，表示の

設定，エントリ・モードなど，代表的なインストラクション・モードを定義します．

● ウェイトの設定

LCDキャラクタ・モジュールを制御するのに適当な待ち時間が必要です．この数値は待ち時間設定関数で値が使われ，3500で約1ms程度になります．この値はおおむね決められたもので，大まかな値でかまいません．

● 待ち時間設定関数(wait)の作成

LCDキャラクタ・モジュールの制御に必要な待ち時間を設定します．タイマを使うほど厳密な時間は必要なく，2重のforループで時間稼ぎをしています．引き数wait_time=1で約1msになります．

● LCDコマンド/データ書き込み関数(write_lcd_data)の作成

ポート・コントロール・レジスタ5(PCR5)を出力モードに設定し，8ビットのデータ(data)をLCDへ書き込みます．

関数の引き数rsによって，LCDキャラクタ・モジュールへコマンド/データ・レジスタのどちらに書き込むかを設定します．

書き込み手順は図7-4(a)のタイムチャートを見て設定します．まずRSをコマンド・レジスタ(LCD_CMD=1)，またはデータ・レジスタ(LCD_DAT=0)に設定し，R/$\overline{W}$を書き込みモード(LCD_WRITE=0)にします．次にLCDのイネーブル端子(E)を"H"(LCD_E=1)にして，8ビット・データをLCDへ出力しておきます．最後にイネーブル端子Eを"L"(LCD_E=0)にするとデータがLCDキャラクタ・モジュールに書き込まれます．テスト文字列の表示時間の間隔をあけるため，ここでは書き込み待ち時間を500msに設定しています．

● LCDイニシャライズ関数(init_lcd)の作成

起動時に1回だけ呼び出す関数を使って，LCDキャラクタ・モジュールを8ビットのインターフェース・データ長にイニシャライズします．

LCDキャラクタ・モジュールは，電源が入ってから自動的にリセットされるので通常は初期化されますが，電源電圧の立ち上がり時間が10ms以上かかるときなど，自動初期設定がうまく実行されない場合があります．確実にLCDキャラクタ・モジュールを動作させるために，インストラクションによる初期設定を行います．

図7-22にインストラクションによる初期設定の方法を示します．電源投入直後はインターフェース・データ長が何ビットに設定されているかわからないことを前提に，ファンクション・セットを2回実施して，いったん8ビットに設定します．

その後，ファンクション・セットで使用条件に合ったインターフェース・データ長を設定するようにします．あとは必要に応じて，表示クリア，カーソル/表示シフトの設定を行います．

プログラムでは，まずLCDキャラクタ・モジュールが接続されている端子のポート・コントロール・レジスタをそれぞれ出力モードに設定します．RSはコマンド・モード設定(LCD_CMD=1)，R/$\overline{W}$は書き込みモード(LCD_WRITE=0)に設定します．イネーブル端子Eは"L"にしておきます．その後は，図7-22に示す規定されたルーチンに従って順に設定していきます．LCDキャラクタ・モジュールは，イネーブル端子Eが"L"に立ち下がった時点でそれぞれ設定が確定されていきます．

● 文字列表示関数(lcd_puts)の作成

変数strに格納されている文字列をLCDに順次表示します．

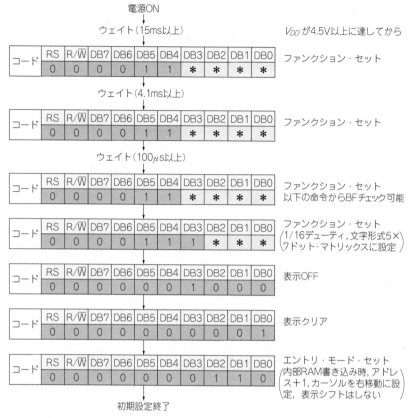

電源ON

ウェイト（15ms以上）　　　　　　　　V_{DD} が4.5V以上に達してから

コード	RS	R/$\overline{\text{W}}$	DB7	DB6	DB5	DB4	DB3	DB2	DB1	DB0
	0	0	0	0	1	1	*	*	*	*

ファンクション・セット

ウェイト（4.1ms以上）

コード	RS	R/$\overline{\text{W}}$	DB7	DB6	DB5	DB4	DB3	DB2	DB1	DB0
	0	0	0	0	1	1	*	*	*	*

ファンクション・セット

ウェイト（100μs以上）

コード	RS	R/$\overline{\text{W}}$	DB7	DB6	DB5	DB4	DB3	DB2	DB1	DB0
	0	0	0	0	1	1	*	*	*	*

ファンクション・セット
以下の命令からBFチェック可能

コード	RS	R/$\overline{\text{W}}$	DB7	DB6	DB5	DB4	DB3	DB2	DB1	DB0
	0	0	0	0	1	1	1	*	*	*

ファンクション・セット
（1/16デューティ，文字形式5×
7ドット・マトリックスに設定）

コード	RS	R/$\overline{\text{W}}$	DB7	DB6	DB5	DB4	DB3	DB2	DB1	DB0
	0	0	0	0	0	0	1	0	0	0

表示OFF

コード	RS	R/$\overline{\text{W}}$	DB7	DB6	DB5	DB4	DB3	DB2	DB1	DB0
	0	0	0	0	0	0	0	0	0	1

表示クリア

コード	RS	R/$\overline{\text{W}}$	DB7	DB6	DB5	DB4	DB3	DB2	DB1	DB0
	0	0	0	0	0	0	0	1	1	0

エントリ・モード・セット
（内部RAM書き込み時，アドレ
ス＋1，カーソルを右移動に設
定，表示シフトはしない）

初期設定終了

図7-22[(2)]　インストラクションによる初期設定の方法（データ長が8ビットの場合）

● LCD上の表示位置を設定する関数（lcd_xy）の作成

　表示位置を設定する引数として，桁が $x = 1 \sim 16$ の範囲，行が $y = 1$，2としています．**図7-3**に示す表示データRAM（DDRAM）のアドレスを見てください．アドレスadrの算出式は，

```
adr=((x-1)+(y-1)*0x40) | 0x80;
```

となります．2行目（$y = 2$）のとき，先頭アドレスが0x40になります．DDRAMアドレス設定のインストラクションはDB7が'1'であるため，0x80との論理和（OR）を取ります．

● メイン・ルーチン（main）

　はじめにLCDをイニシャライズする関数を実行した後，テスト文字列の表示を実行します．ここでは，テスト文字列として，LCDの1行目から「CQ ﾄﾗﾝｼﾞｽﾀｷﾞｼﾞｭﾂ」と表示した後，2行1桁目に"0123456789ABCDEF"を表示させるものです．

■ 4ビット・インターフェースで制御するプログラム

　インターフェース・データ長が4ビットの場合では，データ・バスDB4〜DB7の4本だけでデータ転送ができます．

　この方法はI/Oポートとの結線が少ないのでよく使われます．ただし，データ転送を2回行う必要があるため，8ビットの場合よりもプログラムが少しだけ複雑になります．

リスト7-2　LCDキャラクタ・モジュールを4ビットで制御する文字表示用プログラム（lcd_test_4bit.c）．**リスト7-1と異なる部分を抜粋**

```
void write_lcd_data(unsigned char data, unsigned char rs)
                                        // LCDコマンド/データ書き込み関数（4ビット用）
{
    unsigned char upper_data;           //     データ・コード上位4ビットの格納変数    ← lcd_test_8bit.cから変更
    unsigned char lower_data;           //     データ・コード下位4ビットの格納変数
                                        //
    upper_data = data & 0xf0;           //     データ・コード上位4ビットを抽出
    lower_data = data << 4;             //     データ・コード下位4ビットを抽出
                                        //
    wait(500);                          //     約500msウェイト(テスト文字列の表示時間の間隔)
    PCR5        = OUTPUT_BYTE;           //     H8 PORT5 出力モード設定
    LCD_RS      = rs;                   //     rs=0(LCD_CMD)，rs=1(LCD_DAT)
    LCD_RW      = LCD_WRITE;            //     LCD 書き込みモード設定 (R/W=0)
    LCD_E       = 1;                    //     LCD E   ---> "H"
    LCD_DB      = upper_data;            //     データ・コード上位4ビットをLCDへ書き込む
    LCD_E       = 0;                    //     LCD E   ---> "L"
    LCD_E       = 1;                    //     LCD E   ---> "H"
    LCD_DB      = lower_data;            //     データ・コード下位4ビットをLCDへ書き込む
    LCD_E       = 0;                    //     LCD E   ---> "L"
}

void init_lcd(void)                     // LCDをイニシャライズする関数（4ビット用）  ← lcd_test_8bit.cから変更
{                                       //     起動時に1回だけ呼び出す
    PCR10       = OUTPUT_BIT;            //     H8 PORT1 コントロール・ビット0を出力モードに設定
    PCR11       = OUTPUT_BIT;            //     H8 PORT1 コントロール・ビット1を出力モードに設定
    PCR12       = OUTPUT_BIT;            //     H8 PORT1 コントロール・ビット2を出力モードに設定
    PCR5        = OUTPUT_BYTE;           //     H8 PORT5 コントロール・レジスタを出力モードに設定

    LCD_RS      = LCD_CMD;               //     LCD コマンド・モードに設定
    LCD_RW      = LCD_WRITE;            //     LCD 書き込みモード設定 (R/W=0)
    LCD_E       = 0;                    //     LCD E   ---> "L"

    wait(15);                           //     約15ms程度のウェイト
    LCD_E       = 1;                    //     LCD E   ---> "H"
    LCD_DB      = LCD_INIT8B;            //     LCD ファンクション・セット(データ長8ビット)
    LCD_E       = 0;                    //     LCD E   ---> "L"

    wait(5);                            //     約5ms程度のウェイト
    LCD_E       = 1;                    //     LCD E   ---> "H"
    LCD_DB      = LCD_INIT8B;            //     LCD ファンクション・セット(データ長8ビット)
    LCD_E       = 0;                    //     LCD E   ---> "L"

    wait(1);                            //     約1ms程度のウェイト
    LCD_E       = 1;                    //     LCD E   ---> "H"
    LCD_DB      = LCD_INIT8B;            //     LCD ファンクション・セット(データ長8ビット)
    LCD_E       = 0;                    //     LCD E   ---> "L"

    wait(1);                            //     約1ms程度のウェイト                ← lcd_test_8bit.cから変更
    LCD_E       = 1;                    //     LCD E   ---> "H"
    LCD_DB      = LCD_INIT4B;            //     LCD ファンクション・セット(データ長4ビット)
    LCD_E       = 0;                    //     LCD E   ---> "L"                    ← lcd_test_8bit.cから変更

    write_lcd_data(LCD_FCSET4B, LCD_CMD); //   LCD ファンクション・セット(データ長4ビット)，
                                        //         N=1(1/16デューティ)，F=0(5*8ドット)
    write_lcd_data(LCD_DISP_OFF, LCD_CMD); //  LCD 表示ON/OFFコントロールの設定
                                        //         D=0(表示OFF)，C=0(カーソルなし)，B=0(ブリンクなし)
    write_lcd_data(LCD_CLAR, LCD_CMD);  //     LCD 表示クリアの設定
    write_lcd_data(LCD_ENTSET, LCD_CMD); //    LCD エントリ・モードの設定
                                        //         I/D=1(インクリメント)，S=0(表示シフトしない)
    write_lcd_data(LCD_DISP_CUR, LCD_CMD); //  LCD 表示ON/OFFコントロールの設定
                                        //         D=1(表示ON)，C=1(カーソルあり)，B=0(ブリンクなし)
}
```

　4ビットのインターフェース・データ長で制御した文字表示テストのプログラム（lcd_test_4bit.c）の抜粋を**リスト7-2**に示します．では，8ビットと異なる部分について解説していきましょう．

● **LCDコマンド/データ書き込み関数**（write_lcd_data）

　図7-23にインターフェース・データ長が4ビットの場合のインストラクションによる表示例を示します．データ転送の順序は，はじめに上位4ビット（インターフェース・データ長が8ビットの場合のDB4～DB7の内容）を転送し，次に下位4ビット（インターフェース・データ長が8ビットの場合のDB0～DB3

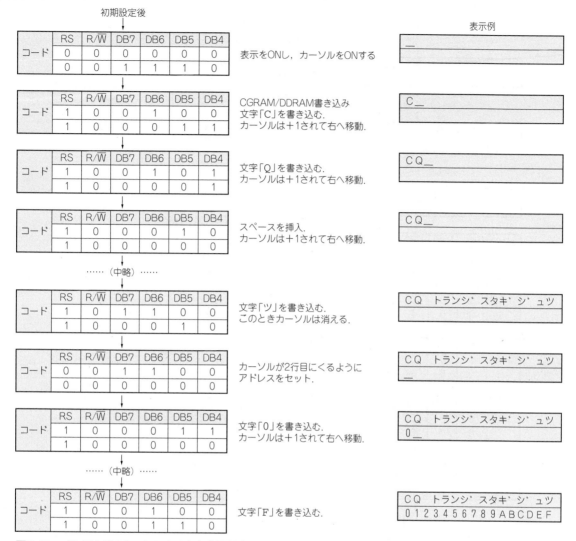

図7-23　インストラクションによる文字表示例（インターフェース・データ長が4ビットの場合）

の内容）を転送します.

　プログラムによる書き込み手順は，まずRSをコマンド・レジスタ（LCD_CMD=1），もしくはデータ・レジスタ（LCD_DAT=0）に設定し，R/$\overline{\text{W}}$を書き込みモード（LCD_WRITE=0）にします. 次にLCDのイネーブル端子（E）を，"H"（=1）にして，データ・コード上位4ビットをLCDへ出力しておきます. 一度，イネーブル端子Eを，"L"（=0）にして上位4ビットのデータ・コードをLCDモジュールに書き込みます. 再びイネーブル端子Eを，"H"（=1）にして，今度はデータ・コード下位4ビットをLCDへ出力しておきます. イネーブル端子Eを，"L"（=0）にすると下位4ビットのデータ・コードがLCDモジュールに書き込まれます.

● **LCDイニシャライズ関数**（init_lcd）

　LCDキャラクタ・モジュールを4ビットのインターフェース・データ長にイニシャライズします. 図

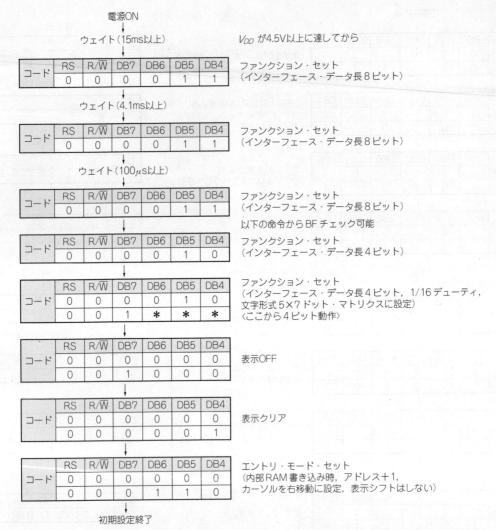

電源ON

ウェイト（15ms以上） V_{DD} が4.5V以上に達してから

コード	RS	R/$\overline{W}$	DB7	DB6	DB5	DB4
	0	0	0	0	1	1

ファンクション・セット
（インターフェース・データ長8ビット）

ウェイト（4.1ms以上）

コード	RS	R/$\overline{W}$	DB7	DB6	DB5	DB4
	0	0	0	0	1	1

ファンクション・セット
（インターフェース・データ長8ビット）

ウェイト（100μs以上）

コード	RS	R/$\overline{W}$	DB7	DB6	DB5	DB4
	0	0	0	0	1	1

ファンクション・セット
（インターフェース・データ長8ビット）

以下の命令からBFチェック可能

コード	RS	R/$\overline{W}$	DB7	DB6	DB5	DB4
	0	0	0	0	1	0

ファンクション・セット
（インターフェース・データ長4ビット）

コード	RS	R/$\overline{W}$	DB7	DB6	DB5	DB4
	0	0	0	0	1	0
	0	0	1	*	*	*

ファンクション・セット
（インターフェース・データ長4ビット，1/16デューティ，
文字形式5×7ドット・マトリクスに設定）
〈ここから4ビット動作〉

コード	RS	R/$\overline{W}$	DB7	DB6	DB5	DB4
	0	0	0	0	0	0
	0	0	1	0	0	0

表示OFF

コード	RS	R/$\overline{W}$	DB7	DB6	DB5	DB4
	0	0	0	0	0	0
	0	0	0	0	0	1

表示クリア

コード	RS	R/$\overline{W}$	DB7	DB6	DB5	DB4
	0	0	0	0	0	0
	0	0	0	1	1	0

エントリ・モード・セット
（内部RAM書き込み時，アドレス＋1，
カーソルを右移動に設定，表示シフトはしない）

初期設定終了

図7-24　インストラクションによる初期設定の方法（インターフェース・データ長が4ビットの場合）

7-24にインストラクションによる初期設定の方法を示します．まず電源投入直後はインターフェース・データ長が何ビットに設定されているかわからないことを前提に，ファンクション・セットを2回実施して，一度8ビットに設定します．その後，ファンクション・セットで4ビットのインターフェース長を設定するようにします．あとは必要に応じて，表示クリア，カーソル/表示シフトの設定を行います．

■ BFチェック付き8ビット・インターフェースのプログラム

インストラクションを実行してLCDキャラクタ・モジュールが動作している間は，次のインストラクションが受け付けられません．そこで，これまでのプログラムでは実行時間よりも十分長い待ち時間をインストラクション間に入れていました．ビジー・フラグ（BF）を確認してから書き込みをするように変更すれば，適切な時間待ちでLCDモジュールを制御することができるようになります．

BFチェックを入れた場合の8ビットのインターフェース・データ長で制御した文字表示テストのプロ

リスト7-3 BFチェックを入れた場合の8ビットで制御する文字表示用プログラム（lcd_test_8bitBF.c）．**リスト7-1と異なる部分を抜粋**

```
unsigned char read_lcd_data(unsigned char rs)
{                                    // LCD BF/アドレス読み出し関数 (8ビット用) ←──( lcd_test_8bit.cから追加 )
    unsigned char    read_data;      //         読み出したデータ・コードの格納変数
                                     //
    PCR5        = INPUT_BYTE;         //         H8 PORT5 入力モード設定
    LCD_RS      = rs;                 //         rs=0(LCD_CMD), rs=1(LCD_DAT)
    LCD_RW      = LCD_READ;           //         LCD 読み出しモード設定 (R/W=1)
    LCD_E       = 1;                  //         LCD E--> "H"
    read_data   = LCD_DB;             //         データ・コード8ビットをLCDから読み出す
    LCD_E       = 0;                  //         LCD E--> "L"
    return read_data;                 //         読み出したデータ・コードを返す
}

void write_lcd_data(unsigned char data, unsigned char rs)
{                                    // LCDコマンド/データ書き込み関数 (8ビット, BFチェック用)
    while ( (read_lcd_data(LCD_CMD) & 0x80) != 0);  // BF チェック ←──( lcd_test_8bit.cから追加 )
//  wait(500);                        //         約500msウェイト(テスト文字列の表示時間の間隔) ←──( lcd_test_8bit.cから削除 )
    PCR5        = OUTPUT_BYTE;         //         H8 PORT5 出力モード設定
    LCD_RS      = rs;                 //         rs=0(LCD_CMD), rs=1(LCD_DAT)
    LCD_RW      = LCD_WRITE;           //         LCD 書き込みモード設定 (R/W=0)
    LCD_E       = 1;                  //         LCD E  ---> "H"
    LCD_DB      = data;               //         データ・コード8ビットをLCDへ書き込む
    LCD_E       = 0;                  //         LCD E  ---> "L"
}
```

グラムの抜粋を**リスト7-3**（lcd_test_8bitBF.c）に示します．ここでは，**リスト7-1**と異なる部分について説明をします．

● **LCD BF/アドレス読み出し関数**（read_lcd_data）

ポート・コントロール・レジスタ5（PCR5）を入力モード（INPUT_BYTE=0xff）に設定し，関数の引き数rsによって，LCDモジュールからビジー・フラグ/アドレス（rs=0:LCD_CMD）か，CGRAM/DDRAMデータ（rs=1:LCD_DAT）のどちらを読み出すか設定します．

読み出し手順は**図7-4（b）**のタイムチャートを参考にします．まずRSを設定し，R/$\overline{\text{W}}$を読み出しモード（LCD_READ=1）にします．ここでLCDのイネーブル端子（E）を，"H"（=1）にすると，LCDキャラクタ・モジュールのデータ・バスに8ビットのデータ・コードが出力されてきます．

● **LCDコマンド/データ書き込み関数**（write_lcd_data）

ウェイト（500 ms）の代わりにBFチェックのルーチンを入れています．ビジー・フラグは，LCDモジュールから読み出されたデータ・コードの最上位ビットに相当するため，0x80と論理積（&）をとっています．

■ BFチェック付き4ビット・インターフェースのプログラム

4ビットのインターフェース・データ長でBFチェックを入れた場合のプログラムの抜粋を**リスト7-4**（lcd_test_4bitBF.c）に示します．ここでは，**リスト7-2**と異なる部分について説明をします．

● **LCD BF/アドレス読み出し関数**（read_lcd_data）

データ・コードの上位4ビット（upper_data）と下位4ビット（lower_data）を格納する変数を定義しておきます．データ・コードの上位4ビットは，0xf0と論理積（&）をとり，一方下位4ビットは，右に4ビット・シフトする演算により抽出します．LCDモジュールからは上位4ビットから先に読み込み，続いて下位4ビットを読み込むというように2回に分ける必要があります．

同じE信号を二つ続けて挿入する場合もありますが，これはLCDの種類によっては，E信号のレベルの時間幅を確保する必要があるためです．

```
unsigned char read_lcd_data(unsigned char rs)
{                                          // LCD BF/アドレス読み出し関数（4ビット用）    ← lcd_test_4bit.cから追加
    unsigned char    read_data;            //          読み出したデータコードの格納変数
    unsigned char    upper_data;           //          データ・コード上位4ビットの格納変数
    unsigned char    lower_data;           //          データ・コード下位4ビットの格納変数
                                           //
    PCR5         = INPUT_BYTE;             //          H8 PORT5 入力モード設定
    LCD_RS       = rs;                     //          rs=0(LCD_CMD)，rs=1(LCD_DAT)
    LCD_RW       = LCD_READ;               //          LCD 読み出しモード設定 (R/W=1)
    LCD_E        = 1;                      //          LCD E---> "H"
    upper_data   = LCD_DB & 0xf0;          //          データ・コード上位4ビットをLCDから読み出す
    LCD_E        = 0;                      //          LCD E---> "L"
//  LCD_E        = 0;                      //          LCD E---> "L" (Lowレベルの時間幅の確保)
    LCD_E        = 1;                      //          LCD E---> "H"
    lower_data   = LCD_DB >> 4;            //          データ・コード下位4ビットをLCDから読み出す
    LCD_E        = 0;                      //          LCD E---> "L"
    read_data = upper_data | lower_data;   //          読み出したデータ・コードを変数に格納
    return read_data;                      //          読み出したデータ・コードを返す
}

void write_lcd_data(unsigned char data, unsigned char rs)    ← lcd_test_4bit.cから変更
{                                          // LCD コマンド/データ書き込み関数（4ビット，BFチェック用）
    unsigned char upper_data;              //          データ・コード上位4ビットの格納変数
    unsigned char lower_data;              //          データ・コード下位4ビットの格納変数
                                           //
    upper_data = data & 0xf0;              //          データ・コード上位4ビットを抽出
    lower_data = data << 4;                //          データ・コード下位4ビットを抽出
                                           //                                              ← lcd_test_4bit.cから追加
    while ( ( read_lcd_data(LCD_CMD) & 0x80) != 0 );  // BF チェック
//  wait(500);                             //          約500msウェイト(テスト文字列の表示時間の間隔)   ← lcd_test_4bit.cから削除
    PCR5         = OUTPUT_BYTE;            //          H8 PORT5 出力モード設定
    LCD_RS       = rs;                     //          rs=0(LCD_CMD)，rs=1(LCD_DAT)
    LCD_RW       = LCD_WRITE;              //          LCD 書き込みモード設定 (R/W=0)
    LCD_E        = 1;                      //          LCD E  ---> "H"
    LCD_DB       = upper_data;             //          データ・コード上位4ビットをLCDへ書き込む
    LCD_E        = 0;                      //          LCD E  ---> "L"
//  LCD_E        = 0;                      //          LCD E  ---> "L" ( "L" の時間幅の確保)
    LCD_E        = 1;                      //          LCD E  ---> "H"
    LCD_DB       = lower_data;             //          データ・コード下位4ビットをLCDへ書き込む
    LCD_E        = 0;                      //          LCD E  ---> "L"
}
```

● **LCDコマンド/データ書き込み関数**（write_lcd_data）

　8ビットの場合と同様，ウェイト（500 ms）の代わりにBFチェックのルーチンを入れています．ビジー・フラグは，LCDモジュールから読み出したコードの最上位ビットに相当するため，0x80と論理積（&）をとっています．

▉ 7-3　LCDキャラクタ・モジュールを動かしてみよう

　紹介したプログラムは，Htermを使ってモニタ・プログラム上で動作確認できます．**写真7-1**（p.97）はLCDキャラクタ・モジュールのテスト表示例です．インターフェース・データ長が8ビットの場合でも，4ビットの場合でも同じ表示が出力されます．

● **BFチェックを省略した場合のプログラムの動作確認**

　図7-25にLCDキャラクタ・モジュール信号ラインのタイミング動作を示します．Hermでは，「Sourceウィンドウ」上にプログラムが表示され，ブレーク・ポイントをプログラムの行単位で設定することができます．プログラムの実行を一時停止し，またHermの「step」コマンドを使ってステップ実行しながら各制御信号ラインやバス・ラインの電圧をディジタル・マルチ・メータなどでモニタすれば，信号レベルの移り変わりを把握することができます．

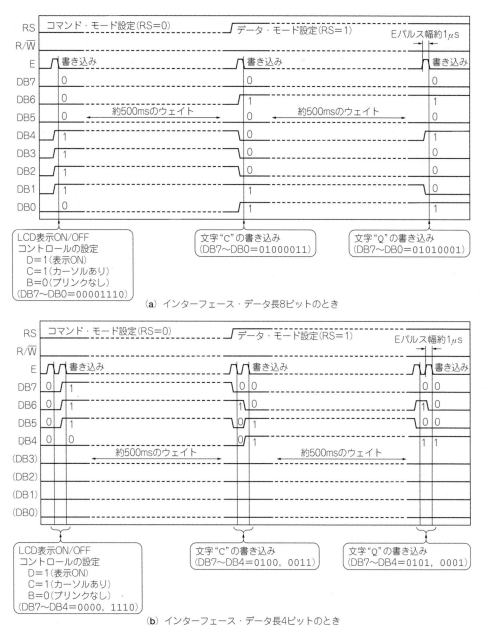

（a）インターフェース・データ長8ビットのとき

（b）インターフェース・データ長4ビットのとき

図7-25　BFチェックを省略した場合のLCDキャラクタ・モジュール信号ラインのタイミング動作

● **BFチェックを実施した場合のプログラムの動作確認**

　図7-26は、ビジー・フラグ（BF）を読み込み、LCDキャラクタ・モジュールの内部動作状態をチェックしながら書き込みを行った場合の信号ラインのタイミング動作です。図7-25に示した十分なウェイトを入れて書き込む方法より複雑です。そこで、オシロスコープを使って信号波形の推移を観測してみましょう。

　観測には連続した信号を出す必要があるので、メイン関数の最後にあるwhile文を次のように変更してみます。

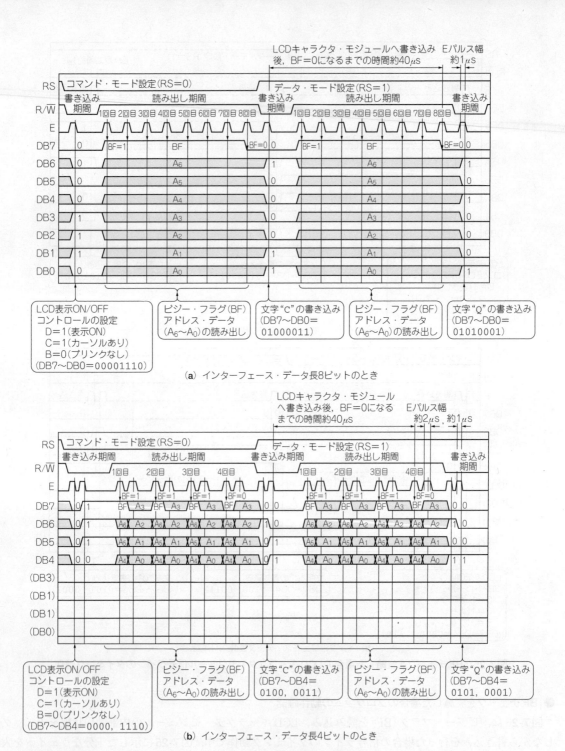

（**a**）インターフェース・データ長8ビットのとき

（**b**）インターフェース・データ長4ビットのとき

図7-26　BFチェックを行った場合のLCDキャラクタ・モジュール信号ラインのタイミング動作

```
    while(1) {
        write_lcd_data(LCD_DISP_CUR, LCD_CMD);
        lcd_puts("CQ");
    }
```

　写真7-3(**a**)にインターフェース長8ビットの場合のR/$\overline{\text{W}}$信号ラインとE信号ラインの波形を示します．
R/$\overline{\text{W}}$信号の"H"の状態がリード期間であり，"L"がライト期間になります．リード期間中にE信号のパルスが8パルス分あります．BFチェックをしているプログラムの部分の，

```
    while ((read_lcd_data(LCD_CMD) & 0x80) != 0);
```
と対応させて考えてみると，BFチェックを8回分実行してwhileループを抜け出ていることがわかります．**写真7-3**(**b**)は，R/$\overline{\text{W}}$信号ラインとBF信号が出力されるDB7信号ラインの波形を観測したものです．
リード期間中のDB7信号は"H"(BF = '1')になっていることから，LCDモジュールは内部動作中であり，また，LCDモジュールへ書き込み後，内部動作を完了してDB7信号が"L"(BF = '0')になるまでの時間は，約40 μs程度であることもわかります．

　さらに，よく波形を観察してみると，リード期間中のDB7信号の電圧レベルに多少の変動が見られます．この理由は，この期間H8のI/Oポートが入力モードになっていることと，LCDモジュール側もBF

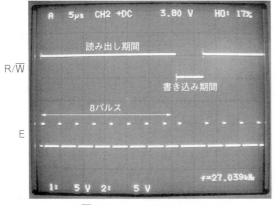

(**a**) R/$\overline{\text{W}}$信号ラインおよびE信号ラインの波形

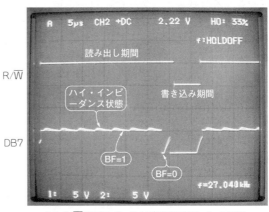

(**b**) R/$\overline{\text{W}}$信号ラインおよびDB7信号ラインの波形

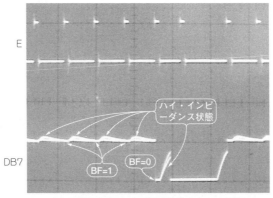

(**c**) E信号ラインおよびDB7信号ラインの波形

写真7-3　インターフェース・データ長8ビット時の波形(5 V/div., 5 μs/div.)

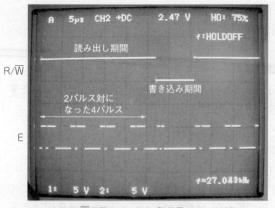

(a) R/$\overline{\text{W}}$信号ラインおよびE信号ラインの波形

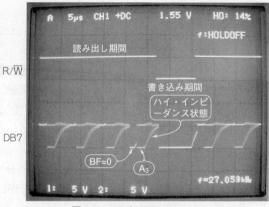

(b) R/$\overline{\text{W}}$信号ラインおよびDB7信号ラインの波形

写真7-4　インターフェース・データ長4ビット時の波形（5 V/div., 5 μs/div.）

信号を出力した後は入力モードになることから，一時的に信号ラインがハイ・インピーダンス状態になるためと考えられます．**写真7-3(c)**はE信号ラインとDB7ラインの波形で，DB7信号が"L"（BF＝0）になる期間を拡大したものです．LCDキャラクタ・モジュール側が0 VのBF信号を出力した後，スロープをもった電圧の上昇が見られます．これは信号ラインが一時的にハイ・インピーダンスの状態になり，入力リーク電流による電荷がチャージ・アップするための現象です．

　写真7-4(a)はインターフェース・データ長4ビットの場合のR/$\overline{\text{W}}$信号ラインとE信号ラインの波形です．読み込み/書き込み時に上位ビットと下位ビットの2回に分けてデータを送っていることから，E信号が2パルス対になって4パルス出力されていることがわかります．

　写真7-4(b)は，インターフェース・データ長4ビットの場合のR/$\overline{\text{W}}$信号ラインとDB7信号ラインの波形を観測したものです．インターフェース・データ長4ビットの場合のDB7信号ラインは，ビジー・フラグ（BF）とアドレス・データ（A_3ビット）が出力されます．LCDキャラクタ・モジュールに繰り返しデータを書き込むと，アドレス・データがインクリメントしてA_3ビットは順次変化していきます．DB7信号ラインの波形がオーバラップして見えているのはそのせいです．

□引用文献□

(1) キャラクタタイプ液晶表示モジュール取扱説明書，第8版，2001年3月，セイコーインスツルメンツ（株）．

(2) 島田義人；LCDキャラクタ・ディスプレイ・モジュールの使い方，トランジスタ技術，2004年2月号，pp.170～180，CQ出版（株）．

簡易電圧計/電子温度計を作りながら学ぶ

内蔵A-Dコンバータを活用するテクニック

島田 義人

　自然界の物理量のほとんどはアナログ量なので，マイコンが扱えるようにディジタル量に変換するインターフェースが必要です．H8/3694Fには10ビットのA-Dコンバータが内蔵されているので，この機能を利用してみましょう．

8-1　内蔵A-Dコンバータのしくみと動作

■ 内蔵A-Dコンバータは逐次比較型

　A-Dコンバータの種類には，大きく分けてフラッシュ型，逐次比較型，積分型がありますが，H8/3694Fに内蔵されたA-Dコンバータは逐次比較型です．逐次比較型A-Dコンバータは，速度，精度，コストにおいてバランスがとれており，現在最も多く採用されている変換方式です．

　逐次比較型A-Dコンバータの動作原理は，**図8-1**に示すように天秤を使った重さの測定手順にたとえて考えると理解しやすいでしょう．ここでは，8 g/4 g/2 g/1 gの分銅を使って，未知の物体$X=5.3$ gの重さを測定する場合を考えてみます．

　手順としては，最も重い分銅から順に載せて物体の重さと比較していき，もし分銅のほうが重すぎたら次に軽い分銅に交換するという操作を行います．最後に天秤が平衡したときの分銅の合計が物体の重さに相当します．測定手順の例を示します．

① 最も重い8 gの分銅から載せていきます．**図8-1**では，このとき分銅を載せた側に天秤が傾いたので，物体は分銅より軽い（$X<8$ g）と判断できます．

② 8 gの分銅をおろし，4 gの分銅を載せます．このとき天秤は物体を載せた側に傾いたので，分銅より物体は重い（$X>4$ g）と判断できます．

③ 4 gの分銅を載せたまま，2 gの分銅を追加します．分銅の重さは合計6 gということになります．今度は，分銅を載せた側に天秤が傾きました．物体は分銅より軽い（$X<6$ g）と判断できます．

④ 2 gの分銅をおろし，1 gの分銅を載せます．分銅の重さは合計5 gです．このとき，物体側がやや傾きながらも，天秤がほぼ釣り合った状態になりました．分銅の重さ（$X \fallingdotseq 5$ g）が物体の重さに相当します．

　逐次比較型A-Dコンバータは，天秤を使った重さの測定手順に似ており，このような動作を電気的に行っています．

■ 内蔵A-Dコンバータの動作

● アナログ信号がサンプリングされてレジスタに取り込まれるまで

H8/3694Fには10ビットのA-Dコンバータが内蔵されています．図8-2にA-Dコンバータのブロック図を示します．

逐次比較型A-Dコンバータの主な構成要素をさきほどの天秤の構成にあてはめてみましょう．天秤は

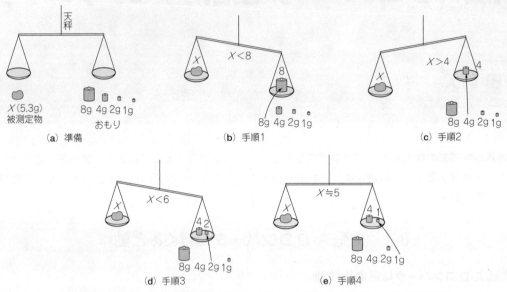

図8-1　H8/3694Fに内蔵されている逐次比較型A-Dコンバータの動作は天秤でイメージできる

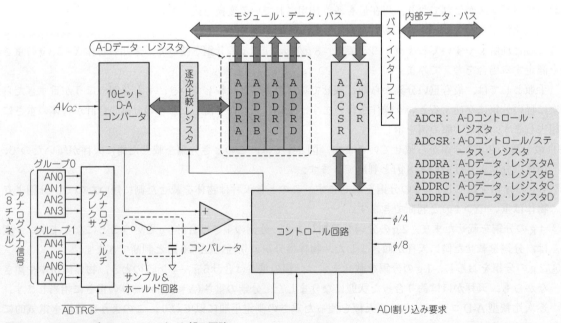

図8-2　H8/3694F内のA-Dコンバータ部の回路

コンパレータに，D-Aコンバータが分銅に，そして分銅を載せたり取り除いたりする作業を逐次比較レジスタが行っています.

アナログ入力端子は，AN0からAN7までの8チャネルあり，アナログ・マルチプレクサで入力信号を切り替えます. 入力されたアナログ信号はサンプル&ホールド回路に入ります. この回路の働きは，アナログ信号の電圧を取り出し（サンプル），その電圧値をA-D変換するまで保持（ホールド）します. A-D変換をするために，いったんアナログ信号を内部のコンデンサに蓄えます. そのためアクイジション・タイムと呼ばれる充電時間が必要になります.

一定時間が経過した後，サンプリング・スイッチがOFFし，ホールド用コンデンサに充電された電圧は，コンパレータを通して10ビットD-Aコンバータの値と比較されます.

変換結果は，ADDRAからADDRDのA-Dデータ・レジスタに記憶されます.

A-Dデータ・レジスタ（ADDRA～ADDRD）のビット構成を**図8-3**に示します. A-Dデータ・レジスタはA-D変換結果を格納するための16ビットのリード専用レジスタです. 初期値は0x0000となっています.

表8-1のアナログ入力チャネルとA-Dデータ・レジスタの対応に示すように，結果はADDRA～ADDRDに二つのグループに分けられた端子ごとに格納されます.

● 入力電圧値と変換データの関係

A-D変換の入力電圧範囲は$0\,V \sim AV_{CC}$までの範囲です. AV_{CC}端子はA-Dコンバータ内のアナログ部の電源で，V_{CC}と同じ5Vです. この5Vが10ビット，つまり1024分割されるので，1ビット当たり約4.9 mVになります.

A-D変換結果は，0Vを入力すると0x0000，5Vを入力すると0xFFC0になります. これは，10ビットの変換データがA-Dデータ・レジスタのビット15からビット6に格納されるためです. 下位6ビットはリザーブ・ビットとなっているので，読み出してもつねに '0' です. A-D変換データが上位ビットから埋まっているため，データを参照する際には，レジスタ値を右に6ビット・シフトしておくと便利です. ビット・シフト処理をすると，5V入力で0x03FFになります.

レジスタ名：ADDRA, ADDRB, ADDRC, ADDRD
(アドレス)：(H'FFB0),(H'FFB2),(H'FFB4),(H'FFB6)

ビット	15	14	13	12	11	10	9	8	7	6	5		0
ビット名	AN9	AN8	AN7	AN6	AN5	AN4	AN3	AN2	AN1	AN0	－		－
初期値	0	0	0	0	0	0	0	0	0	0	0		0
R/W	R	R	R	R	R	R	R	R	R	R	R		R

A-D変換データ

10ビットのA-D変換データを格納

リザーブ・ビット

図8-3 A-D変換後のサンプリング・データを記憶するA-Dデータ・レジスタ（ADDRA～ADDRD）のビット構成

表8-1 アナログ入力チャネルとA-Dデータ・レジスタの対応

アナログ入力チャネル		変換結果が格納される A-Dデータ・レジスタ
グループ0	グループ1	
AN0	AN4	ADDRA
AN1	AN5	ADDRB
AN2	AN6	ADDRC
AN3	AN7	ADDRD

● A-D変換を操作する制御レジスタ

　A-D変換の制御用レジスタは，A-Dコントロール/ステータス・レジスタ(ADCSR)と，A-Dコントロール・レジスタ(ADCR)の二つです．

▶ A-Dコントロール/ステータス・レジスタ

　ADCSRは**図8-4**に示すように，A-Dコンバータの変換終了フラグ，割り込み発生の許可/禁止，A-D変換スタート，スキャン・モードの選択，クロック・セレクト，チャネル・セレクトのビットで構成されています．チャネル・セレクト・ビットは，アナログ入力チャネルを選択するビットで，**表8-2**にセレクト・ビットとアナログ入力チャネルの対応を示します．

▶ A-Dコントロール・レジスタ

　ADCR(**図8-5**)は，ビット7のトリガ・イネーブル・ビット(TRGE)だけを使います．

　このビットを‘1’にすると外部トリガ端子(ADTRG)の立ち上がり，立ち下がりエッジでもA-D変換を開始します．外部トリガを使用しなければ，デフォルト(‘0’)のままで設定の必要はありません．

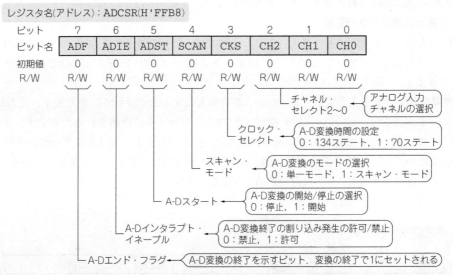

図8-4　A-Dコントロール/ステータス・レジスタ(ADCSR)のビット構成

表8-2　セレクト・ビットとアナログ入力チャネルの対応

セレクト・ビット			アナログ入力チャネル	
CH2	CH1	CH0	単一モード時 (SCAN = 0)	スキャン・モード時 (SCAN = 1)
0	0	0	AN0(初期値)	AN0
0	0	1	AN1	AN0 ～ AN1
0	1	0	AN2	AN0 ～ AN2
0	1	1	AN3	AN0 ～ AN3
1	0	0	AN4	AN4
1	0	1	AN5	AN4 ～ AN5
1	1	0	AN6	AN4 ～ AN6
1	1	1	AN7	AN4 ～ AN7

● 二つのA-D変換モード -単一モードとスキャン・モード-

H8/3694FのA-D変換の動作には，単一モードとスキャン・モードの二つがあります．

▶ 単一モードによるA-Dコンバータの動作

単一モードとは，指定された1チャネルのアナログ入力を1回だけA-D変換する動作です．**図8-6**はチャネル0を選択した場合の単一モードの動作例を示しています．

❶ ソフトウェアまたは外部トリガ端子（ADTRG）の入力によって，ADCSRレジスタのA-Dスタート・ビット（ADST）が'1'にセットされると，選択されたチャネル0（AN0）のA-D変換が始まります．

❷ A-D変換が終了するとA-D変換結果がそのチャネルに対応するA-Dデータ・レジスタ（ADDRA）に転送されます．

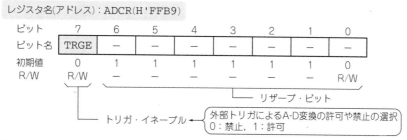

図8-5　A-Dコントロール・レジスタ（ADCR）のビット構成

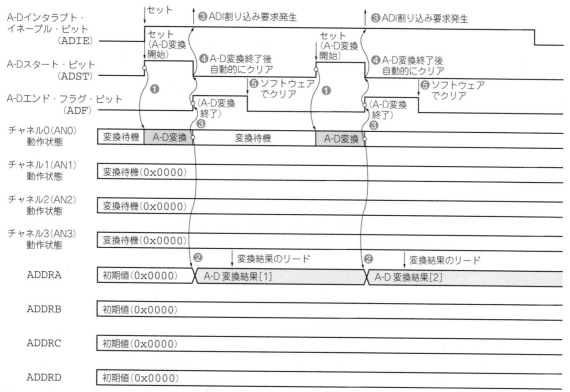

図8-6　A-Dコンバータの動作（単一モード）

❸ A-D変換終了時には，ADCSRレジスタのA-Dエンド・フラグ・ビット（ADF）が'1'にセットされます．このとき，A-Dインタラプト・イネーブル・ビット（ADIE）が'1'にセットされていると，ADI割り込み要求を発生します．

❹ ADSTビットはA-D変換中は'1'を保持し，変換が終了すると自動的にクリアされてA-Dコンバータは待機状態になります．

❺ 単一モードでは，一連の変換動作は1回のため，連続してA-D変換を実行したい場合には，A-Dエンド・フラグ・ビット（ADF）をソフトウェアでクリアし，❶から開始します．

▶ スキャン・モードによるA-Dコンバータの動作

スキャン・モードとは，指定された最大4チャネルのアナログ入力を順次連続してA-D変換する動作です．図8-7はAN0～AN2の3チャネルを選択した場合のスキャン・モードの動作例を示しています．

❶ ソフトウェアもしくは外部トリガ端子（ADTRG）の入力によって，ADCSRレジスタのA-Dスタート・ビット（ADST）が'1'にセットされると，グループの第1チャネルすなわちAN0からA-D変換を開始します．

❷ AN0のA-D変換が終了すると変換結果をA-Dデータ・レジスタ（ADDRA）に転送します．次に第2チャネルが自動的に選択され，A-D変換を開始します．

❸，❹ それぞれのチャネルのA-D変換が終了すると，A-D変換結果は順次そのチャネルに対応するA-Dデータ・レジスタ（ADDRB，ADDRC）に転送されます．

❺ 選択されたすべてのA-D変換が終了すると，ADCSRのA-Dエンド・フラグ・ビット（ADF）が'1'に

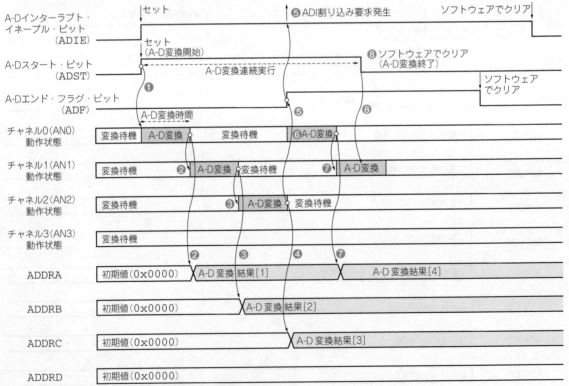

図8-7 スキャン・モードによるA-Dコンバータの動作（チャネル0～2選択時の例）

セットされます．このとき，A-Dインタラプト・イネーブル・ビット（ADIE）が'1'にセットされていると，A-D変換終了割り込み要求（ADI）を発生します．

⑥ A-Dコンバータは再びグループの第1チャネルからA-D変換を開始します．

⑦ スキャン・モードではADSTビットは自動的にはクリアされず，'1'にセットされている間は，A-D変換が実行され続けます．

⑧ A-D変換を停止する場合には，ADSTビットをソフトウェアでクリアします．このとき変換中のデータは無視されます（図8-7の例ではAN1）．

8-2　内蔵A-Dコンバータの実験回路とプログラムの作成

■ 回路構成

図8-8にA-Dコンバータの実験回路を示します．AN0端子からアナログ電圧（0～5V）を入力し，A-D変換結果の上位8ビット（AN9～AN2）をポート5へディジタル出力します．

簡単のため，ここでは下位2ビットのAN1とAN0は切り捨てますが，A-D変換結果の上位8ビットを

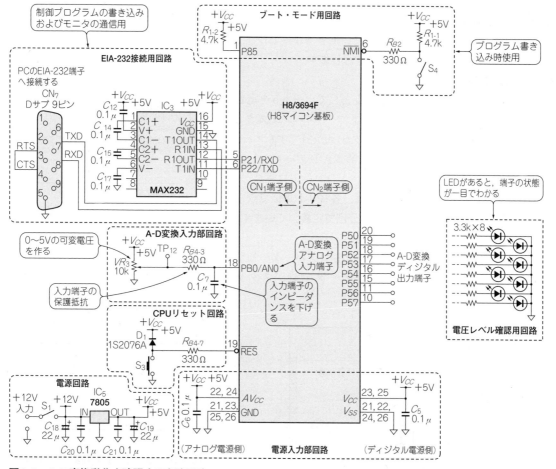

図8-8　A-D変換動作を確認する実験回路

把握するだけでも，A-D変換の動作を確認するには十分です．VR_3を使って0〜5Vの電圧を生成します．

図8-9にH8/3694FのA-D入力端子に付ける入力回路の例を示します．H8/3694Fのアナログ入力は，信号源のインピーダンスが5kΩ以下の入力に対して変換精度が保証されています．これは，A-Dコンバータのサンプル&ホールド回路の入力容量をサンプリング時間内に充電するために設けられた規格です．

10kΩの可変抵抗と保護抵抗をアナログ入力端子に接続すると，インピーダンスが5kΩを越えることがあるため，充電不足が生じてA-D変換精度が保証できなくなる場合があります．そこで0.1μFのC_7を接続して入力インピーダンスを下げています．この場合，入力負荷は実質的に内部入力抵抗の10kΩだけになるので，信号源インピーダンスは不問になります．ただし，ローパス・フィルタが構成されるので，5mV/μs以上に変化するアナログ入力電圧には追従できなくなります．

高速のアナログ信号を変換する場合には低インピーダンスのバッファを入れる必要がありますが，ここでは可変抵抗による電圧変化を測定するため，電圧の変化には十分追従します．

■ 内蔵A-Dコンバータ実験プログラムの作成

図8-10は単一モードA-D変換テスト用プログラムのフローチャートです．プログラムをリスト8-1に示します．

● ビットの構造体宣言

ビット・フィールドの構造体宣言で，ビット7〜ビット0を構造体のメンバ名B7〜B0として宣言します．

● レジスタの定義

ここではA-D変換結果の出力ポートとしてポート5を定義します．定義内容はポート・コントロール・レジスタ5（PCR5）と，ポート・データ・レジスタ5（PDR5）です．

A-D変換の入力ポートはAN0のため，A-Dデータ・レジスタA（ADDRA）を定義しておきます．A-Dコントロール/ステータス・レジスタの定義については，各ビット単位で設定されることが多いので，ビットごとに分けて定義しています．

● A-Dコンバータの設定関数（set_adc）

起動時に1回だけ呼び出す関数で，A-Dコンバータの初期設定をします．設定内容は，A-Dデータ・レジスタA

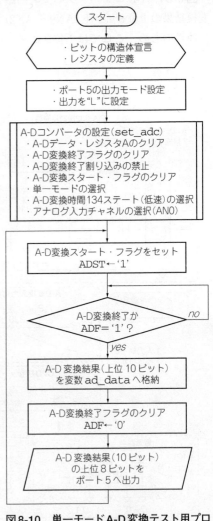

図8-10 単一モードA-D変換テスト用プログラムのフローチャート

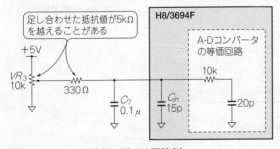

図8-9 A-D入力端子に付ける回路例

（ADDRA），A-D変換終了フラグ（ADF），A-D変換スタート・フラグ（ADST）をそれぞれクリアします．ここではA-D変換終了時に，割り込み動作は必要としないため，A-D変換終了割り込み（ADIE）を禁止します．なお，A-D変換は単一モードで，アナログ入力チャネルをAN0に選択しておきます．入力電圧は可変抵抗を使って手動でゆっくり変化させるので，変換時間の設定は134ステートを選択しました．

　なお，A-Dコントロール/ステータス・レジスタの初期設定は8ビットで設定すれば，ADCSR=0;と1行で書けるところです．レジスタのビット構成がよくわかっている方にとっては，このほうがよいかもしれません．**図8-4**にてレジスタ構成をビットに分けて説明したこともあり，レジスタのビット構成を意識し，ここではあえてビット単位ごとに設定を示すように記述しました．

リスト8-1　単一モードA-D変換テスト用のプログラム（ad_test.c）

```
struct BIT {                        // Bitの構造体宣言
        unsigned char B7:1;         //  . Bit7
        unsigned char B6:1;         //    Bit6
        unsigned char B5:1;         //    Bit5
        unsigned char B4:1;         //    Bit4        ┐ ビットの構造体宣言
        unsigned char B3:1;         //    Bit3
        unsigned char B2:1;         //    Bit2
        unsigned char B1:1;         //    Bit1
        unsigned char B0:1;         //    Bit0
};
                                    // レジスタの定義
#define PCR5 *(volatile unsigned char *)0xFFE8    // H8 PORT5 コントロール・レジスタの定義
#define PDR5 *(volatile unsigned char *)0xFFD8    // H8 PORT5 データ・レジスタの定義
#define ADDRA *(volatile unsigned short *)0xFFB0  // A-D データ・レジスタAの定義
#define ADCSR (*(struct BIT *)0xFFB8)             // A-Dコントロール／ステータス・レジスタの定義
#define ADF     ADCSR.B7            //    A-Dエンド・フラグ・ビットの定義        ┐ レジスタの定義
#define ADIE    ADCSR.B6            //    A-Dインターラプト・イネーブル・ビットの定義
#define ADST    ADCSR.B5            //    A-Dスタート・ビットの定義
#define SCAN    ADCSR.B4            //    スキャン・モード・ビットの定義
#define CKS     ADCSR.B3            //    クロック・セレクト・ビットの定義
#define CH2     ADCSR.B2            //    チャネル・セレクト・ビット2の定義
#define CH1     ADCSR.B1            //    チャネル・セレクト・ビット1の定義
#define CH0     ADCSR.B0            //    チャネル・セレクト・ビット0の定義

void set_adc(void)                  // H8 A/Dコンバータの設定関数
{                                   //
    ADDRA   = 0;                    //    A-Dデータ・レジスタAをクリア
    ADF     = 0;                    //    A-D変換終了フラグをクリア
    ADIE    = 0;                    //    A-D変換終了割り込みを禁止
    ADST    = 0;                    //    A-D変換スタート・フラグをクリア
    SCAN    = 0;                    //    A-D変換は単一モード
    CKS     = 0;                    //    A-D変換時間は134ステート(低速)     ┐ A-Dコンバータの設定関数
                                    //
    CH2     = 0;                    //    アナログ入力チャネル選択
    CH1     = 0;                    //    AN0ポートのみを使用
    CH0     = 0;                    //    000：AN0選択
}

void main(void)                     // メイン・ルーチン
{                                   //
    int ad_data;                    //    A-D変換結果を格納するための変数定義
                                    //
    PCR5 = 0xff;                    //    H8 PORT5を出力モードに設定
    PDR5 = 0x00;                    //    H8 PORT5の出力レベルを "L" に設定(初期値)
    set_adc();                      //    H8 A-Dコンバータの設定
                                    //                                    ┐ main関数
    while(1){                       //    繰り返し
        ADST = 1;                   //    A-D変換開始
        while(!ADF);                //    変換終了待ち
        ad_data = ADDRA >> 6;       //    A-D変換結果を変数(AD_data)に格納
                                    //     (16ビットのうち変換結果のある上位10ビット分を抽出)
        ADF  = 0;                   //    変換終了フラグをクリア
        PDR5 = ad_data >> 2;        //    A-D変換の実行，結果(10ビット)の上位8ビット分をPORT5へ出力
    }                               //
}
```

● メイン・ルーチン(main)

はじめにA-D変換結果を出力するポートを初期設定しておきます．ポート・コントロール・レジスタ5(PCR5)を0xffに設定することでポート5の全ビットが出力モードになります．また，ポート・データ・レジスタ(PDR5)を0x00に設定することで，出力レベルの初期値を全ビット"L"とします．

次に設定関数(set_adc)を実行し，A-Dコンバータの初期設定を行います．A-D変換の単一モードの設定では，A-D変換の動作が連続にならないため，while文を使ってA-D変換を繰り返します．A-D変換スタート・フラグ(ADST)を'1'にするとA-D変換を開始します．A-D変換終了フラグ(ADF)が'1'になるまでwhile文でループして，A-D変換が終了するまで待ちます．

A-D変換が終了したら，結果(ADDRA)の値を変数(ad_data)に格納します．このとき，6ビット右にシフトすることにより，レジスタ16ビットのうち変換結果のある上位10ビットを抽出します．A-D変換終了後は，変換終了フラグをクリアしておきます．A-D変換結果(10ビット)は2ビット右にシフトし，上位8ビットをポート5へ出力します．

■ 動作を確認してみよう

Htermを使って動作させてみましょう．Htermを起動後，ファイル(ad_test.abs)をロードし実行してみてください．VR_3を回して，入力電圧を0から5Vまで変化させると，電圧値に応じたディジタル値がポート5に出力されることがわかります．

図8-8のA-D変換テスト回路では，DMMを使って端子の電圧レベルを確認しましたが，A-D変換の出力端子(P50〜P57)にLEDを付けることができれば，LEDの点灯によって端子の状態が一目でわかるでしょう．直列抵抗は3.3k〜4.7kΩ程度にしておきます．ポート5の出力電流の最大定格は2mAとなっているので，あまり明るくありませんが，"H"(点灯)か"L"(消灯)かを確認するには十分です．

それでは，出力結果を確認してみましょう．A-D変換入力電圧が5Vのとき，ポート5の全端子が"H"になります．LEDはすべて点灯します．入力電圧が0Vのとき全端子が"L"になります．

表8-3は，0〜5V間の電圧を入力した場合のA-D変換結果です．理論値は，5V時の実測データ(4.97V)と，各電圧の実測データから次のように計算できます．たとえば，4V時は，255×(4.00V/4.97V)=205となります．表8-3の実験値と理論値を比べてみると，ほぼ一致していることがわかります．

表8-3 テスト・プログラムによるA-D変換の結果(上位8ビットの結果を理論値と比較)

A-D変換 入力電圧 ( )内は実測値	出力結果					
	実験値			理論値		
	2進	16進	10進	2進	16進	10進
5 V (4.97 V)	11111111	FF	255	11111111	FF	255
4 V (4.00 V)	11001110	CE	206	11001101	CD	205
3 V (3.002 V)	10011010	9A	154	10011010	9A	154
2 V (2.000 V)	01100110	66	102	01100111	67	103
1 V (1.002 V)	00110011	33	51	00110011	33	51
0 V (0.000 V)	00000000	00	00	00000000	00	00

■ 回路構成

単一モードによるA-D変換を行い，LCDキャラクタ・モジュールに電圧値を表示させてみます．**図8-8**を変更して，**図8-11**の部分を追加します．LCDキャラクタ・モジュールとのインターフェースは，データ長が4ビットでも8ビットでもどちらでも動作可能なようにフル結線にしておきます．

■ 簡易電圧計プログラムの作成

main関数は，単一モードA-D変換テスト用プログラム（**リスト8-1**）を参考にして，**リスト8-2**のように作成します．**リスト8-1**からの変更点は以下のようになります．

● レジスタの定義

ポート・コントロール・レジスタ5（PCR5）と，ポート・データ・レジスタ5（PDR5）の定義は，LCD表示用のプログラムのところで定義されるので，ここでは省略します．

● メイン・ルーチン（main）

LCDキャラクタ・モジュールとA-Dコンバータをそれぞれイニシャライズ関数で初期化します．簡易電圧計であることを示すため，LCDの1行目には"＊ カンイ デンアツ ケイ ＊"，2行目には電圧の測定結果の前に"INPUT V ＝"と表記しておきます．

A-D変換の結果は電圧値へ換算する必要があります．A-D変換の分解能は10ビットですから，フルスケールで1023になります．また，入力電圧範囲は0〜+5Vですから，1ビット当たり，5V/1023≒4.888mVとなります．演算はA-D変換結果を4.888倍しますが，プログラムでは一度4888倍した後，1000で割るという整数型の演算にしています．浮動小数点型の演算をすると，プログラム・サイズが非常に大きくなってしまいます．

A-D変換はwhile文で繰り返し行います．wait関数により，電圧値は約1000msごとに更新されます．

```
// lcd_dataout( ad_conv()) ;
```

とコメントされている行があります．これはデバッグ時に使ったもので，コメント（//）を外すと，A-D

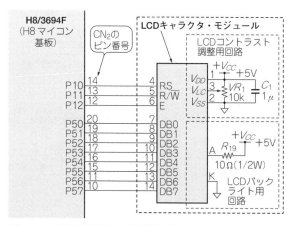

図8-11　簡易電圧計の回路構成（図8-8のテスト回路からの変更点だけを掲載）

変換結果（10ビット）を10進表示でLCDに表示できるようにしています．

● **LCD表示用プログラムは第7章のプログラムを変更して利用する**

第7章で作ったLCD表示テスト用のプログラムを関数にしてまとめ，HEWのプロジェクト・ファイルとしてインクルードするようにします．

たとえば，インターフェース・データ長が8ビットであれば`lcd_func_8bit.c`，4ビットであれば`lcd_func_4bit.c`を選ぶようにします．

ここでは，BFチェックなし，インターフェース・データ長が4ビットでLCDキャラクタ・モジュールを制御してみます．LCD表示用プログラム（`lcd_test_4bit.c`）からの変更点は以下のようになります．詳細は付属CD-ROMを参照してください．

▶ LCDコマンド/データ書き込み関数（`write_lcd_data`）

テスト文字列の表示時間の間隔を500msから1msに変更します．

▶ LCDをイニシャライズする関数（`init_lcd`）

LCD表示ON/OFFコントロールの設定のところで，カーソルなしに変更します．

リスト8-2　簡易電圧計のソース・プログラム（`ad_single_mode.c`）

```
// A/D変換関連の定義                                    // レジスタの定義
//#define PCR5 *(volatile unsigned char *)0xFFE8         //      H8 PORT5 コントロール・レジスタの定義    ← リスト8-1から削除
//#define PDR5 *(volatile unsigned char *)0xFFD8         //      H8 PORT5 データ・レジスタの定義          ← リスト8-1から削除
#define ADDRA *(volatile unsigned short *)0xFFB0         //      A-D データ・レジスタAの定義
#define ADCSR (*(struct BIT *)0xFFB8)                    //      A-Dコントロール/ステータス・レジスタの定義
#define ADF      ADCSR.B7                                //      A-Dエンド・フラグ・ビットの定義
#define ADIE     ADCSR.B6                                //      A-Dインターラプト・イネーブル・ビットの定義
#define ADST     ADCSR.B5                                //      A-Dスタート・ビットの定義
#define SCAN     ADCSR.B4                                //      スキャン・モード・ビットの定義
#define CKS      ADCSR.B3                                //      クロック・セレクト・ビットの定義
#define CH2      ADCSR.B2                                //      チャネル・セレクト・ビット2の定義
#define CH1      ADCSR.B1                                //      チャネル・セレクト・ビット1の定義
#define CH0      ADCSR.B0                                //      チャネル・セレクト・ビット0の定義    ← リスト8-1に追加

                                                         // LCD表示関連の関数定義
extern void init_lcd(void);                              //      LCDをイニシャライズする関数
extern void lcd_puts( char *str);                        //      文字列表示関数
extern void lcd_xy(unsigned char x, unsigned char y);    //      LCD 表示位置を設定する関数 [桁(x=1～16), 行(y=1,2)]
extern void lcd_dataout( unsigned long data );           //      数値データをLCDに表示する関数

                                                                                               ← main関数.
                                                                                                 リスト8-1から変更
void main(void)                                          // メイン・ルーチン
{                                                        //
    int ad_data;                                         //      A/D変換結果を格納するための変数定義
    unsigned long v_data;                                //      電圧値を格納する変数を定義
                                                         //
    init_lcd();                                          //      LCDをイニシャライズする
    set_adc();                                           //      H8 A-Dコンバータを設定する
    lcd_puts("** カンイ デンアツ ケイ *");                //      文字列の表示    ← * カンイ デンアツケイ *
    lcd_xy(1,2);                                         //      DDRAMアドレスを2行目の先頭に設定    と表示させる
    lcd_puts("INPUT V=");                                //      文字列の表示    ← INPUT V＝と表示
    while(1){                                            //
        ADST    = 1;                                     //      A-D変換開始
        while(!ADF);                                     //      変換終了待ち
        ad_data = ADDRA >> 6;                            //      A-D変換結果を変数(AD_data)に格納
                                                         //        (16ビットのうち変換結果のある上位10ビット分を抽出)
        ADF     = 0;                                     //      変換終了フラグをクリア
        v_data = (unsigned long)ad_data * 4888;  //      電圧値[mV]に変換
        v_data = v_data/1000;                            //        (注)4.888mV/bitと換算した
        lcd_xy(9,2);                                     //      DDRAMアドレスを2行, 9桁目に設定
//      lcd_dataout( (unsigned long)ad_data );           //      ※デバッグ時にコメントを外す.A-D変換結果(10ビット)をLCDに表示
                                                         //        する(10進表示)
        lcd_dataout( v_data );                           //      電圧値を表示
        lcd_puts("[mV]   ");                             //      単位を表示
        wait(1000);                                      //      約1000msのウェイト
    }
}
```

▶ 数値データをLCDに表示する関数（lcd_dataout）

数値を文字コードに変換してLCDキャラクタ・モジュールに表示する関数を新たに追加しました.

■ 動作を確認してみよう

写真8-1は製作した簡易電圧計のLCDキャラクタ・モジュールの表示例です. 可変抵抗 VR_3 を回してA-D入力電圧を変化させると, 測定結果の表示もそれに応じて変化することを確認してください.

図8-12はA-D入力電圧に対するA-D変換結果をグラフ化したものです. LCDキャラクタ・モジュール

写真8-1 電圧の計測結果をLCDキャラクタ・モジュールに表示した例

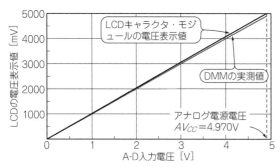

図8-12 製作した簡易電圧計の入出力特性
精度はH8マイコンのアナログ電源端子 AV_{CC} への供給電圧（5V）の精度に依存する

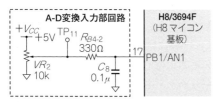

図8-13 スキャン・モードA-D変換による2チャネル簡易電圧計（図8-8から追加のチャネルAN1の部分のみ）

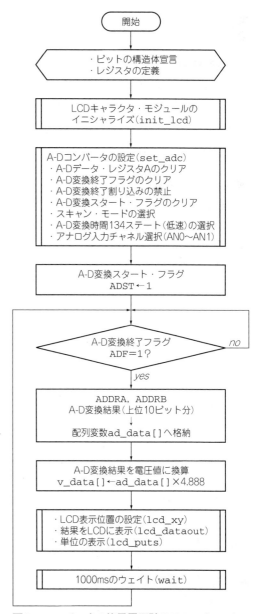

図8-14 2チャネル簡易電圧計のフローチャート

の電圧表示値とDMMの実測値を示します. LCDキャラクタ・モジュールに表示された結果のほうが, 実測値と比べてやや大きくなっていることがわかります. この原因は, H8/3694Fのアナログ電源電圧 (AV_{CC}) にありそうです. AV_{CC}の電圧を実測してみると4.970Vと5Vよりやや低めでした.

H8/3694Fのアナログ電源端子AV_{CC}は, 便宜上V_{CC}電源端子といっしょに接続し, 3端子レギュレータから電源電流を供給しました. 本来アナログ電源は, ロジックのV_{CC}電源とは別電源とし, 安定した電圧精度の高い電源に接続します. LM317などの可変電圧レギュレータを使ってアナログ電源電圧を5.000[V]まで調整できるようにすると, 測定精度はもっと向上するでしょう.

8-4　2チャネル簡易電圧計の製作

■ 回路構成

H8/3694FのA-D変換ポートは最大8チャネルあります. ここでは, そのうちのAN0, AN1を使って2チャネルの簡易電圧計を作ってみます. 用途として, たとえばDCアンプの入力電圧と出力電圧を同時にモニタして入出力電圧特性を調べるときなどに便利です.

図8-13に2チャネル簡易電圧計の回路構成例の追加するところを示します. 図はAN0と同じです.

■ 2チャネル簡易電圧計プログラムの作成

図8-14にフローチャートを示します. プログラムをリスト8-3に示します. 単一モードの電圧計(リスト8-2)からの変更点は以下のようになります.

● レジスタの定義

A-Dデータ・レジスタB (ADDRB) の定義を追加します.

● A-Dコンバータの設定関数 (set_adc)

A-Dデータ・レジスタB (ADDRB) のクリアを追加します. A-D変換はスキャン・モードに設定し, アナログ入力チャネルAN0〜AN1を選択します.

● メイン・ルーチン (main)

まず, LCDキャラクタ・モジュールをイニシャライズし, A-Dコンバータを設定しておきます. 2チャネルの簡易電圧計であることから, LCDの1行目をAN0, 2行目をAN1の電圧測定値を表示するようにします. スキャン・モード時は, A-D変換は連続して行われるため, スタート・フラグ (ADST) の設定は, 最初の1回だけです. A-D変換スタート・フラグ (ADST) を '1' にするとA-D変換を開始します. A-D変換終了フラグ (ADF) が '1' になるまでwhile文でループして, A-D変換が終了するまで待ちます.

A-D変換が終了したら, 結果 (ADDRA, ADDRB) の値を配列変数 (ad_data) に格納します. このとき, 6ビット右にシフトすることにより, レジスタ16ビットのうち変換結果のある上位10ビットを抽出します. 変換終了フラグをクリア後, A-D変換結果を電圧値に換算してLCDキャラクタ・モジュールに表示します.

A-D変換は連続して実施されますが, LCDに表示される値を更新するため, while文により繰り返し実施します. wait関数により, 電圧値は約1000msごとに更新されて表示されます.

■ 動作を確認をしてみよう

写真8-2はLCDキャラクタ・モジュールの表示例です. 1行目は可変抵抗VR_3によるA-D入力電圧の測定結果が表示され, 2行目はVR_2による測定結果です. 可変抵抗VR_3およびVR_2をそれぞれ回してA-

リスト8-3　2チャネル簡易電圧計のプログラム．リスト8-2からの主な変更箇所（ad_scan_mode.c）

```
// A-D変換関連の定義                              // レジスタの定義
#define ADDRA *(volatile unsigned short *)0xFFB0   //   A-D データ・レジスタAの定義      ← リスト8-2に追加
#define ADDRB *(volatile unsigned short *)0xFFB2   //   A-D データ・レジスタBの定義      ← リスト8-2に追加
#define ADCSR (*(struct BIT *)0xFFB8)              //   A-Dコントロール／ステータス・レジスタの定義
#define ADF      ADCSR.B7                          //   A-Dエンド・フラグ・ビットの定義
#define ADIE     ADCSR.B6                          //   A-Dインターラプト・イネーブル・ビットの定義
#define ADST     ADCSR.B5                          //   A-Dスタート・ビットの定義
#define SCAN     ADCSR.B4                          //   スキャン・モード・ビットの定義
#define CKS      ADCSR.B3                          //   クロック・セレクト・ビットの定義
#define CH2      ADCSR.B2                          //   チャネル・セレクト・ビット2の定義
#define CH1      ADCSR.B1                          //   チャネル・セレクト・ビット1の定義
#define CH0      ADCSR.B0                          //   チャネル・セレクト・ビット0の定義

void set_adc(void)                                 // H8 A-Dコンバータの設定関数
{                                                  //
    ADDRA   = 0;                                   //   A-Dデータ・レジスタAをクリア
    ADDRB   = 0;                                   //   A-Dデータ・レジスタBをクリア    ← リスト8-2に追加
    ADF     = 0;                                   //   A-D変換終了フラグをクリア
    ADIE    = 0;                                   //   A-D変換終了割り込みを禁止
    ADST    = 0;                                   //   A-D変換スタート・フラグをクリア
    SCAN    = 1;                                   //   A-D変換はスキャン・モード       ← リスト8-2から変更
    CKS     = 0;                                   //   A-D変換時間は134ステート(低速)
                                                   //
    CH2     = 0;                                   //   アナログ入力チャネル選択
    CH1     = 0;                                   //     AN0,AN1ポートを使用(SCAN=1の場合)
    CH0     = 1;                                   //     001：AN0〜AN1選択             ← リスト8-2から変更
}

void main(void)                                    // メイン・ルーチン
{                                                  //
    int k;                                         //
    unsigned int ad_data[1];                       //   A-D変換結果を格納する配列変数を定義
    unsigned long v_data[1];                       //   電圧値を格納する配列変数を定義
                                                   //
    init_lcd();                                    //   LCDをイニシャライズする
    set_adc();                                     //   H8 A-Dコンバータを設定する
    lcd_puts("  V0 = ");                           //   文字列の表示
    lcd_xy(1,2);                                   //   DDRAMアドレスを2行目の先頭に設定
    lcd_puts("  V1 = ");                           //   文字列の表示
                                                   //
    ADST    = 1;                                   //   A-D変換開始（スキャン・モード時は，スタート・
                                                   //   フラグの設定は最初の1回のみでよい）
                                                   //
    while(1){                                      //
        while(!ADF);                               //     変換終了待ち
        ad_data[0] = ADDRA >> 6;                   //     AN0 A-D変換結果を変数(ad_data[0])に格納
        ad_data[1] = ADDRB >> 6;                   //     AN1 A-D変換結果を変数(ad_data[1])に格納
        ADF = 0;                                   //     変換終了フラグをクリア
        for( k=0; k<=1; k++){                      //
            v_data[k]=(unsigned long)ad_data[k];   //   変数の型変換
            v_data[k]=v_data[k]*4888;              //     電圧値[mV]に変換
            v_data[k]=v_data[k]/1000;              //       (注)4.888mV/bitと換算した
            lcd_xy(8,(k+1));                       //     DDRAMアドレスを8桁目に設定
            lcd_dataout( v_data[k] );              //     AN0側の電圧値を表示
            lcd_puts("[mV]    ");                  //     単位を表示
        }                                          //
        wait(1000);                                //     約1000msのウェイト
    }
}
```

リスト8-2から変更

写真8-2　2チャネル簡易電圧計のLCDキャラクタ・モジュールの表示例

D 入力電圧を変化させると測定結果の表示もそれに応じて変化することを確認してください.

8-5　サーミスタを使った電子温度計の製作

■ サーミスタのふるまい

A-D 変換による電圧測定の応用例として，サーミスタを使った電子温度計を作ってみましょう．サーミスタ（Thermistor）とは，Thermally Sensitive Resistor の総称で，抵抗体の抵抗値が温度によって変化する素子です.

写真8-3 に使った石塚電子の AT シリーズ・サーミスタ（103AT-1）の外観を示します．公称抵抗値は $R_{(25℃)} = 10\,k\Omega$ です．サーミスタは温度センサ素子の定番として最も多くの分野で使用されており，安価で使いやすいものですが，欠点は抵抗と温度の関係（図8-15）に見るように直線性が悪いということです．この直線性を改善するために，サーミスタ素子に抵抗を接続してリニアライズ（直線化）します．リニアライズといっても，大げさなものではありません．図8-16 に示すように，サーミスタ R_{th} に抵抗 R_1 を直列接続したものです．

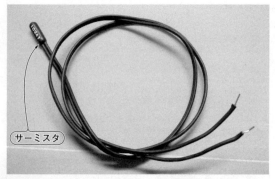

写真8-3　AT シリーズ・サーミスタ103AT-1 の外観（石塚電子）

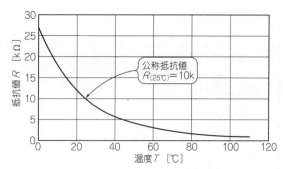

図8-15　AT シリーズ・サーミスタ（103AT-1）の温度特性
直線性を改善するためにサーミスタ素子に抵抗を接続してリニアライズする

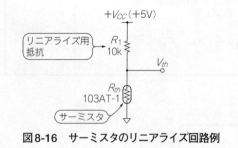

図8-16　サーミスタのリニアライズ回路例

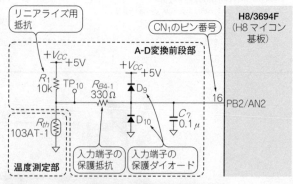

図8-17　サーミスタを使った電子温度計の回路
図8-8 のテスト回路からの変更点だけを掲載

■ 回路構成

図8-17にサーミスタを使った電子温度計の回路にするための変更点を示します。サーミスタR_{th}の出力電圧はAN2端子に入力します。サーミスタを外付けするので、電源より高い電圧が加えられた場合を考え、入力を保護する意味で330Ωの抵抗とダイオードを付けています。また、入力インピーダンスを下げるため、0.1μFのセラミック・コンデンサを付けています。

■ 電子温度計のプログラムの作成

図8-18は電子温度計のフローチャートです。サーミスタを使った電子温度計のプログラムを**リスト8-4**に示します。単一モードA-D変換による簡易電圧計のプログラム（**リスト8-2**）を変更して作成します。主な変更点は以下のようになります。

● レジスタの定義

アナログ入力端子がAN0からAN2に変更されるため、A-Dデータ・レジスタC（ADDRC）を定義します。

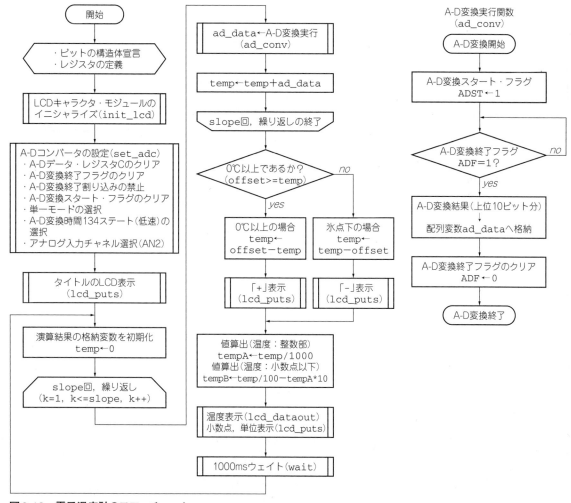

図8-18　電子温度計のフローチャート

```c
// A-D変換関連の定義                                 // レジスタの定義                                        ┌─ リスト8-2から変更
#define ADDRC  *(volatile unsigned short *)0xFFB4  //    A-D データ・レジスタCの定義
#define ADCSR  (*(struct BIT *)0xFFB8)             //    A-Dコントロール/ステータス・レジスタの定義
#define ADF    ADCSR.B7                            //    A-Dエンド・フラグ・ビットの定義
#define ADIE   ADCSR.B6                            //    A-Dインターラプト・イネーブル・ビットの定義
#define ADST   ADCSR.B5                            //    A-Dスタート・ビットの定義
#define SCAN   ADCSR.B4                            //    スキャン・モード・ビットの定義
#define CKS    ADCSR.B3                            //    クロック・セレクト・ビットの定義
#define CH2    ADCSR.B2                            //    チャネル・セレクト・ビット2の定義
#define CH1    ADCSR.B1                            //    チャネル・セレクト・ビット1の定義
#define CH0    ADCSR.B0                            //    チャネル・セレクト・ビット0の定義

void set_adc(void)                                 // H8 A-Dコンバータの設定関数
{                                                  //
    ADDRC = 0;                                     //    A-DデータレジスタCをクリア ←─ リスト8-2から変更
    ADF   = 0;                                     //    A-D変換終了フラグをクリア
    ADIE  = 0;                                     //    A-D変換終了割り込みを禁止
    ADST  = 0;                                     //    A-D変換スタートフラグをクリア
    SCAN  = 0;                                     //    A-D変換は単一モード
    CKS   = 0;                                     //    A-D変換時間は134ステート(低速)
                                                   //
    CH2   = 0;                                     //    アナログ入力チャネル選択 ←─ リスト8-2から変更
    CH1   = 1;                                     //    AN2ポートのみを使用
    CH0   = 0;                                     //    010：AN2選択
}

int ad_conv(void)                                  // H8 A-Dコンバータ実行関数
{                                                  //
    int ad_data;                                   //    A-D変換結果を格納するための変数定義
                                                   //
    ADST    = 1;                                   //    A-D変換開始
    while(!ADF);                                   //    変換終了待ち
    ad_data = ADDRC >> 6;                          //    A-D変換結果を変数(AD_data)に格納 ←─ リスト8-2から変更
                                                   //       (16ビットのうち変換結果のある上位10ビット分を抽出)
    ADF     = 0;                                   //    変換終了フラグをクリア
    return(ad_data);                               //    A-D変換結果をもって返る
}
                                                                                    ┌─ リスト8-2から変更
void main(void)                                    // メイン・ルーチン
{                                                  //
    unsigned int  k;                               //
    unsigned int  slope  = 108;                    //    傾き（サーミスタにより異なる）
    unsigned long offset = 80376;                  //    オフセット（サーミスタにより異なる）
    unsigned long ad_data;                         //    A-D変換値を格納する変数を定義
    unsigned long temp;                            //    計算過程の値を格納する変数を定義
    unsigned long tempA;                           //    温度の値(整数部)を格納する変数を定義
    unsigned long tempB;                           //    温度の値(小数点以下)を格納する変数を定義
                                                   //
    init_lcd();                                    //    LCDをイニシャライズする
    set_adc();                                     //    H8 A-Dコンバータを設定する
    lcd_puts("* ﾃﾞﾝｼ ｵﾝﾄﾞ ｹｲ *");                 //    文字列の表示(タイトル表示)
                                                   //
    while(1){                                      //
        lcd_xy(5,2);                               //    DDRAMアドレスを2行，5桁目に設定
        temp=0;                                    //    変数の初期化
        for( k=1; k<=slope; k++ ) {                //    温度換算式では，temp = slope * ad_data
            ad_data = (unsigned long)ad_conv();    //    A-D変換の実行，型変換して結果を変数に格納
            temp = temp + ad_data;                 //    計算途中の値を保存
        }                                          //
//      lcd_dataout( ad_data );                    //    ※コメントを外すと，A-D変換結果(10ビット)がLCDに表示される(10進表示)
        if ( offset >= temp ) {                    //
            temp = offset - temp;                  //    0℃以上の場合
            lcd_puts("+");                         //    ＋温度表示
        } else {                                   //
            temp = temp - offset;                  //    氷点下の場合
            lcd_puts("-");                         //    －温度表示
        }                                          //
        tempA = temp/1000;                         //    温度算出（整数部）
        tempB = temp/100-tempA*10;                 //    温度算出（小数点以下）
                                                   //
        lcd_dataout( tempA );                      //    温度表示（整数部）
        lcd_puts(".");                             //    小数点を表示
        lcd_dataout( tempB );                      //    温度表示（小数点以下）
        lcd_puts("[`C]   ");                       //    単位を表示
        wait(1000);                                //    約1000msのウェイト
    }                                              //
}
```

● **A-D コンバータの設定関数**（set_adc）

A-Dデータ・レジスタCをクリアします．A-D変換は単一モードでアナログ入力チャネルをAN2に選択しておきます．

● **A-D コンバータ実行関数**（ad_conv）

A-D変換の結果ADDRCの値を変数（ad_data）に格納します．

● **メイン・ルーチン**（main）

まず使う変数を定義します．サーミスタからの出力電圧またはA-D変換した値は，温度に対して直線的に減少すると仮定して，使用温度範囲の最大値と最小値の2点を通る直線で近似計算します．ここでは近似直線の傾きを示す変数としてslope，オフセットをoffsetと変数定義しています．変数の演算式を下記に示します．ここでは，温度範囲を $T_1=0$ ℃，$T_2=40$ ℃とし，そのときのA-D変換値を A_{D1}，A_{D2} とします．

$$\text{slope} = \frac{T_1-T_2}{A_{D1}-A_{D2}} \times 1000 \doteqdot 108 \quad \cdots\cdots\cdots\cdots\cdots\cdots (8\text{-}1)$$

$$\text{offset} = \frac{A_{D1}T_1 - A_{D2}T_2}{A_{D1}-A_{D2}} \times 1000 \doteqdot 80538 \quad \cdots\cdots\cdots\cdots (8\text{-}2)$$

式(8-1)と式(8-2)に示した値は，使ったATシリーズ・サーミスタ（103AT-1）のものです．温度tempとA-D変換値ad_dataとの関係は，次式で表されます．

$$\text{temp} = (\text{offset} - \text{slope} \times \text{ad\_data}) \div 1000 \quad \cdots\cdots\cdots\cdots (8\text{-}3)$$

式(8-1)と式(8-2)で値を1000倍しているため，ここで1000で割っています．プログラムでは1000倍した後，1000で割るという整数型の演算にしています．浮動小数点型の演算をするとプログラム・サイズが非常に大きくなってしまうためです．

プログラム中ではslope × ad_dataの計算をforループを使って変換値を足し合わせています．これは平均化を兼ねており，A-D変換1回ぶんの値を使うよりも測定精度が向上します．

LCDの温度表示では，0℃以上の場合に「＋」を表示し，氷点下の場合は「－」を表示するように分けています．また，小数点以下0.1℃単位まで表示できるように温度換算しています．

■ **動作を確認してみよう**

写真8-4に電子温度計のLCD表示画面を示します．1行目には，「*デンシオンドケイ*」とタイトル表示され，2行目にサーミスタにより測定された温度が，0.1℃まで表示されています．サーミスタの周囲温度を0℃から45℃まで5℃ステップで実測した結果を表8-4に示します．表8-4中の丸印で囲んだ値が，式(8-1)，(8-2)に示した温度補正の計算式に使った数値です．サーミスタの抵抗は，ディジタル・マルチ・メータ

写真8-4　電子温度計のLCD表示例

表8-4　サーミスタを使った電子温度計の測定結果

周囲温度 T [℃]	サーミスタ抵抗 R [kΩ]	A-D 入力電圧 V [V]	A-D 変換値 ADDRC	LCD 表示温度 [℃]
ⓣ1 → (0)	27.17	3.651	(747) ← AD1	− 0.2
5	21.96	3.432	702	+ 4.6
10	17.89	3.204	656	+ 9.6
15	14.63	2.967	607	+ 14.8
20	12.04	2.729	558	+ 20.1
25	9.96	2.492	510	+ 25.3
30	8.28	2.262	463	+ 30.3
35	6.91	2.042	418	+ 35.2
ⓣ2 → (40)	5.80	1.834	(375) ← AD2	+ 39.7
45	4.98	1.659	340	+ 43.6

の抵抗レンジで測定したものです．A-D変換値は，プログラム中で，

```
//lcd_dataout( ad_data );
```

とある行のコメント//を外すとLCDに表示されます．周囲温度とLCD表示温度を比較すると，40℃以下の温度では±1℃以内の誤差範囲であることがわかります．

簡易パルス・ジェネレータ/周波数カウンタを作りながら学ぶ

タイマ機能と外部信号割り込みの テクニック

島田 義人

　本章では，H8/3694Fのタイマ機能や外部信号割り込みのテクニックを学びます．タイマを使うと周期的なパルス信号を出力したり，デューティ比を変化させた信号を発生させることができます．

　また，外部信号割り込みを使って一定期間に入力されるパルス数をカウントすることで，周波数カウンタを作ることができます．

9-1　PWM信号を出力する方法

■ PWM信号とは

　電池駆動用の小型DCモータの回転速度を変える方法を考えてみましょう．一般的な方法として，電源電圧を変化させることが考えられます．

　ところが，H8/3694FのI/Oポートは，D-Aコンバータの機能をもっておらず，"H"（5 V）と"L"（0 V）の二つの状態しか出力できません．このままでは，モータの回転をなめらかに制御することはできません．

　しかし，この"H"と"L"をすばやく切り替えることで，中間量の電流が流れているときと同じ状態を作り出すことができます．図9-1に示すように，1周期に対する"H"の時間比率（デューティ比）を変えることでモータの駆動電流の平均値が変わります．これがPWM（Pulse Width Modulation）信号です．

■ タイマWのしくみと動作

● タイマWのしくみ

　PWM信号は，I/Oポートの出力レベルを"H"と"L"に交互に切り替える方法でも生成できますが，タイマWを使うともっと簡単に出力できます．タイマWをPWMモードに設定したときのブロック図を図9-2に示します．

▶ システム・クロック（φ）

　CPUを動作させるための基準クロックです．H8マイコン基板には，20 MHzのセラミック発振子が付いています．

▶ プリスケーラS（PSS）

　システム・クロックφを入力とする13ビットのカウンタで，1サイクルごとにカウント・アップします．

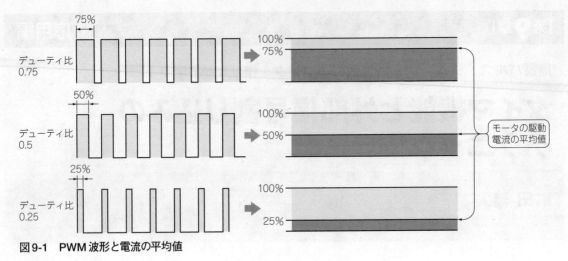

図9-1　PWM波形と電流の平均値

図9-2　PWMモードに設定したタイマWのブロック図

▶ タイマ・カウンタ（TCNT）

16ビットのリード/ライト可能なアップ・カウンタで，入力クロックによりカウント・アップされます．**図9-2**では，タイマ・カウンタにシステム・クロックの4分周（φ/4）を選択した例を示しています．

▶ タイマ・モード・レジスタW（TMRW）

タイマ・カウンタのスタート制御，FTIOB～FTIOD端子の出力モード切り替えを行います．**図9-3**にタイマ・モード・レジスタWのビット構成を示します．

CTSはカウンタ・スタート・ビットで，このビットが'0'のときタイマ・カウンタTCNTはカウント動

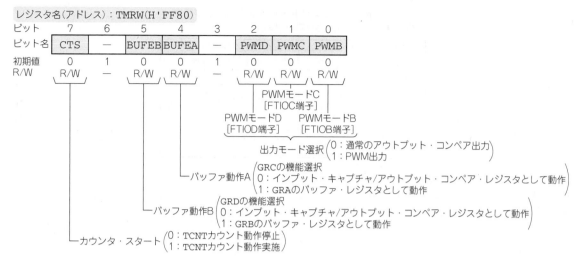

図9-3　タイマ・モード・レジスタW（TMRW）のビット構成

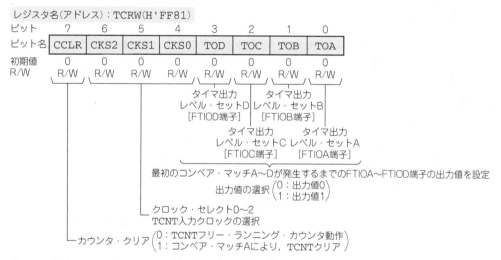

図9-4　タイマ・コントロール・レジスタW（TCRW）のビット構成

作を停止し，‘1’のときカウント動作を行います．PWMモードB〜Dビット（PWMB〜PWMD）は，出力モードを選択するビットです．このビットを‘1’に選択するとPWM出力モードになります．

▶ タイマ・コントロール・レジスタW（TCRW）

　主な機能はタイマ・カウンタTCNTの入力クロックを選択し，PWM出力端子（FTIOA〜FTIOD）の初期出力値を設定します．図9-4にタイマ・コントロール・レジスタWのビット構成を示します．

　CCLRはカウンタ・クリア・ビットで，このビットが‘1’のときコンペア・マッチAによってタイマ・カウンタTCNTがクリアされます．表9-1に示すように，CKS0〜CKS2はクロック・セレクト・ビットとして，タイマ・カウンタTCNTの入力クロックを選択します．たとえばCKS2＝0，CKS1＝1，CKS0＝0の組み合わせのとき，入力クロックがφ/4に選択されます．

　TOA〜TODはタイマ出力レベル・セット・ビットで，最初のコンペア・マッチA〜Dが発生するまで

表9-1　クロック・セレクト・ビット（CKS）とタイマ・
カウンタ（TCNT）の入力クロックの選択

クロック・セレクト・ビット			TCNT 入力クロックの選択	
CKS2	CKS1	CKS0	クロック源	内容
0	0	0	内部クロック	ϕをカウント
0	0	1		$\phi/2$をカウント
0	1	0		$\phi/4$をカウント
0	1	1		$\phi/8$をカウント
1	*	*	外部イベント（FTCI）	立ち上がりエッジをカウント

＊：任意のビット

FTIOA～FTIOD端子の出力値を設定します．ここでは，FTIODの初期出力値を‘1’に設定しています．

▶ ジェネラル・レジスタA（GRA）

16ビットのリード/ライト可能なレジスタで，PWMモードのときPWM出力の周期を決定するレジスタになります．

ここではGRAの値 GRA をH'C350（50000）としてみます．すると周期 T は，式（9-1）のように求まります．

$$T = 1/(\phi/4) \times GRA = 1/(20 \text{ MHz}/4) \times 50000 = 10 \text{ ms} \quad \cdots\cdots\cdots\cdots (9\text{-}1)$$

▶ ジェネラル・レジスタD（GRD）

16ビットのリード/ライト可能なレジスタで，PWMモードのときPWM出力のデューティ・レジスタとなり，PWM波形の"H"幅を決めます．

ここではGRDの値 GRD を，たとえばH'88B8（35000）としてみます．すると"H"幅 W は，式（9-2）のように求まります．

$$W = 1/(\phi/4) \times GRD = 1/(20 \text{ MHz}/4) \times 35000 = 7 \text{ ms} \quad \cdots\cdots\cdots\cdots (9\text{-}2)$$

よって，このときのPWM信号のデューティ比 D は，式（9-3）のように求まります．

$$D = W/T \times 100 = 7 \text{ ms}/10 \text{ ms} \times 100 = 70\% \quad \cdots\cdots\cdots\cdots (9\text{-}3)$$

● タイマWのPWMモードの動作

タイマWのPWMモードの動作説明図を図9-5に示します．まず，初期設定期間で主なPWMモードの設定が行われます．設定内容としては，FTIOD端子がPWMモードに設定され，PWM周期や"H"幅が設定されます．また，最初のコンペア・マッチDが発生するまでFTIOD端子の出力値は"H"になります．

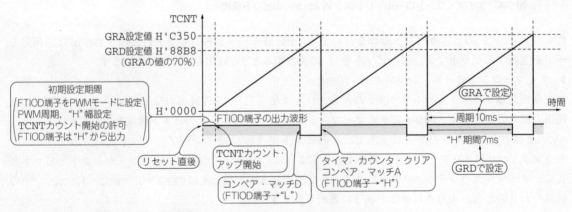

図9-5　タイマWのPWMモードの動作

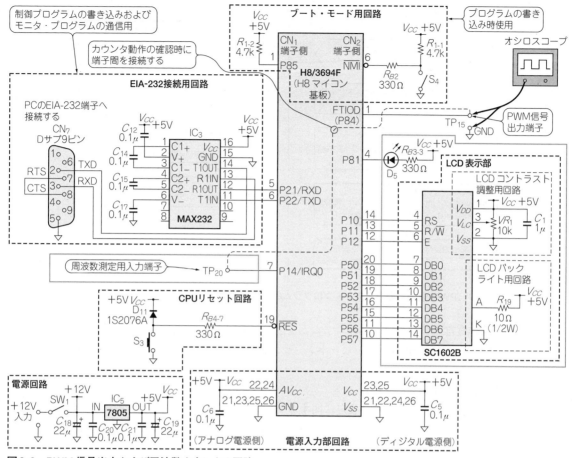

図9-6 PWM信号出力および周波数カウンタの回路

ここでカウンタ・スタート・ビット（CTS）が'1'に設定されると，初期値（H'0000）からTCNTのカウント・アップが開始されます．TCNTの値がGRDの設定値（この例ではH'88B8）まで達したとき，FTIOD端子の出力が"L"になります．この動作をコンペア・マッチDといいます．

さらに続けてTCNTのカウントがアップし，今度はGRAの設定値（この例ではH'C350）まで達したとき，FTIOD端子の出力が"H"になります．同時にタイマ・カウンタがクリアされ，TCNT＝H'0000となります．この動作をコンペア・マッチAといいます．引き続きTCNTはカウント・アップし，同様の動作が繰り返されます．

■ PWM信号出力実験回路とプログラム

● 回路構成

本章で実験に使用する回路構成例を**図9-6**に示します（LCDキャラクタ・モジュールとTP20およびD5は次節の周波数カウンタで使用する）．PWM信号はFTIOD端子から出力されます．

● PWM信号出力実験プログラムの作成

図9-7はPWM信号出力テスト・プログラムのフローチャートです．プログラムを**リスト9-1**に示します．

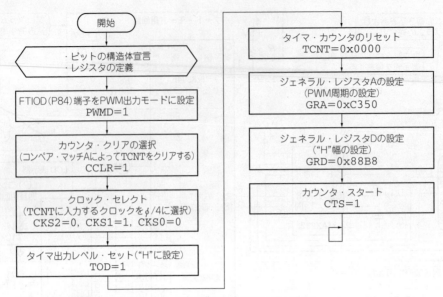

図9-7　PWM信号の出力テスト・プログラムのフローチャート

▶ ビットの構造体宣言

　ビット・フィールドの構造体宣言で，ビット7～ビット0を構造体BITのメンバ名B7～B0として宣言します．

▶ レジスタの定義

　ここではタイマWのPWMモードの設定に関するレジスタを定義します．タイマ・モード・レジスタW(TMRW)とタイマ・コントロール・レジスタW(TCRW)は，各ビット単位で設定されることが多いので，ビットごとに分けて定義しています．

　タイマ・カウンタ(TCNT)，ジェネラル・レジスタA(GRA)，ジェネラル・レジスタD(GRD)は，レジスタ・サイズが16ビットのint型で定義します．

▶ メイン・ルーチン(main)

　まず，PWMモードDビット(PWMD)を'1'にして，FTIOD端子(P84)をPWM出力モードに設定します．カウンタ・クリア・ビット(CCLR)を'1'にして，コンペア・マッチAによってTCNTをクリアする設定にしておきます．

　TCNTに入力するクロック($\phi/8$, $\phi/4$, $\phi/2$, ϕ)は，クロック・セレクト・ビット(CKS0～CKS2)の設定により選択します．ここでは，内部クロックを$\phi/4$に設定してみましょう．表9-1に示したように，CKS2 = 0，CKS1 = 1，CKS0 = 0にすると$\phi/4$が選択されます．したがって，システム・クロックϕが20 MHzであれば，TCNT入力クロックは$\phi/4$ = 5 MHzになります．

　タイマ出力レベル・セットDビット(TOD)を'1'に設定すると，最初のコンペア・マッチDが発生するまでFTIOD端子の出力値が"H"になります．タイマ・カウンタ(TCNT)は，カウンタ動作の開始前に初期値として0x0000に設定しておきます．

　PWM信号の周期Tはジェネラル・レジスタA(GRA)の値で，PWM信号の"H"幅T_wはジェネラル・レジスタD(GRD)の値で決定されます．ここではGRA=0xC350(50000)，GRD=0x88B8(35000)と設定しました．PWM波形の周期と"H"幅は式(9-1)，式(9-2)を参照してください．

リスト9-1　PWM信号の出力テスト・プログラム（pwm_test.c）

```
struct BIT {                          // ビットの構造体宣言
        unsigned char B7:1;           //     Bit7
        unsigned char B6:1;           //     Bit6
        unsigned char B5:1;           //     Bit5
        unsigned char B4:1;           //     Bit4
        unsigned char B3:1;           //     Bit3
        unsigned char B2:1;           //     Bit2
        unsigned char B1:1;           //     Bit1
        unsigned char B0:1;           //     Bit0
};

                                              // レジスタの定義
#define TMRW (*(struct BIT *)0xFF80)          //     タイマ・モード・レジスタWの定義
#define PWMD    TMRW.B2                        //     PWMモードD出力モード選択ビットの定義
#define CTS     TMRW.B7                        //     カウンタ・スタート・ビットの定義
#define TCRW (*(struct BIT *)0xFF81)          //     タイマ・コントロール・レジスタWの定義
#define CCLR    TCRW.B7                        //     カウンタ・クリア・ビットの定義
#define CKS2    TCRW.B6                        //     クロック・セレクト・ビット2の定義
#define CKS1    TCRW.B5                        //     クロック・セレクト・ビット1の定義
#define CKS0    TCRW.B4                        //     クロック・セレクト・ビット0の定義
#define TOD     TCRW.B3                        //     タイマ出力レベル・ビットの定義
#define TCNT *(volatile unsigned int *)0xFF86 //     タイマ・カウンタの定義
#define GRA *(volatile unsigned int *)0xFF88  //     ジェネラル・レジスタAの定義
#define GRD *(volatile unsigned int *)0xFF8E  //     ジェネラル・レジスタDの定義


void main(void)            // メイン・ルーチン
{                          //
    PWMD = 1;              //     H8 FTIOD端子(P84)をPWM出力モードに設定
    CCLR = 1;              //     カウンタ・クリア(コンペア・マッチAによってTCNTをクリアする)
                           //
    CKS2 = 0;              //     クロック・セレクト2～0
    CKS1 = 1;              //         TCNTに入力するクロックを選択
    CKS0 = 0;              //         010：内部クロックφ/4をカウント
                           //
    TOD  = 1;              //     タイマ出力レベル・セット(最初のコンペア・マッチDが発生するまで
                           //     FTIOD端子の出力値が "H" になる)
                           //
    TCNT = 0x0000;         //     タイマ・カウンタの初期値を0にする
    GRA  = 0xC350;         //     ジェネラル・レジスタAの設定(周期を決める)
    GRD  = 0x88B8;         //     ジェネラル・レジスタDの設定("H"の幅を決める)
    CTS  = 1;              //     カウンタ・スタート(カウンタ動作の開始)
                           //
    while(1);              //     PWM波形の出力を続行
}
```

　設定後，カウンタ・スタート・ビット（CTS）を‘1’にするとカウンタ動作を開始し，FTIOD端子から
PWM波形が出力されます．波形を連続的に出力させるため，while文を挿入しています．

● 動作を確認してみよう

　Htermで動作させてみましょう．プログラムをロードした後，Go（G）コマンドを実行すると**写真9-1**に
示すように，周期10 ms，"H"幅7 ms（デューティ比70％）の波形が観測されます．

▶ ジェネラル・レジスタD（GRD）の値を変更する

　まず NMI 端子に接続されているスイッチS4を押して，プログラムの実行を停止します．Htermのメ
ニューから［表示］-［Peripheral］をクリックすると「周辺機能の選択」ウィンドウ（**図9-8**）が開き，ここで周
辺機能のプルダウン・メニューから［TW］を選択して［OK］ボタンを押すと「Peripheral-TW」ウィンドウ
（**図9-9**）が開きます．カーソルをGRDの上に置いてダブル・クリックすると「レジスタ内容の変更」ウィン
ドウ（**図9-10**）が開きます．

　ここで，レジスタを［GRD］に設定し，値には，たとえば"3A98"と入力してみましょう．入力数値は16
進数です．入力後に［OK］ボタンを押すと「Peripheral-TW」ウィンドウのGRDの値が変更され，同時に

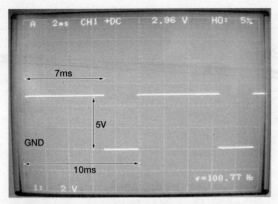

写真9-1　FTIOD端子の出力波形（2 V/div.，2 ms/div.）

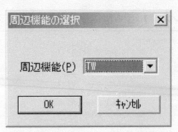

図9-8　Htermの「周辺機能の選択」
ウィンドウの表示例

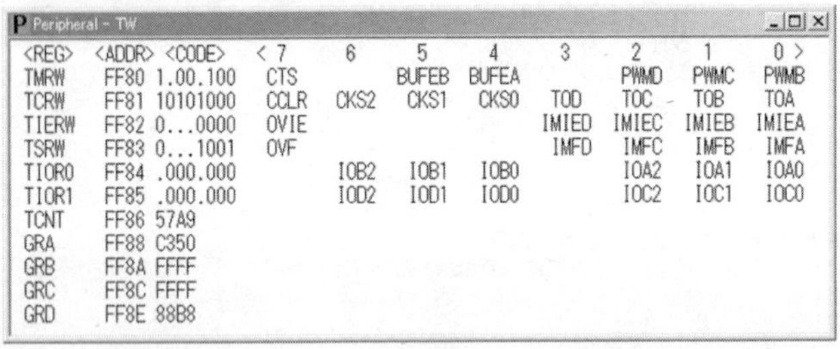

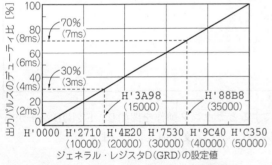

図9-9　HtermのPeripheral-TWウィンドウの表示例

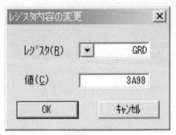

図9-10　Htermのレジスタ内容の
変更ウィンドウの表示例

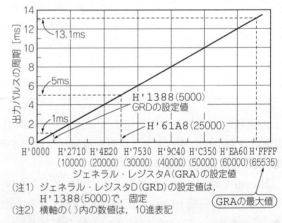

（注1）ジェネラル・レジスタA（GRA）の設定値は，
　　　　H'C350（50000）で，周期は10ms一定
（注2）横軸の（　）内の数値は，GRD設定値の10進表記
（注3）縦軸の（　）内の数値は"H"幅

図9-11　ジェネラル・レジスタD（GRD）の設定値に対す
る出力パルスのデューティ比（"H"幅）

（注1）ジェネラル・レジスタD（GRD）の設定値は，
　　　　H'1388（5000）で，固定
（注2）横軸の（　）内の数値は，10進表記

図9-12　ジェネラル・レジスタA（GRA）の設定値に対す
る出力パルスの周期

出力波形も変わることがわかります．"H"の幅が3 msになり，デューティ比30％の波形が観測されます．
　極端な例ですが，GRDの値を"0000"とすると出力は"L"固定（デューティ比は0％）になります．また，GRDの値をGRAと同じく"C350"とすると，今度は"H"固定（デューティ比は100％）になります．図9-11に，ジェネラル・レジスタD（GRD）の設定値に対する出力パルスのデューティ比および"H"幅の値を示します．

▶ ジェネラル・レジスタ A（GRA）の値を変更する

次に，ジェネラル・レジスタ A（GRA）の値を同様の手順で変更してみましょう．GRAの値は初期値が "C350" になっているので，この値をたとえば半分にして "61A8" と変更してみましょう．ただし，GRD＜GRAの関係を満たす必要があるため，GRDの値をたとえば "1388" 程度に比較的小さく設定しておきます．

図9-12に，ジェネラル・レジスタ A（GRA）の設定値に対するパルス周期を示します．

9-2　タイマWを使った簡易パルス・ジェネレータの製作

PWM信号出力テスト・プログラムを使って簡易パルス・ジェネレータを作ってみましょう．回路構成を図9-13に示します．PWM信号のデューティ比の調整には，可変抵抗 VR_3 を使用しました．VR_3 の可変電圧は A-D変換されて H8/3694F に入力されます．入力したデータをもとにして GRD を設定します．PWM信号は FTIOD 端子から出力されます．

LCDキャラクタ・モジュールは GRD の設定値，デューティ比を表示します．

■ PWM波形のデューティ比を変更する場合の注意点

PWM波形のデューティ比を変更する場合，GRDの値を書き換えます．GRDの値は書き込むと同時に更新されます．デューティ比を大きくする場合，図9-14(a)に示した期間（A）の区間で値を変更すると，コンペア・マッチDが連続して発生することになり，正常なPWM波形が出力されません．この場合，GRDを書き換えるタイミングは期間（B）で行う必要があります．

一方，デューティ比を小さくする場合，図9-14(b)に示した期間（D）の区間で値を変更すると，次のコンペア・マッチDが発生せず，正常なPWM波形が出力されません．この場合GRDを書き換えるタイミングは，期間（C）で行う必要があります．

コンペア・マッチAが発生する区間に着目してみると，期間（B）もしくは期間（C）の範囲内にあることがわかります．そこでプログラムでは，コンペア・マッチAによる割り込みを使用して，割り込み処理の中で，GRDの値を書き換えるようにしています．

■ 簡易パルス・ジェネレータのプログラムの作成

図9-15は簡易パルス・ジェネレータのフローチャートです．プログラムをリスト9-2に示します．

● タイマW割り込み関数の宣言

割り込みが発生したときに実行する関数名を定義します．

● セクションの切り替え（CV1：仮想ベクタ領域）

Htermモニタ・プログラムを使用した場合は，ユーザが使用するベクタ・テーブル（ジャンプ・テーブ

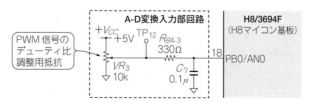

図9-13　簡易パルス・ジェネレータの回路（図9-6に追加する部分だけ掲載）

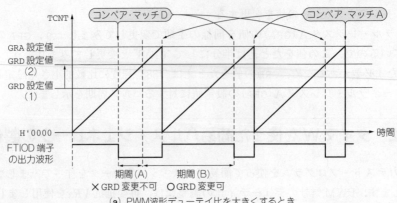

（a）PWM波形デューティ比を大きくするとき

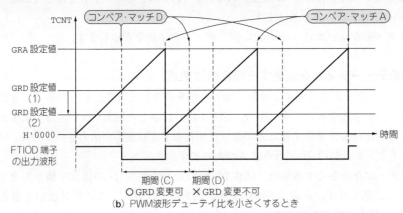

（b）PWM波形デューティ比を小さくするとき

図9-14　デューティ比変更時におけるGRD設定値の変更可能区間と禁止区間

ル）は，0番地ではなく，「仮想ベクタ領域」，すなわちモニタ・プログラムのカスタマイズで指定した USERセクションと同一番地に配置する必要があります．タイマW割り込みでは，仮想ベクタ領域として USER＋0x2A番地に指定します．たとえば，モニタ・プログラムをカスタマイズした際のセクション USERが0x840だった場合には，0xF86Aになります．

　HEWのウィザードでは，ベクタの自動生成機能でintprg.cというファイルができます．ここでは不要のため，このファイルはビルドから除外しておきます．

● **セクションの切り替え**（プログラム領域）

　この宣言以降がプログラム領域になります．

● **レジスタの定義**

　ここでタイマW関連のレジスタを定義します．PWM信号出力テスト・プログラム（**リスト9-1**）からの変更点は，タイマ・インタラプト・イネーブル・レジスタW（TIERW）と，タイマ・ステータス・レジスタW（TSRW）の定義が追加されています．

　図9-16にTIERWのビット構成を示します．ここで使用されるビットは，インプット・キャプチャ/コンペア・マッチ割り込みイネーブル・ビットA（IMIEA）です．このビットが'1'のとき，TSRWのIMFAによる割り込み要求がイネーブルになります．**図9-17**にTSRWのビット構成を示します．ここで使用されるビットは，インプット・キャプチャ/コンペア・マッチ・フラグA（IMFA）です．このビットはGRAが

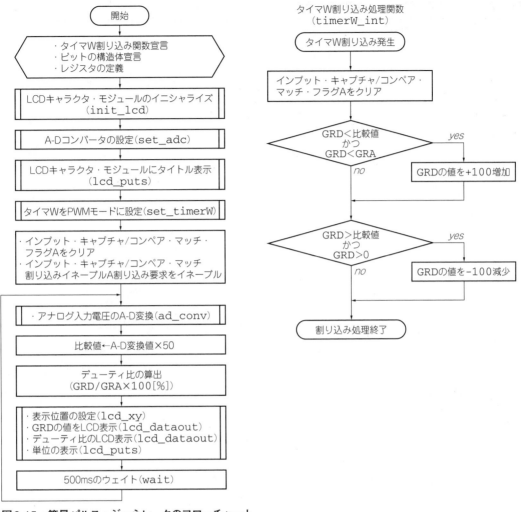

図9-15　簡易パルス・ジェネレータのフローチャート

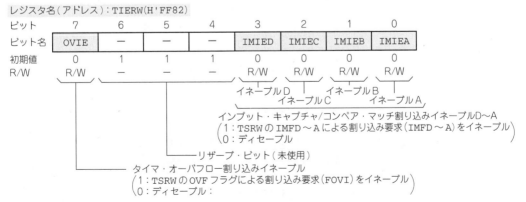

図9-16　タイマ・インタラプト・イネーブル・レジスタW（TIERW）のビット構成

リスト9-2 簡易パルス・ジェネレータのプログラム(`pulse_generater.c`)

```
#pragma interrupt (timerW_int)      // タイマW割り込み関数の宣言
                                    //
void timerW_int(void);              //

#pragma section V1                  // セクションの切り替え(CV1：仮想ベクタ領域)
                                    //   CV1の番地として「USER」+H'2A番地に指定(USER=H'840のときH'F86A)
void (*const VEC_TBL1[])(void) = {  //   仮想ベクタ・テーブル
    timerW_int                      //
};                                  //

#pragma section                     // セクションの切り替え(プログラム領域)

struct BIT {                        // ビットの構造体宣言
        unsigned char B7:1;         //     Bit7
        unsigned char B6:1;         //     Bit6
        unsigned char B5:1;         //     Bit5
        unsigned char B4:1;         //     Bit4
        unsigned char B3:1;         //     Bit3
        unsigned char B2:1;         //     Bit2
        unsigned char B1:1;         //     Bit1
        unsigned char B0:1;         //     Bit0
};

                                            // レジスタの定義
#define TMRW (*(struct BIT *)0xFF80)        //     タイマ・モード・レジスタWの定義
#define PWMD    TMRW.B2                      //     PWMモードD出力モード選択ビットの定義
#define CTS     TMRW.B7                      //     カウンタ・スタート・ビットの定義
#define TCRW (*(struct BIT *)0xFF81)        //     タイマ・コントロール・レジスタWの定義
#define CCLR    TCRW.B7                      //     カウンタ・クリア・ビットの定義
#define CKS2    TCRW.B6                      //     クロック・セレクト・ビット2の定義
#define CKS1    TCRW.B5                      //     クロック・セレクト・ビット1の定義
#define CKS0    TCRW.B4                      //     クロック・セレクト・ビット0の定義
#define TOD     TCRW.B3                      //     タイマ出力レベル・ビットの定義
#define TCNT *(volatile unsigned int *)0xFF86    //     タイマ・カウンタの定義
#define GRA *(volatile unsigned int *)0xFF88     //     ジェネラル・レジスタAの定義
#define GRD *(volatile unsigned int *)0xFF8E     //     ジェネラル・レジスタDの定義
#define TIERW (*(struct BIT *)0xFF82)       //     タイマ・インタラプト・イネーブル・レジスタWの定義
#define IMIEA   TIERW.B0                     //     インプット・キャプチャ/コンペア・マッチ割り込みイネ
                                            //     ーブル・ビットAの定義
#define TSRW (*(struct BIT *)0xFF83)        //     タイマ・ステータス・レジスタWの定義
#define IMFA    TSRW.B0                      //     インプット・キャプチャ/コンペア・マッチ・フラグ・
                                            //     ビットAの定義

                                            // LCD表示関連の関数定義
extern void init_lcd(void);                         //     LCDをイニシャライズする関数
extern void lcd_puts( char *str);                   //     文字列表示関数
extern void lcd_xy(unsigned char x, unsigned char y); // LCD 表示位置を設定する関数 [桁(x=1〜16)，行(y=1,2)]
extern void lcd_dataout( unsigned long data );      //     数値データをLCDに表示する関数
                                            // A-D変換関連の関数定義
extern int  ad_conv(void);                          //     H8 A-Dコンバータ実行関数

void set_timerW(void)               // タイマW PWMモード設定関数
{                                   //
    PWMD    = 1;                    //     H8 FTIOD端子(P84)をPWM出力モードに設定
    CCLR    = 1;                    //     カウンタ・クリア(コンペア・マッチAによってTCNTをクリアする)
                                    //
    CKS2    = 0;                    //     クロック・セレクト2〜0
    CKS1    = 1;                    //         TCNTに入力するクロックを選択
    CKS0    = 0;                    //         010：内部クロックφ/4をカウント
                                    //
    TOD     = 1;                    //     タイマ出力レベル・セット(最初のコンペア・マッチDが発生するまで
                                    //         FTIOD端子の出力値が "H" になる)
                                    //
    TCNT    = 0x0000;               //     タイマ・カウンタの初期値を0にする
    GRA     = 0xC350;               //     ジェネラル・レジスタAの設定(周期を決める)
    GRD     = 0x88B8;               //     ジェネラル・レジスタDの設定("H"の幅を決める)
    CTS     = 1;                    //     カウンタ・スタート(カウンタ動作の開始)
}

volatile unsigned int comp_data;    // GRDとの比較値変数の宣言
```

pwm_test.c
から追加

```
void main(void)                        // メイン・ルーチン
{                                      //
    unsigned long duty;                //          デューティ比の値を格納する変数
                                       //
    init_lcd();                        //          LCDをイニシャライズする
    set_adc();                         //          H8 A-Dコンバータを設定する
                                       //
    lcd_puts(" パ゛ルス ジ゛ェネレ-タ");   //          タイトル文字列の表示
                                       //
    set_timerW();                      //          タイマW PWMモードを設定する
    IMFA    = 0;                       //          インプット・キャプチャ/コンペア・マッチ・フラグAをクリア
    IMIEA   = 1;                       //          インプット・キャプチャ/コンペア・マッチ割り込みイネーブルA
                                       //            割り込み要求をイネーブル
    while(1)                           //          PWM波形の出力を続行
    {                                  //
        comp_data = ad_conv() * 50;    //          A-D変換結果(H'0000〜H'03FF)に倍率(50倍)を掛け，H'0000〜H'C7CE
                                       //            の範囲として，比較値をGRAの値ぐらいまで拡大する
        duty = (unsigned long)GRD*100; //          デューティ比の計算
        duty = duty/(unsigned long)GRA;//
        lcd_xy(2,2);                   //          DDRAMアドレスを2行目，2桁目に設定
        lcd_puts("GRD=");              //          文字列の表示
        lcd_dataout( GRD );            //          GRDの値を表示
        lcd_puts("  ");                //          スペースの表示
        lcd_dataout( duty );           //          デューティ比の値を表示
        lcd_puts("%    ");             //          文字列の表示
        wait(500);                     //          500msのウエイト(表示の更新時間)
    }                                  //
}                                      //

void timerW_int(void)                            // タイマW 割り込み関数
{                                                //
    IMFA    = 0;                                 //      インプット・キャプチャ/コンペア・マッチ・フラグAをクリア
    if ( ( GRD < comp_data ) && ( GRD < GRA ) ){ //      GRDが比較値より小さく，かつGRAより小さい場合
        GRD += 100;                              //      GRDを+100ずつ増加
    }                                            //
    if ( ( GRD > comp_data ) && ( GRD > 0   ) ){ //      GRDが比較値より大きく，かつ0より大きい場合
        GRD -= 100;                              //      GRDを-100ずつ減少
    }                                            //
}                                                //
```

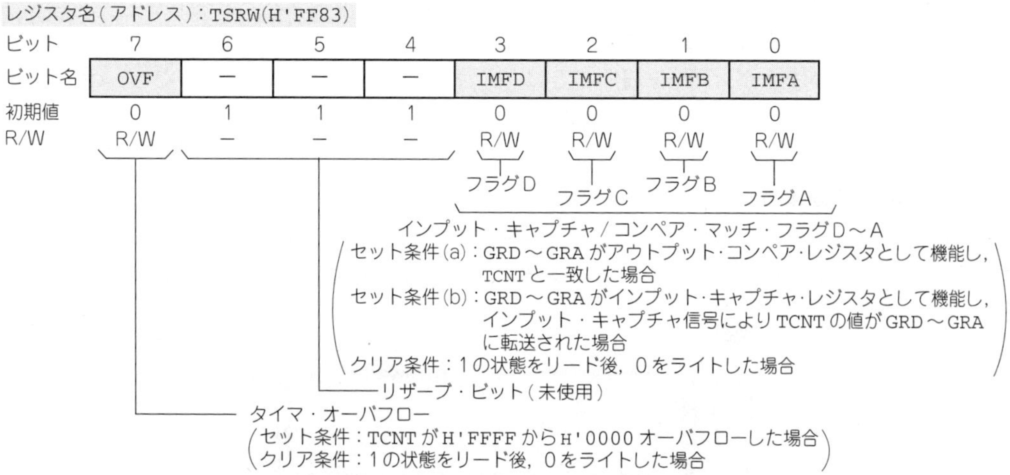

レジスタ名(アドレス)：TSRW(H'FF83)

ビット	7	6	5	4	3	2	1	0
ビット名	OVF	—	—	—	IMFD	IMFC	IMFB	IMFA
初期値	0	1	1	1	0	0	0	0
R/W	R/W	—	—	—	R/W	R/W	R/W	R/W

フラグD フラグC フラグB フラグA

インプット・キャプチャ/コンペア・マッチ・フラグD〜A
セット条件(a)：GRD〜GRAがアウトプット・コンペア・レジスタとして機能し，
　　　　　　　　TCNTと一致した場合
セット条件(b)：GRD〜GRAがインプット・キャプチャ・レジスタとして機能し，
　　　　　　　　インプット・キャプチャ信号によりTCNTの値がGRD〜GRA
　　　　　　　　に転送された場合
クリア条件：1の状態をリード後，0をライトした場合
リザーブ・ビット(未使用)
タイマ・オーバフロー
(セット条件：TCNTがH'FFFFからH'0000オーバフローした場合)
(クリア条件：1の状態をリード後，0をライトした場合)

図9-17　タイマ・ステータス・レジスタW(TSRW)のビット構成

アウトプット・コンペア・レジスタとして機能していて，TCNT と一致したとき '1' にセットされます．

● LCD表示関連の関数定義

メイン・ルーチンで使用する LCD 表示関連の関数を定義します．関数は lcd_func_4bit.c にあります（付属 CD-ROM 参照）．

● A-D変換関連の関数定義

A-D コンバータの実行関数を定義します．関数は ad_conv0.c にあります（付属 CD-ROM 参照）．

● タイマ W PWM モード設定関数（set_timerW）

設定内容は PWM 信号出力テスト・プログラム（リスト 9-1）と同じです．

● GRDとの比較値変数の宣言

メイン・ルーチンとタイマ W 割り込み関数のところで，この変数が使われており，外部変数として宣言します．

● メイン・ルーチン（main）

まず，LCD キャラクタ・モジュールをイニシャライズしタイトルを表示します．次に A-D コンバータの設定とタイマ W を PWM モードに設定します．カウンタ・スタート（CTS）の設定と同時に，FTIOD 端子から PWM 波形が出力されます．IMFA ビットをクリアし，IMIEA ビットにより，割り込み要求をイネーブルに設定します．これにより，コンペア・マッチ A でタイマ W 割り込みが発生するようになります．

GRD の設定値は，可変抵抗 VR_3 のアナログ電圧値で可変します．ここで A-D 変換した値は最大でも H'3FF（1023）です．GRD の最大値は H'C350（50000）ですので，A-D 変換値を 50 倍して GRD の最大値程度まで拡大する必要があります．拡大した結果を比較値とします．

LCD キャラクタ・モジュールには，GRD の値とデューティ比を表示します．ウェイトを入れて表示の更新時間を 500 ms 程度に設定しておきます．波形を連続的に出力させるため，while 文を使っています．

● タイマ W 割り込み関数（timerW_int）

これはタイマ W 割り込みが発生した場合に実行される関数です．まず，IMFA ビットをクリアしておきます．次に GRD の増減の設定を行います．GRD が比較値より小さく，かつ GRA より小さい場合は，GRD を +100 ずつ増加させます．また，GRD が比較値より大きく，かつ 0 より大きい場合は，GRD を -100 ずつ減少させます．GRD の初期値は，タイマ W の PWM モードの設定で H'88B8（35000）に設定されデューティ比で 70 %になっていますが，10 ms 周期ごとにタイマ W の割り込みが発生するため，GRD の値が徐々に比較値へ収束していきます．GRD の設定範囲は，H'0000 ～ H'C350（0 ～ 50000）になります．

■ 動作を確認してみよう

写真 9-2 は LCD キャラクタ・モジュールの表示例です．1 行目に「パルス ジェネレータ」というタイトルが表示され，2 行目に GRD の値とデューティ比が表示されています．写真 9-3 は，FTIOD 端子から出力される

写真 9-2 簡易パルス・ジェネレータの LCD 表示例

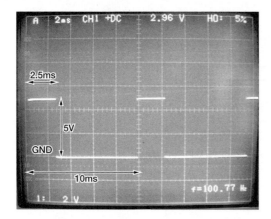

（a）デューティ比が25％のときのPWM波形

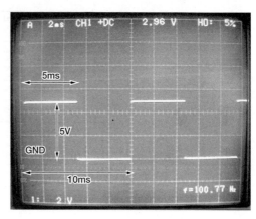

（b）デューティ比が50％のときのPWM波形

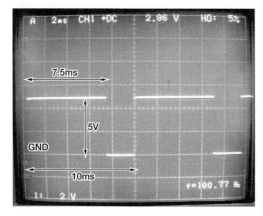

（c）デューティ比が75％のときのPWM波形

写真9-3　FTIOD端子の出力波形（2V/div., 2ms/div.）

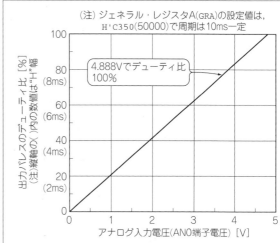

（注）ジェネラル・レジスタA（GRA）の設定値は，
H'C350（50000）で周期は10ms一定

4.888Vでデューティ比
100％

出力パルスのデューティ比［％］
（注/縦軸の（　）内の数値は"H"幅）

アナログ入力電圧（AN0端子電圧）［V］

図9-18　アナログ入力電圧に対するデューティ比の関係

PWM信号をオシロスコープで観測した波形です．

（a）はデューティ比が25％のときの波形で，周期が10 ms，"H"幅が2.5 msであることがわかります．（b）はデューティ比が50％のときの波形を示します．周期は10 msで同じですが"H"幅が5 msであることがわかります．（c）はデューティ比75％の場合です．アナログ入力電圧に対するデューティ比の関係を図9-18に示します．可変抵抗VR_3を回してアナログ入力電圧を変えることにより，PWM信号のデューティ比を連続的に0～100％まで可変できることがわかります．

9-3　タイマA/IRQ0割り込みを使った簡易周波数カウンタの製作

■ タイマAのしくみと動作

外部入力のパルスでIRQ0割り込みを発生させ，1秒間に何回の割り込みが発生したのかを数えると，それが周波数になります．そこで，まずは1秒間というタイマを作ることからはじめましょう．

H8/3694Fには，タイマAと呼ばれるインターバル・タイマ/時計用タイム・ベース機能があります．こ

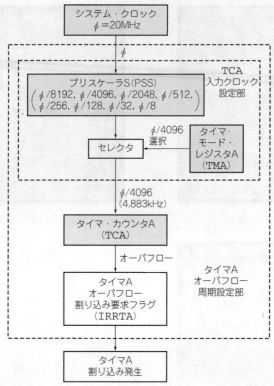

図9-19　タイマAのブロック図

こでは，インターバル・タイマを使ってLEDを1秒おきに点滅させ，タイマAの動作を確認していきます．

● **タイマAのしくみ**

　タイマAのブロック図を**図9-19**に示します．

▶ **システム・クロック(ϕ)**

　CPUを動作させるための基準クロックです．H8マイコン基板には，20 MHzのセラミック発振子が付いています．

▶ **プリスケーラS(PSS)**

　システム・クロックϕを入力とする13ビットのカウンタで1サイクルごとにカウント・アップします．

▶ **タイマ・モード・レジスタA(TMA)**

　8ビットのリード/ライト可能なレジスタで，プリスケーラの選択，入力クロックの選択を行います．**図9-20**にタイマ・モード・レジスタAのビット構成を示します．

　ここでは，プリスケーラSの出力をカウントするインターバル・タイマとして，入力クロックを4096分周(ϕ/4096)に選択した例を示しています(**表9-2**参照)．

▶ **タイマ・カウンタA(TCA)**

　8ビットのリード可能なアップ・カウンタで，入力する内部クロックによりカウント・アップされます．

▶ **タイマAオーバフロー割り込み要求フラグ(IRRTA)**

　図9-21に，割り込みフラグ・レジスタ1(IRR1)のビット構成を示します．TCAがオーバフローすると，IRR1のタイマAオーバフロー割り込み要求(IRRTA)が'1'にセットされます．

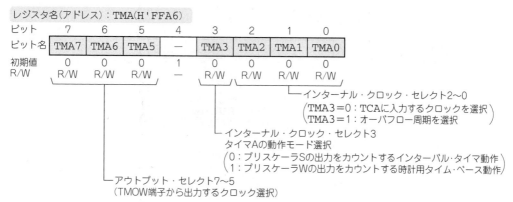

レジスタ名(アドレス)：TMA(H'FFA6)

ビット	7	6	5	4	3	2	1	0
ビット名	TMA7	TMA6	TMA5	—	TMA3	TMA2	TMA1	TMA0
初期値	0	0	0	1	0	0	0	0
R/W	R/W	R/W	R/W	—	R/W	R/W	R/W	R/W

インターナル・クロック・セレクト2〜0
(TMA3＝0：TCAに入力するクロックを選択)
(TMA3＝1：オーバフロー周期を選択)

インターナル・クロック・セレクト3
タイマAの動作モード選択
(0：プリスケーラSの出力をカウントするインターバル・タイマ動作)
(1：プリスケーラWの出力をカウントする時計用タイム・ベース動作)

アウトプット・セレクト7〜5
(TMOW端子から出力するクロック選択)

図9-20 タイマ・モード・レジスタA(TMA)のビット構成

表9-2 インターナル・クロック・セレクト・ビット(TMA0〜3)とタイマ・カウンタA(TCA)の入力クロックの選択

インターナル・クロック・セレクト・ビット				TCA入力クロックの選択
TMA3	TMA2	TMA1	TMA0	
0	0	0	0	$\phi/8192$をカウント
0	0	0	1	$\phi/4096$をカウント
0	0	1	0	$\phi/2048$をカウント
0	0	1	1	$\phi/512$をカウント
0	1	0	0	$\phi/256$をカウント
0	1	0	1	$\phi/128$をカウント
0	1	1	0	$\phi/32$をカウント
0	1	1	1	$\phi/8$をカウント

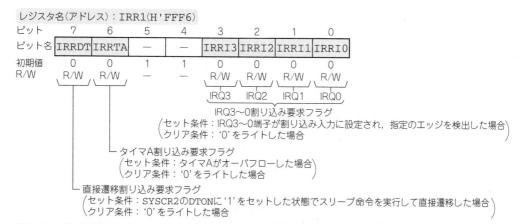

レジスタ名(アドレス)：IRR1(H'FFF6)

ビット	7	6	5	4	3	2	1	0
ビット名	IRRDT	IRRTA	—	—	IRRI3	IRRI2	IRRI1	IRRI0
初期値	0	0	1	1	0	0	0	0
R/W	R/W	R/W	—	—	R/W	R/W	R/W	R/W
					IRQ3	IRQ2	IRQ1	IRQ0

IRQ3〜0割り込み要求フラグ
(セット条件：IRQ3〜0端子が割り込み入力に設定され，指定のエッジを検出した場合)
(クリア条件：'0'をライトした場合)

タイマA割り込み要求フラグ
(セット条件：タイマAがオーバフローした場合)
(クリア条件：'0'をライトした場合)

直接遷移割り込み要求フラグ
(セット条件：SYSCR2のDTONに'1'をセットした状態でスリープ命令を実行して直接遷移した場合)
(クリア条件：'0'をライトした場合)

図9-21 割り込みフラグ・レジスタ1(IRR1)のビット構成

▶ 割り込みイネーブル・レジスタ1(IENR1)

　図9-22に割り込みイネーブル・レジスタ1(IENR1)のビット構成を示します．IRRTAが'1'にセットされ，タイマA割り込みイネーブル・ビット(IENTA)が'1'で，かつコンディション・コード・レジスタ(CCR)のI割り込みマスク・ビットが'0'にクリアされている場合に，タイマA割り込みが受け付けられ

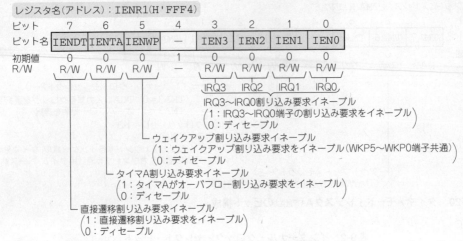

図9-22　割り込みイネーブル・レジスタ1（IENR1）のビット構成

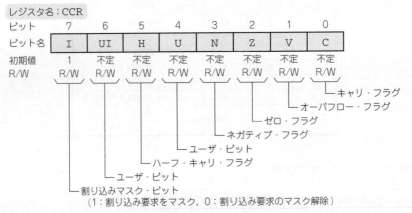

図9-23　コンディション・コード・レジスタ（CCR）のビット構成

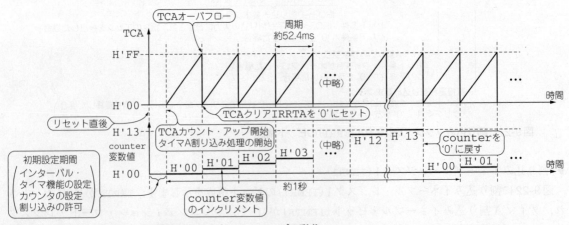

図9-24　タイマＡインターバル機能によるカウント・アップの動作

ます．図9-23にコンディション・コード・レジスタ(CCR)のビット構成を示します．

▶ TCAのオーバフロー周期

TCAのオーバフロー周期Tは，式(9-4)のように求まります．

$$T = 1/(\phi/4096) \times 256 = 1/(20\,\text{MHz}/4096) \times 256 = 52.4\,\text{ms} \quad \cdots\cdots\cdots\cdots\cdots (9\text{-}4)$$

● タイマAインターバル機能によるカウント・アップ

図9-24にタイマAインターバル機能によるカウント・アップの動作原理を示します．初期設定期間でタイマAの主な設定が行われます．設定内容としては，インターバル・タイマ機能の設定，カウンタの設定，割り込み許可の設定がされます．割り込みマスクが解除されると初期値(H'00)からTCAのカウント・アップが開始されます．

TCAの値がH'FFまで達するとオーバフローを起こしてH'00になり，TCAがクリアされます．このときタイマA割り込みが発生します．引き続きTCAはカウント・アップし，同様の動作が繰り返されます．タイマA割り込みが発生するたびに，カウンタ変数(counter)を＋1ずつカウント・アップしていきます．TCAのオーバフロー周期は，式(9-4)より$T = 52.4\,\text{ms}$であることから，タイマA割り込み回数が19回(H'13)で，約1秒(52.4\,\text{ms}×19≒996\,\text{ms})になります．

■ タイマAによるLED点滅動作実験回路とプログラム

● 回路構成

タイマAによるLED点滅動作テストの回路構成は図9-6を参照してください．P81端子に接続されたLEDが，タイマAの動作確認用です．330Ωの抵抗を介してV_{CC}(＋5\,V)電源に接続されています．したがって，P81端子が"L"出力になるとLEDが点灯し，逆に"H"出力になると消灯します．

● LED点滅動作実験プログラムの作成

図9-25はテスト・プログラムのフローチャートです．プログラムをリスト9-3に示します．

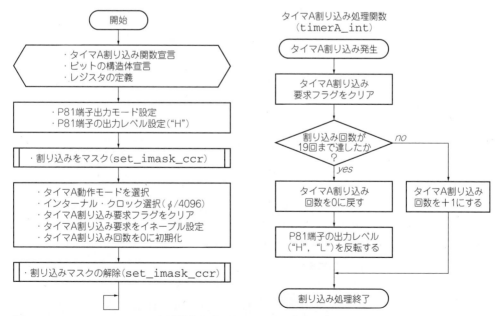

図9-25　タイマAによるLED点滅動作テストのフローチャート

```
#include <machine.h>              // 組み込み関数ヘッダ・ファイルのインクルード

#pragma interrupt (timerA_int)    // タイマA割り込み関数の宣言
                                  //
void timerA_int(void);            //

#pragma section V1                // セクションの切り替え(CV1：仮想ベクタ領域)
                                  //     CV1の番地としてUSER+0x26番地に指定(USER=0x840のとき0xF866)
void (*const VEC_TBL1[])(void) = {  //   仮想ベクタ・テーブル
    timerA_int                    //
};                                //

#pragma section                   // セクションの切り替え(プログラム領域)

struct BIT {                      // ビットの構造体宣言
    unsigned char B7:1;           //     Bit7
    unsigned char B6:1;           //     Bit6
    unsigned char B5:1;           //     Bit5
    unsigned char B4:1;           //     Bit4
    unsigned char B3:1;           //     Bit3
    unsigned char B2:1;           //     Bit2
    unsigned char B1:1;           //     Bit1
    unsigned char B0:1;           //     Bit0
};

                                  // レジスタの定義
#define TMA   (*(struct BIT *)0xFFA6    //     タイマ・モード・レジスタAの定義
#define TMA3    TMA.B3            //     インターナル・クロック・セレクト・ビット3の定義
#define TMA2    TMA.B2            //     インターナル・クロック・セレクト・ビット2の定義
#define TMA1    TMA.B1            //     インターナル・クロック・セレクト・ビット1の定義
#define TMA0    TMA.B0            //     インターナル・クロック・セレクト・ビット0の定義
#define TCA *(volatile unsigned char *)0xFFA7  //   タイマ・カウンタAの定義
#define IENR1 (*(struct BIT *)0xFFF4  //   割り込みイネーブル・レジスタ1の定義
#define IENTA    IENR1.B6         //     タイマA割り込み要求イネーブル・ビットの定義
#define IRR1 (*(struct BIT *)0xFFF6)  //   割り込みフラグ・レジスタ1の定義
#define IRRTA    IRR1.B6          //     タイマA割り込み要求フラグ・ビットの定義

#define PCR8 (*(struct BIT *)0xFFEB)  //   H8 PORT8 コントロール・レジスタの定義
#define PCR81    PCR8.B1          //     H8 PORT8 コントロール・ビット1の定義
#define PDR8 (*(struct BIT *)0xFFDB)  //   H8 PORT8 データ・レジスタの定義
#define P81      PDR8.B1          //     H8 PORT8 データ・ビット1の定義


volatile unsigned int counter;  // 変数の定義(TCAオーバフローによる割り込み回数のカウンタ)

void main(void)                   // メイン・ルーチン
{                                 //
    PCR81   = 1;                  //     H8 P81端子を出力ポートに設定
    P81     = 1;                  //     H8 P81端子の出力を"H"に設定
                                  //     (P81端子に接続されたLEDは消灯している状態)
                                  //
    set_imask_ccr(1);             //     割り込みをマスクする(組み込み関数)
                                  //
    TMA3    = 0;                  //     インターナル・クロック・セレクト3(タイマA動作モードの選択)
                                  //       (プリスケーラSの出力をカウントするインターバル・タイマを選択)
    TMA2    = 0;                  //     インターナル・クロック・セレクト2~0
    TMA1    = 0;                  //       TCAに入力するクロックを選択
    TMA0    = 1;                  //       001：φ/4096
                                  //
    IRRTA = 0;                    //     タイマA割り込み要求フラグをクリア
    IENTA = 1;                    //     タイマA割り込み要求をイネーブルに設定
    counter = 0;                  //     タイマA割り込み回数を0に初期化
                                  //
    set_imask_ccr(0);             //     割り込みマスクの解除(組み込み関数)
                                  //
    while(1);                     //     動作の続行
}

void timerA_int(void)             // タイマA割り込み処理関数
{                                 //     (タイマA割り込みが発生したときモニタから呼ばれる)
    IRRTA = 0;                    //     タイマA割り込み要求フラグをクリア
```

```
    if ( counter >= 19 ) {        //      タイマA割り込み回数が19回まで達したとき
        counter = 0;              //      タイマA割り込み回数を ‘0’ に戻す
        P81 = ~P81;               //      H8 P81端子の出力レベル("H","L")を反転する
    }                             //      LED点灯("L"時)<--->LED消灯("H"時)
    else {                        //      タイマA割り込み回数が19回未満のとき
    counter++;                    //      タイマA割り込み回数を+1にする
    }
}
```

▶ 組み込み関数ヘッダ・ファイルのインクルード

割り込みをマスクしたり解除したりする場合には，ヘッダ・ファイル(machine.h)を組み込む必要があります．

▶ タイマA割り込み関数の宣言

割り込みが発生したときに実行する関数名を定義しておきます．

▶ セクションの切り替え(CV1：仮想ベクタ領域)

タイマA割り込みでは，仮想ベクタ領域としてUSER＋0x26番地に指定します．たとえば，モニタ・プログラムをカスタマイズした際のセクションUSERが0x840だった場合には，0xF866になります．

▶ セクションの切り替え(プログラム領域)

この宣言以降がプログラム領域になります．

▶ ビットの構造体宣言

ビット7〜ビット0をB7〜B0として宣言します．

▶ レジスタの定義

ここでタイマA関連のレジスタを定義します．タイマ・モード・レジスタA(図9-20)，割り込みイネーブル・レジスタ1(図9-22)，割り込みフラグ・レジスタ1(図9-21)の定義については，各ビット単位で設定されることが多いので，ビットごとに分けて定義しています．

ここで使用するビットは，まずインターナル・クロック・セレクト3ビット(TMA3)です．このビットはタイマAの動作モードを選択します．‘0’のとき，プリスケーラSの出力をカウントするインターバル・タイマとして動作します．次に，インターナル・クロック・セレクト2〜0ビット(TMA2〜0)は，TMA3＝0のとき，TCAに入力するクロックを選択します．表9-2にインターナル・クロック・セレクト・ビットとTCA入力クロックとの関係を示しました．

その他に，LEDの接続ポートであるポート8のコントロール・レジスタやデータ・レジスタのビットを定義しておきます．

▶ 変数の定義

TCAオーバフローによる割り込みの回数を格納しておく変数を定義します．

▶ メイン・ルーチン(main)

まず，LEDの接続ポートであるP81端子を出力ポートに設定して，出力を"H"にしておきます．このとき，P81端子に接続されたLEDは消灯している状態になります．

タイマAに関する設定を行う前に，set_imask_ccr関数を使って，割り込みをマスクします．まず，インターナル・クロック・セレクト3ビットにより，タイマA動作モードの選択をします．ここではプリスケーラSの出力をカウントするインターバル・タイマに設定します．次に，インターナル・クロック・セレクト2〜0ビットにより，プリスケーラSを設定します．ここではφ/4096(1)に設定します．

その他の設定として，タイマＡ割り込み要求フラグ（IRRTA）をクリアし，タイマＡ割り込み要求（IENTA）をイネーブルに設定しておきます．割り込み回数の変数（counter）は0に初期化しておきます．タイマＡ関連の初期設定が終わった後，再びset_imask_ccr関数を使って，割り込みマスクを解除します．解除と同時にタイマＡの動作が開始します．動作を連続的に行うため，while文を挿入します．

▶ タイマＡ割り込み処理関数

これはタイマＡ割り込みが発生したときにモニタから呼ばれる関数です．内容は，まずタイマＡ割り込み要求フラグ（IRRTA）をクリアした後，タイマＡ割り込み回数（counter）が19回未満までは，割り込み回数のカウント値を+1していきます．19回まで達した場合には，割り込み回数のカウント値を0に戻し，P81端子の出力レベルを反転させます．すなわち，ポートが"L"だった場合は"H"に，逆に"H"だった場合は"L"になります．LEDは"L"時に点灯し，"H"時で消灯します．

TCAオーバフロー周期 T は，約52.4 msですので，19回目の割り込みでおおむね1秒（52.4 ms×19＝約996 ms）になります．LEDが1秒おきに点滅を繰り返せば，タイマＡの動作はOKです．

■ 簡易周波数カウンタの回路構成

簡易周波数カウンタの回路構成例は**図9-6**を参照してください．P81端子に接続されたLEDは，前出のタイマＡの動作確認用です．周波数測定用の入力端子は，IRQ0（P14）端子です．また，周波数カウンタの機能と同時にH8/3694F自身からもパルスを出力できることから，PWM信号発生機能も付け加えてみました．周波数測定の動作確認用にPWM出力パルスを使うことで，外付けの発振器などが不要になります．

■ 簡易周波数カウンタのプログラムの作成

図9-26は周波数カウンタのフローチャートです．周波数カウンタのプログラムを**リスト9-4**に示します．新たにIRQ0割り込みが加わりますが，これまで紹介してきたタイマＡ割り込みや，LCD表示用のプログラムを組み合わせることで構成できます．また，周波数カウンタの動作確認用にパルス出力機能も付け加えています．

それでは，周波数カウンタのプログラムについて解説していきましょう．

● 組み込み関数ヘッダ・ファイルのインクルード

割り込みのマスクや解除を行う場合には，ヘッダ・ファイル（machine.h）を組み込む必要があります．

● IRQ0割り込み関数の宣言

IRQ0割り込みが発生したときに実行する関数名を定義しておきます．

● セクションの切り替え（CV1：仮想ベクタ領域）

IRQ0割り込みでは，仮想ベクタ領域としてUSER＋0x1C番地に指定します．USERが0xF840だった場合には，0xF85Cになります．

● タイマＡ割り込み関数の宣言

タイマＡ割り込みが発生したときに実行する関数名を定義しておきます．

● セクションの切り替え（CV2：仮想ベクタ領域）

タイマＡ割り込みでは，仮想ベクタ領域としてUSER＋0x26番地に指定します．USERが0xF840だった場合には，0xF866になります．

● セクションの切り替え（プログラム領域）

この宣言以降がプログラム領域になります．

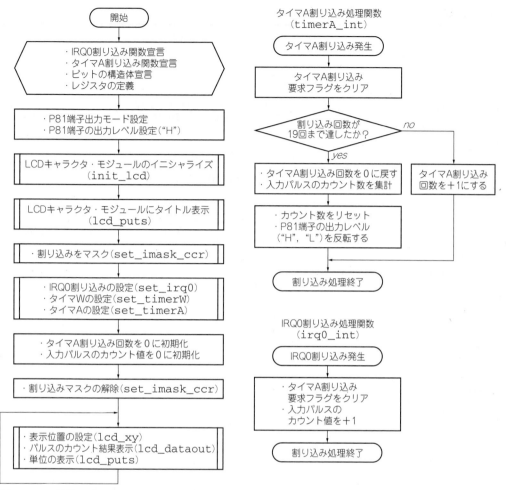

図9-26　周波数カウンタのフローチャート

● レジスタの定義

　IRQ0関連の定義について説明します．まず，ポート1ポート・モード・レジスタ(PMR1)のビット構成図を**図9-27**に示します．ここで使用するビットはIRQ0ビットです．通常P14端子は，汎用入出力ポートになっていますが，IRQ0ビットを‘1’に設定すると，P14端子がIRQ0入力端子として使用できるようになります．

　割り込みエッジ・セレクト・レジスタ1(IEGR1)のビット構成を**図9-28**に示します．ここで使用するビットはIEG0ビットです．初期状態では，IRQ0入力端子は立ち下がりエッジで検出する設定になっていますが，IEG0ビットを‘1’にすると立ち上がりエッジで検出するようになります．

　割り込みイネーブル・レジスタ1(IENR1)のビット構成は**図9-22**に示しました．ここで使用するビットは，IRQ0割り込み要求イネーブル・ビット(IEN0)です．初期値は‘0’で，IRQ0端子の割り込み要求がディセーブルに設定されていますが，‘1’にするとイネーブルに設定されます．

　割り込みフラグ・レジスタ1(IRR1)のビット構成は**図9-21**を参照してください．ここで使用するビッ

リスト9-4　周波数カウンタのプログラム(`freq_counter.c`)

```
#include <machine.h>                          // 組み込み関数ヘッダ・ファイルのインクルード

#pragma interrupt (irq0_int)                 // IRQ0 割り込み関数の宣言
                                             //
void irq0_int(void);                         //

#pragma section V1                           // セクションの切り替え(CV1：仮想ベクタ領域)
                                             //    CV1 の番地として USER+0x1C 番地に指定(USER=0x840 のとき 0xF85C)
void (*const VEC_TBL1[])(void) = {           //    仮想ベクタ・テーブル
    irq0_int                                 //
};                                           //


#pragma interrupt (timerA_int)               // タイマA割り込み関数の宣言
                                             //
void timerA_int(void);                       //

#pragma section V2                           // セクションの切り替え(CV2：仮想ベクタ領域)
                                             //    CV2 の番地として USER+0x26 番地に指定(USER=0x840 のとき 0xF866)
void (*const VEC_TBL2[])(void) = {           //    仮想ベクタ・テーブル
    timerA_int                               //
};                                           //


#pragma section                              // セクションの切り替え(プログラム領域)

struct BIT {                                 // ビットの構造体宣言
        unsigned char B7:1;                  //    Bit7
        unsigned char B6:1;                  //    Bit6
        unsigned char B5:1;                  //    Bit5
        unsigned char B4:1;                  //    Bit4
        unsigned char B3:1;                  //    Bit3
        unsigned char B2:1;                  //    Bit2
        unsigned char B1:1;                  //    Bit1
        unsigned char B0:1;                  //    Bit0
};

//IRQ0関連の定義                              // レジスタの定義
#define PMR1 (*(struct BIT *)0xFFE0)          //    H8 PORT1 ポート・モード・レジスタの定義
#define IRQ0      PMR1.B4                     //    H8 IRQ0 ビットの定義(PMR1 bit4)
#define IEGR1 (*(struct BIT *)0xFFF2)         //    H8 割り込みエッジ・セレクト・レジスタ1の定義
#define IEG0      IEGR1.B0                    //    H8 IRQ0 エッジ・セレクト・ビットの定義(IEGR1 bit0)
#define IENR1 (*(struct BIT *)0xFFF4)         //    H8 割り込みイネーブル・レジスタ1の定義
#define IEN0      IENR1.B0                    //    H8 IRQ0 割り込み要求イネーブル・ビットの定義(IENR1 bit0)
#define IRR1 (*(struct BIT *)0xFFF6)          //    H8 割り込みフラグ・レジスタ1の定義
#define IRRI0     IRR1.B0                     //    H8 IRQ0 割り込み要求フラグ・ビットの定義(IRR1 bit0)

//PWM関連の定義
#define TMRW (*(struct BIT *)0xFF80)          //    タイマ・モード・レジスタWの定義
#define PWMD      TMRW.B2                     //    PWMモードD出力モード選択ビットの定義
#define CTS       TMRW.B7                     //    カウンタ・スタート・ビットの定義
#define TCRW (*(struct BIT *)0xFF81)          //    タイマ・コントロール・レジスタWの定義
#define CCLR      TCRW.B7                     //    カウンタ・クリア・ビットの定義
#define CKS2      TCRW.B6                     //    クロック・セレクト・ビット2の定義
#define CKS1      TCRW.B5                     //    クロック・セレクト・ビット1の定義
#define CKS0      TCRW.B4                     //    クロック・セレクト・ビット0の定義
#define TOD       TCRW.B3                     //    タイマ出力レベル・ビットの定義
#define TCNT *(volatile unsigned int *)0xFF86 //    タイマ・カウンタの定義
#define GRA *(volatile unsigned int *)0xFF88  //    ジェネラル・レジスタAの定義
#define GRD *(volatile unsigned int *)0xFF8E  //    ジェネラル・レジスタDの定義

//タイマA関連の定義
#define TMA  (*(struct BIT *)0xFFA6)          //    タイマ・モード・レジスタAの定義
#define TMA3      TMA.B3                      //    インターナル・クロック・セレクト・ビット3の定義
#define TMA2      TMA.B2                      //    インターナル・クロック・セレクト・ビット2の定義
#define TMA1      TMA.B1                      //    インターナル・クロック・セレクト・ビット1の定義
#define TMA0      TMA.B0                      //    インターナル・クロック・セレクト・ビット0の定義
#define TCA *(volatile unsigned char *)0xFFA7 //    タイマ・カウンタAの定義
#define IENR1 (*(struct BIT *)0xFFF4)         //    割り込みイネーブル・レジスタ1の定義
```

```
#define IENTA     IENR1.B6                      //          タイマA割り込み要求イネーブル・ビットの定義
#define IRR1 (*(struct BIT *)0xFFF6)            //          割り込みフラグ・レジスタ1の定義
#define IRRTA    IRR1.B6                        //          タイマA割り込み要求フラグ・ビットの定義

#define PCR8 (*(struct BIT *)0xFFEB)            //          H8 PORT8 コントロール・レジスタの定義
#define PCR81    PCR8.B1                        //          H8 PORT8 コントロール・ビット1の定義
#define PDR8 (*(struct BIT *)0xFFDB)            //          H8 PORT8 データ・レジスタの定義
#define P81      PDR8.B1                        //          H8 PORT8 データ・ビット1の定義

                                       // LCD表示関連の関数定義
extern void init_lcd(void);                     //          LCDをイニシャライズする関数
extern void lcd_puts( char *str);               //          文字列表示関数
extern void lcd_xy(unsigned char x, unsigned char y);   // LCD 表示位置を設定する関数 [桁(x=1～16)，行(y=1,2)]
extern void lcd_dataout( unsigned long data );  //          数値データをLCDに表示する関数

void set_irq0(void)             // IRQ0割り込みの設定関数
{                               //
    IRQ0 = 1;                   //          H8 P14をIRQ0入力端子として設定
    IEG0 = 1;                   //          H8 IRQ0エッジ・セレクト (立上りエッジ選択)
    IEN0 = 1;                   //          H8 IRQ0割り込み要求をイネーブルに設定
}

void set_timerW(void)           // タイマW設定関数
{                               //
    PWMD = 1;                   //          H8 FTIOD端子(P84)をPWM出力モードに設定
    CCLR = 1;                   //          カウンタ・クリア(コンペア・マッチAによってTCNTをクリアする)
                                //
    CKS2 = 0;                   //          クロック・セレクト2～0
    CKS1 = 1;                   //            TCNTに入力するクロックを選択
    CKS0 = 0;                   //            010：内部クロックφ/4をカウント
                                //
    TOD  = 1;                   //          タイマ出力レベル・セット(最初のコンペア・マッチDが発生するまで
                                //          FTIOD端子の出力値が"H"になる)
                                //
    TCNT = 0x0000;              //          タイマ・カウンタの初期値を0にする
    GRA  = 0xC350;              //          ジェネラル・レジスタAの設定(周期T=10msの設定)
    GRD  = 0x61A8;              //          ジェネラル・レジスタDの設定("H"の幅Tw=5msの設定)
    CTS  = 1;                   //          カウンタ・スタート(カウンタ動作の開始)
}

void set_timerA(void)           // タイマA設定関数
{                               //
    TMA3 = 0;                   //          インターナル・クロック・セレクト3 (タイマA動作モードの選択)
                                //            (プリスケーラSの出力をカウントするインターバル・タイマを選択)
    TMA2 = 0;                   //          インターナル・クロック・セレクト2～0
    TMA1 = 0;                   //            TCAに入力するクロックを選択
    TMA0 = 1;                   //            001：φ/4096
                                //
    IRRTA = 0;                  //          タイマA割り込み要求フラグをクリア
    IENTA = 1;                  //          タイマA割り込み要求をイネーブルに設定
}


                                       // 変数の定義
volatile unsigned long pulscnt;         //          入力パルスのカウント数
volatile unsigned long totalcnt;        //          入力パルスのカウント集計結果
volatile unsigned int  counter;         //          タイマA割り込み発生のカウント数

void main(void)                 // メイン・ルーチン
{                               //
    PCR81 = 1;                  //          H8 P81端子を出力ポートに設定
    P81   = 1;                  //          H8 P81端子の出力を"H"に設定
                                //          (P81端子に接続されたLEDは消灯している状態)
    init_lcd();                 //          LCDをイニシャライズする
    lcd_puts("カンイ シュウハスウ カウンタ");  //          文字列の表示
                                //
    set_imask_ccr(1);           //          割り込みをマスクする(組み込み関数)
                                //
    set_irq0();                 //          IRQ0割り込みの設定
    set_timerW();               //          タイマWの設定
    set_timerA();               //          タイマAの設定
    counter = 0;                //          タイマA割り込み回数を'0'に初期化
```

```
    pulscnt=0;                      //    入力パルスのカウント値を‘0’に初期化
                                    //
    set_imask_ccr(0);               //    割り込みマスクの解除（組み込み関数）
                                    //
    while(1){                       //
        lcd_xy(5,2);                //    DDRAMアドレスを2行，5桁目に設定
        lcd_dataout( totalcnt );    //    入力パルスのカウント集計結果を表示
        lcd_puts("[Hz]   ");        //     単位を表示
    }
}

void irq0_int(void)                 //   IRQ0割り込み処理関数（入力パルスの検出）
{                                   //     （IRQ0割り込みが発生した場合モニタから呼ばれる）
    IRRI0 = 0;                      //    タイマA割り込み要求フラグをクリア
    pulscnt++;                      //    入力パルスのカウント数を+1にする
}

void timerA_int(void)               //   タイマA割り込み処理関数
{                                   //      （タイマA割り込みが発生したときモニタから呼ばれる）
    IRRTA = 0;                      //    タイマA割り込み要求フラグをクリア
    if ( counter >= 19 ) {          //    タイマA割り込み回数が19回まで達したとき
        counter = 0;                //    タイマA割り込み回数を0に戻す
        totalcnt = pulscnt;         //    入力パルスのカウント数を集計しておく ◄──── timerA_test.cから追加
        pulscnt=0;                  //    カウント数をリセット
        P81 = ~P81;                 //    H8 P81端子の出力レベル（"H"，"L"）を反転する
    }                               //        LED点灯（"L"時）<--->LED消灯（"H"時）
    else {                          //    タイマA割り込み回数が19回未満のとき
    counter++;                      //    タイマA割り込み回数を+1にする
    }
}
```

ト，IRQ0割り込み要求フラグ・ビット（IRRI0）です．初期状態ではこのビットは‘0’クリアされています
が，IRQ0入力端子が指定のエッジを検出すると‘1’にセットされます．

そのほか，PWM関連の定義はリスト9-1，タイマA関連の定義はリスト9-3と同様です．

● **IRQ0割り込みの設定関数**（set_irq0）

P14をIRQ0入力端子として設定し，IRQ0エッジ・セレクト・ビットで立ち上がりエッジを選択，
IRQ0割り込み要求をイネーブルに設定します．

● **タイマW設定関数**（set_timerW）

内容はリスト9-1の設定と同様です．ここでは，GRDの値を0x61A8（25000）として，デューティ比
50％と設定しています．

● **タイマA設定関数**（set_timeA）

内容はリスト9-3の設定と同様です．

● **変数の定義**

入力パルスのカウント数（pulscnt），入力パルスのカウント集計結果（totalcnt），タイマA割り込
み発生のカウント数（counter）といった変数を定義します．

● **メイン・ルーチン**（main）

まずLEDが接続されているP81端子を出力ポートにして，出力レベルを"H"に設定しておきます．こ
のとき，P81端子に接続されたLEDは消灯している状態になります．LCDをイニシャライズした後，
LCDの1行目には「カンイ シュウハスウ カウンタ」と表示しておきます．IRQ0やタイマに関する設定を行う前に，組み
込み関数（set_imask_ccr）を使って，割り込みをマスクしておきます．

IRQ0割り込みの設定，タイマWやタイマAの設定，タイマA割り込み回数や入力パルスのカウント値

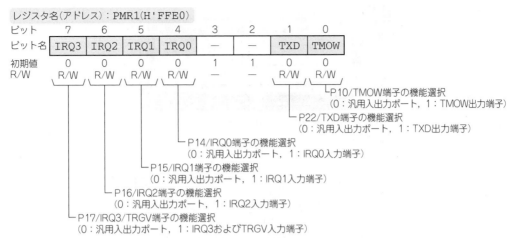

図9-27　ポート1ポート・モード・レジスタのビット構成

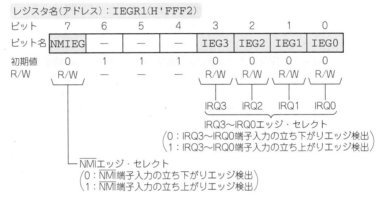

図9-28　割り込みエッジ・セレクト・レジスタのビット構成

の初期化を実行した後，割り込みマスクを解除します．動作を連続的に行うため，while文を挿入しておきます．結果はLCDキャラクタ・モジュールの2行目に表示します．

● **IRQ0割り込み処理関数**（irq0_int）

　IRQ0割り込みが発生した場合，モニタから呼ばれる関数です．この関数は，入力パルスの検出に使います．主な動作は，タイマA割り込み要求フラグ（IRRI0）をクリアし，入力パルスのカウント数（pulscnt）を+1します．

● **タイマA割り込み処理関数**（timerA_int）

　タイマA割り込みが発生したときモニタから呼ばれる関数です．

　主な動作は，まずタイマA割り込み要求フラグ（IRRTA）をクリアした後，タイマA割り込み回数（counter）が19回未満までは，割り込み回数のカウント値を+1していき，19回まで達した場合には，割り込み回数のカウント値を0に戻します．このとき，入力パルスのカウント数（pulscnt）をtotalcntに集計した後，カウント数をリセットします．また，タイマAの動作確認のため，H8/3694FのP81端子の出力レベルを反転させて，ポートに接続しているLEDを点滅動作させます．

写真9-4 周波数カウンタのLCDキャラクタ・モジュール表示例

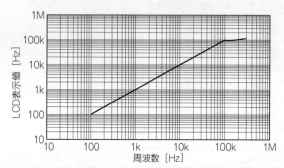

図9-29 周波数カウンタの入力周波数とLCD表示値の関係

TCAオーバフロー周期Tは約52.4 msなので，19回目の割り込みで約1秒（52.4 ms×19＝約996 ms）になります．

■ 動作を確認してみよう

Htermで動作させてみましょう．**写真9-4**はLCDキャラクタ・モジュールの表示例です．1行目に「カンイ シュウハスウ カウンタ」というタイトルが表示され，2行目に「周波数［Hz］」が表示されます．

周波数の入力はIRQ0（P14）端子です．FTIOD（P84）端子からは，周期10 msのパルス信号が出力されています．IRQ0端子とFTIOD端子を接続するとパルス信号の周波数が測定できます．LCDキャラクタ・モジュールに表示された値は，105 Hzとなっていました．このときのパルス信号をオシロスコープで実測すると100.77 Hzだったので，この周波数カウンタの測定誤差は約4％ということになります．

次に，FTIOD端子からのパルス周期を変更してみましょう．たとえば，GRDの値を0x09C4，GRAの値を0x1388と設定します．モニタでGoコマンドを実行すると，周期1 ms，"H"幅0.5 msのデューティ比50％のパルス波形が出力されます．このときLCDには約1000 Hzの値が表示されます．

図9-29に，周波数カウンタの入力周波数とLCD表示値との関係を示します．約100 kHz程度までの周波数に対して測定できることがわかります．それ以上の高い周波数になると，カウントできずに表示値が飽和します．高い周波数を測定する場合には，入力端子にプリスケーラ（分周器）などを取り付けます．

H8マイコン基板の機能をフルに活かした実用アイテムを作ろう

CPUファン・コントローラの製作

島田 義人

　これまでのテクニックを集大成してCPU空冷用のファン・コントローラを製作します．**写真10-1**に製作したファン・コントローラの外観を示します．主にLCDキャラクタ・モジュール制御，サーミスタを使った電子温度計，ファン・モータの回転を制御するPWMパルス・ジェネレータ，ファンの回転数を検出する周波数カウンタのテクニックを応用していきます．

10-1　ファン・コントローラの回路

　図10-1にファン・コントローラの概略構成を示し，**図10-2**に実際に製作した回路を示します．概略構成図を見ると，主にLCDキャラクタ・モジュール，A-D変換前段回路，ファン・コントロール・ドライバ回路，波形整形回路から成り立っています．

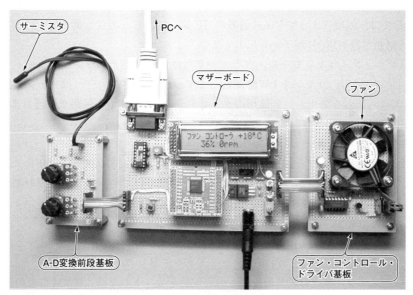

写真10-1　製作したファン・コントローラの外観

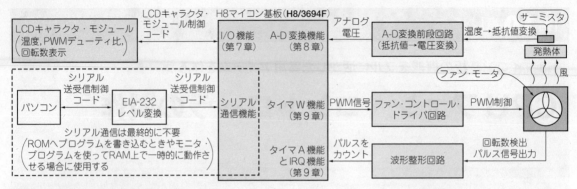

図10-1　ファン・コントローラのブロック図

● LCDキャラクタ・モジュール部

　LCDキャラクタ・モジュールを使って発熱体の温度を表示したり，ファンの回転速度を制御するPWM信号のデューティ比やファンの回転数を表示します．H8マイコンはインストラクション制御コードを出力してLCDキャラクタ・モジュールを制御します．詳しくは第7章で解説されています．

● A-D変換前段回路部

　サーミスタは発熱体の温度上昇を抵抗値の変化として検出します．この抵抗変化を電圧に変換する回路がA-D変換前段回路です．この前段回路からのアナログ電圧は，H8/3694FのA-D変換機能によりディジタル・データとして入力されます．詳しくは第8章で解説されています．

　写真10-1のA-D変換前段基板は，ここで紹介した温度測定回路を流用しています．

● ファン・コントロール・ドライバ回路部

　H8/3694FのタイマW機能を使ってPWM信号を発生させてファン・モータの回転速度を制御します．モータの駆動電圧は12Vが一般的であり，また流れる電流も数百mA程度が必要となりますので，ファン・コントロール・ドライバ回路を使って間接的にファン・モータを回します．

　実際の動作としては，温度によってPWM信号の"H"幅を制御し，温度上昇とともにデューティ比を大きくします．PWM信号はFTIOD端子から出力します．

　写真10-2に示すファン・コントロール・ドライバ基板はNPN/PNPトランジスタでドライバ回路を構成し，定格電圧DC 12V用のファンをPWM駆動します．F_1（ポリスイッチ）はファンが故障した場合に過電流が回路に流れることを防止し，転流用のダイオードD_7はドライバ回路を保護します．PWM信号についての詳細は，第9章で解説されています．

● 波形整形回路部

　ファン（タコ出力）から出力される回転数検出パルス信号は，PWMによるON-OFFノイズが含まれていたり，パルスの立ち上がり/立ち下がり波形がなまったりしています．そこで，波形整形回路によりパルス波形を矩形波に整形してH8/3694Fへ入力します．波形整形回路部は，ファン・コントロール・ドライバ基板に実装されています．

　実際の回路としては，ファンから出力される回転数検出パルス信号を，R_{B5}（4.7 kΩ）とC_{12}（0.033 μF）によるローパス・フィルタを通した後，74HC14（シュミット・トリガ・インバータ）を介してIRQ0端子に入力します．ローパス・フィルタは約6 kHz以上の周波数をカットします．PWM信号の周波数は10 kHzに設定されているため，PWM信号による混入ノイズが除去されます．ファンの回転数検出用端子には

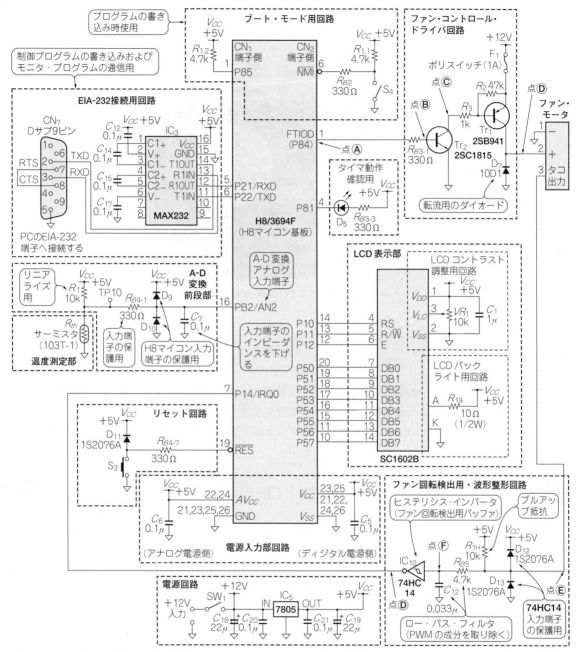

図10-2 ファン・コントローラの回路

R_{1H}（10 kΩ）のプルアップ抵抗が必要です．また，D_{12}およびD_{13}は74HC14入力端子の保護用のダイオードです．

　H8/3694FはタイマA機能とIRQ機能により，入力パルスをカウントします．周波数カウンタについての詳細は，第9章で解説されています．

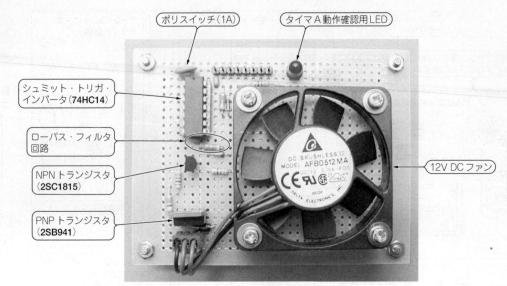

ポリスイッチ（1A）　　　タイマＡ動作確認用LED

シュミット・トリガ・
インバータ（74HC14）

ローパス・フィルタ
回路

NPN トランジスタ
（2SC1815）

PNP トランジスタ
（2SB941）

12V DC ファン

写真10-2　製作したファン・コントロール・ドライバ基板の外観

● その他

　ブート・モード用回路やシリアル通信部は，ROMへプログラムを書き込んだり，Htermを使ってRAM上に転送したプログラムを一時的に動作させる場合に使用します．ただしシリアル通信は，スタンド・アローンで（自立させて）動作させる最終段階では不要になります．

　P81に接続されているD_5（LED）は，タイマＡ動作確認用です．タイマが動作すると1秒おきに点滅を繰り返します．

10-2　ファン・コントローラのプログラム

　ファン・コントローラのプログラムを**リスト10-1**に示します．温度の検出機能は，第8章で紹介したサーミスタによる電子温度計，PWM発生機能には簡易パルス・ジェネレータ，そして回転数検出の機構は周波数カウンタのプログラムが応用できます．

　それでは，ファン・コントローラのプログラムについて解説していきましょう．

● 宣言と設定

▶ IRQ0割り込み関数の宣言

　IRQ0割り込みが発生したときに実行する関数名を定義します．

▶ タイマＡ割り込み関数の宣言

　タイマＡ割り込みが発生したときに実行する関数名を定義します．

▶ タイマＷ割り込み関数の宣言

　タイマＷ割り込みが発生したときに実行する関数名を定義します．

▶ レジスタの定義

　それぞれ，IRQ0割り込み，タイマＷ割り込み，タイマＡ割り込みに使用されるレジスタを定義します．

リスト10-1 ファン・コントローラのプログラム(fan_controller.c)

```c
#include <machine.h>                         // 組み込み関数ヘッダ・ファイルのインクルード


#pragma interrupt (irq0_int)                 // IRQ0割り込み関数の宣言
                                             //
void irq0_int(void);                         //

#pragma section V1                           // セクションの切り替え(CV1：仮想ベクタ領域)
                                             //   CV1の番地としてUSER+0x1C番地に指定(USER=0x840のとき0xF85C)
void (*const VEC_TBL1[])(void) = {           //   仮想ベクタ・テーブル
    irq0_int                                 //
};                                           //

#pragma interrupt (timerA_int)               // タイマA割り込み関数の宣言
                                             //
void timerA_int(void);                       //

#pragma section V2                           // セクションの切り替え(CV2：仮想ベクタ領域)
                                             //   CV2の番地としてUSER+0x26番地に指定(USER=0x840のとき0xF866)
void (*const VEC_TBL2[])(void) = {           //   仮想ベクタ・テーブル
    timerA_int                               //
};                                           //

#pragma interrupt (timerW_int)               // タイマW割り込み関数の宣言
                                             //
void timerW_int(void);                       //

#pragma section V3                           // セクションの切り替え(CV3：仮想ベクタ領域)
                                             //   CV3の番地としてUSER+0x2A番地に指定(USER=0x840のとき0xF86A)
void (*const VEC_TBL3[])(void) = {           //   仮想ベクタ・テーブル
    timerW_int                               //
};                                           //


#pragma section                              // セクションの切り替え(プログラム領域)

struct BIT {                                 // ビットの構造体宣言
        unsigned char B7:1;                  //   Bit7
        unsigned char B6:1;                  //   Bit6
        unsigned char B5:1;                  //   Bit5
        unsigned char B4:1;                  //   Bit4
        unsigned char B3:1;                  //   Bit3
        unsigned char B2:1;                  //   Bit2
        unsigned char B1:1;                  //   Bit1
        unsigned char B0:1;                  //   Bit0
};

//IRQ0関連の定義                                // レジスタの定義
#define PMR1 (*(struct BIT *)0xFFE0)         //   H8 PORT1 ポート・モード・レジスタの定義
#define IRQ0      PMR1.B4                    //   H8 IRQ0ビットの定義(PMR1 bit4)
#define IEGR1 (*(struct BIT *)0xFFF2)        //   H8 割り込みエッジ・セレクト・レジスタ1の定義
#define IEG0      IEGR1.B0                   //   H8 IRQ0エッジ・セレクト・ビットの定義(IEGR1 bit0)
#define IENR1 (*(struct BIT *)0xFFF4)        //   H8 割り込みイネーブル・レジスタ1の定義
#define IEN0      IENR1.B0                   //   H8 IRQ0割り込み要求イネーブル・ビットの定義(IENR1 bit0)
#define IRR1 (*(struct BIT *)0xFFF6)         //   H8 割り込みフラグ・レジスタ1の定義
#define IRRI0     IRR1.B0                    //   H8 IRQ0割り込み要求フラグ・ビットの定義(IRR1 bit0)

//PWM関連の定義
#define TMRW (*(struct BIT *)0xFF80)         //   タイマ・モード・レジスタWの定義
#define PWMD      TMRW.B2                    //   PWMモードD出力モード選択ビットの定義
#define CTS       TMRW.B7                    //   カウンタ・スタート・ビットの定義
#define TCRW (*(struct BIT *)0xFF81)         //   タイマ・コントロール・レジスタWの定義
#define CCLR      TCRW.B7                    //   カウンタ・クリア・ビットの定義
#define CKS2      TCRW.B6                    //   クロック・セレクト・ビット2の定義
#define CKS1      TCRW.B5                    //   クロック・セレクト・ビット1の定義
#define CKS0      TCRW.B4                    //   クロック・セレクト・ビット0の定義
#define TOD       TCRW.B3                    //   タイマ出力レベル・ビットの定義
#define TCNT *(volatile unsigned int *)0xFF86  //   タイマ・カウンタの定義
#define GRA *(volatile unsigned int *)0xFF88   //   ジェネラル・レジスタAの定義
#define GRD *(volatile unsigned int *)0xFF8E   //   ジェネラル・レジスタDの定義
```

リスト10-1 ファン・コントローラのプログラム（つづき）

```
#define TIERW (*(struct BIT *)0xFF82)            //      タイマ・インタラプト・イネーブル・レジスタWの定義
#define IMIEA   TIERW.B0                          //      インプット・キャプチャ/コンペア・マッチ割り込みイネーブル・ビットAの定義
#define TSRW (*(struct BIT *)0xFF83)             //      タイマ・ステータス・レジスタWの定義
#define IMFA    TSRW.B0                           //      インプット・キャプチャ/コンペア・マッチ・フラグ・ビットAの定義

//タイマA関連の定義
#define TMA   (*(struct BIT *)0xFFA6)            //      タイマ・モード・レジスタAの定義
#define TMA3    TMA.B3                            //      インターナル・クロック・セレクト・ビット3の定義
#define TMA2    TMA.B2                            //      インターナル・クロック・セレクト・ビット2の定義
#define TMA1    TMA.B1                            //      インターナル・クロック・セレクト・ビット1の定義
#define TMA0    TMA.B0                            //      インターナル・クロック・セレクト・ビット0の定義
#define TCA *(volatile unsigned char *)0xFFA7    //      タイマ・カウンタAの定義
#define IENR1 (*(struct BIT *)0xFFF4)            //      割り込みイネーブル・レジスタ1の定義
#define IENTA   IENR1.B6                          //      タイマA割り込み要求イネーブル・ビットの定義
#define IRR1 (*(struct BIT *)0xFFF6)             //      割り込みフラグ・レジスタ1の定義
#define IRRTA   IRR1.B6                           //      タイマA割り込み要求フラグ・ビットの定義

#define PCR8 (*(struct BIT *)0xFFEB)             //      H8 PORT8 コントロール・レジスタの定義
#define PCR81   PCR8.B1                           //      H8 PORT8 コントロール・ビット1の定義
#define PDR8 (*(struct BIT *)0xFFDB)             //      H8 PORT8 データ・レジスタの定義
#define P81     PDR8.B1                           //      H8 PORT8 データ・ビット1の定義


void set_irq0(void)                 // IRQ0割り込みの設定関数
{                                   //
    IRQ0=1;                         //      H8 P14をIRQ0入力端子として設定
    IEG0=1;                         //      H8 IRQ0エッジ・セレクト（立ち上がりエッジ選択）
    IEN0=1;                         //      H8 IRQ0割り込み要求をイネーブルに設定
}

void set_timerW(void)               // タイマW設定関数
{                                   //
    PWMD = 1;                       //      H8 FTIOD端子(P84)をPWM出力モードに設定
    CCLR = 1;                       //      カウンタ・クリア（コンペア・マッチAによってTCNTをクリアする）
                                    //
    CKS2 = 0;                       //      クロック・セレクト2～0
    CKS1 = 1;                       //        TCNTに入力するクロックを選択
    CKS0 = 0;                       //        010：内部クロックφ/4をカウント
                                    //
    TOD = 1;                        //      タイマ出力レベルのセット（最初のコンペア・マッチDが発生するまで
                                    //      FTIOD端子の出力値が"H"になる）
                                    //
    TCNT = 0x0000;                  //      タイマ・カウンタの初期値を0にする
    GRA  = 0x1F4;                   //      ジェネラル・レジスタAの設定（周期を決める）約100us
    GRD  = 0x1F4;                   //      ジェネラル・レジスタDの設定（"H"の幅を決める）初期 Duty100%
    CTS  = 1;                       //      カウンタ・スタート（カウンタ動作の開始）
}

void set_timerA(void)               // タイマA設定関数
{                                   //
    TMA3    = 0;                    //      インターナル・クロック・セレクト3（タイマA動作モードの選択）
                                    //       （プリスケーラSの出力をカウントするインターバル・タイマを選択）
    TMA2    = 0;                    //      インターナル・クロック・セレクト2～0
    TMA1    = 0;                    //        TCAに入力するクロックを選択
    TMA0    = 1;                    //        001：φ/4096
                                    //
    IRRTA = 0;                      //      タイマA割り込み要求フラグをクリア
    IENTA = 1;                      //      タイマA割り込み要求をイネーブルに設定
}

                                              // LCD表示関連の関数定義
extern void init_lcd(void);                   //      LCDをイニシャライズする関数
extern void lcd_puts( char *str);             //      文字列表示関数
extern void lcd_xy(unsigned char x, unsigned char y);   // LCD 表示位置を設定する関数 ［桁(x=1～16)，行(y=1,2)］
extern void lcd_dataout( unsigned long data );          //      数値データをLCDに表示する関数
                                              // A-D変換関連の関数定義
extern int  ad_conv(void);                    //      H8 A-Dコンバータ実行関数


                                              // 変数の定義
volatile unsigned int pulscnt;                //      入力パルスのカウント数
```

リスト9-1
に追加

```
volatile unsigned int totalcnt;                      //      入力パルスのカウント集計結果
volatile unsigned int counter;                       //      タイマA割り込み発生のカウント数
volatile unsigned long comp_data;                    //      GRDとの比較値変数

void main(void)                                      //   メイン・ルーチン
{                                                    //
    unsigned int   k;                                //      ループ回数
    unsigned int   slope  = 108;                     //      傾き（値はサーミスタにより異なる）
    unsigned long offset = 80376;                    //      オフセット（値はサーミスタにより異なる）
    unsigned long ad_data;                           //      A-D変換値を格納する変数を定義
    unsigned long temp;                              //      計算過程の値を格納する変数を定義
    unsigned long duty;                              //      デューティ比の値を格納する変数
    unsigned long rotation;                          //      回転数の値を格納する変数
                                                     //
    PCR81   = 1;                                     //      H8 P81端子を出力ポートに設定
    P81     = 1;                                     //      H8 P81端子の出力を〝H〟に設定
                                                     //      （P81端子に接続されたLEDは消灯している状態）
    init_lcd();                                      //      LCDをイニシャライズする
    set_adc();                                       //       H8 A-Dコンバータをイニシャライズする
    lcd_puts("ファン コントローラ");                       //      文字列の表示
                                                     //
    set_imask_ccr(1);                                //      割り込みをマスクする(組み込み関数)
                                                     //
    set_irq0();                                      //      IRQ0割り込みの設定
    set_timerW();                                    //      タイマWの設定
    IMFA    = 0;                                     //      インプット・キャプチャ/コンペア・マッチフラグAをクリア
    IMIEA   = 1;                                     //      インプット・キャプチャ/コンペア・マッチ割り込みイネーブルA
                                                     //
    set_timerA();                                    //      タイマAの設定
    counter = 0;                                     //      タイマA割り込み回数を0に初期化
    pulscnt=0;                                       //      入力パルスのカウント値を0に初期化
                                                     //
    set_imask_ccr(0);                                //      割り込みマスクの解除(組み込み関数)
                                                     //
    while(1){                                        //
        lcd_xy(12,1);                                //      DDRAMアドレスを1行，12桁目に設定
        temp=0;                                      //      変数の初期化
        for( k=1; k<=slope; k++) {                   //      温度換算式では，temp = slope * ad_data
            ad_data = (unsigned long)ad_conv();  //      A-D変換の実行，型変換して結果を変数に格納
            temp = temp + ad_data;                   //      計算途中の値を保存
        }                                            //
//      lcd_xy(1,1);                                 //      (※コメントを外すと，1行，1桁目にA-D変換結果の表示位置を指定できる)
//      lcd_dataout( ad_data );                      //       ※コメントを外すと，A-D変換結果(10ビット)がLCDに表示される(10進表示)
        if ( offset >= temp ) {                      //
            temp = offset - temp;                    //      0℃以上の場合
            comp_data = temp/100;                    //      temp値をGRDとの比較値とする
            lcd_puts("+");                           //      ＋温度表示
        } else {                                     //
            temp = temp - offset;                    //      氷点下の場合
            comp_data = 0;                           //      GRDとの比較値と0する
            lcd_puts("-");                           //      －温度表示
        }                                            //
        temp = temp/1000;                            //      温度算出（整数部）
        lcd_dataout( temp );                         //      温度表示（整数部）
        lcd_puts("℃ ");                             //      単位を表示

        duty = (unsigned long)GRD*100;               //       デューティ比の計算
        duty = duty/(unsigned long)GRA;              //
        lcd_xy(4,2);                                 //      DDRAMアドレスを2行，4桁目に設定
        lcd_dataout( duty );                         //      デューティ比の値を表示
        lcd_puts("% ");                              //      文字列の表示

        rotation = totalcnt * 30;                    //      毎分に換算（注）Fanからのタコ出力は，1回転2パルス(×60sec/2)
        lcd_dataout( rotation );                     //      入力パルスのカウント集計結果を表示
        lcd_puts("rpm   ");                          //      単位を表示
        wait(1000);                                  //      約1000msのウェイト
    }                                                //
}                                                    //

void irq0_int(void)                                  //   IRQ0割り込み処理関数(入力パルスの検出)
{                                                    //      (IRQ0割り込みが発生した場合モニタから呼ばれる)
```

```
        IRRI0=0;                                  //      タイマA割り込み要求フラグをクリア
        pulscnt++;                                //      入力パルスのカウント数を+1にする
}

void timerA_int(void)                             //  タイマA割り込み処理関数
{                                                 //      (タイマA割り込みが発生したときモニタから呼ばれる)
        IRRTA = 0;                                //      タイマA割り込み要求フラグをクリア
        if ( counter >= 19 ) {                    //      タイマA割り込み回数が19回まで達したとき
            counter = 0;                          //      タイマA割り込み回数を0に戻す
            totalcnt = pulscnt;                   //      入力パルスのカウント数を集計しておく
            pulscnt=0;                            //      カウント数をリセット
            P81 = ~P81;                           //      H8 P81端子の出力レベル("H","L")を反転する
        }                                         //          LED点灯("L"時)<--->LED消灯("H"時)
        else {                                    //      タイマA割り込み回数が19回未満のとき
        counter++;                                //      タイマA割り込み回数を+1にする
        }
}

void timerW_int(void)                             //  タイマW 割り込み関数
{                                                 //
        IMFA    = 0;                              //      インプット・キャプチャ/コンペア・マッチ・フラグAをクリア
        if ( ( GRD < (unsigned int)comp_data ) && ( GRD < GRA ) ){  //  GRDが比較値より小さく，かつGRAより小さい場合
            GRD += 1;                             //      GRDを+1ずつ増加
        }                                         //
        if ( ( GRD > (unsigned int)comp_data ) && ( GRD > 0   ) ){  //  GRDが比較値より大きく，かつ0より大きい場合
            GRD -= 1;                             //      GRDを-1ずつ減少
        }                                         //
}
```

（リスト9-3に追加）

▶ IRQ0割り込みの設定関数(set_irq0)

　P14をIRQ0入力端子として設定し，IRQ0エッジ・セレクト・ビットで立ち上がりエッジを選択し，IRQ0割り込み要求をイネーブルに設定します．

▶ タイマW設定関数(set_timerW)

　周期を$100\mu s$程度に設定するため，GRA，GRDの値を0x1F4(500)とします．GRA＝GRDとしたのは，初期状態でデューティ比を100%にして，止まっている状態からファンを動かしやすくするためです．

▶ タイマA設定関数(set_timeA)

　インターナル・クロック・セレクト3ビット(TMA3)により，タイマAの動作モードの選択をします．ここでは，プリスケーラSの出力をカウントするインターバル・タイマに設定します．また，インターナル・クロック・セレクト2〜0ビット(TMA0〜2)により，プリスケーラSを設定します．ここでは$\phi/4096$(1)に設定します．そのほかの設定として，タイマA割り込み要求フラグ(IRRTA)をクリアし，タイマA割り込み要求(IENTA)をイネーブルに設定しておきます．

● メイン・ルーチン

　まず，タイマA動作確認用のLEDが接続されているP81端子を出力ポートにして，出力レベルを"H"に設定しておきます．このとき，LEDは消灯している状態になります．LCDキャラクタ・モジュールをinit_lcd関数でイニシャライズした後，LCDの1行目には「ﾌｧﾝ ｺﾝﾄﾛｰﾗ」とタイトルを表示しておきましょう．

　IRQ0，タイマWやタイマAに関する割り込みの設定を行う前には，組み込み関数(set_imask_ccr)を使って，割り込みをマスクしておきます．割り込みの設定が完了した後，割り込みマスクを解除します．

　温度計測に関するルーチンの詳細は，第8章に記載があります．LCDの温度表示では，0℃以上の場合に「+」を表示し，氷点下の場合は「-」を表示するように場合分けしています．

また，温度の計測結果をGRDの比較値に反映させ，PWM制御信号のデューティ比を0～50℃の範囲で0～100％まで温度に比例して増加させます．50℃以上の温度ではつねに100％，氷点下の温度では0％に設定します．デューティ比の算出には，GRDおよびGRAの値を使っています．

回転数の算出には，IRQ0割り込みとタイマA割り込みを使って，1秒間に入力されるパルスをカウントします．周波数カウンタに関する詳細は，第9章に記載があります．CPUファンの回転検出パルスは，通常1回転でパルスを2回出力することから，カウント数を30倍することでRPM単位に換算しています．

10-3　フラッシュROMにプログラムを書き込もう

これまでH8/3694Fの内蔵機能を試したり，周辺回路の動作を確認する場合には，フラッシュROMの書き換え回数に限りがあるために，Htermからプログラムを RAM 上にダウンロードして実行していました．本章では電源ONで即動くマイコン・アプリケーションとして実用化させるため，最終的にROMにプログラムを書き込んで完成させましょう．

● ROMおよびRAMへの割り付け

プログラムをROM化する場合，セクションの設定でROMに割り付けるかRAMに割り付けるかが決まります．HEWのメニュー・バーから［オプション］-［H8 Tiny/SLP…］をクリックすると，ツールチェインのダイアログ・ボックスが開きます．ここで，「Link/Library」タブの「Category」で［Section］を選択するとセクションの設定画面になります．HEWの使いかたについては第3章を見てください．デフォルト設定では図10-3（a）のように割り付けられています．

アドレス	セクション
0x00000400	PResetPRG
	PIntPRG
	P
	C
0x00000800	C$DSEC
	C$BSEC
	D
0x0000FB80	B
	R
0x0000FE80	S

（a）初期設定（HEWのデフォルト設定）

アドレス	セクション
0x0000F840	CV0
0x0000F85C	CV1
0x0000F866	CV2
0x0000F86A	CV3
	PResetPRG
	P
0x0000F880	C
	C$DSEC
	C$BSEC
	D
0x0000FD80	B
	R
0x0000FE80	S

（b）モニタを使ってRAM上で動作させる場合の設定例

アドレス	セクション
0x00000000	CV0
0x0000001C	CV1
0x00000026	CV2
0x0000002A	CV3
0x00000400	PResetPRG
	P
	C
0x00000800	C$DSEC
	C$BSEC
	D
0x0000FB80	B
	R
0x0000FE80	S

（c）ROM化してスタンドアローンで動作させる場合の設定例

PResetPRG：PowerON_Reset関数本体
PIntPRG：割り込み関数本体
P：プログラム領域
C：定数領域
C$DSEC：初期化データ・セクション・アドレス領域
C$BSEC：未初期化データ・セクション・アドレス領域
B：未初期化データ領域
R：初期化データ領域
S：スタック領域
CV0：PowerON_Reset割り込みベクタ・テーブル領域
CV1：IRQ0割り込みベクタ・テーブル領域
CV2：タイマA割り込みベクタ・テーブル領域
CV3：タイマW割り込みベクタ・テーブル領域

図10-3　ROM/RAM領域への割り付け手順

ROMおよびRAMへの割り付けについて，モニタを使ってRAM上で動作させる場合の設定と，ROM化した場合の設定を解説していきましょう．

▶ モニタを使ってRAM上で動作させる場合の設定例［**図10-3（b）**］

セクションの設定はすべてRAM領域へ割り付けます．割り込みベクタ・テーブルは，本来ROM領域の0番地から配置されます．そこで，ベクタ・テーブルを別のRAM領域（仮想ベクタ領域CV0〜CV3）に配置し，割り込み発生時はそのベクタ・テーブルを参照して，作成した割り込みプログラムに起動をかけます．これをベクタ・テーブルの二重化方式と呼びます．詳細については，第6章を見てください．

たとえば，IRQ0割り込みのベクタ・アドレスは本来0x001Cですが，仮想ベクタ領域（CV1）にすると，USER+0x1C番地に指定します．ここでは配置したRAMの開始アドレスは，USER=0xF840に相当するので，CV1=0xF85Cになります．

また，このとき本来の割り込みベクタ・テーブルが使えないため，割り込み関数本体のファイル（intprg.c）を改変するか，またはプロジェクトから除外しておく必要があります．プロジェクトからファイルを除外する操作方法は，ワークスペース・ウィンドウ上で除外したいファイルを選択した後，マウスの右ボタンをクリックし，ポップアップ・メニューから［ビルドから除外］を選択します．ビルドから除外されると，ファイルのアイコンに赤い「×」印が付きます．

同様にPowerON_Reset関数のアドレスは，ほかの割り込み関数と同様に個別にベクタ・テーブル（CV0）を作成し，それをモニタ・プログラムの仮想ベクタ領域の先頭である0xF840番地に配置します．

▶ ROM化して動作させる場合の設定例［**図10-3（c）**］

ここでは，RAM上で動作確認した後のプログラムを，そのままセクションのアドレス設定の変更によりROM化する方法を紹介しましょう．手順としては，RAM上に作っていた仮想ベクタ・テーブル領域を，本来のROM領域である0番地から配置していきます．たとえば，IRQ0割り込みのベクタ・アドレスは，本来の0x001C番地になります．そのほかのセクション領域は初期設定（デフォルト設定）に従って配置していきます．

● ROMへ書き込む

フラッシュROM書き込みツールFDTを使って，ターゲット・ファイル（fan_controller.mot）をROMへ書き込みます．ターゲット・ファイルは，ビルドするとDebugフォルダ，もしくはReleaseフォルダの中に生成されます．ターゲット・ファイルの書き込み方法については，第5章に記載がありますので，そちらを参照してください．

10-4　動作を確認してみよう

● LCDキャラクタ・モジュールの表示

写真10-3は，ファン・コントローラのLCDキャラクタ・モジュールの表示例です．LCDの1行目には「ファン コントローラ」とタイトルが表示され，その右横にはサーミスタで測定された温度が表示されています．2行目にはファンの回転速度を制御するPWM信号のデューティ比や，ファンの回転数が表示されています．

● 周囲温度の変動とPWM制御のようす

図10-4に，周囲温度に対するPWM出力パルス信号のデューティ比とファンの回転数を示します．デューティ比は0〜50℃の範囲で0〜100%まで温度に比例して増加していることがわかります．また，デューティ比の増加とともにファンの回転数も増加しています．回転数の特性の破線部分は，停止状態から

写真10-3 ファン・コントローラのLCDキャラクタ・モジュールの表示例

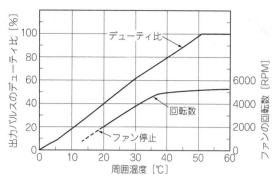

図10-4 周囲温度に対するPWM出力パルス信号のデューティ比とファンの回転数

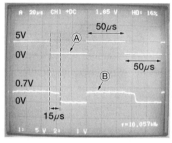

(a) Tr₁のベース電圧（1V/div.）

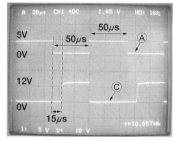

(b) Tr₁のコレクタ電圧（10V/div.）

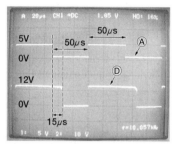

(c) ファンの電源端子電圧（10V/div.）

写真10-4 ファン・コントロール・ドライバ回路の波形（20 μs/div.）
上側はFTIOD端子のPWM出力の波形（5 V/div.）

回転させるときには回転しない場合があることを示しています．

　また，PWM出力パルス信号のデューティ比とファンの回転数との関係に着目すると，40〜70％の期間では直線的な増加傾向を示していますが，80％以上になると回転数がほぼ飽和してきます．この理由は，次の波形観測によって明らかになります．

● 回路各部の波形を観測してみよう

▶ ファン・コントロール・ドライバ回路の電圧波形

　写真10-4にファン・コントロール・ドライバ回路の各部の電圧波形を示します．PWM出力パルス信号のデューティ比は50％に設定しました．PWM出力パルス（図10-2の点Ⓐ）の波形が"H"から"L"になった場合，Tr₂（NPNトランジスタ）のベース電位（同点Ⓑ）は，すぐに"L"にならず，15 μs程度の遅延が発生しています．これは，Tr₁がONしている状態（PWMが"H"の状態）のときに，ベース電流が流れてTr₁のベース領域に電荷が蓄積されるためです．この状態でPWM信号が"L"になっても，蓄積された電荷が消滅するまでに15 μsの時間がかかることを意味しています．

　そのため，写真(c)で見るように，設定したPWM信号のデューティ比は50％ですが，実際にファンにかかる電源電圧のデューティ比は見かけ上大きくなります．したがって，図10-4で見るようにデューティ比が80％以上になると，回転数はほとんど100％のときと差がなくなります．

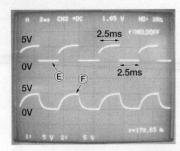

(a) デューティ100%，ファン回転数
約5000RPM

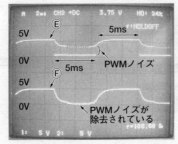

(b) デューティ50%，ファン回転数
約3000RPM

写真10-5　波形整形回路部のローパス・フィルタ入出力波形（5 V/div., 2 ms/div.）
上側はファン回転数検出信号の波形

写真10-6　波形整形回路部のシュミット・トリガ・インバータの入出力波形（5 V/div., 2 ms/div.）

▶ 波形整形回路のローパス・フィルタ入出力波形

　写真10-5にファンの回転数検出用の信号波形（図10-2の点Ⓔ）と，ローパス・フィルタを通した後の波形（同点Ⓕ）を示します．

　写真(a)に示すPWM出力信号のデューティ比が100％の場合，ファンの回転速度は約5000回転です．デューティ比が100％ということで，ファンの電源にはつねに＋12 Vの電源電圧が供給されています．回転数検出信号は，パルスの立ち上がり波形が多少なだらかに見えますが，PWMノイズは含まれていません．

　写真(b)に示すPWM出力信号のデューティ比が50％の場合，このときのファンの回転速度は約3000回転です．回転数が遅くなると，パルスの周期が写真(a)より長くなることがわかります．回転数検出用の信号波形（点Ⓔ）が "L" のとき，PWMノイズの混入が見られます．この信号を，そのままH8/3694FのIRQ0ポートに入力してしまうと，PWMノイズによる信号までカウントして，うまく検出できません．

　そこで，CRによるローパス・フィルタを通すことでPWMノイズを除去しています．写真(b)に見るようにローパス・フィルタを通すことで，PWMノイズを除去できることがわかります．

▶ 波形整形回路部のシュミット・トリガ・インバータの入出力波形

　ローパス・フィルタを通ってきた信号波形は，なだらかになっているため，一度シュミット・トリガ・インバータを介して波形を矩形波に整形します．写真10-6にシュミット・トリガ・インバータの入出力波形を示します．インバータ機能により入出力間の位相が反転しています．

電光掲示板の製作

LEDマトリクス・モジュールの制御と漢字表示のテクニック

山本　秀樹

　本章では，電光掲示板の製作を通して，LEDマトリクス・モジュールの制御と漢字表示の方法をマスタします（**写真11-1**）．

　製作した電光掲示板の構成を**図11-1**に示します．この電光掲示板は，表示する内容を文字列として保持し，またフォント・データも内蔵しています．文字列のそれぞれの文字に対応するフォント・パターンをスクロールしながら表示します．

　使用するLEDマトリクス・モジュール（以下，LEDモジュール）は，16×32ドットのAD-501-B（入手先：秋月電子通商，p.204参照）です．これは，LEDドライバやシフトレジスタを内蔵しており，6本の信号線で16×32個のLEDマトリクス全体を制御できます．

11-1　H8マイコン基板との接続方法

　電光掲示板の回路図を**図11-2**に示します．H8マイコン基板とLEDモジュールは，H8/3694FのI/Oポートと信号線で接続するだけです．電源端子，$\overline{\text{NMI}}$端子などの接続は，第2章の**図2-3**を参照してください．

　LEDモジュールの6本の信号線のうち，CLOCKはほかの信号と独立に制御するので，それを明確にす

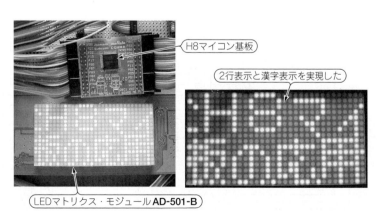

H8マイコン基板

2行表示と漢字表示を実現した

LEDマトリクス・モジュール**AD-501-B**

写真11-1　製作した電光掲示板

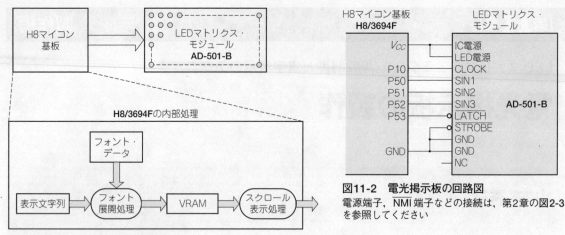

図11-1 製作した電光掲示板の構成

図11-2 電光掲示板の回路図
電源端子，$\overline{\text{NMI}}$ 端子などの接続は，第2章の図2-3
を参照してください

るためにポート1に分けて接続しました．残りの5本の信号線のうち，今回の実装では$\overline{\text{STROBE}}$は使用しないので，"L"に固定しています．それ以外の4本の信号線は，ポート5に接続しました．

11-2　LEDマトリクス・モジュールのしくみ

● 三つの16ビットLEDドライバで駆動される

図11-3に，LEDモジュールの内部回路を示します．三つの16ビットLEDドライバLC7932M（三洋電機）によりLEDモジュールを駆動しています．LC7932Mに値をセットするためには，16ビットのデータをCLOCKの立ち上がりでシリアルにSINから入力し，その値をラッチで保持する使いかたになります．

また，今回は使用していませんが，$\overline{\text{STROBE}}$を"H"にすることにより，ラッチにセットされた値にかかわらず，強制的にLEDを消灯することもできます．

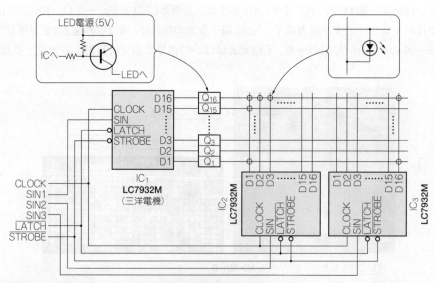

図11-3 LEDモジュールAD-501-Bの内部回路

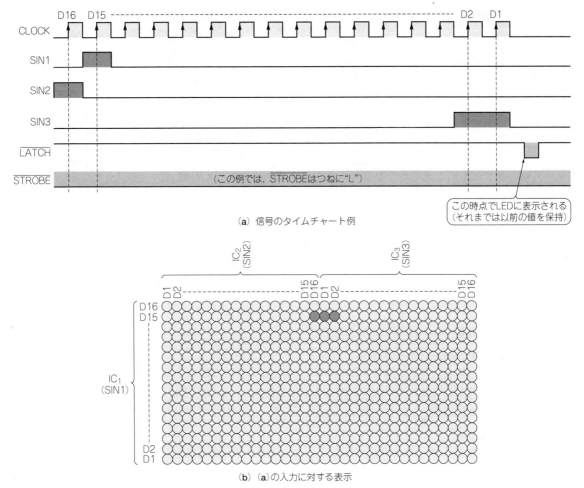

（a）信号のタイムチャート例

この時点でLEDに表示される
（それまでは以前の値を保持）

（b）（a）の入力に対する表示

図11-4　LEDモジュールへの信号のタイムチャート例とその結果の表示

　図11-4に，LEDモジュールへの信号のタイムチャート例と，その結果の表示を示します．この例では，SIN1のD15だけを"H"にしているので，LEDモジュールの上から2行目が表示対象になります．SIN2はD16を"H"にしたので，LEDの左半面のうちD16が点灯します．同様に，SIN3はD2とD1を"H"にしたので，右半面のうちD2とD1が点灯します．

● ダイナミック点灯

　AD-501-Bのように，個々のLEDにドライバがあるのではなく，行と列のドライバから構成されている場合，任意のパターンを表示できるのは1行または1列単位です．

　そのため，マトリクス全体に任意の文字や図形を表示するためには，1行または1列ずつの表示を高速に繰り返すダイナミック点灯を行う必要があります．AD-501-Bの場合は，ハードウェアの構成上，1行（横32個のLED）ずつ点灯することが推奨されています．

　図11-5にダイナミック点灯の例を示します．（a）のパターンを行単位にダイナミック点灯する場合，ある瞬間を見ると（b）～（h）のような1行の表示になります．これを高速に繰り返すと，人間の目には（a）のように見えます．この説明にならえば，図11-4は時刻 $t+1$ の表示になります．

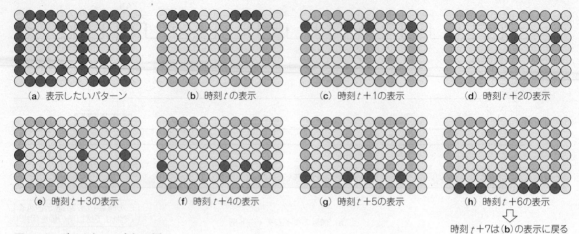

| (a) 表示したいパターン | (b) 時刻tの表示 | (c) 時刻t+1の表示 | (d) 時刻t+2の表示 |
| (e) 時刻t+3の表示 | (f) 時刻t+4の表示 | (g) 時刻t+5の表示 | (h) 時刻t+6の表示 |

時刻t+7は(b)の表示に戻る

図11-5　ダイナミック点灯の例
●：点灯しているLED，　●：別の時刻に点灯する(現在は点灯していない)LED，　○：点灯しないLED

11-3　ソフトウェアの実装

● ソフトウェアの概要

　製作した電光掲示板では，表示する文字列を文字コードで保持します．また，LEDモジュールに表示するビット・パターンを一時的に保持するために，VRAMと名付けた配列を用意しています．

　文字列を表示するときには，まず文字列内の表示する範囲について，それぞれの文字に対応するフォント・データをVRAM上に展開します．次に，VRAM上のデータをLEDモジュールに繰り返し出力し，ダイナミック点灯を行います．

　文字列が長すぎてLEDモジュールに表示しきれない場合，後述するスクロール表示を行います．スクロール表示を行うために，VRAMの大きさをLEDモジュールよりも大きくしています．各種変数の意味は章末の**図11-7**にまとめています．

● フォント・データの形式

　最初に，アルファベット，記号，半角カナといった，文字コードが1バイトの文字からなる文字列の表示について解説します．フォント・データは配列ankFontに保持しています．それぞれの文字フォントの大きさは8×16ドットであり，フォント・データは1次元のバイト配列です．

　この配列内でフォントは，それに対応する文字の文字コード順に並んでおり，最初の文字コードのフォントはankFont[0]～ankFont[15]，2番目の文字コードのフォントはankFont[16]～ankFont[31]に格納されています．

　文字コードからそれに対応するフォントのインデックスへ変換するために，FONT_ANK_INDEXマクロを用意しました．この変換処理はフォント・データに含まれる文字に依存するので，フォントごとに作成する必要があります．

　ここで使ったフォントでは，文字コード0x00と0x7f～0xa0のデータがなく，配列にはその分が詰めて格納されています．そこで，文字コード0x01～0x7eの範囲は，文字コードをxとすると，$(x-1)\times16$から文字フォントの先頭インデックスを求め，文字コード0xa1以降は，$(x-0x23)\times16$から文字フォントの先頭インデックスを求めます．

リスト11-1　フォント・パターンをVRAMに展開する関数（fillVram）

```
// VRAM に文字パターンを展開する
static void fillVram() {
    int i, j;
    unsigned char c1;

    fillVramRequest = 0;

    // メッセージ長が 4 バイト以下なら、スクロール表示は不要
    if (messageByteLength > 4) {
        // VRAM をスクロール
        for (i = 1; i < vramUsage; i++) {
            for (j = 0; j < VRAM_HEIGHT; j++) {
                vram[i-1][j] = vram[i][j];
            }
        }
        if (vramUsage > 0) {
            --vramUsage;
        }
    }

    // VRAM に空きがあれば、メッセージの次の文字を VRAM に展開する
    while ((vramUsage < messageByteLength) && (vramUsage < VRAM_WIDTH)) {
        c1 = message[messageHead];
        ++messageHead;
        if (messageHead >= messageByteLength) {
            messageHead = 0;
        }
        i = FONT_ANK_INDEX(c1);
        for (j = 0; j < VRAM_HEIGHT; j++) {
            vram[vramUsage][j] = ankFont[i+j];
        }
        ++vramUsage;
    }
}
```

> メッセージ長が4バイト以上なら、VRAMの内容を左へ1文字分移動する

> VRAMに空きがあれば、メッセージの次の文字をVRAMに展開する

● VRAMへのフォントの展開

　表示する文字列をフォント・パターンとしてVRAMに展開する関数が，リスト11-1のfillVram関数です．この関数ではVRAMにフォントを展開する前に，VRAM内容の移動が必要かどうかを判断します．もし必要があれば，VRAMの内容を1文字ずつ左に移動します．

　電光掲示板を起動した直後はVRAMが空なので，VRAMがいっぱいになるまでフォントを展開します．その後は，VRAM内容の移動により空いた領域に1文字ずつ展開します．VRAMがどれだけ空いているのかを管理するために，変数vramUsageに空き状態を保持しています．

　VRAMへの展開は，表示する文字コードからFONT_ANK_INDEXマクロを使ってフォント・データを取得し，それをVRAMにコピーすることで行います．

11-4　LEDマトリクス・モジュールへの表示

　リスト11-2に，VRAMの内容を1行（縦1ドット×横16ドット）分LEDモジュールに出力するoutMatrix関数を示します．この関数はmain関数の無限ループから呼び出されます．どの行を出力するのかは関数内に保持しています．vramGetData関数によりVRAMから行単位で表示データを読み出すと，それをLEDモジュールに表示するための信号をポートに出力します．このLEDモジュールでは，図11-4に示したように1行（横32個のLED）を左右二つに分けて，同時に出力します．

　なお，後述するように，vramGetData関数によるVRAMからのデータの読み出しは，スクロールを考慮する必要があります．

```c
// VRAMの内容をLEDに出力する
static void outMatrix() {
    static int row = 0;       // 表示する行の内部表現

    int i, ledRow;
    unsigned char n;
    unsigned short pat1, pat2;
    unsigned short bitMask;

    // VRAMから表示するパターンを読み出す
    pat1 = vramGetData(VRAM_HALF_LEFT , row);
    pat2 = vramGetData(VRAM_HALF_RIGHT, row);

    IO.PDR1.BIT.B0 = 0;       //LEDのclockをLowにする
    waitN(3);

    bitMask = 0x0001;
    ledRow = VRAM_HEIGHT - row - 1;    // LEDモジュールの行番号付けにあわせる
    // 1行分表示する
    // D16からD1に向かって処理する
    for (i = VRAM_MATRIX_WIDTH-1; i >= 0; --i) {
        n = 0;
        // 表示する行を選択する
        if (i == ledRow) {
            n |= LED_ROW_SELECT;
        }
        // 左半面のLEDを点灯するかどうか指定する
        if (pat1 & bitMask) {
            n |= LED_LEFT;
        }
        // 右半面のLEDを点灯するかどうか指定する
        if (pat2 & bitMask) {
            n |= LED_RIGHT;
        }
        // LATCHはHighに固定する
        n |= LED_LATCH;
        // LEDマトリクスモジュールに出力する
        IO.PDR5.BYTE = n;
        waitN(3);
        // CLOCKをHighにする
        IO.PDR1.BIT.B0 = 1;
        waitN(3);
        // CLOCKをLowにする
        IO.PDR1.BIT.B0 = 0;
        // 次のビットに移る
        bitMask <<= 1;
    }

    waitN(3);
    // LATCHをLowにする
    IO.PDR5.BYTE = 0x00;
    waitN(3);
    // LATCHをHighにする
    IO.PDR5.BYTE = LED_LATCH;
    waitN(3);

    // 次の行に移る
    ++row;
    if (row >= VRAM_HEIGHT) {
        row = 0;
    }
}
```

> VRAMから表示する
> パターンを読み出す

> 1行分表示する．D16から
> D1に向かって処理する

11-5　スクロールのテクニック

　スクロールは，VRAM内のデータを動かすのではなく，VRAMから読み出したデータをオフセット分だけビット単位でシフトする操作によって実現します．ここでの実装では，オフセットとして0から7の範囲を取ります．オフセットが7を越えるときは，fillVram関数でVRAMの内容自体を8ビット分移動してオフセットを0にします．

```
// VRAMから表示するパターンを読み出す
unsigned short vramGetData(int half, int row) {
    unsigned short v1, v2, v3;
    unsigned short n;

    // VRAMに空きがあれば次の文字を展開する
    if (row == 0) {
        if (fillVramRequest == 1) {
            fillVram();
        }
    }

    // スクロールオフセットを考慮して出力するパターンを求める
    if (half == VRAM_HALF_LEFT) {
        v1 = vram[0][row] << (8 + startColumn);
        v2 = vram[1][row] << startColumn;
        v3 = vram[2][row] >> (8 - startColumn);
        n = v1 | v2 | v3;
    } else {
        v1 = vram[2][row] << (8 + startColumn);
        v2 = vram[3][row] << startColumn;
        v3 = vram[4][row] >> (8 - startColumn);
        n = v1 | v2 | v3;
    }

    return n;
}
```

　リスト11-3に，VRAMからデータを読み出すvramGetData関数を示します．この関数では，オフセットを考慮して横16ビット分のデータを返します．この関数の動作を図11-6に示します．

　返すデータは横16ビット分ですが，スクロール処理のためVRAMから24ビット分の入力を必要とします．左半面のスクロール表示では，右半面のデータも参照します．右半面のスクロール表示を行うためには，右半面の範囲を右に越えた部分を参照する必要があるので，VRAMの大きさはLEDマトリクスより8ビット右に広くなっています．

　スクロールを行うかどうかの判断は，vramScroll関数で行います．この関数は，ダイナミック点灯のループから，定期的に呼び出されます．判断の結果はScrollRequestに代入されます．

11-6　フォント・データの作りかた

　1バイト文字の電光掲示板では，パブリック・ドメイン・フォントである東雲フォント・ファミリのshnm8x16r.bdfを使っています．このファイルからこの電光掲示板用のフォント・データを抽出します．なお，C言語の配列用のソース・コードを生成するツールをPerlで作成しました（付属CD-ROMに収録）．

11-7　漢字表示のテクニック

● 32KバイトのROM領域に格納する方法

　続いて漢字表示です．漢字を表示する場合，問題になるのはフォント・データの大きさです．第一・第二水準の漢字や記号を含めると，約7000種類ほどの文字があります．

　一方，H8/3694Fに内蔵されたROMは32Kバイトしかありません．解決策としては，小さいフォントを使って内蔵ROMに格納する，I²Cバスなどで外付けしたROMにフォント・データを格納する，そしてフォントを内蔵せずに，あらかじめパソコンで表示パターンを作っておく，といった方法が考えられます．

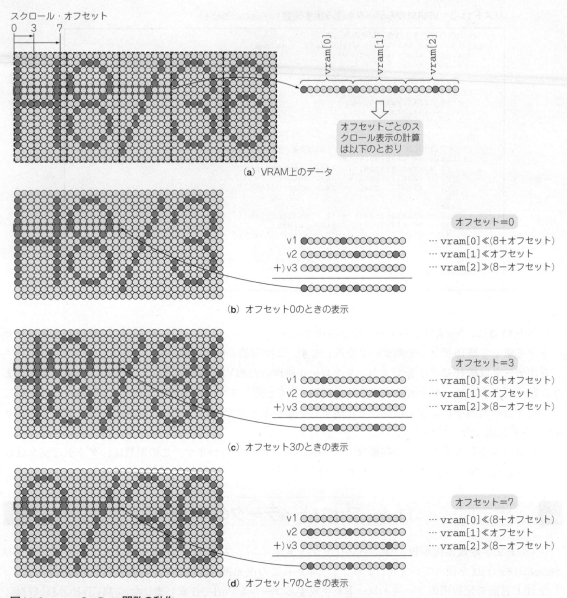

スクロール・オフセット
0　3　7

vram[0]　vram[1]　vram[2]

オフセットごとのスクロール表示の計算は以下のとおり

（a）VRAM上のデータ

オフセット=0

v1 … vram[0]≪(8+オフセット)
v2 … vram[1]≪オフセット
+）v3 … vram[2]≫(8－オフセット)

（b）オフセット0のときの表示

オフセット=3

v1 … vram[0]≪(8+オフセット)
v2 … vram[1]≪オフセット
+）v3 … vram[2]≫(8－オフセット)

（c）オフセット3のときの表示

オフセット=7

v1 … vram[0]≪(8+オフセット)
v2 … vram[1]≪オフセット
+）v3 … vram[2]≫(8－オフセット)

（d）オフセット7のときの表示

図11-6　vramGetData関数の動作

　ここでは，あくまでもフォントを内蔵することにこだわり，小さいフォントを使ってみました．

● 恵梨沙フォントの第一水準を使う

　恵梨沙フォントは，第一・第二水準6877文字をカバーする8×8ドットの日本語フォントです．各種PDAや組み込み機器で使用されている，文字の大きさに対して実用的なフォントです．

　フォント・データは1文字当たり8バイトと小さいのですが，それでも全部で54Kバイトになり，内蔵ROMに入りません．そこで第一水準3489文字（28Kバイト）だけを切り出して使うことにします．

　恵梨沙フォントのデータからソース・コードに変換するツールを用意し，変換結果から第一水準だけを

切り出して使いました．具体的な手順は，付属CD-ROMに収録されたフォント・データ作成のドキュメントを参照してください．

　なお，フォント・データの利用条件には注意してください．第一水準だけ切り出したデータを個人的に利用するのは問題ありませんが，それを再配布することは禁じられています．そのほかにも利用条件が定められているので，恵梨沙フォントのドキュメントを一読してください．

● 画面構成

　LEDマトリクスは縦16ドットなので，8×8ドットの漢字を縦に2文字表示できます．そこで上下2段に別々のメッセージを表示できるようにします．

　また，それぞれのメッセージは，別々の速度でスクロールします．なお処理を簡単にするために，文字列は2バイト・コードの文字だけからなるものとします．

● 漢字表示対応プログラムへの変更

　漢字表示への対応を行っても，プログラムの基本的な構造は最初に作成したものと変わらないので，そこからの変更内容を簡単に記します．**図11-7**に，このプログラムで使う管理情報を示します．

▶ VRAMと表示処理

　配列VRAMの構造は変更せず，VRAMに文字パターンを展開する時点で，上下2段に分けて展開するものとします．VRAMの内容をダイナミック点灯する処理は，スクロール・オフセットが上下で独立になるので，その点だけを変更します．スクロール処理自体も上下独立に行っています．

▶ フォントの展開処理

　フォントを展開する処理は，文字幅は同じですが文字の高さが8ドットになり，上下2段に展開するように変更します．

　大きな変更点として，文字コードからフォント配列のインデックスに変換する処理があります．HEWで漢字を書くと，その文字コードはシフトJISになります．変換処理を容易にするために，いったんシフトJISからJISコードに変換しています．

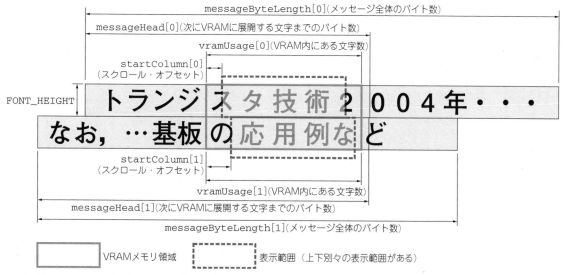

図11-7　漢字表示対応プログラムの管理情報

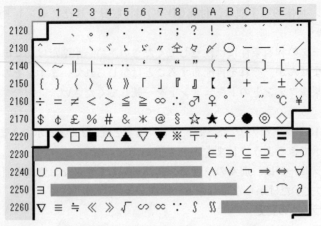

図11-8　文字が規定されていないJISコード(灰色の部分)

　次に，JISコードからフォント配列のインデックスを求めます．JISコードには**図11-8**の灰色部分のように文字が規定されていない文字コードが多々あります．恵梨沙フォントにはこのような文字コードに対応するフォント・データがなく，次の有効な文字コードに対応する文字が詰めて格納されています．

　そこで，JISコードからフォント配列のインデックスへの変換においても，文字が規定されていない文字コードを前に詰める処理を行っています．

● まとめ

　恵梨沙フォントでは，画数の多い文字は厳しいものの，なんとか読めるようです．

　今回使用したLEDモジュールは一度に表示できる文字数が少ないのですが，もっと多くの文字を同時に表示できれば，前後のつながりから読みやすさが増すと思います．

汎用I/Oと割り込みを使った簡単なシリアル通信テクニック

PS/2キーボード・インターフェース
対応バーコード表示器の製作

芹井滋喜

　本章では，バーコード表示器の製作を通して，汎用I/Oポートと割り込みを使ったPS/2キーボード・インターフェース（以下，PS/2インターフェース）の実装とバーコード・リーダから読み取ったコードの表示方法について解説します（**写真12-1**）．

　H8/3694Fには，シリアル・インターフェース（SCI：Serial Communication Interface）が内蔵されていますが，汎用I/Oポート（GPIO：General Purpose I/O）を使っても簡単なシリアル通信を行うことができます．

12-1　バーコード・リーダとバーコードの種類

　PS/2インターフェース対応のバーコード・リーダで読み取ったデータは，キーボードから入力されたデータと同じです．したがって，アプリケーションからは，バーコード・リーダを特に意識することなく

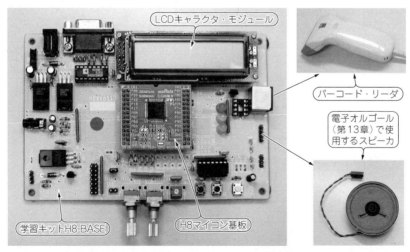

写真12-1　学習キットH8-BASEを応用したバーコード表示器
H8-BASEは（株）ソリトンウェーブから入手できる．（株）ソリトンウェーブ：Tel（03）5256-0955，URL http://www.solitonwave.co.jp/

プログラムを作成できます.

　バーコードにはいくつかの種類がありますが，よく使われているのは，JAN（Japanese Article Number）コードです．JANコードは登録制になっており，商品ごとに番号を登録することになりますが，この番号がその商品の固有のコードとなっています.

　バーコードからJANコードを読み出すと，バーコードの下側に書かれている数値が読み出されます．この数値に商品名や価格などのデータは含まれていないので，商品名や値段はレジで読み出した番号をキーに，データベースで検索することになります.

12-2　バーコード表示器の仕様と各回路ブロック

　バーコード表示器の仕様は，バーコード・リーダを接続して読み込んだデータをLCDキャラクタ・モジュールに表示するという単純なものです.

　LCDキャラクタ・モジュールSC1602B（Sunlike Display Corp.）はキャラクタ・タイプなので，表示はANK（Alphabetic Numeric and Kana）文字です．バーコード・リーダは，PS/2インターフェース対応品を使いますが，テスト目的ならばキーボードのテン・キーから数値を入力することもできます.

　バーコード表示器の回路図を**図12-1**に示します．筆者は，H8マイコン基板に対応する学習キットH8-BASE（ソリトンウェーブ）を使いました．H8-BASEには，PS/2インターフェースや16桁×2行のLCDキャラクタ・モジュールが付属します.

　バーコード表示器の回路は，大きく分けて次の三つのブロックに分かれています.

（1）LCDインターフェース

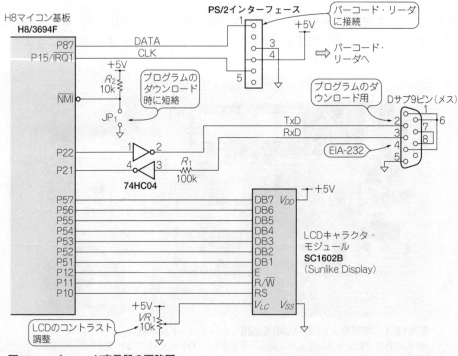

図12-1　バーコード表示器の回路図

(3) EIA-232インターフェース

(1) LCDインターフェース

LCDキャラクタ・モジュールとのインターフェースは，LCDキャラクタ・モジュールのデータ・バスDB7～DB0をP57～P50に接続します．制御信号E，RS，R/$\overline{W}$は，P10～P12に接続しています．

使用したLCDキャラクタ・モジュールは，本書の第7章で取り上げられているものと同じピン配置となっています．

(2) PS/2インターフェース

PS/2インターフェースは，DATA信号とCLK信号の2本が必要です．

DATA信号はシフトしやすいように，P87に接続しています．これは，MSBに入力したデータを，右シフトで順次取り込むようにするためです．また，CLK信号は，割り込みを使うためP15/$\overline{IRQ1}$に接続します．

(3) EIA-232インターフェース

簡易型のEIA-232インターフェースを用意しました．この回路は，EIA-232の規格を正しくサポートしていませんが，プログラムのダウンロード用であれば問題なく使用できます．

RxD信号は，74HC04の入力電圧を越えてしまいますが，100 kΩの抵抗とHC04内部の入力保護ダイオードで保護されています．

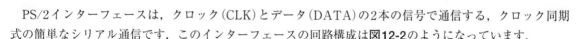

12-3　PS/2インターフェースの詳細

PS/2インターフェースは，クロック(CLK)とデータ(DATA)の2本の信号で通信する，クロック同期式の簡単なシリアル通信です．このインターフェースの回路構成は**図12-2**のようになっています．

このインターフェースの特徴は，2本の線で双方向通信を実現するために，CLKとDATAの両方がホスト側とキーボード側のどちらからもドライブできるようになっている点です．

通常の状態では，キーボードからホストへの通信となっており，ホストからキーボードへデータを送信する場合は，CLKを強制的に"L"にし，DATAにスタート・ビットを送ることで，通信方向を切り替えるようになっています．通信データのフォーマットを**図12-3**に示します．

データは8ビット長で，データの先頭にスタート・ビットが付加され，データの終わりにパリティとス

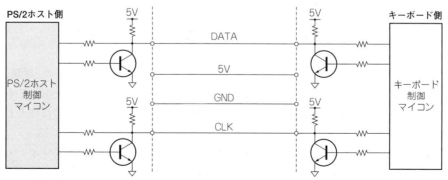

図12-2[(1)]　**PS/2キーボード・インターフェースの概略図**

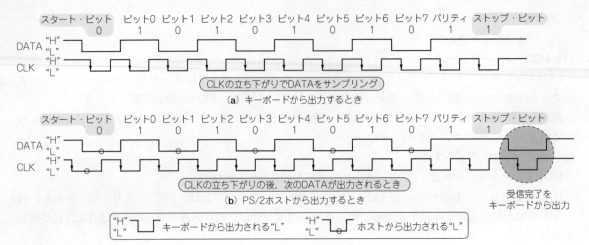

図12-3[(1)] **PS/2キーボード・インターフェースの通信フォーマット**

トップ・ビットが付加されます．ホストからキーボードへデータを送る際も同様ですが，クロックの極性が逆になるのと，データを送信した後にキーボードからホストへ受信完了を知らせるACK信号が返される点が異なります．

今回の回路ではデータの受信だけなので，キーボードへの送信については考慮せず，DATA，CLKともに入力専用ピンとして扱っています．

12-4　キーボードから送られてくるスキャン・コード

PS/2キーボードからホストに送られてくるデータは，スキャン・コードと呼ばれるキー番号です．このコードは，それぞれのキーに割り当てられた番号であり，ASCIIコードとは異なります．たとえば，'A'という文字は，ASCIIコードでは41Hですが，スキャン・コードは1CH(キーボードによる)になります．

また，キーのシフト状態は，SHIFTキーの状態で判別します．したがって，スキャン・コードからASCIIコードに変換するためには，キーボードのシフト状態が押されているかどうかのフラグをもつようにして，'A'のキーが押されたときにシフト状態であれば大文字の'A'，シフト状態でなければ小文字の'a'に変換する必要があります．

12-5　メイク・コードとブレーク・コード

PS/2キーボードから送られてくるデータには，メイク・コードとブレーク・コードの2種類があります．

単純に考えると，押されたキーのコードだけを送信すればよさそうですが，先のSHIFTキーの例やシステム・リセットのCTRL＋ALT＋DELのように，キーボードには複数のキーを同時に押すという操作が発生します．

このような操作に対応するために，キーボードからは，キーが押されたことを表すメイク・コードとキーが離されたことを表すブレーク・コードの二つのコードが送信されてきます．このようにすると，SHIFT＋Aは，

(1) SHIFTキーが押される

(2) 'A'のキーが押される

(3) 'A'のキーが離される

(4) SHIFTキーが離される

という四つのステップで表現することができます．実際には，メイク・コードはスキャン・コードそのものが送信され，ブレーク・コードは，スキャン・コードの前にF0Hが送信されます．

たとえば，先の例のように，'A'のキーを押して離すとキーボードからは次のようなコードが送信されます．

| 1CH | 'A'のキーが押された |
| F0H,1CH | 'A'のキーが離された |

したがって，キーボード・データを読み込むプログラムでは，キーボードが押された状態と，離された状態を区別しなければなりません．

12-6　ソフトウェアの実装

● ソフトウェアは三つのブロックで構成

ソフトウェアは，メイン・プログラムとPS/2インターフェース・モジュール，それにLCDインターフェース・モジュールの三つのブロックに分かれています．

メイン・プログラムは，PS/2インターフェースからデータを取得し，LCDに表示します．また，LCDインターフェースは，メイン・プログラムからの表示要求に従ってLCDに文字を表示します．

PS/2インターフェースは，PS/2キーボードのデータを読み込み，スキャン・コードをASCIIコードに変換してメイン・プログラムに渡します．PS/2インターフェースについては，次節で解説します．

リスト12-1　メイン関数(main)

```
void main(void)
{
  int c,lct;
  char dspstr[16]; //文字列（バーコード・データ）用バッファ

  //初期化 ==========================
  PS2Init();      //PS/2インターフェースの初期化
  TimerAInit();   //タイマAの初期化
  LCDInit();      //LCDの初期化

  lcdputs("Barcode Reader¥n");  //開始文字列の表示
  while(1) {
   for(lct=0;lct<15;lct++)  //文字列バッファをクリア
     dspstr[lct]=0x20;
   dspstr[15]=0;
   c=lct=0;
   //文字列が15文字を超えるか，改行コードが来るまでループ
   while((c!=0x0d)&&(c!=0x0a)&&(lct<15)){
       c=PS2getc();     ◄——————     PS/2インターフェース
       if((c!=-1)&&(c>=0x20)){  //制御文字は無視する     の呼び出し．1文字取得
         dspstr[lct]=c;
         lct++;
       }
   }
   //文字列（バーコード・データ）をLCDの2行目に表示
   lcdoutxy(0,1,dspstr);
  }
}
```

● メイン・プログラム

　プログラムが起動されると，PS/2インターフェースから1文字ずつ文字を拾い，文字列バッファに追加していきます．

　入力が完了すると，文字列をLCDに表示して次の文字列の入力を始めます．**リスト12-1**にメイン・プログラム（メイン関数）を示します．

　タイマAを初期化しているのはLCD表示ライブラリで，ディレイを発生するためにタイマAを使用しているためです．

　メイン・ループwhile(1)の中で使用されているPS2getc関数は，PS/2インターフェースの呼び出しになります．この関数は，PS/2インターフェースから入力されたデータのASCIIコードを返します．また，lcdputsとlcdoutxy関数は，LCDインターフェースの関数です．これらは，引き数で渡された文字列を，LCDキャラクタ・モジュールに表示します．

● LCDインターフェース・モジュール

　LCDインターフェース・モジュールの主要関数は，lcdputsとlcdoutxyの二つです．

　どちらも文字列を表示する関数で，lcdputsはカーソル位置に文字列を表示し，lcdoutxyは指定した座標に文字列を表示します．LCDの2行目に表示するためにこの関数を使用しています．

12-7　PS/2インターフェース・モジュール

● 取りこぼしを防ぐためにFIFOを用意

　PS/2インターフェース・モジュールは，**図12-4**の構成を取っています．PS/2インターフェースから読み込まれたデータは，スキャン・コードからASCIIコードに変換されFIFOに蓄積されます．

　PS/2キーボードのデータは，アプリケーションの状態に関係なく，キーが押されるたびに送られてくるので，アプリケーションから要求があったときだけデータを読もうとすると，データの取りこぼしが発生し正しくデータを読むことができません．

　この問題を防ぐためにFIFOを用意しました．アプリケーションからキー・データの要求があった場合，FIFOから1文字分のデータを取り出します．

● PS/2インターフェースの初期化

　PS/2インターフェースは，CLKとDATAの二つの信号線でデータのやり取りを行います．今回は，データの読み込みだけを行うので，どちらの信号線も入力専用にしています．

　今回の回路では，CLK信号を割り込み信号として設定しています．CLK信号が"H"から"L"になると

図12-4　PS/2インターフェース・モジュールの構成

割り込みが発生し，割り込み処理ルーチンに飛びます．

　PS/2インターフェースの初期化関数を**リスト12-2**に示します．処理内容は，FIFOをクリアして
DATA信号とCLK信号のポートの設定を行い，CLK信号による割り込みを有効にしています．

● シリアル・データの読み込み

　シリアル・データの読み込みは，すべて割り込み処理ルーチンの内部で行っています．割り込み処理関
数を**リスト12-3**に示します．PS/2インターフェースは，データ（8ビット），スタート・ビット，ストッ
プ・ビット，パリティの計11ビットのデータを送信します．

　したがって，1バイトのデータを受けると11回の割り込みが発生します．現在何回目の割り込みかとい
うデータを保持するために，変数bitcntを使用しています．

　最初のビットはスタート・ビットです．このときにDATAが"H"であれば，有効なデータではないの
で何もせずに終了します．スタート・ビットを検出したら，bitcntをインクリメントして，データの読
み込み準備を行います．

　bitcntが1から8までの間は，実際のデータの読み込みになります．ここでは，保持しているデータ
を1ビット分シフトし，DATAビットとのORを取っています．

　プログラムでは，

```
dat=(dat >> 1) | dbit;
```

となっていますが，これがシリアル-パラレル変換になります．DATAは，ポート8の最上位ビットに配
置しているので，単純にORを取るだけです．

　bitcntが9の場合はパリティ・ビットです．PS/2インターフェースを受信専用で使用しているので，
パリティは無視しています．

　bitcntが10の場合はストップ・ビットです．この時点で読み込まれた8ビットのスキャン・コードを，
PS2Putkey関数を使ってFIFOに格納しています．

　この関数は，スキャン・コードをASCIIコードに変換してFIFOに格納しています．SHIFTキーの状態
の処理などは，すべてこの関数内で行っています．

リスト12-2　PS/2インターフェースの初期化関数
（PS2Init）

```
void PS2Init()
{
  PS2Flash();          //FIFOをクリア
  IO.PCR8=0x7f;        //DATAビットを入力に設定
  IO.PMR1.BIT.IRQ1=1;  //CLKビットを割り込みに設定
  IEGR1.BIT.IEG1=0;    //割り込みを，立下りエッジに設定
  IENR1.BIT.IEN1=1;    //CLK割り込みを有効にする
}
```

リスト12-3　割り込み処理関数（PS2Int）

```
void PS2Int(void)
{
  static char bitcnt=0;        //データ・ビットのカウンタ
  static unsigned char dat=0;  //スキャン・コード
  unsigned char dbit;          //DATAビットの状態

  IRR1.BIT.IRRI1=0;            //割り込みフラグのクリア
  dbit=IO.PDR8.BYTE& 0x80;     //DATAビット以外をマスク
  switch(bitcnt){
  case 0:
    if(dbit)         //スタート・ビットでなければ何もしない
      return;
  case 9:
    break;           //パリティは無視する
  case 10:
    PS2Putkey(dat);  //スキャン・コードをASCIIに変換し
                     //FIFOに格納
    bitcnt=0;
    break;
  default:
    dat=(dat >> 1) | dbit;   ← シリアル-パラレル
  }                            変換ルーチン
  if(bitcnt)
    bitcnt++;
}
```

FIFOへデータを格納する関数を**リスト12-4**に示します.

スキャン・コードのデータには，メイク・コードとブレーク・コードがありますが，ここではCTRL，SHIFT，ALTキー以外のブレーク・コードは処理していません．これらの三つのキーに対しては，状態を保持するフラグを用意し，これらのキーが押されると対応するフラグをセットします.

ブレーク・コードを検出すると，フラグを立てて終了します．次に送られてくるコードは，ブレークされたキーのスキャン・コードなので，このコードが上記の三つのキーのいずれかに一致した場合，対応するフラグをクリアしています．これら以外のキーについては，メイク・コードのときだけ処理を行い，スキャン・コードからASCIIコードに変換しています.

スキャン・コードからASCIIコードへの変換は，シフト状態と通常の状態の二つの変換テーブルを用意して，シフト状態に合わせたテーブルから変換を行っています．スキャン・コードからASCIIコードへ変

リスト12-4　FIFOへデータを格納する関数（PS2Putkey）

```
void PS2Putkey(unsigned char c)
{
  static char IsKeyUp=0;
  unsigned char key=0;

  if(IsKeyUp){
    switch(c){
    case KLSHIFT:
    case KRSHIFT:
      PS2Buf.Shift &= ~KSSHIFT;
      break;
    case KCTRL:
      PS2Buf.Shift &= ~KSCTRL;
      break;
    case KALT:
      PS2Buf.Shift &= ~KSALT;
      break;
    }
    IsKeyUp=0;
  }else{
    if(c==0x83){
      key=0xf7;
    }else if(c>=0x80){
      if(c==0xf0){
        IsKeyUp=1;
      }
      return;
    }else{
      switch(c){
      case KLSHIFT:
      case KRSHIFT:
        PS2Buf.Shift |= KSSHIFT;
        break;
      case KCTRL:
        PS2Buf.Shift |= KSCTRL;
        break;
      case KALT:
        PS2Buf.Shift |= KSALT;
        break;
      default:
        if(PS2Buf.Shift & KSCTRL){
          key=KeyTbl[c]-'a'+1;
        }else if(PS2Buf.Shift & KSSHIFT){
          key=SKeyTbl[c];
        }else{
          key=KeyTbl[c];
        }
      }
    }
    if(key)
      PS2Putc(key);
  }
}
```

（吹き出し）CTRL, SHIFT, ALTキーの処理

（吹き出し）シフト状態の変換テーブルでASCIIコードへ変換

（吹き出し）通常の状態の変換テーブルでASCIIコードへ変換

換を行った後，FIFOにデータを格納します.

● FIFOとアプリケーションとのインターフェース

　入力されたキー・データをバッファリングするため，簡単なFIFOを用意しました．FIFOの段数は，数段あれば十分なので16バイトにしました．アプリケーションとのインターフェースは，このFIFOの読み出し関数である`PS2dgetc`と`PS2getc`の二つとなります.

　FIFOの関数は，以下のような関数を用意しています.

```
void PS2Flash()
```
　　　　　　　　　　　　　　　……………………FIFOを初期状態にする
```
void PS2Putc(unsigned char c)
```
　　……FIFOに1バイト格納する
```
unsigned int PS2dgetc()
```
　　…………FIFOから1バイト取得する．データがなければ，-1を戻す
```
unsigned int PS2getc()
```
　　……………FIFOから1バイト取得する．データがなければ，データが入力されるまで待つ

● バーコード・リーダの動作確認

　プログラムをコンパイルしてエラーがなければ，FDTを利用してプログラムをH8マイコン基板に書き込みます．プログラムをダウンロードする際は，$\overline{\text{NMI}}$をGNDに落とした状態で起動する必要があります．無事プログラムが書き込めたら，$\overline{\text{NMI}}$を元に戻して，PS/2インターフェースにバーコード・リーダかPS/2キーボードを接続して電源を投入します.

　プログラムが正常に書き込めていれば，LCDキャラクタ・モジュールの1行目に，

　Barcode Reader

という文字列が表示されます．この状態で適当なバーコードを読ませるか，PS/2キーボードで適当な数字を入力してみてください．キーボードから入力する場合は，最後にEnterキーを入力します．すると，LCDモジュールの2行目にバーコードの値か，入力した数値が表示されます．続けてほかのバーコードを読むか別の数値を入力すれば，新しい値が表示されます.

　バーコード・リーダによっては，初期設定でJANコードが読めなかったり，終端コードがEnterキーのコード（0DH）になっていない場合がありますので，その場合はバーコード・リーダの説明書に従って設定を直してから動作確認を行ってください.

● まとめ

　PS/2インターフェースは，SCIデバイスをもたないマイコンでも使用できるので，いろいろな応用が考えられると思います.

　PS/2キーボードは，PCの普及により低価格で入手できます．従来は，装置にキーボードが必要になった場合，スイッチ・マトリクスを組んでキーボードを実現する場合が多かったと思いますが，PCのキーボードを流用すれば，キーボード入力が低コストで実現できると思います.

　□引用文献□
(1) 森田守彦；PC98-PS/2キーボード変換アダプタの製作，トランジスタ技術1999年8月号，p.339，CQ出版(株).

Column…1　LEDマトリクス・モジュールAD-501-B互換のLEDマトリクス・モジュール

　製作編・第11章，第21章で使用しているLEDマトリクス・モジュールAD-501-Bは入手が極めて困難になっています．

　AD-501-Bの互換品として，「32×16ドットLEDマトリクス表示装置パーツセット」（秋月電子通商）があります．高輝度赤色ドット・マトリクスC-2AA0SRDTを使用し，表示面積は80×40 mm．LEDドライバを内蔵し，AD-501-Bと同様に6本の信号線によってコントロールできます．外観を写真12-Aに示します．

（2011年2月現在）

〈トランジスタ技術編集部〉

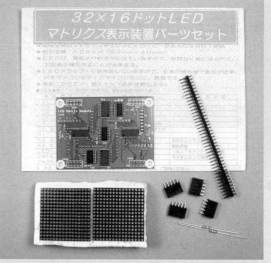

写真12-A　32×16ドットLEDマトリクス表示装置パーツセットの外観
入手先：秋月電子通商，URL http://akizukidenshi.com/

Column…2　H8マイコン用アセンブラが付属するAKI-H8/3048Fマイコン・ボード

　AKI-H8/3048Fマイコン・ボード（秋月電子通商）は，H8/300HシリーズのH8/3048Fマイコンを使ったマイコン・ボード・キットです．このマイコン・ボードを使った「AKI-H8/3048開発キット（即使えるキット）［CPUボード/マザーボード/電源/アセンブラ/ソフト一式付］」の外観を写真12-Bに示します．

　本キットは，H8/3048Fマイコンを使った開発に必要なものがひととおりそろっており，製作編・第22章で使用しているアセンブラも含まれています．

（2011年2月現在）

〈トランジスタ技術編集部〉

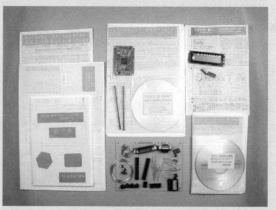

写真12-B　AKI-H8/3048開発キット（即使えるキット）の外観
入手先：秋月電子通商，URL http://akizukidenshi.com/

タイマA，V，Wの応用テクニック

エンベロープを可変できる
電子オルゴールの製作

芹井 滋喜

H8マイコン基板に搭載されているH8/3694Fには，タイマA，タイマV，タイマWの三つのタイマがあります．これらのタイマを駆使することで，エンベロープを変えられる電子オルゴールを作ることができます．

ここでは，方形波のエンベロープを減衰音にして，オルゴールらしい電子オルゴールを製作してみます．

13-1 エンベロープとその実現方法

● エンベロープとは

音色を決める要素には，よく知られているように周波数成分があります．たとえば，倍音成分のない正弦波は「ポー」というような丸い音になりますし，方形波のような倍音を含んだ音では「ビー」というような音になります．倍音成分の含みぐあいで，音色はかなり変わります．マイコンでよく利用されるビープ音は方形波ですので，これで音楽を鳴らすと「ビー，ビー」といった感じの無味乾燥な音楽になってしまいます．

音色を決める要素には，この倍音成分のほかに，エンベロープがあります．エンベロープは，音量の時間的な変化です．エンベロープは，「封筒」とか「包み紙」を指す言葉ですが，倍音成分を含む音を包んでいるものという感じでしょうか？

図13-1は，オルガン，ピアノ，バイオリン，木琴の音の波形を示しています．オルガンやバイオリンでは，音を鳴らしている間は音量が持続しますが，ピアノや木琴はいわゆる減衰音で，音が鳴り始めてから時間とともに音量が減衰していきます．

エンベロープを似せることによって，かなりその楽器の音に近づけることができます．たとえば，同じ方形波であっても，エンベロープを減衰音にすることによって，かなりオルゴールらしい音にすることができます．

● エンベロープの実現方法

エンベロープは，8ビットの0～255の値を音量として表現することにします．音量が255のときが最大音量で，0のときが無音になります．エンベロープ・データは，あらかじめ計算しておいたエンベロープをテーブルとしてもたせて，発音開始から一定時間ごとにこのテーブルを順次読み出して音量の変化を

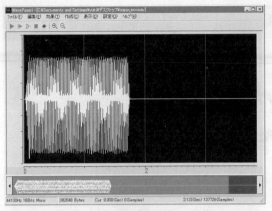

（a）オルガンの波形

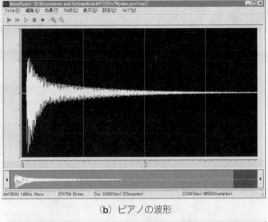

（b）ピアノの波形

（c）バイオリンの波形

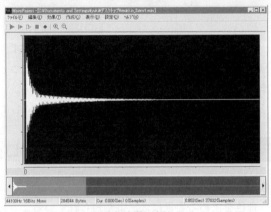

（d）木琴の波形

図13-1 楽器の音の波形

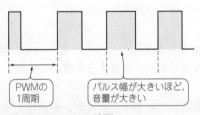

PWMの
1周期

パルス幅が大きいほど，
音量が大きい

図13-2 PWMの波形

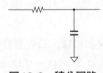

図13-3 積分回路

得るようにします．エンベロープをテーブルでもつことにより，このテーブルを変えることでさまざまなタイプの音を作ることができます．

　通常は，ここで得られたエンベロープをD-Aコンバータでアナログ値に変換するのですが，H8/3694Fには残念ながらD-Aコンバータはありません．

　そこでタイマWのPWM機能を簡易D-Aコンバータとして使用することにします．PWM（Pulse Width Modulation）とはパルス幅変調のことですが，ここでは音量をパルスの幅で表します．**図13-2**はPWMの原理を示しています．

　この波形を**図13-3**のような積分回路に通すと，パルス幅が広いほど '1' の時間が長いため，積分回路の

コンデンサに充電される電荷が多くなり，パルス幅に合わせて音量を変化させることができます.

本章では，エンベロープを変えられる電子オルゴールの製作を通して，タイマの機能，使い方を解説します.

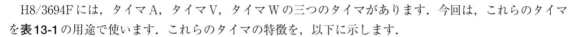
13-2 H8/3694Fのタイマの特徴

H8/3694Fには，タイマA，タイマV，タイマWの三つのタイマがあります. 今回は，これらのタイマを**表13-1**の用途で使います. これらのタイマの特徴を，以下に示します.

● **タイマAの特徴**

8ビットのタイマで，オーバフロー割り込みが使えます. タイマ・カウンタの設定は，リセットだけ可能です. 主な用途は，インターバル・タイマ，時計用タイム・ベース，クロック出力です.

● **タイマVの特徴**

タイマAと同様に8ビットのタイマですが，二つのタイム・コンスタント・レジスタがあります. タイマ・カウンタとコンスタント・レジスタの比較を行い，その結果によってタイマ・カウンタをリセットしたり，割り込みを発生させたりすることができます.

コンスタント・レジスタとの比較でタイマ・カウンタをクリアできるので，インターバル・タイマとして使用する場合は，タイマAよりも細かい周期設定ができます. また，二つのコンスタント・レジスタを使って，PWMパルスを作ることもできます.

● **タイマWの特徴**

16ビットのタイマで，四つのジェネラル・レジスタがあり，アウトプット・コンペア，インプット・キャプチャ，あるいはPWM制御など，さまざまな使い方ができます.

PWM制御は，最大3相の出力が可能です. 入力クロックも，内部クロックをそのまま使うことができるので，かなり自由度が高くなっています. タイマAは8分周，タイマVは4分周が最高です.

13-3 電子オルゴールのハードウェア仕様

ハードウェアは，PWM制御された出力をバッファを通してスピーカに接続するだけです. 電子オルゴールの回路図を**図13-4**に示します.

なお，筆者は第12章のバーコード表示器と同様に，H8マイコン基板に対応する学習キットH8-BASE（ソリトンウェーブ）を使いました（**写真12-1**参照）. 音だけを鳴らしたい場合は，書き込み回路やLCD回路は不要です. スピーカのドライブ用にHC04の空きゲートを使用していますが，書き込み回路を使用しない場合は，トランジスタで代用してもかまいません.

スピーカをドライブするには，直流成分をカットし電流を制限する必要があるため，電解コンデンサと抵抗を通しています. 直接ドライブすると，HC04を壊す恐れがあるので注意してください.

表13-1 電子オルゴールにおけるタイマA，タイマV，タイマWの用途

タイマA	音の長さやエンベロープの管理. テンポ
タイマV	音の高さの管理. 周期設定
タイマW	PWM制御. エンベロープの制御

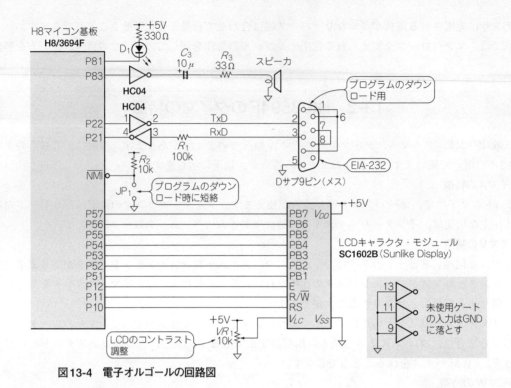

図13-4　電子オルゴールの回路図

13-4　ソフトウェアの設計

● ソフトウェアの仕様

ソフトウェアの仕様を以下に示します.

- 楽曲は，単音とする
- 楽曲データは，プログラム中にハード・コーディングする
- エンベロープ・データは，プログラム中にデータとして定義する
- エンベロープの変化は，PWMで制御する
- リセット時に演奏を開始し，1回演奏して終了する

ソフトウェアで楽曲を演奏する場合，音の周波数の管理や曲のテンポの管理，エンベロープの管理など，さまざまな管理が必要になります．以下では，これらについて順に説明します.

● 曲のテンポの管理

曲のテンポは，タイマAをインターバル・タイマに設定し，4分音符一つの長さを192カウントとします．したがって，タイマAの割り込みが192回入ると，4分音符一つぶんの長さになります.

4分音符＝192としたのは，8ビット（0〜255）で表現でき，また2だけでなく3でも割り切れるからです．音符には，3連符や6連符があるので，3で割り切れる必要があります.

タイマAは，タイマ・カウントを変更できないので，テンポの変更はタイマAの入力クロックを変更します.

● エンベロープの管理

エンベロープは，スタティックなデータとしてもつようにしました．今回は単純な減衰音なので，計算で求めることもできますが，発音しながらの計算では処理が間に合わない可能性が高いからです．

エンベロープに合わせて音量を変化させるために，PWM制御を使っています．後述しますが，これにはタイマWをPWMモードで使用し，GRCレジスタに設定した値により，音量が変化するようにしています．GRC＝0のときが最小音量，GRC＝255のときが最大音量となります．

エンベロープは，発音開始時が最大（＝255）で，タイマAの割り込みが1回入るごとに徐々に小さくなっていきます．今回は，50サンプル分のエンベロープ・データを作りました．データは，Microsoft Excelを使用して減衰曲線を描くように計算し，結果をエディタで編集してプログラムに貼り付けました．

このエンベロープは，つねに一つ前のデータの0.95倍になるように設定しています．発音時間が50サンプルを越えた場合は最後の音量を持続し，発音終了時に最小音量になるようにしています．

● 音の高さの管理

▶ レジスタの設定で方形波を発生

音の高さ，すなわち周波数（周期設定）は，タイマVで設定しています．タイマVは二つのコンスタント・レジスタがあり，この値とタイマ・カウンタとの比較で割り込みをかけたり，タイマをリセットしたりできます．

今回は，一つのコンスタント・レジスタで周期を設定し，もう一つのコンスタント・レジスタは半周期の値になるように設定しています．このようにすると，半周期ごとに"H"と"L"が交互に発生する，いわゆる方形波を簡単に作ることができます．

▶ 平均律と純正調

現在使われている平均律では，中央のラ（A）の音が440 Hzです．1オクターブ上のラの音は880 Hzとなります．つまり，音は1オクターブ上がるごとに，周波数が2倍（周期が1/2）になります．

その間の音階は，半音上がるごとに，2の1/12乗倍周波数が上がります．これは，1.059463…という値になります．この計算では，ドの音に対してソの音は七つ上の音なので1.498…倍となります．純正調ではちょうど1.5倍となります．

音が共鳴するためには，倍音どうしが整数倍の関係になければなりません．純正調のソの音の2倍音は，ドの音の3倍音に一致するので共鳴しますが，平均律では，先の計算のようにわずかな誤差を含んでいるため共鳴しません．

▶ タイマVで音階を作る

タイマVで音階を作ることを考えます．タイマVは8ビットのタイマなので，自由度はあまり大きくありません．今回は，コンスタント・レジスタの値で周期を設定するので，この値が最大（255）のときにもっとも低い音になるようにして，便宜上，この音をドの音としました．

このようにすると，1オクターブ上のドの音が，128となり，さらに1オクターブ上が64，さらに1オクターブ上が32となります．3オクターブ目でも32の分解能なので，なんとか音楽が演奏できそうです．

周期は周波数の逆数なので，半音上の音の値は，1.059463で割ればよいことになります．ドの音が255とすると，最初の1オクターブは**表13-2**のようになります．

タイマVには二つのコンスタント・レジスタがあるので，空いているレジスタを半周期の設定にしました．これらのレジスタはタイマ・カウンタとの比較を行い，一致した場合，割り込みが発生するようにします．タイマVでは指定された周期の方形波を発生させるので，半周期の割り込みが必要になります．

表13-2　最初の1オク
ターブと周期設定
黒鍵部分の半音は省略

音	周期設定
ド（C）	255
レ（D）	228
ミ（E）	203
ファ（F）	192
ソ（G）	171
ラ（A）	152
シ（H）	136
ド（C）	128

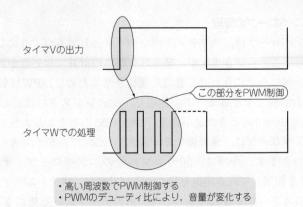

・高い周波数でPWM制御する
・PWMのデューティ比により，音量が変化する

図13-5　タイマVで生成された方形波を，タイマWで
PWM制御する

● エンベロープの制御

　エンベロープの制御は，タイマWによるPWM制御を使って音量を変化させることで実現しています．

　タイマVでは，指定された周期の方形波を発生し，タイマWでは，この方形波が"H"の期間をPWM制御により変化させます．

　PWMの周期は，音の周波数に比べて十分高くとるようにして，音の周期に影響が出ないようにします．図13-5に，これらの関係を示します．

13-5　ソフトウェアの実装

● 音楽データの表現方法

　音楽データを表現するために，音符を符号化する方法が必要です．今回は単音の演奏を考えているので，一つの音符を符号化してその1次元配列を作成し，単音の曲を表現することにしました．

　一つの音符は音の高さと長さで表現できます．実際の演奏では，これ以外のパラメータとして，音の強さやゲート時間が必要になります．ゲート時間とは，音符としての長さに対して実際に音を鳴らす時間になります．

　たとえば，スタッカートで演奏している場合は，4分音符であっても発音は短くなります．ただし，今回はオルゴールなので，音の強さやゲート時間などは使用せず，音の高さと長さの二つのパラメータだけにしました．一つの音は，リスト13-1のように構造体NoteDataで定義しています．

　メンバ変数Freqは音の高さ（周波数，周期設定）ですが，プログラムで使いやすいように実際にタイマVに設定する数値を入力するようにします．

　Lenはタイマ A で使用する音の長さ（4分音符の場合は192）を設定します．楽曲を記述する際は数値を直接入れてもよいのですが，これではまちがいやすく非効率的なので#defineを使用します．

　たとえば，音程はリスト13-2のように，ドレミ…をC，D，E…で表し，その後ろにオクターブを表す数字を付けました．また，音の長さはリスト13-3のように定義しています．4分音符のドの音はC0,L4で表し，16部音符のミはE0,L16となります．なお，休符は音程をゼロにしたので，4分休符は0,L4となります．このようにすると，「チューリップの花」はリスト13-4のように表現できます．

リスト13-1 一つの音は構造体NoteDataで表す. メンバ変数は音の高さFreqと長さLen

```
struct NoteData{
      unsigned char Freq;   //音程
      unsigned int  Len;    //長さ
};
```

リスト13-2 音程の表現は, 数値を文字に#defineで置き換える

```
#define C0    255
#define D0    228
#define E0    203
#define F0    192
#define G0    171
#define A0    152
#define H0    136
#define C1    128
#define D1    114
              :
```

リスト13-3 音の長さは数値を文字に#defineで置き換える

```
#define L4    192    //4分音符長
#define L8     96    //8分音符長
#define L16    48    //16分音符長
#define L32    24    //32分音符
#define L3     64    //3連符
#define L6     32    //6連符
```

リスト13-4 配列Tulipに格納した「チューリップの花」のデータ例

```
struct NoteData Tulip[48]={
  {C0,L4},{D0,L4},{E0,L4},{0,L4},{C0,L4},{D0,L4},{E0,L4},{0,L4},    //ドレミ、ドレミ
  {G0,L4},{E0,L4},{D0,L4},{C0,L4},{D0,L4},{E0,L4},{D0,L4},{0,L4},    //ソミレドレミレ
  {C0,L4},{D0,L4},{E0,L4},{0,L4},{C0,L4},{D0,L4},{E0,L4},{0,L4},    //ドレミ、ドレミ
  {G0,L4},{E0,L4},{D0,L4},{C0,L4},{D0,L4},{E0,L4},{C0,L4},{0,L4},    //ソミレドレミド
  {G0,L4},{G0,L4},{E0,L4},{G0,L4},{A0,L4},{A0,L4},{G0,L4},{0,L4},    //ソソミソララソ
  {E0,L4},{E0,L4},{D0,L4},{D0,L4},{C0,L4},{0,L4},{0,L4},{0,L4}    //ミミレレド
};
```

● メイン関数の処理

リスト13-5に示すメイン関数では, LCDへのタイトル表示とタイマの初期化を行っています.

最初に発音する音を設定し, それぞれのタイマの初期化を行っています. 発音する音はグローバル変数CNoteに格納しています. CNoteは音符を表すNoteData型のグローバル変数で, 現在発音中の音を格納しています.

楽曲の演奏はすべて割り込みで行うため, メイン・ループの最後は無限ループで終わっています.

● タイマAの割り込み処理

リスト13-6に示すタイマAの割り込み処理では, エンベロープの管理と音の長さの管理を行っています. ここではテンポがわかりやすいように, 4分音符1回ごとにLEDを点滅させています.

一つの音の演奏が終わったら, 次の音のデータをグローバル変数CNoteに設定しています. また, 音の周期設定はタイマVの二つのコンスタント・レジスタに行っています. 最後の音を演奏したら演奏を停止しています. 音の周期が0の場合は, 休符として扱っています.

演奏データは, 配列CNoteで表現されています. ここでは, バッハのインベンション第1番のさわりを入れてみました.

エンベロープ・データは, unsigned char型の配列EVDataで, 配列数は50個に制限しています. 発音開始から順番に読み出して, タイマWのPWMの値としてセットしています. ここでは減衰音にしているので, ピアノやオルゴールのような感じの音になっています.

● タイマVの割り込み処理

タイマV割り込みは半周期と1周期の2回発生します. 割り込み処理ルーチンは同一なので, リスト13-7のようにフラグを調べて値をセットしています.

コンペアAで一致した場合はグローバル変数EvVolに設定されたエンベロープ値でPWM制御を行い, コンペアBで一致した場合は値を0に設定しています. このようにして, 方形波の"H"の期間を変化させています.

● タイマWの処理

タイマWはフリーランの状態で使用しているので，初期化ルーチン以外はGRCレジスタ以外操作していません．

タイマWをPWMモードで使用するため，GRAを周期レジスタとして使用しています．GRAには0x0100をセットし，8ビットのPWM制御を行っています．

タイマWはカウンタ値がGRAに一致するとリセットされ，出力が"H"になるように設定しています．

リスト13-5　メイン関数(main)

```
void main(void)
{
        unsigned int i;
        unsigned char fdat;
        LCDInit();
        lcdputs("Electric Piano");

        //TimerVの周期設定
        fdat=CNote.Freq;
        TV.TCORA=fdat;
        fdat=(fdat>>1);
        TV.TCORB=fdat;

        //PWMポートとして使用
        IO.PCR8=0xff;
        IO.PDR8.BYTE=0;
        TW.TMRW.BIT.CTS=1;            //カウンタ・スタート
        TW.TMRW.BIT.PWMC=1;          //FTIOCをPWMモード
        TW.TCRW.BIT.CCLR=1;          //CMRAでカウンタ・クリア
        TW.TCRW.BIT.CKS=0;           //1/1clock(20MHz)
        TW.TCRW.BIT.TOC=1;           //TNTC=0で出力=H
        TW.TIOR1.BYTE=0;             //コンペア・マッチで出力=L
        TW.GRA=0x100;
        TW.GRC=0;
        TW.TMRW.BIT.PWMC=0;          //FTIOCをPWMモード

        //TimerVの設定
        TV.TCSRV.BYTE=6;             //CMAでTMOV=1,CMBでTMOV=0
        TV.TCRV1.BYTE=0xE3;          //ICKS0=1
        TV.TCRV0.BYTE=0xCB;          //CMIEB=CMIEA=1,CMAでカウンタ・クリア、CMA,CMBで割り込み,CKS=3(φ=1/128)

    //TimerAの設定
        TA.TMA.BYTE=0x13;            //14h:四分音符の長さ=0.8sec(はやめのテンポ),13h=1.7s(おそめのテンポ)
        IENR1.BIT.IENTA=1;          //割り込み許可
        LED1=0;
        while(1)          ;
}
```

リスト13-7　タイマVの割り込み処理関数(INT_TimerV)

```
__interrupt(vect=22) void INT_TimerV(void)
{
        if(TV.TCSRV.BIT.CMFA){
            //コンペアAで一致
            TV.TCSRV.BIT.CMFA=0;        //割り込みフラグのクリア
            if(!EvVol)
                    TW.TMRW.BIT.PWMC=0;        //FTIOCをI/Oモード
            else
                    TW.TMRW.BIT.PWMC=1;        //FTIOCをPWMモード
        }
        if(TV.TCSRV.BIT.CMFB){
            //コンペアBで一致
            TV.TCSRV.BIT.CMFB=0;        //割り込みフラグのクリア
            TW.TMRW.BIT.PWMC=0;         //FTIOCをI/Oモード
        }
}
```

リスト13-6　タイマＡの割り込み処理関数(`TimerAInt`)

```
void TimerAInt(void)
{
        int i;
        unsigned char fdat;
        static int NoteNo=2;
        static int NoteWait=1;
        IRR1.BIT.IRRTA=0;
        Tempo++;
        if(Tempo==L4){
                Tempo=0;
                LED1=~LED1;        ◄──〔LEDを点滅〕
        }
        if(NoteWait){
                if(Tempo==0){
                        NoteWait--;
                        if(NoteWait==0){
                                NoteNo=(NoteNo+1)%3;
                                Note=Notes[NoteNo];
                                NOTEMAX=NoteMaxes[NoteNo];
                                CNote=Note[0];
                                NoteCnt=0;
                                EvCnt=0;
                                lcdoutxy(0,0,TitleStr1[NoteNo]);
                                lcdoutxy(0,1,TitleStr2[NoteNo]);

                        }
                }
                return;
        }
        //エンベローブの処理
        if(EvCnt<(EVMAX-1)){
                        EvCnt++;
                        if(CNote.Freq==0)
                                EvVol=0;
                        else
                                EvVol=EvData[EvCnt];
        }
        //発音長の処理
        if(CNote.Len>0){
                CNote.Len--;
        }else if(NoteCnt<(NOTEMAX-1)){
                //次の音
                NoteCnt++;
                CNote=Note[NoteCnt];
                EvCnt=0;
                //TimerVの周期設定
                fdat=CNote.Freq;
                TV.TCORA=fdat;
                fdat=(fdat>>1);
                TV.TCORB=fdat;
                TV.TCSRV.BIT.CMFA=0;       //割り込みフラグのクリア
                TV.TCSRV.BIT.CMFB=0;       //割り込みフラグのクリア
                EvCnt=0;
                if(fdat==0)
                        EvVol=0;   ◄──〔音の周期が0の場合は休符〕
                else
                        EvVol=EvData[0];
        }else{
                EvVol=0;
                NoteWait=4;
        }
        TW.GRC=EvVol;

}
```

H8-BASE（ソリトンウェーブ）は，H8マイコン基板，秋月電子通商の「AKI-H8/3664F タイニーマイコンキット（モジュール単品）」に対応した実験ボードです．H8/Tinyマイコンの評価や実験，学習に使用できます．H8マイコン基板を実装したH8-BASEを写真13-Aに示します．

H8-BASEは，本書応用編のファン・コントローラを実験できるようになっているほか，製作編のバーコード表示器，電子オルゴールの製作にも応用されています．H8-BASEの主な仕様と付属品を表13-Aに示します．拡張キット（写真13-B）はH8-BASEをさらに活用するためのキットです．

写真13-A　H8マイコン基板（MB-H8）を搭載したH8-BASEの外観
問い合わせ先：（株）ソリトンウェーブ，URL http://www.solitonwave.co.jp/

主な仕様	・ボリューム2個　　　・タクト・スイッチ2個 ・サーミスタ/CdS接続端子　・LED（赤，オレンジ） ・空冷ファン端子　　　・ライン入力端子 ・16桁×2行 LCD　　　・スピーカ端子 ・PS/2インターフェース　・I^2Cデバイス・ソケット ・エミュレータ端子　　・テスト・ピン
付属品	・H8マイコン基板接続コネクタ（2列26ピン・ピン・ソケット×2） ・シリアル・ケーブル（オス・メス．プログラムおよびシリアル通信実験用） ・ACアダプタ ・操作マニュアル ・サンプル・ディスク
別売オプション	・拡張キット（実験用サーミスタ，CdS，空冷ファン，スピーカ，I^2C EEPROM，説明書，サンプル・ディスク）

表13-A　H8-BASEの主な仕様・付属品など
注：現在は，H8-BASE2になっているが，同じように使用できる．

写真13-B　H8-BASEの拡張キット

また，カウンタ値がGRCに一致すると，出力が"L"になるように設定しています．

このようにして，GRCの値に比例したパルス幅が出力されるようになります．

● まとめ

作成したプログラムの実際の音は，付属CD-ROMに収録した動画ファイルで確認してください．

今回は，音の高さ（周波数，周期設定）にタイマVを使用したため，正確な周波数を設定できませんでした．絶対音感のある方には，正しい音程ではないため落ち着かない感じかもしれません．

当初は，タイマVで高い周波数の割り込みをかけて，ソフトウェア制御で和音を出せないかと考えていました．このため，PWM制御が3チャネル使用できるタイマWを出力用に設定しました．

ところが，実際に作ってみるとこの方法ではタイマVの割り込み処理ルーチンの負荷が重すぎて正常に動作しませんでした．その結果，単音処理に変更し今回のプログラムとなりました．

単音処理であれば，タイマVをPWM制御に使い，16ビットの分解能をもつタイマWを周波数設定に使うことでかなり正確な周波数設定が可能になるでしょう．

時計の微調整，湿度センサのリニアライズのテクニック
換気扇コントローラの製作

中林 歩

　本章では，換気扇コントローラを製作します（**写真14-1**）．換気扇コントローラは，次の条件でAC出力（すなわち換気扇）をON/OFFします．

- （1）温度上昇によりスイッチON
- （2）湿度上昇によりスイッチON
- （3）決められた時間にスイッチON
- （4）決められた時間にスイッチOFF

（4）の条件は，ほかの条件に優先し，深夜などの動作を防ぐことができるようにします．

　また，温度や湿度の状況をあとで確認できるよう，データ・ロガーの機能も付けることにします．温度は0.5℃単位で，湿度は％単位で表示することにします．

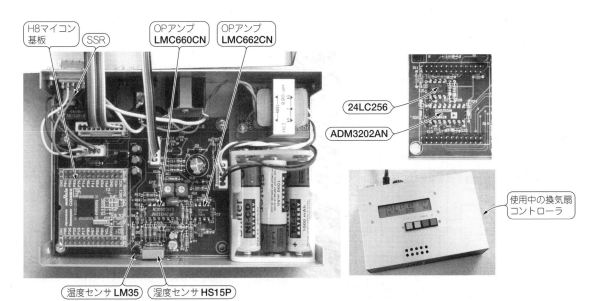

写真14-1　製作した換気扇コントローラ

14-1　換気扇コントローラの概要

　本機のブロック図を**図14-1**に示します．H8/3694Fのサブクロック（32.768 kHz）を使い，タイマAの割り込みによって時計の機能を実現します．

　温度センサにはLM35を使用します．湿度センサはHS15P（入手先：秋月電子通商）を使います．HS15Pの特性を**図14-2**に示します．HS15Pは，相対湿度に対してインピーダンスが対数的に変化します．

　このように広い範囲の変化を直接A-D変換しても精度を確保できないので，A-D変換の前にログ・アンプを入れ，できるだけリニアライズしておきます．

　データ・ロガーの機能には，I²Cバス接続のEEPROM 24LC256（マイクロチップ・テクノロジーなど）を使用します．また，停電時にも時計が停止しないように，バックアップ電池として単3型のニカド電池を6本使用します．AC出力のON/OFFは，SSR（Solid State Relay）を使います．

14-2　ハードウェアの設計

● 温度センサと湿度センサ

　本機の回路図を**図14-3**に示します．LM35は，摂氏に比例した電圧を出力します．単電源でGND端子を接地すると氷点下を計測できないので，データシートの応用例に従い，ダイオード2本を介して接地し，GND端子とV_{out}端子の電位差をゲイン4倍の差動アンプ（IC$_{2c}$）で増幅します．

　LM35の出力は10 mV/℃なので，IC$_{2c}$の出力電圧V_Tは，温度をT［℃］とすると，

$$V_T = 0.04T + 2.5 \cdots\cdots\cdots\cdots\cdots\cdots\cdots\cdots\cdots\cdots\cdots\cdots\cdots\cdots\cdots\cdots\cdots\cdots\cdots\cdots (14\text{-}1)$$

で求めることができます．これで，$-50\sim+50$℃の温度に対して$0.5\sim4.5$ Vの出力が得られます．また，無調整化するために精度が1%の抵抗を使用しています．

　湿度センサHS15Pには，IC$_1$で発生させた約890 Hz，3 V$_{P\text{-}P}$の三角波を与え，センサに流れた電流をIC$_{2d}$によるログ・アンプ兼ピーク・ホールド回路で対数圧縮し，D$_4$による温度補償用電圧を加えて，IC$_{2a}$の積分器でリプルを取り除きます．

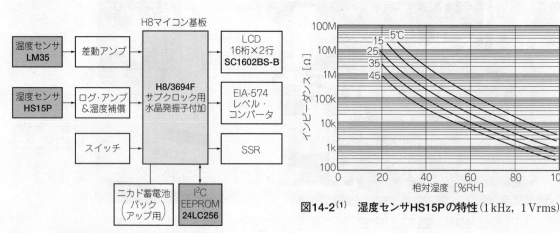

図14-1　換気扇コントローラのブロック図

図14-2[(1)]　湿度センサHS15Pの特性（1 kHz，1 Vrms）

最終的なリニアライズはソフトウェアで行うので，簡易的な回路で済ませました．これらの回路の動作については，次節で詳しく説明します．

　これら温湿度計のOPアンプには，消費電流を抑えるため，レール・ツー・レール出力のCMOS OPアンプを使用しています．

　しかし，発振器のコンパレータ以外は入力端子の電圧が$V_{CC}/2$以下なので，特にレール・ツー・レール入力である必要はありません．ここでは，デュアルのLMC662CNとクワッドのLMC660CNを使用しました．

● EEPROMとSSRなど

　EEPROMは，24LC256（最高クロック周波数400 kHz）を357 kHzで動作させるので，SDA，SCLを2 kΩでプルアップします．A0，A1，A2，WP（ライト・プロテクト）ピンはGNDに落とすか，オープンのままにしておきます．

　Tr_1とTr_2は，それぞれEIA-574レベル・コンバータMAX232，温湿度計のOPアンプの電源をON/OFFするスイッチです．使用しないときはI/OポートP82，P81を"H"にして，消費電力を減らします．EIA-574レベル・コンバータはブート・モード時（プログラム書き込み時）にも使うので，D_{11}，D_{12}によるワイヤードORを付けています．

　湿度計のアンプ類の時定数は，電源投入後1秒で出力電圧が十分に収束するように選んでいます．

　SSRは秋月電子通商のSSRキットを使いました．入力に5 V程度の電圧を加えると，内部のLEDが点灯してトライアックを導通させます．I/OポートP80を使用してシンク側で点灯させます．

　放熱器は特に付けなかったので，負荷の容量は200 W以下とします．

14-3　湿度センサのリニアライズ

　リニアライズの回路を簡単にするため，ここではダイオードを使ってログ・アンプを構成します．また，湿度センサとログ・アンプの温度補償にもダイオードを使います．

　H8/3694Fでリニアライズするために，この回路から出力される電圧を数式で表してみましょう．

● 湿度センサのモデリング

　湿度センサHS15Pの特性を数式で表してみます．HS15Pのインピーダンスは，相対湿度h（100％を1とする）と温度T［℃］に依存するので，そのインピーダンスを$Z(h, T)$という関数で表すことができます．

　データシートから各温度，各湿度（10％間隔）のインピーダンスの値を読み取り，回帰分析により関数Zを特定したところ，

$$\log_{10} Z(h, T) = 11.169 - 0.072\,T - 17.544\,h + 17.513\,h^2 - 7.714\,h^3 + 0.109\,Th - 0.116\,Th^2 + 0.055\,Th^3 \quad \cdots(14\text{-}2)$$

という関係が得られました．

● ダイオードのモデリング

　ダイオードを使ったログ・アンプでは，ダイオードの順方向電流が順方向電圧により指数的に変化することを利用します．

　ダイオードの順方向電圧V_fと順方向電流I_fには，次のような関係が理論的に成り立ちます．

$$I_f = I_S \left[\exp \left\{ \left(\frac{q}{kT} \right) V_f \right\} - 1 \right] \quad \cdots\cdots(14\text{-}3)$$

　ここで，I_Sは飽和電流，qは電荷（1.602×10^{-19} C），kはボルツマン定数（1.38×10^{-23} J/K），Tは絶対温度です．

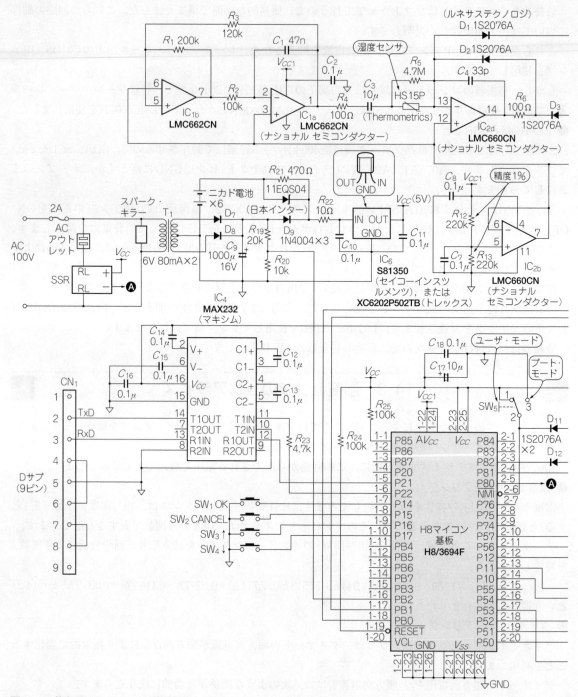

図14-3　換気扇コントローラの回路図

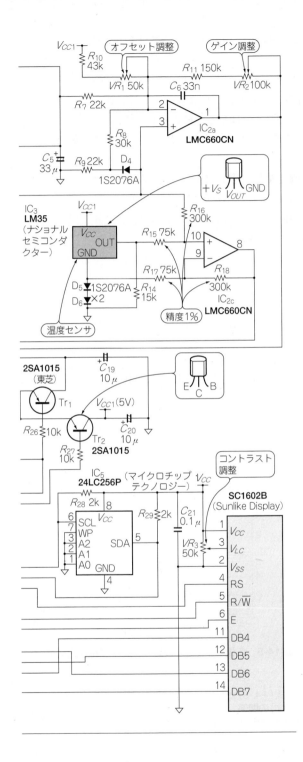

しかし，一般に入手できるダイオードの特性は，この理論式と一致するわけではありません．

今回は，

$$I_f(V_f, T) = I_S(T) \exp\{a(T)\,V_f\} \quad \cdots\cdots\cdots\cdots\cdots\cdots\cdots\cdots\cdots\cdots\cdots\cdots\cdots\cdots (14\text{-}4)$$

のように，飽和電流と順方向電圧の係数aに温度依存性をもたせ，データシートの特性図および実測値から$I_S(T)$，$a(T)$を特定します．ここからは，温度は絶対温度ではなく，摂氏とします．

図14-4は1S2076A（ルネサステクノロジ）のV_f-I_f特性です．グラフより，$I_f=3$ mA以下で良好な指数関係が成り立つことが読み取れます．

また，いくつかのダイオードの微小電流域特性の測定結果を**図14-5**に示します．このグラフから読み取れるように，小信号用のダイオードであれば特性はほとんど同じなので，どれを使ってもかまわないでしょう．30 μA以下では指数関係が悪化しています．唯一，GMA01-BT（三洋電機）が良好な関係を示しているので，入手可能であればこれを使うことをお勧めします．

式(14-4)から，

$$a(T)\,V_f = \log I_f - \log I_S(T) \quad \cdots\cdots\cdots\cdots\cdots\cdots\cdots\cdots\cdots\cdots\cdots\cdots (14\text{-}5)$$

となるので，同じ温度の2点のV_fとI_fがわかれば，

$$a(T) = \frac{\log I_{f1} - \log I_{f0}}{V_{f1} - V_{f0}} \quad \cdots\cdots\cdots\cdots\cdots\cdots\cdots\cdots\cdots\cdots\cdots\cdots (14\text{-}6)$$

によって，ある温度のaを求めることができます．

ここでは，$I_f=0.1$ mAと1 mAの値を使いました．例えば，$T=25$℃では，$V_f=0.492$ Vのときに$I_f=0.1$ mA，$V_f=0.587$ Vのときに$I_f=1$ mAなので，

$$a(25) = \frac{\log(1\times10^{-3}) - \log(1\times10^{-4})}{0.587 - 0.492} = 24.24 \quad \cdots\cdots\cdots\cdots\cdots\cdots\cdots (14\text{-}7)$$

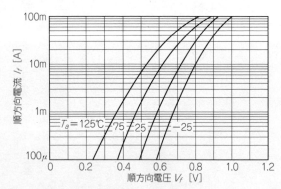

図14-4[(2)]　1S2076AのV_f-I_f特性

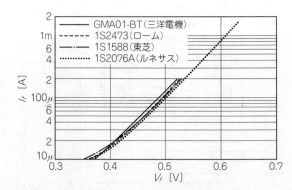

図14-5　各種ダイオードのV_f-I_f特性実測値（T_a＝20℃）

表14-1　式(14-7)，式(14-8)から
得られたT，$a(T)$，$I_S(T)$の関係

T(℃)	$a(T)$	$I_S(T)$
-25	25.87	2.541×10^{-11}
25	24.24	6.614×10^{-10}
75	23.26	1.746×10^{-8}
125	18.72	1.078×10^{-6}

が得られ，

$$I_S(25) = \frac{I_f}{\exp(aV_f)} = \frac{1 \times 10^{-3}}{\exp(24.24 \times 0.587)} = 6.614 \times 10^{-10}\,\mathrm{A} \quad \cdots\cdots\cdots\cdots\cdots\cdots (14\text{-}8)$$

となります．これを繰り返すことにより，**表14-1**が得られます．これより，aは温度に対してリニアに変化し，I_Sは温度に対して指数的に変化することがわかります．

ただし，75℃のデータは，データシートを見てもわかるとおりカーブが上に膨らんでいるので，除外して考えたほうがよいでしょう．

これらを25℃近辺で直線近似すると，

$$a(T) = -0.04767 \times (T - 25) + 24.24 \quad \cdots\cdots\cdots\cdots\cdots\cdots\cdots\cdots\cdots\cdots\cdots\cdots (14\text{-}9)$$

$$I_S(T) = \exp\{0.07104 \times (T - 25)\} \times 6.614 \times 10^{-10} \quad \cdots\cdots\cdots\cdots\cdots\cdots (14\text{-}10)$$

となります．

実際には，温度依存性を表す係数（-0.04767など）はデータシートから得られた値を使い，そのほかは実測値ベースの値を使いました．

● **ログ・アンプの出力電圧**

図14-3の回路では，湿度センサを流れてきた電流に対してIC_{2d}により対数変換が行われ，同時にピーク・ホールドされます．ピーク・ホールドの時定数は，入力の三角波の周期に比べて十分に大きいため，周期内の電圧変動は無視できます．

湿度センサのインピーダンスは湿度が低いときに高くなるため，ダイオードD_1に流れる電流が減少し直線性の悪い領域に入ります．この領域を使わないようにするために，R_5を入れています．

$V_{CC1}/2$を基準にしたIC_{2d}の出力（実際はD_3のアノード）をV_{o1}とすると，

$$V_{o1} = -V_f \left\{ \frac{1.5}{100 + Z(h, T) /\!/ 4.7 \times 10^6}, T \right\} \quad \cdots\cdots\cdots\cdots\cdots\cdots\cdots (14\text{-}11)$$

となります．

ここで，$V_f(I_f, T)$は，ダイオードにI_fの電流を流したときの順方向電圧で，式(14-4)から，

$$V_f(I_f, T) = \frac{\log \dfrac{I_f}{I_S(T)}}{a(T)} \quad \cdots\cdots\cdots\cdots\cdots\cdots\cdots\cdots\cdots\cdots\cdots\cdots\cdots\cdots (14\text{-}12)$$

です．ログ・アンプの出力電圧をグラフで表したものが**図14-6**です．湿度センサの温度依存性とログ・アンプの温度依存性が加えられて現われています．

● **湿度センサとログ・アンプの温度補償**

湿度60％におけるログ・アンプの出力電圧の温度依存性は，

$$\frac{-0.5035 - (-0.4465)}{45 - 5} = -1.426 \times 10^{-3}\,\mathrm{V/℃} \quad \cdots\cdots\cdots\cdots\cdots\cdots\cdots (14\text{-}13)$$

となります．これをダイオードの順方向電圧の温度特性で補償します．

ダイオードの順方向電圧V_fの温度特性は，$I_f = 0.076\,\mathrm{mA}$のとき約$-2\,\mathrm{mV/℃}$なので，ログ・アンプの出力とダイオードの順方向電圧を22：30の比率で差し引けばこの湿度における温度依存性はなくなります．

グラフから25℃における湿度に対する出力電圧の変化は約$0.004\,\mathrm{V/\%}$と読み取れるので，フルスケール（100％）で4Vとなるよう，IC_{2a}で約10倍増幅します．

このとき，湿度0％で出力が0Vになるように，VR_1で調節します．$R_{10} + VR_1$の値は，約$66\,\mathrm{k\Omega}$となり

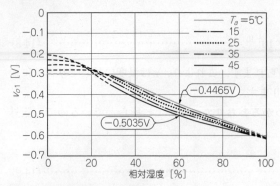

図14-6　ログ・アンプの出力

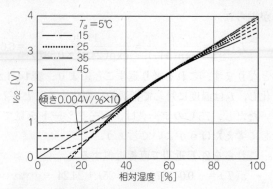

図14-7　温度補償後の出力

ます．これらの定数からIC$_{2a}$の対グラウンド出力電圧V_{o2}は，

$$V_{o2} = \left[\frac{V_f \left\{ \dfrac{1.5}{100 + Z(h, T) /\!/ 4.7 \times 10^6}, T \right\}}{22 \times 10^3} + \frac{V_f (0.076 \times 10^{-3}, T)}{30 \times 10^3} - \frac{2.5}{66 \times 10^3} \right] \times 220 \times 10^3 + 2.5 \quad \cdots (14\text{-}14)$$

となります．これをグラフで表したものが**図14-7**です．湿度60%近辺の温度依存性がなくなっています．

14-4　ソフトウェアの実装

● タイマ割り込みと時計の微調整

　タイマAを使い，1/32秒ごとに割り込みを発生させます．割り込みルーチン(**リスト14-1**)の中では，秒のカウント・アップを行い，必要に応じて年月日時分秒を更新します(clk_int_handler)．

　分が変わったら，メイン・ルーチンで時刻によるAC出力ON/OFFの判定を行うようフラグをセットします．次に，スイッチのセンシングを行います(key_int_handler)．最後に，温湿度の測定をすべきかどうか判定します(meas_int_handler)．

　試作したところ，サブクロック用水晶発振子の精度が悪く，1日当たり約2秒ずつ時計が進んでしまいました．トリマ・コンデンサを付けて調節してもよいのですが，ここではソフトウェアで調整します．

　1日につき0.1秒単位で進ませたり遅らせたりすることを目標にします．割り込み周波数は32 Hzなので，0.1秒を表すことができません．そこで10日につき1秒単位で進ませたり遅らせたりすると考えます．

　サブクロックが正確だと仮定すると，10日間の割り込み回数Nは，

$$N = 10 \times 24 \times 60 \times 60 \times 32 = 27648000 \quad \cdots\cdots (14\text{-}15)$$

となります．

リスト14-1　タイマAを使った割り込み関数(int_handler)

```
void int_handler(void) {
    clk_int_handler();                     ← 時刻を進める
    set_imask_ccr(0);                      ← 割り込みを許可する
    blink_status = (subsec < HZ/2);        ← コロンを点滅させるため
    if (subsec == 0 && sec == 0)
        need_check_timer = 1;              ← 分が変わったので時間の判定を行うようにする
    key_int_handler();                     ← キーボードのスキャンを行う
    meas_int_handler();                    ← 湿温度の測定をすべきかどうか判定する
}
```

リスト14-2　時計の微調整関数（`clk_int_handler`）

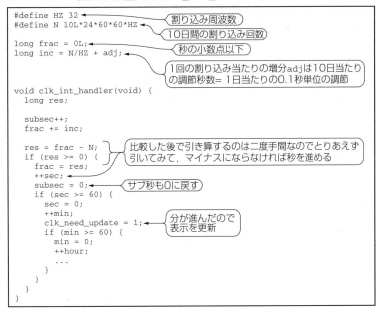

```
#define HZ 32                      ← 割り込み周波数
#define N 10L*24*60*60*HZ          ← 10日間の割り込み回数

long frac = 0L;                    ← 秒の小数点以下
long inc = N/HZ + adj;             ← 1回の割り込み当たりの増分adjは10日当たり
                                     の調節秒数＝1日当たりの0.1秒単位の調節

void clk_int_handler(void) {
  long res;

  subsec++;
  frac += inc;

  res = frac - N;                  ← 比較した後で引き算するのは二度手間なのでとりあえず
  if (res >= 0) {                    引いてみて，マイナスにならなければ秒を進める
    frac = res;
    ++sec;
    subsec = 0;                    ← サブ秒も0に戻す
    if (sec >= 60) {
      sec = 0;
      ++min;
      clk_need_update = 1;         ← 分が進んだので
      if (min >= 60) {               表示を更新
        min = 0;
        ++hour;
        ...
      }
    }
  }
}
```

　通常なら，1回の割り込みにつき1回カウント・アップさせますが，N回の割り込みに対して32回余計にカウント・アップさせれば，時計は1秒進むことになります.

　したがって，1回の割り込みにつき，次の回数分カウント・アップさせればよいことになります.

$$inc = \frac{N+32}{N} \quad\cdots\cdots\cdots\cdots\cdots\cdots\cdots\cdots\cdots\cdots\cdots\cdots\cdots\cdots\cdots\cdots\cdots\cdots (14\text{-}16)$$

　現在のカウント値cntから秒sを求めるには，

$$s = \frac{cnt}{32} = \frac{inc \cdot t}{32} = \frac{(N+32)\,t}{32\,N} = \frac{(N/32+1)\,t}{N} \quad\cdots\cdots\cdots\cdots\cdots\cdots\cdots\cdots (14\text{-}17)$$

となります. tは開始時点からの割り込み回数です.

　時計の用途では，任意のcntに対するsを求める必要はなく，sの整数部が1増えたことがわかれば十分です. このためには，sの小数点以下の部分fに注目し，割り込みごとにfをincだけ増やしてみて（$f \leftarrow f + inc$），それが1以上になったら秒を1進め，$f \leftarrow f-1$とします.

　これを，浮動小数点演算を使わずに済ますには，分母を払って$inc_i = N/32+1$とし，これをf_iに加え（$f_i \leftarrow f_i + inc_i$），$N$以上になったら秒を1進め，$f_i$を$N$減らします.

　実際のプログラムは，**リスト14-2**のようになります.

● **アプリケーション・ノートのプログラムのむだを省いたEEPROMの制御**

　EEPROMの制御は，ルネサステクノロジのアプリケーション・ノートを参考にしました［参考文献（2）］.

　EEPROMは，書き込みを指示してから次の操作ができるまで最大で5 msほどかかります. この間に，I^2Cバスのコマンド「開始条件」＋「コントロール・バイト」を送ってもACKは返ってきません.

　開始条件とコントロール・バイトを何度も送ってみて，ACKが返ってきたところで次の指示であるアドレスを送れば次の作業（データの読み書き）ができます. ところが，アプリケーション・ノートでは，

リスト14-3　EEPROMデバイス選択部のプログラム

```
static byte set_address(byte device_id, unsigned short addr) {
  int n_try;

  if (check_bus_condition())            ← バスが空いているかどうか調べる
    return TIMEOUT_ERR_BUS_BUSY;

  if (select_slave(device_id, WRITE) != ACK)   ← スレーブを選択する
    return TIMEOUT_ERR_ACK;

  if (send_byte_data(addr >> 8) != ACK)   ← アドレスの上位8ビットを送る
    return 2;

  if (send_byte_data(addr & 0xff) != ACK)   ← アドレスの下位8ビットを送る
    return 3;

  return 0;
}

static byte select_slave(byte device_id, byte mode) {
  unsigned char control_byte;
  int n_try;

  set_iic_mode(3);                    ← マスタ書き込みモードに設定
  control_byte = EEPROM_DEVICE_CODE | (device_id << 1) | (mode & 1);

  for (n_try = 0; n_try < 50; n_try++) {
    send_start_condition();
    if (send_byte_data(control_byte) == ACK)
      return 0;
    wait100u(1);                      ← 0.1ms待つ
  }
  return 1;
}
```

リスト14-4　大域変数初期化関数(_INITSCT)とメイン・ルーチンの変数初期化部分をスキップ
ウォッチ・ドッグ・タイマが動作した場合，メモリの内容はそのままにしておくための処置

```
__entry(vect=0) void PowerON_Reset(void)
{
  set_imask_ccr(1);
  if (!WDT.TCSRWD.BIT.WRST)         ← 通常のパワー・オン・リセットの場合だけ
    _INITSCT();                      ← 大域変数を初期化

  ...
```

(**a**) 関数 PowerON_Reset

```
static void var_init(void) {
  param_load();                      ← EEPROM に保存してあるパラメータを読み込む
  if (param.id[0] != (byte)0xab || param.id[1] != (byte)0xcd) {
    param_init();
    param_save();                    ← ID が一致しない場合は，パラメータを初期化し EEPROM に保存する
  }
  if (WDT.TCSRWD.BIT.WRST) {         ← ウォッチ・ドッグ・タイマによるリセットなら
    ++n_wdr;
    WDT.TCSRWD.BYTE = 0x5a;          ← 回数を記録
    WDT.TCSRWD.BYTE = 0xf0;          ← WDT のステータスをクリア
    return;                          ← 変数を初期化せずに戻る
  }
  /* 変数の初期化 */
  ...
```

(**b**) 関数 var_int

ACKが返ってこない場合，終了条件を送っています．

　筆者のプログラムではこのむだを取り除き，またデータ読み込み時の割り込み対策を施しています．EEPROMデバイス選択部のプログラムを**リスト14-3**に示します．

　EEPROMがビジーかどうかの判断は，関数select_slaveで行っています．この関数および呼び出し

リスト14-5 湿度センサのリニアライズ関連関数

```c
void measure(void) {
  float hv;
  unsigned int adtemp, adhum;

  MSTCR1.BIT.MSTAD = 0;        // A-D 変換スタンバイを解除
  adtemp = ad_conv(0);
  adhum = ad_conv(1);
  MSTCR1.BIT.MSTAD = 1;        // A-D 変換スタンバイ

  if (meas_int_idx > 1)        // 測定間隔が2秒以上のときは，温湿度計の電源を切る
    meas_power(OFF);

  /* 温度，湿度を求める */
  temp = (signed char)((adtemp >> 6) * 250.0f / 1023.0f + 0.5f) - 125;
  hv = (adhum >> 6) * 5.0f / 1023.0f;     // 湿度計の出力電圧(V)
  hum = gethum(hv, temp / 2.0f);          // 湿度をリニアライズ
  ...

float hs15(float h, float T) {
  return powf(10.0f, 11.169f - 0.072f*T +
    (-17.544f + 17.513f - 7.714f * h) * h) * h +
    (0.109f + (-0.116f + 0.055f * h) * h) * h * T);
}

static float v;
static float T;
static float Is;
static float a;

float transfer_characteristics(float h, float T) {
  double Z = hs15(h, T);
  return (logf((1.5f / (100.0f + Z*4.7e6f/(Z+4.7e6f))) / Is) / a / 22.0f +
    logf(0.076e-3f / Is) / a / 30.0f -
    2.5f / 66.0f) * 220.0f + 2.5f;
}

float f(float h) {
  return transfer_characteristics(h, T) - v;
}

int gethum(float pv, float pT) {
  int hum;

  if (pT < 0.0f || pT > 50.0f)
    return -1;
  v = pv;
  T = pT;
  /* Is = expf(0.07104f * (T - 25.0f)) * 6.614e-10f; */  /* データシート・ベース */
  /* a = -0.04767f * (T - 25.0f) + 24.24f; */

  Is = expf(0.07104f * (T - 20.0f)) * 1.936417e-9f;    // 実測値ベース
  a = -0.04767f * (T - 20.0f) + 21.66085f;
  hum = (int)(brent(f, -0.05f, 1.05f) * 100.0f + 0.5f);
  if (hum < 0)
    hum = -1;
  if (hum > 100)
    hum = 100;
  return hum;
}
```

　元の関数set_addressでは，ACKが返ってこなくても終了条件を送らずに，5 msの間はリトライします．5 ms経過したら，set_addressはエラーを返し，さらに上位のデータを読み書きする関数で終了条件を送出するようにしています．

　また，メインのプログラム（fancont.c）にはベリファイとリトライ付きの書き込みルーチン（write_page）を用意し，データの保存が確実に行えるようにしています．万一エラーが起きた場合は，アドレスとエラー・コードを記録するようにしています．

　ログは，EEPROMのページと同じ大きさの64バイトのバッファを用意し，バッファがいっぱいになってからEEPROMに書き込むようにして，書き込みサイクルを減らしています．

ログの送信時や表示時には，バッファがいっぱいになっていなくてもバッファをフラッシュし，データはEEPROMから読み込んで送信・表示を行うことにより，送信時に新たなデータをログする必要があっても正しく処理されることを保証しています．

● ウォッチ・ドッグ・タイマの設定

本機のように長時間動作させる場合，何らかの要因によってH8/3694Fが暴走したりすることがあります．そこで，ウォッチ・ドッグ・タイマを動作させ，異常動作の場合リセットがかかるようにしました．

ウォッチ・ドッグ・タイマが動作した場合，メモリの内容はそのままにしておきたいため，**リスト14-4**のようにresetprg.cの大域変数初期化ルーチン_INITSCTと，メイン・ルーチンfancont.cの変数初期化部分をスキップするようにしています．

ウォッチ・ドッグ・タイマを動作させるには，**リスト14-6**のようにレジスタに2回書き込む必要があります．また，ステータスを取得してフラグをクリアする場合も，**リスト14-4**のようにレジスタに2回書き込む必要があります．

● 湿度センサのリニアライズ

式(14-3)の湿度センサの特性は，**リスト14-5**の関数hs15で実装しています．温度補償後の出力電圧は，関数transfer_characteristicsです．

温度Tは温度センサにより求めることができ，温度補償後の電圧が関数measureの変数hvに得られているので，関数transfer_characteristicsの値がhvとなるhを求めればよいことになります．関数transfer_characteristicsの逆関数を求めればよいのですが，ここでは数値的に湿度の値を求めることにします．

関数がある値を取る変数の値を求めることは，一般的には関数の値が0となる変数の値，すなわち関数の解を求めることに帰着します．

数値的に解を求めるアルゴリズムとしては，ニュートン法が有名ですが，ニュートン法では導関数値を必要とします．ここでは，導関数値を必要としないbrentのアルゴリズムを使いました[参考文献(3)]．

リスト14-6　メイン関数(main)

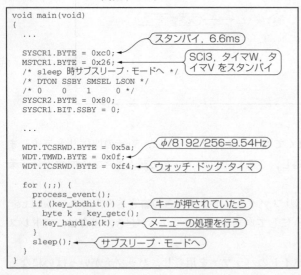

写真14-2　サブクロック用水晶発振子とコンデンサ

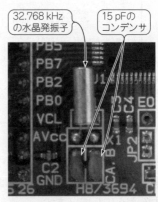

関数brentは，引き数で指定された関数の値が0となるような変数の値を求めるので，関数としてはf
を与えます．

値を求める変数(ここでは湿度)以外のパラメータが必要な場合は，大域変数で受け渡します．関数
brentの第2，第3の引き数は解を探索する範囲で，ここでは−5％から105％を指定しています．湿度の
表示は1％単位で行っていますが，この精度を得るのに必要な関数の評価回数は，ほとんどの場合4〜5回
で済みます．

● **メイン関数の動作概要**

メイン関数(**リスト14-6**)は無限ループですが，ループの終わりに関数sleepを入れて，サブスリー
プ・モードに遷移します．スタンバイ・モードでもタイマAは動作するのですが，LCDのバスが浮いて
しまうため，サブ・スリープ・モードを使いました．

32 Hzの割り込みが掛かると割り込みルーチンに制御が移り，割り込みルーチンが終了すると関数sleep
を脱出してループの先頭に戻ります．

ループの中では，割り込みルーチンでセットされた各種フラグに応じてLCDの表示を更新したり温湿
度の測定を行い，条件判定を行ってAC出力をON/OFFします．

14-5　組み立てと調整

今回はサブクロックを使うので，CPUボードのジャンパJP$_1$を切り離し，**写真14-2**のように32.768 kHz
の水晶発振子と15 pFのコンデンサ2個を取り付けます．

また，湿度センサは校正を行うため取り付けずに，代わりにみのむしクリップを付けておきます．その
ほかは特に注意点はありません．

組み立て終わったら，配線の確認を行い，半固定抵抗は中央にセットしておきます．

CPUボードを取り付けずにR_{27}のCPUボード側をグラウンドに落として電源を入れ，正しい電圧が加
わっているか，三角波が正常に発振しているかを確認します．また，IC$_{2c}$の出力を調べ，式(14-1)の電圧
が出力されていることを確認します．

CPUボードを装着し，スイッチSW$_1$をブート・モードにして電源を入れ，プログラムを書き込みます．
スイッチSW$_1$をユーザ・モードにして電源を入れ直して正常に動作すればOKです．

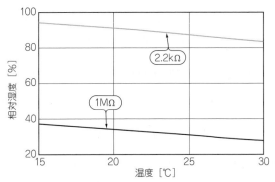

図14-8　湿度校正用グラフ
このグラフから調整の目標値を読み取る

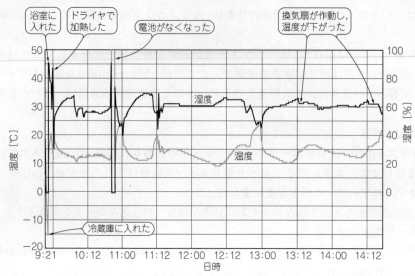

図14-9　ログをグラフ化した例

● 湿度計の校正

続いて湿度計の校正を行います．校正は，湿度センサの代わりに2.2kΩまたは1MΩの抵抗を接続して行います．それぞれの抵抗を接続したとき，温度に対応した湿度が表示されるようゲインとオフセットの半固定抵抗を調整します．湿度校正用のグラフを図14-8に示します．

1MΩを接続したときにオフセット(VR_1)を調整し，2.2kΩを接続したときにゲイン(VR_2)を調整します．これを数回繰り返して，値が正しく表示されるようになったら調整は終わりです．あとは湿度センサを取り付けて完成です．

● ログの取得とグラフ化

ログの出力は，EIA-574で送り出します．無手順なのでPCのターミナル・ソフトを開いて通信内容が記録できるようにした状態にし，ログ送信(LOG→Send log)を選択します．ログはCSVフォーマットなので，表計算ソフトなどで容易にグラフ化できます．ログをグラフ化した例を図14-9に示します．

□引用文献□
(1) HS12P, HS15Pデータシート.
　　▶http://www.thermometrics.com/assets/images/hs1215p.pdf
(2) 1S2076Aデータシート.
　　▶http://www.renesas.com/avs/resource/japan/jpn/pdf/diode/j208039_1s2076a.pdf

PWM出力とA-Dコンバータを使った位置制御のテクニック

鉄棒の空中浮遊装置の製作

笠原 政史

　本章では，H8/3694Fの演算能力を生かして，ソレノイドを使った位置制御について実験します．実験内容は，H8/3694FのPWM出力で市販のソレノイドを駆動し，ソレノイドの磁力によって鉄棒を空中に引き上げるというものです（写真15-1，図15-1）．

　ソレノイドとは，可動鉄心入りの電磁石のことで，例えば清涼飲料水の自動販売機の出口など，主にON/OFF制御に使われるアクチュエータ（電気などにより機械運動をする部品）です．

　ソレノイドに直流電流を流したときは，永久磁石と同じで，鉄棒は地面に落ちるかソレノイドに吸い付くかのどちらかになります．鉄棒の位置情報をH8/3694Fに入力し，位置に応じてソレノイドの電流をH8/3694Fで調整し，中間に浮かぶように位置制御をしてみました．

　安定に空中浮遊できるようになりましたが，正常動作範囲が狭いなど，まだまだ課題があります．ぜひ，モータ制御などの文献を参考にして，よりよい動きにチューニングしてみてください．

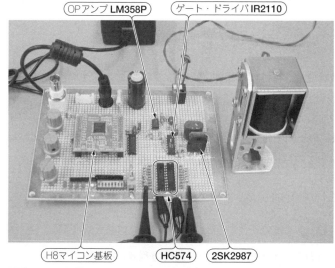

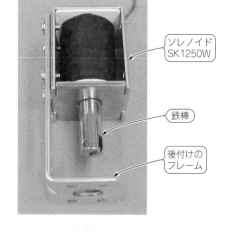

写真15-1　製作した鉄棒の空中浮遊装置

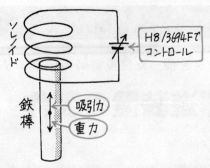

図15-1 重力と吸引力をバランスさせて空中浮遊させる

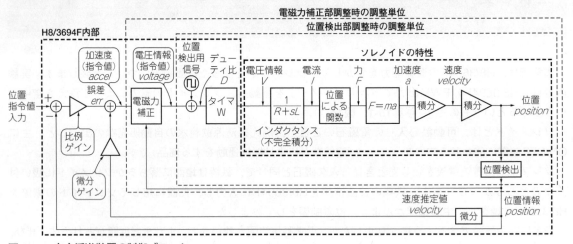

図15-3 空中浮遊装置の制御ブロック

15-1 ソレノイドの動作原理と制御の方法

空中浮遊装置の回路図を**図15-2**に，制御ブロックを**図15-3**に示します．

● ソレノイドの制御

タイマWで作られたPWM信号を，方形波のままTr₁で電力増幅してソレノイドに加えます．スイッチング周波数は，騒音が耳に聞こえない20 kHzにしました．

ソレノイドには0 V～24 Vの方形波電圧が加わりますが，インダクタンスが大きいために，電流はデューティ比に比例した直流電流＋ごく小さい振幅の三角波電流（スイッチング・ノイズ）になります．これは，デューティ比に比例した直流電圧を加えた場合とほぼ同じ結果になります．この意味で，本稿ではデューティ比のことを「電圧情報」と呼ぶことにします．

ソレノイドに電圧Vを加えると，ソレノイドの直流抵抗RとインダクタンスLにより，

$$I = \frac{V}{R + sL} \quad (s：ラプラス演算子)$$

の電流が流れます．電流が流れると鉄棒に吸引力Fが働きます．また，運動方程式，

$$F = ma$$

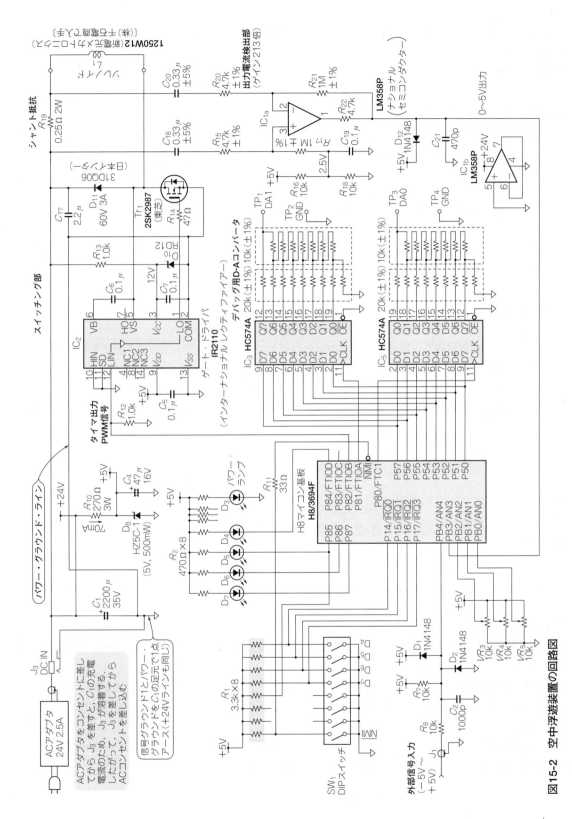

図15-2 空中浮遊装置の回路図

により鉄棒に加速度aが働きます．aを積分したものが速度（*velocity*），速度を積分したものが位置（*position*）になります．

● 鉄棒の位置検出の方法

　鉄棒がソレノイド内を移動すると，ソレノイドのインダクタンス値が大幅に変化します．これを測定すると現在位置を検出できます．

　ソレノイドの電圧情報に低周波・小振幅の位置検出用信号を重畳します．**図15-3**には表現されていませんが，電流を検出し交流成分をLM358P（IC$_1$）で増幅してA-Dコンバータに入力し，H8/3694F内で位置情報に変換します．

● 位置によらず一定の吸引力を鉄棒に作用させる

　ソレノイドに直流電流を流すと鉄棒に力が働きますが，その力はソレノイドから離れるにしたがって小さくなります．これは，ネガティブ・フィードバックをかける際，位置によってゲインが変わることを意味し，のちの制御が難しくなります．

　そこで，距離が離れるにしたがって電流を増やし，場所によらず一律の吸引力（加速度）が得られるようにしました．これを電磁力補正と呼ぶことにします．

● 鉄棒の位置制御

　位置指令値入力は，デバッグ用可変抵抗または外部信号源から入力します．

　指令値入力から位置情報を引き算したものが制御の誤差です．指令値入力より現在位置が低ければソレノイドの電圧を上げ，高ければ電圧を下げます．

　単純に位置情報をフィードバックすれば制御できそうですが，制御ループ内に積分が2回以上入ると位相余裕がなくなり，発振やリンギングを起こしやすくなるため安定な制御ができません．そこで，速度を推定してフィードバックすることで制御を安定化します．

● 一歩一歩確実に調整する

　順番としては，位置検出部，電磁力補正部の調整を経て，全体を組み合わせた"最終形"での調整になります．

15-2　位置検出部の調整

● アイディアを裏づけよう

　使用したソレノイドは位置センサとしての動作を保証しているわけではないので，どのような特性なのかを調べて技術的に問題がないことを確かめる必要があります．

　図15-4は，ソレノイドに方形波電圧を加えたときの電流波形です．方形波を積分すると三角波になります．つまり，電圧波形をソレノイドのインダクタンス成分により積分したものが，おおよその電流波形になっていることが確認できます．この三角波の振幅を測定すれば位置情報が得られそうです．

　ただし，鉄棒が奥に入った状態では三角波電流ではなく，位置に関係ない方形波電流が重畳されています．測定周波数が高い場合はこれを無視できないため測定誤差が大きくなる可能性があるので，低めの周波数で測定します．

　また，鉄棒の位置は一定でも直流電流の大小によってインダクタンスが変化しました．しかし，中ぐらいの電流値ではほぼ一定なので，その範囲で使うことにします．

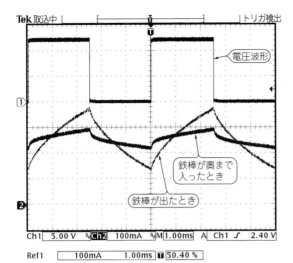

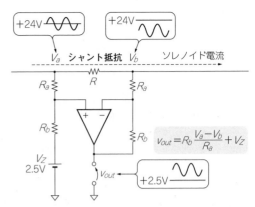

$$v_{out} = R_b \frac{V_a - V_b}{R_a} + V_Z$$

図15-5 差動アンプは入力信号の基準をV_Z基準の
信号に変換する

図15-4 ソレノイドに流れる電流波形の振幅から鉄棒の
位置がわかる（上：電圧波形. 5 V/div., 下：電流波形.
100 mA/div.. 横軸：1 ms/div.）

● 電流検出回路

図15-5は，電流検出回路を簡略化した回路です．シャント抵抗Rの両端子間には，ソレノイドに流れる電流に比例した電圧（$V_a - V_b$）が発生します．これをA-Dコンバータの入力に接続するわけですが，A-Dコンバータの入力電圧範囲は0〜+5 V，一方シャント抵抗は+24 Vにつながっているので直接接続することができません．

さらに，電源（+24 V）の出力インピーダンスが無視できない大きさなので，電源ラインの電圧（+24 V）は出力電流に応じて上下します（たとえば23.8〜24.2 Vなど）．

この揺らぎのために正確な電流を検出できないので，差動アンプを使ってシャント抵抗の両端の電圧だけを取り出します．

使用したOPアンプLM358Pは，同相入力電圧範囲の上限が$V_{CC} - 1.5$ Vであるため，$V_{CC} = 24$ Vで動かしたときの＋および－入力端子電圧は22.5 V以下でないと正常に動作しません．図15-5の回路で増幅率を大きくするとOPアンプの＋入力と－入力には約+24 Vが加わるので，実際の回路では入力にコンデンサを入れました．

● 位置検出アルゴリズムと全体動作のタイミング

このシステムは，PWMのスイッチング周期（50 µs）とA-D変換のサンプリング周期（100 µs），そして位置制御の周期（6.4 ms周期）の三つの時間の管理が必要です．

ソレノイドの電流は，PWM出力の2周期に1回サンプリングします．この電流のAC成分の振幅を測定するために同期検波を使いました．位置検出の動作を図15-6に示します．電流Iに同期した参照信号Refを乗算し（$I \times Ref$），1周期（電流データ32サンプル）積算すると振幅に比例した値が得られます．

この方法では，直流オフセットは自動的にキャンセルされます．また，過渡応答のうち直線的に変化する成分もRefの位相によってはキャンセルされます．

その時点での位置情報が計算できたら，次に電磁力補正と位置制御アルゴリズムにより，次のタイミングで設定したいデューティ比D（電圧情報）を決定します．

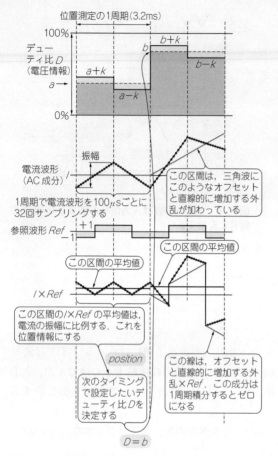

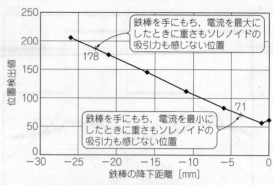

図15-7 鉄棒の降下距離と位置検出値の関係
5～20 mm程度ならば使えそうだ

図15-6 位置検出の動作（k：位置検出用信号の振幅）

ただし，後述するように，初回の位置情報は破棄するために，位置制御の周期は6.4 ms周期になります.

● 位置検出の直線性は意外と良好

デューティ比50％で鉄棒の位置を手で固定し測定したのが図15-7です.

5 mm～25 mmまで，ほぼ直線的に検出できることがわかります.

15-3　製作上の注意事項

● PWM出力の注意点

今回は，GRDレジスタをGRBレジスタのバッファに使用しています.

この機能を使うとき，GRBレジスタ値がGRAレジスタ値より大きいとGRDレジスタからGRBレジスタへの転送条件が発生せず，事実上発振が停止してしまいます.

それを避けるための方法を以下に示します.

● GRDはGRAより小さい値を設定する

実際に実験したところ，今回のループ構造では（GRAレジスタ値−2）以下にしないと動作が異常になりました. これはCPUの割り込み処理やレジスタへの転送時間によるものです.

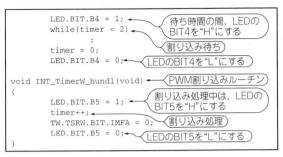

```
        LED.BIT.B4 = 1;
        while(timer < 2)
            ;
        timer = 0;
        LED.BIT.B4 = 0;

void INT_TimerW_hundl(void)
{
        LED.BIT.B5 = 1;
        timer++;
        TW.TSRW.BIT.IMFA = 0;
        LED.BIT.B5 = 0;
}
```

待ち時間の間，LEDの BIT4を"H"にする

割り込み待ち

LEDのBIT4を"L"にする

PWM割り込みルーチン

割り込み処理中は，LEDの BIT5を"H"にする

割り込み処理

LEDのBIT5を"L"にする

（a）プログラム

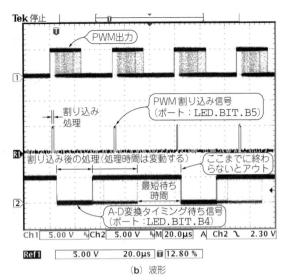

PWM出力

割り込み 処理

PWM割り込み信号 （ポート：LED.BIT.B5）

割り込み後の処理（処理時間は変動する）

ここまでに終わ らないとアウト

最短待ち 時間

A-D変換タイミング待ち信号 （ポート：LED.BIT.B4）

| Ch1 | 5.00 V | Ch2 | 5.00 V | M 20.0μs | A Ch2 ⌐ | 2.30 V |

| Ref1 | 5.00 V | 20.0μs | T 12.80 % |

（b）波形

図15-8　CPUの処理時間はまだ40％余裕がある（5 V/div., 20μs/div.）

● 初期化時GRBも初期化する

　GRDレジスタを初期化するのはもちろん，GRBレジスタも上記の正しい範囲の値を書き込んでおかないと発振を開始しません．

● 制御プログラムではCPUの処理時間をチェック

　今回のような制御プログラムでは，一定時間内にすべての処理が終わらないと制御が破綻します．すべての処理が終わっているか，また余裕がどの程度あるのかを調べるために，図15-8のようにポートに出力してオシロスコープで確認します．

　このようなチェックは，割り込み処理ルーチンのバグやタイミングがからんだバグを見つける際に有効です．

● デバッグ用D-Aコンバータで波形をチェック

　変数をシリアル通信でPCへ送るためのルーチンを作りました．しかし，シリアル通信は時間がかかるため，本来のプログラムの実行を妨げないようにバッファリングしたりデータ量を間引いたりといった手間がかかります．

　また，整数（int型など）をPCへ表示できるように文字列に変換する演算時間も長いです．波形を見たいときはExcelを立ち上げてグラフを作らなければなりません．

　そこで，8ビットのR-2Rラダー型D-Aコンバータを2チャネル作りました．この出力をオシロスコープで測定することで，デバッグの効率が格段に良くなりました．

15-4　電磁力補正部の調整

● 補正の定数を決めよう

　まず電磁力補正出力を切ります．鉄棒を手に持ち電流を最大したときに，重さもソレノイドの吸引力も感じない位置に鉄棒を移動します．そのときの位置検出値と電圧情報を図15-7のように記録します．

　次に，電流を最小にしたときに，重さもソレノイドの吸引力も感じない位置に鉄棒を移動します．その

ときの位置検出値と電圧情報を記録します.

吸引力は距離に反比例すると仮定して，この2点を通る補正式を次のように得ました.

```
voltage=(accel*(1148-position))>>16;
```

● おや，浮いた？

電磁力補正をかけて，可変抵抗VR_5(加速度指令値)を中央より30°ぐらい左にして，鉄棒を手で持ち，中央付近で力がゼロになる高さで手を離したところ鉄棒が浮きました.ここでは位置制御はかけていません.

鉄棒がソレノイドにくっついてしまったらH8/3694Fをリセットしてください.

手で軽く下に引いたりもち上げたりすると，元の位置に戻ろうとする復元力が働いていることがわかります.鉄棒がソレノイドから離れるほど電流を多く流す作用がやや強かったため，このように空中にとどまる動作をしたと考えられます.

● ゲインと位相の周波数特性

電圧情報から位置情報($position$)までの間に少なくとも2回積分するので，このループでは発振するはずなのですが，その症状は出ませんでした.なぜ発振しないのかはわかりません.

予想外のことが起きたので，補正の仕上がりとしてどのような特性になっているのかを確認してみました.

図15-9は，位置情報をデバッグ用D-Aコンバータに出力(dbgda1((position>>2)+127))し，加速度(指令値)から位置情報までの特性を，周波数特性分析器FRA5095(NF回路設計ブロック)で測定した結果です.

3～10 Hzではほぼ-12 dB/oct.で右下がり，つまり2回積分した特性になっています.この区間では加速度が一定になっていて，それを2回積分した位置情報が-12 dB/oct.で下がっていることがわかります.

低域では位置情報が平たんな特性，つまり位置制御されていることがわかります.2.5 Hzでややピークがあります.これは，電圧情報から位置情報までの間に2回積分しているため，やや不安定になっている点です.ただし，入力信号の振幅や位置によってこの特性は変わるようです.

なお，位置情報のサンプリング周期は6.4 msなので，$(1/6.4×10^{-3})×1/2 ≒ 78$ Hz以上のデータは意味をもちません.

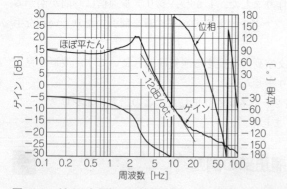

図15-9 ゲインと位相の周波数特性.2 Hz以下では位置制御になっている(OSC.振幅値：150 mV$_{peak}$，OSC.DCバイアス＝-0.70 V)

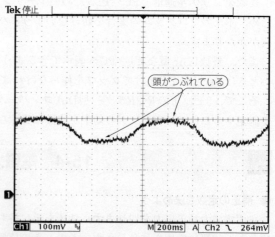

図15-10 電磁力補正だけで正弦波を入力したときの位置情報(1 V/div., 200 ms/div.)

● 波形ひずみが大きい

　図15-10は，指令値として正弦波を入力して位置情報をオシロスコープで測定したものです．ひずみが非常に大きくなっています．おそらく磁気回路のヒステリシスによるものでしょう．位置制御のフィードバックをかければ低減できるはずです．

　ひょっとすると発振しなかったのは，このためかもしれません．

● 外乱を加えると？

　鉄棒が浮いている状態で鉄棒を軽くつまんで引っ張ってみると，とても軽い力で移動できてしまいます．位置制御としては指で引っ張っても鉄棒がまったく移動しないのが理想ですが，そうはなっていないようです．

　また，ソレノイド自体を手にもち，ゆっくり振ると，鉄棒は大きく揺れてしまいます．位置制御としては鉄棒とソレノイドが並行移動で揺れるのが理想です．

15-5　最終形で調整

　より高性能な位置制御を目指すために"最終形"にして，可変抵抗を使って比例ゲインと微分ゲインを調整できるようにしました．

　DIPスイッチSW$_1$のD$_4$をOFF，D$_7$をON，可変抵抗VR$_3$（微分ゲイン）と可変抵抗VR$_4$（比例ゲイン）は左に回し切った状態から30°ぐらい右，可変抵抗VR$_5$（位置指令値）は中央より30°ぐらい左にしてリセット解除します．プログラム・リストをリスト15-1に示します．

　鉄棒を手に持って受ける力を感じてみると，図15-11のようになっています．鉄棒を手でつまみ，この中央のくぼみに移動して手を放すと浮きます．ただし山の近くでは発振のような挙動を示します．

● デューティ更新後の一つ目のデータは破棄する

　発振するところもあるので，位置検出用の差動アンプの出力波形を見てみました．プログラムを改造し，鉄棒落下中に1回だけデューティを更新したのが図15-12です．電圧情報であるデューティを更新して一

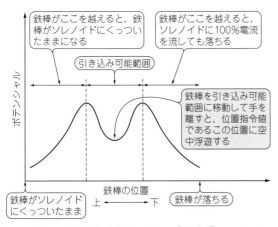

図15-11　鉄棒を手で持ったときの感触をグラフにした

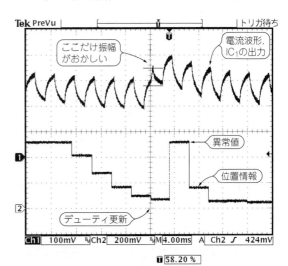

図15-12　デューティ更新後の一つ目の位置情報は異常な値（上：1 V/div., 下：2 V/div., 横軸：4 ms/div.）

リスト15-1　最終形のプログラム

```
#define SW        IO.PDR1      ← （DIPスイッチのポート. SW.BIT.B4～B7）
#define LED       IO.PDR8      ← （LEDのポート. LED.BIT.B4～B7）
#define SOLENOID12V  1         ← （ソレノイド電圧 0:24V 1:12V）

int putstr(char *), putint(int), putuint(unsigned), putlong(long), putulong(unsigned
long);
int dbgda0(int dat), dbgda1(int), dbgda1L(long);

void main(void)
{
  int input, position, position_before=0, err, velocity, voltage=499;
  unsigned long accel;
  long err_integ=0, err_integ_before=0;

  set_imask_ccr(1);      ← （割り込み禁止状態に遷移）
  init();                ← （電源投入時の初期化）
  set_imask_ccr(0);      ← （割り込み許可状態に遷移）

  while(1){              ← （位置制御ループ（このループのサンプリング時間は6.4ms)）
    if( voltage < 127 )  ← （GRD がマイナスにならないようにする）
      voltage = 127;
    else if( voltage > TW.GRA - 127 - 2 )  ← （GRDが998を越えないようにする）
      voltage = TW.GRA - 127 - 2;
    position_measure_loop( voltage );           ← （一つ目の位置データは捨てる）
    position = position_measure_loop( voltage );  ← （リニア領域 ±855）

    input = (((long)AD.ADDRA * 1710)>>16) - 855;  ← （入力信号 ±855）
    velocity = position - position_before;
    err = input - position;
    err_integ += err;
    accel = /*err_integ/2 +*/ err*(AD.ADDRB/2000) - velocity*(AD.ADDRC/300) + 0x7FFF;
    // accel は, 0x7FFF中心で0～0xFFFFの値.

    voltage = (accel * ( 1148 - position )) >> 16;  ← （電磁力補正）
    position_before = position;

    dbgda0( (position>>3) + 127 );
    dbgda1( voltage>>2 );
    if( sendc() ){
      putstr( "input=" );
      putint( input );
      putstr( "HIREI GAIN=" );
      putuint( AD.ADDRB/2000 );
      putstr( "BIBUN GAIN=" );
      putuint( AD.ADDRC/300 );
      putc( '¥n' );
    }
  }
}

// 電流を100μs間隔で32点サンプリングして, 位置情報を計算する.
int position_measure_loop( int voltage )
{
  unsigned int phase;
  int tpw, current;
  long fourier = 0;
  for( phase=0; phase<0x20; phase++ ){         ← （A-Dサンプリング・ループ）
    tpw = voltage + (((phase-3)&0x10)? 127: -127);  ← （位置検出信号加算）
    #if SOLENOID12V
      tpw >>= 1;
    #endif
    wait_next_sampling();     ← （次のサンプリング時刻まで待つ(100μs間隔)）
    TW.GRD = tpw;             ← （スイッチング・デューティ比更新）
    ad();                     ← （A-D変換実行）
    current = AD.ADDRD >> 6;
    fourier += ((phase+8) & 0x10)? current: -current;
  }
  return fourier + 1996;      ← （positionを返す. リニア領域 ±855）
}

int init()                    ← （LED全点灯）
{
  LED.BYTE = 0;
  IO.PCR2 = 0x01;    ← （未使用ピンP20を出力端子に）
  IO.PCR5 = 0xFF;    ← （ポート5はデバッグ用D-Aのために出力端子に）
  IO.PCR7 = 0xFF;    ← （未使用ポート7を出力端子に）
  IO.PCR8 = 0xFF;    ← （ポート8をすべて出力に設定）
}
```

リスト15-1　最終形のプログラム（つづき）

```c
// A/Dコンバータ初期化
  AD.ADCSR.BIT.SCAN = 0;        // 指定チャネルだけ変換する「単一モード」
  AD.ADCSR.BIT.CKS = 1;         // 変換時間=70ステート(max)

// デバッグ用関数初期化
  dbginit();

// スイッチング出力用 PWM出力初期化
  TW.GRD = 300;
  TW.GRB = 100;                 // GRDをバッファにしていても，GRB初期化必要
  TW.GRA = 1000;                // スイッチング周波数 20kHz
  TW.TCRW.BIT.CCLR = 1;         // スイッチング周波数はGRAレジスタで設定する
  TW.TCRW.BIT.CKS = 0;          // TCNTカウンタは内部クロックφ(20MHz)をカウント
  TW.TCRW.BIT.TOB = 1;          // GRBレジスタ=0のとき，デューティ比0%(Lo)出力
  TW.TIOR0.BIT.IOB = 2;         // GRBのコンペア・マッチでFTIOB端子へ1出力
  TW.TIOR0.BIT.IOA = 0;         // FTIOA端子は単なるI/Oとして使用
  TW.TIOR1.BIT.IOC = 0;         // FTIOC端子は単なるI/Oとして使用
  TW.TIOR1.BIT.IOD = 0;         // FTIOD端子は単なるI/Oとして使用
  TW.TMRW.BIT.PWMB = 1;         // FTIOB端子をPWMモードにする
  TW.TMRW.BIT.BUFEB = 1;        // GRDレジスタをGRBレジスタのバッファに使用
  TW.TMRW.BIT.CTS = 1;          // TCNTカウント開始

  TW.TIERW.BIT.IMIEA = 1;       // GRAレジスタコンペアマッチ割り込み許可
  LED.BYTE = 0xFF;              // LED消灯
}

// A/D変換ルーチン
int ad()
{
  AD.ADCSR.BIT.CH = 3;          // AN3を使用
  AD.ADCSR.BIT.ADST = 1;        // 変換開始
  while( AD.ADCSR.BIT.ADST )    // 変換が終わるのを待つ(3.5μs)
    ;

  if( SW.BIT.B7 )               // DIPスイッチD7がOFFのときは，位置設定として外部信号入力を
    AD.ADCSR.BIT.CH=4;          // 使用．そのときはAN4を使用
  else
    AD.ADCSR.BIT.CH = 0;        // 位置設定をボリウムAでするときはAN0を使用
  AD.ADCSR.BIT.ADST = 1;        // 変換開始
  while( AD.ADCSR.BIT.ADST )    // 変換が終わるのを待つ(3.5μs)
    ;

  AD.ADCSR.BIT.CH = 1;          // AN1を使用
  AD.ADCSR.BIT.ADST = 1;        // 変換開始
  while( AD.ADCSR.BIT.ADST )    // 変換が終わるのを待つ(3.5μs)
    ;

  AD.ADCSR.BIT.CH = 2;          // AN2を使用
  AD.ADCSR.BIT.ADST = 1;        // 変換開始
  while( AD.ADCSR.BIT.ADST )    // 変換が終わるのを待つ(3.5μs)
    ;
}

void abort(void)
{

}


int timer = 0;                  // PWMの割り込みでインクリメント

// 次にA/D変換するべき時刻(100μs間隔)まで待ちつづけるルーチン
int wait_next_sampling( void )
{
//  LED.BIT.B4 = 1;
  while( timer < 2 )            // PWM割り込みを2分周する
    ;
  timer = 0;
//  LED.BIT.B4 = 0;
}

// PWM割込みが一定の時間間隔(50μs間隔)で掛かるので，
// それを利用してA/D変換するべき時刻のタイミングを作り出す.
#pragma interrupt (INT_TimerW_hndl(vect=21))   // 割り込み関数にする
void INT_TimerW_hndl(void)
{
//  LED.BIT.B5 = 1;
  timer++;
  TW.TSRW.BIT.IMFA = 0;         // GRAレジスタ・コンペア・マッチ割り込みフラグをクリア
//  LED.BIT.B5 = 0;
}
```

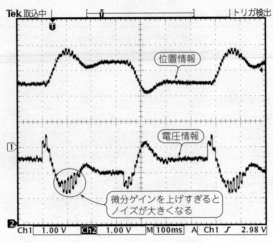

図15-13 最終形で方形波を入れたときの位置情報と電
圧情報（上：1V/div., 下：1V/div., 横軸：100 ms/div.,
比例ゲイン：14, 微分ゲイン：57）

つ後のデータは，異常な値を示します．

　これは，ソレノイドのインダクタンスや電流検出回路のハイ・パス・フィルタのステップ応答の影響を
受けているためです．いずれの応答も指数関数的応答で，その周波数スペクトルは広範囲におよんでいる
ため，除去するのは困難です．

　しかも，位置が下降している最中に急上昇しているデータとなっているため，このデータを使うと，ネ
ガティブ・フィードバックをかけたつもりがポジティブ・フィードバックになるおそれがあります．

　位置制御は高速なループにしたいところですが，デューティ更新後，一つ目のデータは破棄することに
しました．

● 方形波応答で安定度をチェックする

　DIPスイッチSW$_1$のD$_7$をOFFにすると，位置指令値が可変抵抗設定ではなく，外部信号入力になりま
す．

　DIPスイッチSW$_1$のD$_4$をONにすると，シリアル通信で現在の可変抵抗の設定値を送信します．シリア
ル通信中は制御が乱れるので，通信が終わったらDIPスイッチを戻します．

　デバッグ用D-AコンバータDA0には位置情報，DA1には電圧情報が出力されます．

　方形波を入れたときの位置情報と電圧情報の例を図15-13に示します．

　外部発振器により小振幅の方形波を入力し，可変抵抗を回したり，鉄棒に触ってみてください．比例ゲ
インを上げると応答が速くなりますが，上げすぎるとリンギングがはげしくなりやがて発振します．微分
ゲインを上げるとリンギングが抑えられますが，上げすぎるとノイズが大きくなり，正常に動作しなくな
ります．

● 外乱を加えると？

　比例ゲインを上げると，手で引っ張ったときの力が，電磁力補正だけのときに比べてやや強くなります．
また微分ゲインを上げると，ソレノイドを手でもって振ったときの揺れが小さくなります．

光センサ・インターフェースとPWM制御を使ったモータ駆動のテクニック

ポール・スラローム・ロボットの製作

山名 宏治

　本章では，ポール・スラローム・ロボットを製作します．**写真16-1**に製作したポール・スラローム・ロボットの外観を示します．**写真16-2**は動作中の連続写真から作成した合成画像で，右下から左上の方向に移動しているところです．動きはかなりスピーディなものになっています．

　足回りのメカ部分は，「チョロQ」より少し大きめの赤外線を使った超小型の無線操縦カー「デジQ」を使いました．**写真16-3**にデジQとの外観を示します．

　デジQのメカを使ったことによりメカ製作の手間が省け，また小型のH8マイコンもマッチして超小型にすることができました．

16-1　ポールを検出する方法

　ポールを検出するには，赤外線を使うほうが外光の影響を抑えることができますが，見た目の楽しさや動作のわかりやすさを優先するために，オレンジ色の可視光を使いました．ここでは，超高輝度LED TLOH180Pとフォト・トランジスタTPS601Aを対にして使用します．

　ポールの有無は，LEDの光をポールに当て，乱反射して戻ってくる光の量をフォト・トランジスタで検出して判定します．使用したLEDの指向角の半値角は8°とかなり狭いので，フォト・トランジスタも

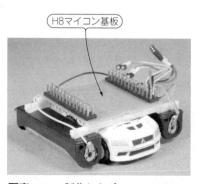

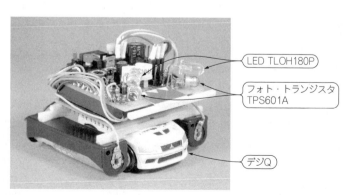

写真16-1　製作したポール・スラローム・ロボット

写真16-3　デジQの外観

光の反射を検出

距離測定用LED
が点灯している

右回りの旋回

左回りの旋回

写真16-2　連続写真から作成した合成画像(右下から左上に移動. 1コマの時間
間隔は0.4秒)

指向性の強いものにしました. LEDの光の指向角が狭いほうがシャープにポールの検出ができ(その極端
な形としてレーザ光になる), 指向角の狭いLEDを使いました. フォト・トランジスタも指向角が広いと
余計な回りの光を拾うことになるので, 指向角の狭いものにしました.

　LEDは点灯と消灯を高速で繰り返し, 点灯時と消灯時の光の量の差分がポールに当たって戻ってくる
光の量としました. この差分は, ポールまでの距離が近いほど大きくなり, 対象物を限定すれば距離も測
定できます. ただし, 数ミリという極端な近距離では, LEDとフォト・トランジスタの中心点がずれて
いることによって戻り光は減少します.

16-2　スラローム走行のアルゴリズム

● ポールを検出したら旋回方向を切り替える

　基本的なアルゴリズムは, 左右のセンサでポールを検出するたびに旋回方向を切り替えるという単純な
ものです. ここでは, **写真16-2**を使って説明します.

　手前から①番目と②番目は左回りの旋回で, 旋回の外側, つまり進行方向右側のLEDが点灯していま
す(以後"左""右"は同様の意味で使う).

　点灯しているセンサがアクティブな状態であり, ②番目でポールに光が当たりここで旋回方向を切り替
えます. ③番目は右回りの旋回で, 左側のLEDが点灯しています.

　次にポールに光が当たる場面はコマ落ちしていますが, ④番目は右側のセンサが点灯して左回りに切り
替わっています. ⑤番目は1番目に近い状態に戻った形であり, この繰り返しでポールを縫って走行しま
す.

● デフォルトは終端ポールで停止

　終端ポールに達したとき, 次のポールを検出するまで旋回を継続すると, 次のポールが一つ前のポール
になり, **図16-1**のように折り返してくることになります. もっとも, **図16-1**のようにきれいな旋回には
条件があり, 現実のロボットではなかなかそうはいきません.

　デジQのメカは, ギア比が低いうえに重量もあるので, 確実性の高い低速走行というわけにはいきま
せんし, 折り返し動作の完成度を上げるとなると難問になりそうです.

　今回は, 終端ポールを検出したところで停止することにして, スタート操作のオプションとして1往復

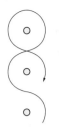

図16-1 終端ポールでの折り返し

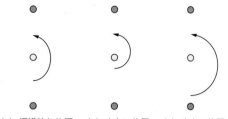

(a) 標準的な旋回　(b) 小さい旋回　(c) 大きい旋回

図16-2 三つの旋回半径

やエンドレス動作も選べるようにしました.

● **ポールとの距離に応じて旋回半径を変える**

前述したアルゴリズムを利用し，一定の旋回半径で動作させるだけでもポールを縫って走行することはできます. しかし，ポール間の中央近辺に移動する作用はほとんどないため，ずれると修正が効きにくく，ポール間隔はほぼ一定に制限されます.

図16-2(a)は標準的な旋回，(b)は小さい旋回，(c)は大きい旋回で，このようにロボットの旋回スタート時の位置に応じて旋回半径が変われば，次のポールとの間の中央のあたりにロボットを到達させることができます.

すなわち，旋回切り替え時に検出するポール(図の中央のポール)との距離に応じて旋回半径を変えれば良いことになります.

ここでは，あまり複雑な制御を行うと状態が把握できず，調整作業が煩雑になるので，検出した距離を近距離，標準距離，遠距離の三つに分類して，それぞれの旋回半径を設定することにしました.

16-3　ハードウェアの設計

ポール・スラローム・ロボットの回路図を**図16-3**に示します.

● **センサ回路**

D_1とD_2がセンサ用LED，Tr_1とTr_2が受光用フォト・トランジスタです. 受光量はA-D変換します. フォト・トランジスタは，感度にばらつきが見られるので，余分に購入してテストすることを推奨します.

H8/3694FのA-Dコンバータで測定精度を得るためには，接続回路，ここではセンサの出力インピーダンスが5 kΩ以下という制約があります. そこで，Tr_3とTr_4のエミッタ・フォロワでインピーダンスを下げています.

H8/3694Fのポート8は"L"のとき20 mAまで流すことができる大電流ポートなので，D_1とD_2を直接ドライブしています.

● **センサ回路の波形**

図16-4に**図16-3**の点**Ⓐ**と点**Ⓑ**の波形を示します. これは左センサだが右センサでも同様です. **図16-4**(a)と(b)は薄暗い環境，**図16-4**(c)と(d)はそれより明るい環境で測定したものです. センサとポールとの距離は，(a)と(c)，(b)と(d)は同じで，後者のほうが離れています.

(a)と(b)に対して(c)と(d)はほぼ平行移動した波形で，LEDがONのときとOFFのときの差分に関しては大きな差がありません.

(a)と(b)の薄暗い環境から真っ暗にしてもほとんど変わりませんでしたが，(c)と(d)よりさらに強い

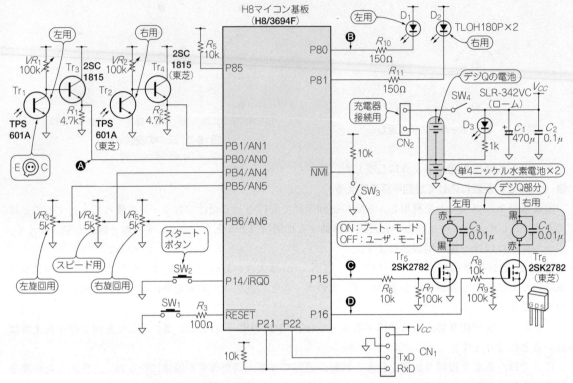

図16-3　ポール・スラローム・ロボットの回路図

外光をボールに当てていくと点Ⓐの波形が下がり，Tr_1が飽和するまでが測定可能範囲ということになります．

　VR_1を小さくすると測定できる範囲は広がり，感度は下がります．

● モータ駆動回路

　モータの回転はPWMで制御しています．**図16-3**のR_7とR_9は，H8/3694Fの出力（P15，P16）がハイ・インピーダンス時に動いたりしないようにするために入れました．

　C_3とC_4はノイズ除去用コンデンサです．

● 旋回調整用の半固定抵抗

　VR_3は左旋回，VR_4はスピード，VR_5は右旋回を調整するための半固定抵抗で，この設定がモータ駆動回路に出力するパルス幅に反映されます．

　VR_3とVR_5を別々にしたのは，メカが左右対称の造りとは限らないこと（モータ，ギアが同じでも特性が微妙に異なる）を考慮したものです．VR_3，VR_4，VR_5で定まる電圧は，A-Dコンバータで読み取ります．

　これらは，バッテリの電圧変動やメカの微妙な状態などを反映して良好な調整ポイントが変わることがあり，プログラム中で設定するより可変抵抗で簡単に調整できたほうが便利です．また，多数の調整パラメータがある中で総合的に調整していく作業では，パラメータを変更するたびにコンパイルとプログラム転送をしていると多大な手間がかかってしまうことがあります．

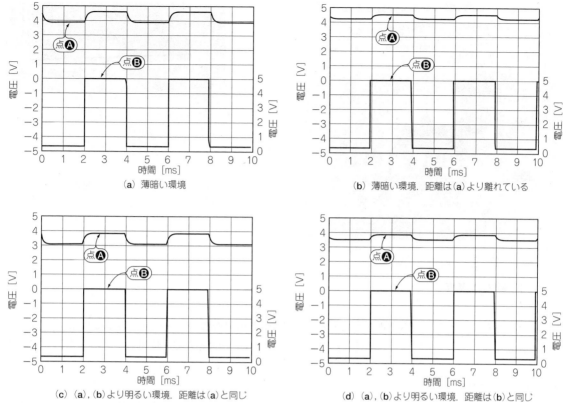

(a) 薄暗い環境

(b) 薄暗い環境. 距離は(a)より離れている

(c) (a), (b)より明るい環境. 距離は(a)と同じ

(d) (a), (b)より明るい環境. 距離は(b)と同じ

図16-4　図16-3のセンサ回路の波形

● **電源に単4ニッケル水素電池を追加**

　デジQは，2.4 Vの小型ニッケル水素電池を搭載し，それを5 Vに昇圧する回路を内蔵しています．

　今回は，単4型ニッケル水素電池を2本追加し，これをモータ駆動用電源としています．さらに，追加したニッケル水素電池に元のデジQの電池を重ねて合計4本の電池を電子回路用の電源としました．

　追加した2本の単4電池は，デジQのメカに対して重量オーバー気味ですが，長時間走行させることができます．

　図16-3のD$_3$はデジQの電池のモニタで，どちらの電池が消耗したのかをわかりやすくするためです．

　SW$_4$をOFFにするとほとんど電流が流れなくなるので，単4ニッケル水素電池の電源スイッチは省きました．D$_3$に逆電圧がかかりますが定格に納まっています．標準的な回路設計としては，SW$_4$を2回路にしてどちらもOFFするべきでしょう．

　ニッケル水素（またはニカド）電池の代わりに電圧の高いマンガンやアルカリ電池などを使用することは，H8/3694Fの電源電圧の使用範囲は3〜5.5 Vとなっていますし（絶対最大定格は7 V），モータの電圧も正規の使われかたより高くなるので避けたほうが無難でしょう．

● **デジQのバッテリの充電**

　CN$_4$はデジQのバッテリを充電するためのコネクタです．デジQのバッテリ充電は送信機から行うようになっていますが，送信機のバッテリで充電するのは不経済ですし，またこの充電回路の完成度はさほど高くないものがあるようです．

写真16-4　製作した基板

写真16-5　デジQのボディ裏のねじと自作した治具

吹き出し内：ビスの先端を三角形に削って製作する

　適当な電源があればそこから充電したほうが経済的で，その場合このバッテリの容量は80 mAhなので，時間で管理するならばバッテリが空の状態から充電を始めて，100 mAで1時間あたりが適当かと思います．

● 各スイッチの用途

　SW_1はH8/3694Fをリセットさせるリセット・ボタンです．H8マイコン基板の回路で1 μFのC_4が入っているので，R_3は電流制限の意味で入れてあります．

　SW_2は走行開始のスタート・ボタンとして設けました．H8/3694Fの$P14$は内部でプルアップするように設定していますので，プルアップ抵抗は必要ありません．

　SW_3をONにするとブート・モードになります．H8/3694Fの$\overline{NMI}$が"L"のとき，P85が"H"ならばブート・モードに入りますが，P85はユーザ・モードでは未使用としてR_5でプルアップしています．

● シリアル・コネクタ

　CN_3はPCのEIA-232ラインをレベル・コンバータを介して接続するためのコネクタです．レベル・コンバータの電源がここから取れるようにV_{CC}がつながっています．

16-4　回路基板とメカの製作

　製作した基板を**写真16-4**に示します．

　H8マイコン基板に13×2のピン・ヘッダ，自作する基板にピン・ソケットを両側に設けて接続するようにしました．自作する基板はピン・ソケットを裏面に付ける都合により，両面スルーのユニバーサル・ボードを使いました．

　縦横に25×15のユニバーサル・ボードの25列を16列に切断して使用しました．切断せずそのままでも問題はないと思いますが，小さなデジQに乗せるので，力学的影響としてイナーシャの増大と高い位置での重量増加はなるべく抑えたいところです．

写真16-6　改造を施したデジQのメカ部分

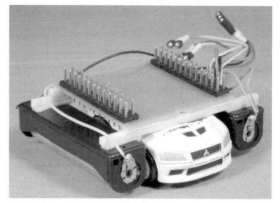

写真16-7　バッテリ・ケースとH8マイコン基板を両面テープで接着

センサの方向がズレるとかなりシビアに利いてくるものがあり，何かに激突したときセンサに直接当らないようにバンパを基板に付けました．

● デジQの特殊ねじ

デジQのボディは**写真16-5**のようにシャーシの裏側から1か所ねじ止めされていて，分解するにはこれを外さなければなりません．ところが安易に分解できないようにという配慮らしく，三角形の溝の特殊なものが用いられています．

写真16-5の手前にあるのはM2.6×10のビスの先端をヤスリで削って三角形にしたもので，特殊ドライバを購入しなくても，このようなもので間に合わせることもできます．三つのナットは方向をそろえて瞬間接着剤で固定してあり，削るときここで保持しました．また，ナットの6角形は正三角形に削る際に角度の基準にすることができます．

● デジQの改造

写真16-6は改造を施したデジQのメカ部分です．

重心はなるべく下げたいので，ボディの屋根の部分はカットしました．このカット作業には模型店でプラモデル用の工具として販売されている小型ノコを使いました．

デジQの電子基板を外し，**図16-3**のコンデンサC_3とC_4を付けて，バッテリとモータから配線を引き出します．細かいところに配線が密集しますので，短絡しないように両面テープとテープで止めています．

前後の2本の角棒は模型店で販売されている2mmスチロール角棒で，プラモデル用接着剤でボディに接着しています．この角棒はH8マイコン基板を取り付けるスペーサになりますので，H8マイコン基板の端がここに合うように位置決めする必要があり，基板の端に両面テープで付けておいてから接着すると容易に位置決めが行えます．

● バッテリ・ケースとH8マイコン基板の取り付け

写真16-7はバッテリ・ケースとH8マイコン基板を両面テープで角棒に取り付けたところです．

ボディが前に傾斜しているので後ろの角棒の位置が高く，バッテリの重心をなるべく下げる意味で，後ろは角棒を重ねて取り付け面の位置が下げてあります．ロボットのイナーシャの増大という点で，このように重いバッテリが回転運動の末端にあることは好ましくないのですが，ボディの上にバッテリをレイアウトすると今度は重心が高くなってしまいます．

軟質プラスチックのバッテリ・ケースが両面テープでしっかりと付かないことがありますが，その場合はポリエチレン，ポリプロピレン対応という表示の両面テープを使ってみてください．

● 重心位置の調節

重心の前後位置はバッテリの取り付け位置で調節します．重心は後輪寄りが良いのですが，必ずしも頭をもち上げない範囲でギリギリ後輪寄りが良いわけでもないようです．

結局は走行させながらようすを見て調整することになります．

16-5　ソフトウェアの実装

● タイマWの割り込み

以下は，タイマWの割り込みで処理しています．

- ● センサ用LEDの点滅
- ● フォト・トランジスタのA-D変換データの取得
- ● VR_3，VR_4，VR_5のA-D変換データの取得
- ● モータのPWM制御

図16-5にデジQが左回りに旋回しているときのタイムチャートを示します．右回りでも左右が入れ替わるだけで同様のチャートになります．

TCNTはタイマ・カウンタで，インクリメントされます．タイマWのコンペア・マッチ機能を使ってレジスタGRAの値と一致したときにTCNTをクリアすることで，GRAで定まる一定の周期（1 ms）の割り込みを得ています．割り込み処理関数func_tm_wを**リスト16-1**に示します．

● モータのPWM制御

GRAのコンペア・マッチ割り込みで両モータをONにします．左モータはレジスタGRB，右モータはレジスタGRCのコンペア・マッチ割り込みでOFFにしています．

周期は1 ms一定で，GRBとGRCに応じたデューティ比のパルスが送出されることになります．

● センサの制御

センサの制御は，GRAのコンペア・マッチ割り込み（周期1 ms）で行っており，アクティブになっている左右どちらかのセンサを対象に制御します．

A-D変換のスタートはLEDの点滅の中間で行い，その結果の読み込みは次の割り込みで行っています．

図16-5のGRAのコンペア・マッチ割り込み4個分，つまり4 ms周期が1セットになっており，LED点灯時と消灯時のA-D変換データがそろうことになります．この1セットだけではノイズに脆弱なのでポール検出では2回連続を条件にしています．

電源が安定したものではないので，モータに流れる大電流が電源電圧の変動を引き起こし，測定に影響を与えると考えられますが，LED点灯時と消灯時はPWM制御のパルスに同期しており同一条件になっています．

● 左旋回用 VR_3，スピード用 VR_4，右旋回用 VR_5 の読み込み

4回のコンペア・マッチ割り込みのなかで，一つの可変抵抗の値を読み込んで更新しています．

H8/3694Fには，連続してA-D変換するスキャン・モードもありますが，急ぐ必要はないので，単一モードで対象とする可変抵抗を巡回し読み込んでいます．

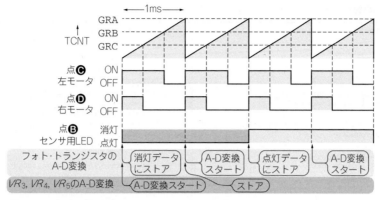

図16-5 左回り旋回時のタイムチャート

リスト16-1 割り込み処理関数（func_tm_w）

```
void func_tm_w()
{

  if(TW.TSRW.BIT.IMFA) {
    ++timecnt;
    ++wcnt;                        ← タイマWの割り込み0～3のカウンタ

    switch(wcnt & 3) {
      case 0:
        switch(s_select) {
          case left:
            sens_off=AD.DRA>>8;
            l_led_bit=led_on;       ← LEDオフ時の
            break;                     センサの読み取り
          case right:
            sens_off=AD.DRB>>8;
            r_led_bit=led_on;
            break;
        }

        switch(wcnt & 0x0c) {
          case 0:AD.CSR.BIT.CH=4;break;
          case 4:AD.CSR.BIT.CH=5;break;
          case 8:AD.CSR.BIT.CH=6;;break;
        }
        AD.CSR.BIT.ADST=1;

        ud_flag=1;

        break;

      case 1:
        switch(wcnt & 0x0c) {
          case 0:vol1=AD.DRA>>8;break;
          case 4:vol2=AD.DRB>>8;break;    ← 可変抵抗値の
          case 8:vol3=AD.DRC>>8;break;      読み込み
        }

        switch(s_select) {
          case left:AD.CSR.BIT.CH=0;break;
          case right:AD.CSR.BIT.CH=1;break;
        }

        AD.CSR.BIT.ADST=1;
        break;

      case 2:
        switch(s_select) {
          case left:
```

```
            sens_on=AD.DRA>>8;
            break;                       ← LEDオン時のセンサの
          case right:                       読み取り
            sens_on=AD.DRB>>8;
            break;
        }
        r_led_bit=led_off;
        l_led_bit=led_off;
        break;

      case 3:
        switch(s_select) {
          case left:AD.CSR.BIT.CH=0;break;
          case right:AD.CSR.BIT.CH=1;break;
        }
        AD.CSR.BIT.ADST=1;
        break;
    }

    if(move_st == non) {
      l_motor_bit=motor_off; r_motor_bit=motor_off;
    }
    else if(move_st==accel_right) {
      l_motor_bit=motor_on; r_motor_bit=motor_off;
    }
    else if(move_st==accel_left) {
      l_motor_bit=motor_off; r_motor_bit=motor_on;
    }
    else {
      l_motor_bit=motor_on; r_motor_bit=motor_on;
    }

    TW.GRB=l_tcnt;        ← モータをPWM制御するための
    TW.GRC=r_tcnt;           タイム・カウンタ

    TW.TSRW.BIT.IMFA=0;   ← モータのON/OFF
  }

  if(TW.TSRW.BIT.IMFB) {
    l_motor_bit=motor_off;
    TW.TSRW.BIT.IMFB=0;
  }

  if(TW.TSRW.BIT.IMFC) {
    r_motor_bit=motor_off;
    TW.TSRW.BIT.IMFC=0;
  }
}
```

```
void main()
{
  unsigned char start_select;

  init_sys();

  r_motor_bit=motor_off;1_motor_bit=motor_off;
  r_led_bit=led_off;1_led_bit=led_off;

  wcnt=0;ud_flag=0;move_st=non;near_flag=0;far_flag=0;
  timecnt=0;mode=0;round=0;

  if(button_bit==button_on)
    {start_select=s_select=left;one_push();}
  else start_select=right;

  while(1) {
    if(ud_flag) {              ← センサのデータが更新されたか
      ud_flag=0;                  どうかのフラグをチェック
      ++loop_cnt;

      get_pole_st();           ← ポールの検出

      run();                   ← 走行中の状態遷移を管理する
      if(mode) {
        run();
        if((mode<=2)&&(mode==round)) {
          mode=0;move_st=non;
        }
```

```
      if(button_bit==button_on) {
        one_push();
        mode=0;
      }
    }
    else {
      s_select=start_select;
      move_st=non;
      switch(pole_st) {
        case 4:another_blink(1);break;
        case 3:another_blink(3);break;
        case 2:another_blink(2);break;
      }
      if(button_bit==button_on) {
        mode=button_num();
        if(mode) {
          if(mode>3)mode=3;
          move_st=strate;
          timecnt=0;
          round=0;
        }
      }
    }
    set_move_st();
  }
  sleep();                     ← スリープ・モード
}
```

● **メイン関数の概要**

　リスト16-2にメイン関数mainを示します．前述した四つのGRAのコンペア・マッチ割り込みを1セットとして，センサのデータが更新されるまでは待機状態になります．

　更新されたらセンサのデータやVR_3，VR_4，VR_5のA-D変換値，タイム・カウントを入力としてアクティブなセンサの切り替えやモータ制御用パルスのデューティの変更を行います．

　待機状態では，マイコンの消費電流を抑えるためにスリープ・モードに入りますが，劇的に消費電力が減るわけではありません．ほかにサブスリープ，スタンバイなどの低消費電力モードがありますが，スリープ・モードにしたのは，すぐに起動する必要があるためです．

　割り込みが掛かるとスリープ・モードから抜けるので，センサ・データの更新以外のGRA，GRB，GRCのコンペア・マッチ割り込みでも抜けることになりますが，その場合は何もせず，ただちにスリープ・モードに戻ります．

16-6　操作方法

● **スタートと停止**

　電源スイッチSW_4をONにするとスタート・ボタンSW_2が押されるまで待機状態になり，SW_2を押すと左回りの旋回から走行を開始します．

　左回りなのでスタート時のロボットの位置は一番目のポールの右側に置いておきます．

　右回りの旋回から始めたいときは，SW_2を押しながら電源を入れます．

　最終ポールを抜けると自動停止します．走行中にSW_2を押しても停止し，次にSW_2を押すと電源投入後と同じ状態で再スタートします．

● 1往復とエンドレス走行

スタートさせるとき，スタート・ボタンSW_2を2度押しすると，最終ポールで停止せず**図16-1**の動作で折り返してきて，2度目の終端ポール，つまりスタート時のポールの検出で停止します．

SW_2を3回押すと終端ポールで停止せず，折り返し動作をエンドレスに繰り返します．

なお前述しましたが，これら折り返し動作の完成度は高くありません．

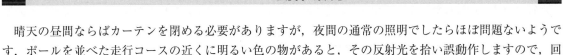

16-7　動作環境

晴天の昼間ならばカーテンを閉める必要がありますが，夜間の通常の照明でしたらほぼ問題ないようです．ポールを並べた走行コースの近くに明るい色の物があると，その反射光を拾い誤動作しますので，回りはある程度空けておきます．

タイヤが小さいため路面はなるべく平らであることが好ましいですが，通常のフローリングなら特に問題はないようです．

メカに綿ぼこりが絡み付いたりしないように，走行コースは清潔を心がけます．それでもタイヤの表面が汚れてきて，特に高速を出すとスリップを起こしがちになることがあります（タイヤはある程度汚れているのが標準状態とも言えるが）．その場合は濡らしたティッシュなどでタイヤを拭くと回復します．

● ポール

ポールは光の当たる面積を確保する意味である程度の太さが必要ですが，直径が20 mmもあれば十分でしょう．ポールの色は要するにLEDの光をよく返す色ということですが，白にしておけば色に依存せず無難です．

ポールは高さ70 mmの画用紙を丸めたものを用い，直径24 mmのプラスチック棒に巻きつけて接着してから抜き取るという方法で製作しました．画用紙を丸めるとしわがよりがちで，水に濡らしてから巻きつけるときれいに巻けました．

このロボットは能力にあまり余力がありませんので，通り抜けられるようにポール設定をロボットに合わせることも必要です．

16-8　調整方法

● VR_1，VR_2でセンサを調整する

最初に，スタート・ボタンSW_2の待機状態で調整します．

ポールの検出は，未検出，遠距離，標準距離，近距離の四つに分類してロボットの動作に反映していますが，アクティブでないセンサのLEDの点灯によりこの四つの状態を表示します．

未検出のときは無灯，遠距離のときはスローな周期で一瞬の点灯の繰り返し，標準距離では速く，近距離ではさらに速くなります．

最終的なVR_1，VR_2の調整は実際に走行させて状況を見ながら行っていきます．

走行中もアクティブでないセンサで遠距離，標準距離，近距離の表示を前記のSW_2の待機状態に準じて表示します．標準距離のときはLEDを無灯にしている点が異なります．

標準距離を無灯にしたのは，走行中はポール無検出の表示の必要がなく（旋回方向が変わらなければ無検出），走行中に瞬時にブリンクの種類を識別するのは意外な難易度があるからです．

● センサの位置と方向

　LEDがフォト・トランジスタの前にあると，LEDからの直接光がフォト・トランジスタに入ってしまうことがあります．

　LEDとフォト・トランジスタはだいたい平行になるようにしますが，最大検出距離で視線がクロスする形で少し内向きに角度ももたせるのがコツです．

　センサは真横ではなく斜め前方を向いていますが，真横では旋回の開始が遅れがちになり，このようにすると旋回の開始位置が進みます．

　走行コースから離れたところでも鏡や金属面のようなものがあれば，強い光が反射してきて誤動作の原因になります．このような場合，不必要な遠方に光が届かないようにセンサを少し下向きにします．

● VR_3，VR_4，VR_5 でスピードと旋回を調整

　VR_4で全体的なスピード，VR_3で左旋回，VR_5で右旋回の曲がり具合を調整します．

　ギア比が低いため遅いほど安定とは限らず，むしろ適度なスピードは必要です．

16-9　プログラム中の定数

　前のスピードと旋回以外にも設定するパラメータはあり，これらはプログラム中の定数としてソース・プログラム中の#define文で定義されています．

● ポール検出に関するもの

　thdet：点灯時と消灯時のA-D値の差分がこれ以上あったとき，ポールの検出とする数値．

　thnear：差分がこれ以上あったとき近距離とする．

　thfar：差分がこれ以下であったとき遠距離とする．

● 時間設定に関するもの

　以下の時間設定に関する設定値と実際の時間との関係は［数値×1 ms］になります．

　stratetime：スタート・ボタンSW_2が押された後，すぐに旋回を始めるのではなく直進動作が入れてあり，その直進の継続する時間を設定する定数．

　acceltime：旋回方向を切り替えるときに応答を速くするため，今まで外側だったタイヤのモータは完全停止させ，内側のモータはフル・パワーにする動作が入れてあり，その継続する時間を設定する定数．

　なお，近距離，標準距離，遠距離の検出はこの時間内で行っていますので，1桁とか極端に小さくすると計測に影響が出ることがあります．

　longtime：終端ポールの検出は一定時間内に次のポールを検出しないことにより行っており，その時間を設定する定数．

　設定がシビアというよりは，旋回の継続時間だけで終端ポールの検出とするのがそもそも無理があり，ロボットのチューニングやポール設定に対応して書き換えることも必要なようです．

[第17章] 製作編

A-Dコンバータで直流電圧を測定するテクニック

ニカド/ニッケル水素蓄電池の
急速充電器の製作

西形 利一

本章では，ニカド/ニッケル水素蓄電池用急速充電器を製作します（**写真17-1**）．

ニカド/ニッケル水素蓄電池の一般的な急速充電方法では，電池の電圧がピーク値よりも少し下がった
タイミングで充電を止めています．また，電池の温度を監視したり過充電防止用タイマで異常時に充電を
止めるようになっています．

本製作では，電圧検出にH8/3694F内蔵のA-Dコンバータを，過充電防止用タイマにH8/3694F内蔵のタ
イマを使いました（電池の温度検出は省略）．製作した急速充電器の機能ブロック図を**図17-1**に示します．

なお，本器の製作には，危険がともなうので十分注意してください．

17-1 急速充電器の仕様と特性

製作する急速充電器の仕様を**表17-1**に，回路図を**図17-2**に示します．充電電流はスイッチで変えられ
るようにし，充電の状態を赤と緑のLEDで表示しました．なお，今回はリニア・レギュレータを使用し
ましたが，効率の良いスイッチング電源のほうが一般的です．

この回路を使って，単3型ニッケル水素蓄電池（2000 mAh）を1.75 Aの定電流（0.875 C）で充電し，1 Aの
定電流で放電させたときの端子電圧の変化を**図17-3**と**図17-4**に示します．

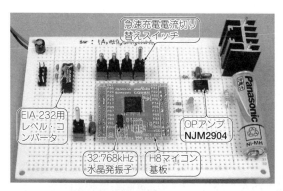

写真17-1 製作した急速充電器

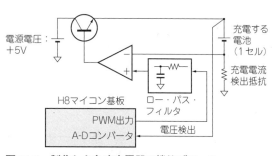

図17-1 製作した急速充電器の機能ブロック

表17-1 製作した急速充電器の仕様

充電できる電池	ニカド蓄電池またはニッケル水素蓄電池(急速充電対応のものに限る)
本数	1本
急速充電電流	0.13 A～1.9 A/スイッチで選択
急速充電移行電流	急速充電電流の1/4
トリクル電流	急速充電電流の1/25
充電完了検出方法	−15 mV検出式
初期の−ΔV不検知タイマ	10分
急速充電移行タイマ	60分
急速充電タイマ	90分
トータル・タイマ	10時間

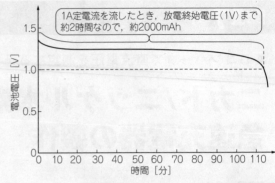

図17-4 ニッケル水素蓄電池(2000 mAh)を充電した後に,1 Aの定電流で放電したときの経過時間-電池電圧特性

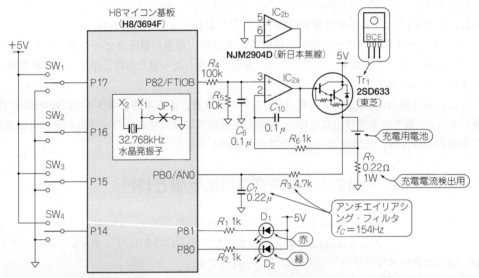

図17-2 急速充電器の回路図
電源端子,NMI端子などの接続は,第2章の図2-3を参照してください

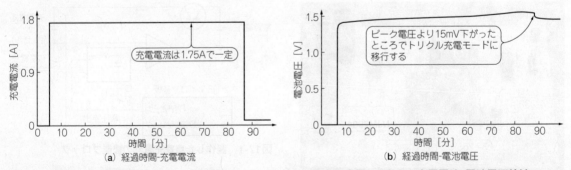

(a) 経過時間-充電電流

(b) 経過時間-電池電圧

図17-3 製作した充電器でニッケル水素蓄電池(2000 mAh)を1.75 Aで充電したときの充電電流-電池電圧特性

● 分解能10ビットの逐次比較型

H8/3694Fは，逐次比較型の10ビットA-Dコンバータを内蔵しています．このA-Dコンバータは，内蔵されているアナログ・マルチプレクサにより8チャネルの入力に対応します．ただし，A-Dコンバータ部は1回路なので，各入力の同時性が問題となるような応用には使用できません．

理想的なA-Dコンバータでは量子化誤差以外は発生しませんが，実際のA-Dコンバータでは，オフセット誤差，非直線性誤差，フルスケール誤差などが存在します．細かい定義はメーカごとに異なる場合がありますが，H8/3694Fの場合は**図17-5**のようになっています．

● 内蔵A-Dコンバータ使用上の注意点

▶ 信号源インピーダンスを規定値以下にする

H8/3694FのA-Dコンバータは，信号源インピーダンスの上限に規定（5 kΩ）があります．

5 kΩより大きいインピーダンスで駆動すると，サンプル＆ホールド回路の入力容量を規定時間内に充電できなくなり，誤差が大きくなります．

▶ 0 V付近とフルスケール付近は使わないようにする

0 V付近とフルスケール付近では，オフセット誤差とフルスケール誤差によって変換できない範囲があります．この値は電源電圧や変換クロックで変化しますが最大で37 mV程度なので，これ以内に収まるようにアンプやアッテネータを挿入します．

入力信号の変化の範囲が小さい場合には，オフセットを加えて変換し，あとからソフトウェアで差し引くと交流ゲインを上げることができます．ただし，それに使うオフセット電源やアンプは，ドリフトの小

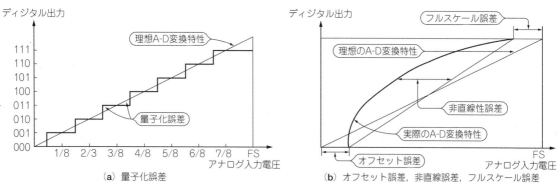

(a) 量子化誤差 　　(b) オフセット誤差，非直線誤差，フルスケール誤差

● 変換精度の定義
▶ **分解能**：出力されるディジタル・コードの数のことで，これが多いほど小さい電圧の差が判別できる．
▶ **量子化誤差**：連続したアナログ量を正確に表現するには無限の分解能が必要だが，実際のA-Dコンバータは有限の値になる．したがって，中間のアナログ値は一番近いディジタル・コードに丸められる．このときの丸め誤差を量子化誤差といい，1/2LSBになる．
▶ **オフセット誤差**：ディジタル出力が 0000000000 から 0000000001 になるときのアナログ入力電圧値の値のことで，これ以下の電圧は変換することができない．仮にオフセット誤差が最大10mVである仕様のA-Dコンバータでは，温度や素子のばらつきなどによって5mVの電圧を測ることができない場合がある．
▶ **非直線性誤差**：理想A-Dコンバータからの誤差のうち，オフセット誤差，フルスケール誤差，量子化誤差を除いたもの．
▶ **フルスケール誤差**：ディジタル出力が 1111111110 から 1111111111 になるときのアナログ入力電圧の値から，理想A-Dのディジタル出力を引いたものをいう．

図17-5　H8/3694Fの内蔵A-Dコンバータにおける変換精度の定義

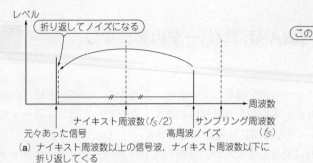

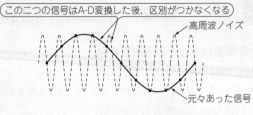

（a）ナイキスト周波数以上の信号波，ナイキスト周波数以下に
　　折り返してくる

（b）時間軸で見ると…

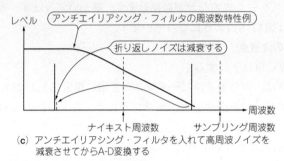

（c）アンチエイリアシング・フィルタを入れて高周波ノイズを
　　減衰させてからA-D変換する

図17-6　A-Dコンバータを使うときはアンチエイリアシング・フィルタを入れる

さいものを選びます．

▶ A-D変換時に折り返し雑音が発生しないようアンチエイリアンシング・フィルタを付ける

　信号を離散化する際には，**図17-6**のようにサンプリング周波数の半分の周波数で折り返す現象が発生します．この折り返した信号をエイリアスといい，いったん折り返してしまった信号はあとで取り除くことはできません．そのため，必要な帯域以上の信号をあらかじめ減衰させておく必要があります．このフィルタをアンチエイリアンシング・フィルタと呼びます．

　フィルタの次数やカットオフ周波数は，必要とする帯域の信号が減衰せず，妨害信号を十分減衰させるように決めます．今回は，ソフトウェアで作成したディジタル・フィルタのカットオフ周波数が39Hzなので，その4倍程度で素子値がちょうどよい154Hzにしました．

● 2次電池の充電回路に関する基礎知識

▶ 電池の充電完了はピーク電圧から数十mV下がったタイミングで検出する

　充電が完了したかどうかを，電池の電圧が最大値よりも15mV下がったかどうかで検出する$-\Delta V$検出方式が一般的です．

　これは，電池の充電が進むにつれて電池の電圧が上昇し，100％充電されると電池の電圧が下がり始めることを利用しています．

▶ 電池の電圧が0.8V以下なら急速充電しない

　過放電や深放電された電池を大きな電流で充電すると，十分な容量が回復しない場合があります．

　このため，電池電圧が0.8V以下の場合には急速充電電流の1/4程度の急速充電移行電流で充電します．その後，電池電圧が0.8Vに達したところで急速充電電流に切り替えます．

▶ 充電開始初期は$-\Delta V$を検知しないようにする

　ニカド蓄電池やニッケル水素蓄電池は，深放電や過放電などにより充電初期に疑似$-\Delta V$現象を示すた

め，充電開始してから5〜10分程度は$-\Delta V$を検知しないようにする必要があります．

▶ トリクル充電とは

満充電後に，自己放電を補う程度の微小な電流で長時間充電する方法をトリクル充電といいます．

ニカド蓄電池やニッケル水素蓄電池は，比較的自己放電電流が大きいのでトリクル充電可能ですが，リチウム・イオン2次電池のように自己放電電流がきわめて小さくトリクル充電すると，過充電になってしまうものがあります．

17-3　製作上のポイント

● A-Dコンバータの電源はディジタル回路用電源と交流的に分離する

A-Dコンバータは，図17-7のように1番ピンのAV_{CC}から供給される電圧を基準に動作します．そのため，この端子にノイズが乗っていたり変動したりすると，A-D変換した値にもノイズや変動分が含まれてしまいます．

それを避けるために，図17-8のようにアナログ回路用の電源ラインが別に用意されているICでは電源を別々にするか，フィルタやレギュレータを使って交流的に分離します．H8マイコン基板には3端子コンデンサ（エミフィル）が実装されており，高域でマイコンのAV_{CC}と電源側が分離されるようになっています．

H8マイコン基板にはディジタル回路用の電源にもエミフィルが実装されています．IC内部で発生するスイッチング・ノイズが基板内に漏れ出さないという面やそれによる不要輻射電波を抑えるという意味で，各電源にフィルタを挿入することは有益です．

● 共通インピーダンスを作らないように配線する

充電電流は，最大2Aまで設定できるようにしました．これに対してCPUやフィルタに流れる電流はたかだかミリアンペア程度です．仮に$\phi 0.5\,\mathrm{mm}$の銅線で配線した場合，長さ10 cm当たりの抵抗は約8 mΩ（@20℃）なので，2 Aの電流が流れると16 mVの電位差を生じます．

ここで，図17-9のような接続を考えます．A-DコンバータのGNDと電流検出抵抗のGNDの間には16 mVの電位差が生じてしまいます．一方，A-Dコンバータの1 LSBは約5 mVに相当するので，16 mVは3 LSB分です．

今回のように，流れる電流が一定で直流の場合にはソフトウェアで取り除くことも可能ですが，一般的にはA-Dコンバータの見かけ上の分解能が下がってしまいます．これを避けるために，大電流が流れる配線と制御用の配線は別々にして，なるべく供給源で接続するようにします．

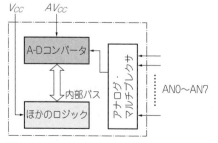

図17-7　A-Dコンバータの電源は別になっている

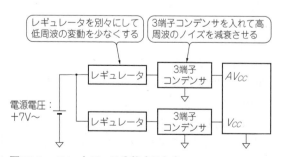

図17-8　AV_{CC}とV_{CC}は分離すると良い

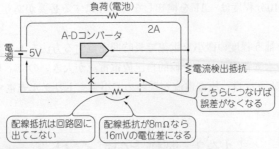

負荷(電池)

A-Dコンバータ

2A

電源 5V

電流検出抵抗

こちらにつなげば
誤差がなくなる

配線抵抗は回路図に
出てこない

配線抵抗が8mΩなら
16mVの電位差になる

図17-9　共通インピーダンスは安定動作の敵

● **LEDを駆動するときはH8/3694Fに電流が流れ込む向きにする**

H8/3694Fのポート8は大電流ポートで直接LEDを駆動することができます（"L"出力時20mA）．

しかし，H8/3694Fから流れ出す向きの許容電流は小さいので，誤ってそれ以上の電流を取り出すとCPU全体が動かなくなります．必ず，H8/3694Fに流れ込む向きに使います．

● **電池ホルダは大電流に耐えるものを使う**

プラスチック製の電池ホルダの中には，大電流を流すと熱で溶けてしまうものがあります．

金属製のものや大電流に対応したものを使用します．

17-4　出力トランジスタとOPアンプの選択

電池の電圧は，流れる電流によって電圧が大きく変動するので，充電完了を安定に検出するためには電池に流す電流を一定にしなければなりません．

電池に流れる電流を一定にするためには，電流検出抵抗R_7によって電流を電圧に変換し，これが指令値と同じになるように制御します．

充電電流は最大で約2Aになりますが，OPアンプは単体で2Aもの電流を供給することはできません．そこで，適当なバッファを挿入して電流を流せるようにする必要があります．

● **OPアンプの発熱を抑えるためにh_{FE}が十分大きいパワー・トランジスタを使う**

一般的なOPアンプは，数mA程度の出力電流しか取り出せません．それ以上の電流を取り出すと発熱したり出力電圧のスイングが小さくなるなどの弊害が生じます．

さらには，入力が飽和し正常な負帰還回路を構成できなくなります．そのため，トランジスタのh_{FE}は，「充電電流÷OPアンプの出力許容電流」よりも十分大きいものを使います．

今回使用したトランジスタ2SD633はダーリントン接続タイプでh_{FE}は2000以上なので，OPアンプからの電流は1mAですみます．

● **OPアンプは入力電圧が0Vから使用できるものを使う**

検出する電圧が23mV〜0.4Vと小さいため，この範囲で動くOPアンプでなければなりません．

ここで使用したNJM2904は，片電源で動作するOPアンプで，0Vまで使えるようになっています．負電源を用意すれば一般的なOPアンプでも使用できます．

● プログラムの概要

　プログラムのフローチャートを**図17-10**に示します．メイン・プログラムは，必要な初期設定のみを行った後，割り込みを待つ無限ループに入ります．

　割り込みルーチンは二つあり，一つは$50\,\mu$sごとの割り込みでタイマVのコンペア・マッチで起動します．この処理では，電池の電圧を読み込んでからフィルタの計算をしています．

　もう一つは，0.5 sごとの割り込みでタイマAのオーバフローで起動します．この処理では，電池の電圧と経過時間に従った処理をしています．

● 満充電を確実に捕えるために…ディジタル・フィルタによる平均化

　充電完了を検出するためには，いったんピークに達した電池の電圧が15 mV程度下がったことを安定に検出する必要があります．H8/3694Fに内蔵されているA-Dコンバータの分解能は10ビットなので，15 mVは3 LSBに相当します．

　アンプを入れて交流ゲインを上げる方法もありますが，A-Dコンバータ自体もノイズや誤差を発生するので，今回はタイマVの割り込み処理に簡単なディジタル・フィルタを追加して平均化する方法を採用し

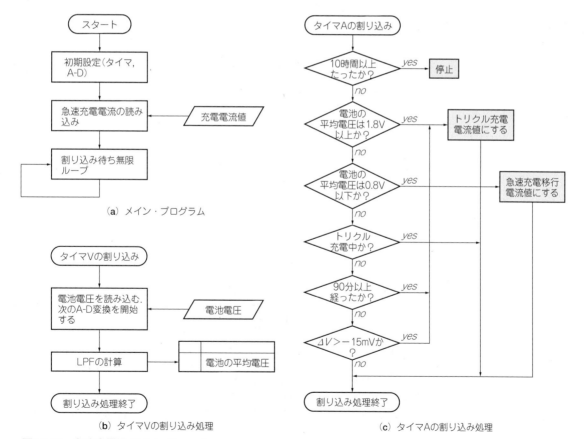

（**a**）メイン・プログラム

（**b**）タイマVの割り込み処理

（**c**）タイマAの割り込み処理

図17-10　急速充電器のフローチャート

リスト17-1　急速充電器のプログラム

割り込み処理，ロー・パス・フィルタ部などを抜粋

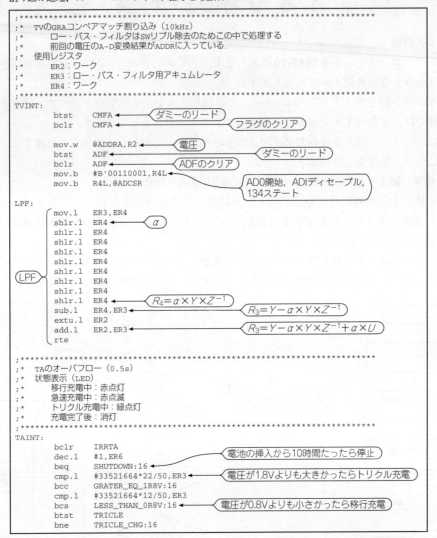

```
;*******************************************************
;*   TVのGRAコンペアマッチ割り込み（10kHz）
;*     ロー・パス・フィルタはSWリプル除去のためこの中で処理する
;*     前回の電圧のA-D変換結果がADDRに入っている.
;*   使用レジスタ
;*     ER2：ワーク
;*     ER3：ロー・パス・フィルタ用アキュムレータ
;*     ER4：ワーク
;*******************************************************
TVINT:
        btst    CMFA          ←── ダミーのリード
        bclr    CMFA          ←── フラグのクリア

        mov.w   @ADDRA,R2     ←── 電圧
        btst    ADF           ←── ダミーのリード
        bclr    ADF           ←── ADFのクリア
        mov.b   #B'00110001,R4L
        mov.b   R4L,@ADCSR         ADO開始，ADIディセーブル，
                                   134ステート
LPF:
        mov.l   ER3,ER4
        shlr.l  ER4           ←── α
        shlr.l  ER4
        shlr.l  ER4
        shlr.l  ER4
        shlr.l  ER4
        shlr.l  ER4
        shlr.l  ER4
        shlr.l  ER4
        shlr.l  ER4           ←── $R_4 = \alpha \times Y \times Z^{-1}$
        sub.l   ER4,ER3       ←── $R_3 = Y - \alpha \times Y \times Z^{-1}$
        extu.l  ER2
        add.l   ER2,ER3       ←── $R_3 = Y - \alpha \times Y \times Z^{-1} + \alpha \times U$
        rte

;*******************************************************
;*   TAのオーバフロー（0.5s）
;*   状態表示（LED）
;*     移行充電中：赤点灯
;*     急速充電中：赤点滅
;*     トリクル充電中：緑点灯
;*     充電完了後：消灯
;*******************************************************
TAINT:
        bclr    IRRTA
        dec.l   #1,ER6
        beq     SHUTDOWN:16           ←── 電池の挿入から10時間たったら停止
        cmp.l   #33521664*22/50,ER3   ←── 電圧が1.8Vよりも大きかったらトリクル充電
        bcc     GRATER_EQ_1R8V:16
        cmp.l   #33521664*12/50,ER3
        bcs     LESS_THAN_0R8V:16     ←── 電圧が0.8Vよりも小さかったら移行充電
        btst    TRICLE
        bne     TRICLE_CHG:16
```

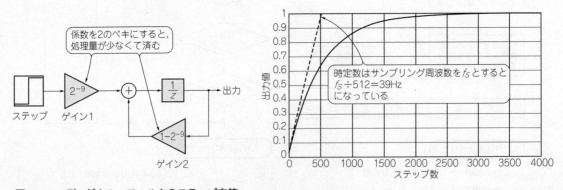

係数を2のベキにすると，処理量が少なくて済む

ステップ　ゲイン1　2^{-9}　$+$　$\frac{1}{z}$　出力

ゲイン2　$1-2^{-9}$

時定数はサンプリング周波数をf_Sとすると$f_S \div 512 = 39Hz$になっている

図17-11　ディジタル・フィルタのステップ応答

```
;*********************************************************************
;*    急速充電                                                        *
;*        充電電流：P1から読み込んだ値                                 *
;*        急速充電タイマー：90分                                       *
;*********************************************************************
QUICK_CHG:
        bnot    R_LED                   ;赤点滅
        btst    QCHG
        bne     CHK_V:8
        bset    QCHG                    ;急速充電に移行した
        mov.b   #H'FF,R0L
        mov.b   R0L,@TCORB              ;TMOVをローレベルに強制
        mov.b   #B'01001000,R0L
        mov.b   R0L,@TCRV0              ;TV停止
        mov.b   #0,R0L
        mov.b   R0L,@TCNTV              ;カウンタ初期化
        mov.b   @CHGDTY,R0H
        mov.b   #TV_CYCL,R0L
        sub.b   R0H,R0L
        mov.b   R0L,@TCORB
        mov.b   #B'01001001,R0L
        mov.b   R0L,@TCRV0              ;TV停止
        mov.l   ER6,@TS_QCHG            ;時刻を記録

CHK_V:  mov.l   @PEAK_V,ER0
        cmp.l   ER0,ER3
        bcs     CHK_T:8
        mov.l   ER3,@PEAK_V             ;ピーク電圧を記録
CHK_T:                                  ;急速充電タイマのチェック
        mov.l   @TS_QCHG,ER0
        sub.l   ER6,ER0
        cmp.l   #10*60*2,ER0           ;最初の10分は−⊿Vを検出しない
        bcc     CHK_T2:8
        rte
CHK_T2:
;       mov.l   @TS_QCHG,ER0            ;上でやっている
;       sub.l   ER6,ER0                ;  //
        cmp.l   #90*60*2,ER0
        bcs     CHK_DELTA_V:8
        bclr    QCHG
        bra     TRICLE_CHG:8           ;急速充電開始から90分過ぎたらトリクル充電に移行
CHK_DELTA_V:
        mov.l   @PEAK_V,ER0
        sub.l   #33521664*15/5000,ER0
        cmp.l   ER0,ER3
        bcc     NO_DV_SENS:8
        bclr    QCHG
        bra     TRICLE_CHG:8           ;−⊿V＝15mVになったらトリクル充電に移行
NO_DV_SENS:
        rte
```

ました.

　使用したディジタル・フィルタは，実装が容易な1次のIIRロー・パス・フィルタです．カットオフ周波数は適当でかまわないので，係数が2のべきになる39Hzに設定しました．ステップ応答は**図17-11**のようになります．係数を2のべきになるように設定すると，乗算や除算がシフト演算で代用できるので，係数の精度が必要なく速度を要求されるような場合には便利です．

　アキュムレータの分解能が足りないと，リミット・サイクルと呼ばれる一種の発振現象が現れるので，分解能は十分に確保します．

　プログラムを**リスト17-1**に示します．

[第18章]

製作編

リモコンの受信処理と I²C バスの基本テクニック

リモコン電子ボリュームの製作

石島 誠一郎

本章では，赤外線リモコン送信機で操作できる音量調整回路（以下，リモコン電子ボリューム）を製作します（写真18-1）．リモコン電子ボリュームは，自作のオーディオ機器など，幅広い応用が考えられます．

リモコンの受信処理は，H8/3694F に内蔵されているタイマを利用します．また，リモコン・コードを保存するために，H8/3694F の I²C バスに接続したシリアル EEPROM を使用します．

なお，本器の製作には，E7 エミュレータとそれに同梱されている開発ツールを使いました（p.274 参照）．E7 エミュレータについては，p.269 のコラムを参照してください．

18-1　リモコン電子ボリュームの仕様

● リモコン・コードの登録機能

リモコン送信機は，テレビなどに使用されているリモコンを流用しました．そのため，リモコンが送信するリモコン・コードを登録するセットアップ・モードを用意しました．

登録したリモコン・コードは，I²C バス接続のシリアル EEPROM に保存します．これによって電源が

写真18-1　製作したリモコン電子ボリューム

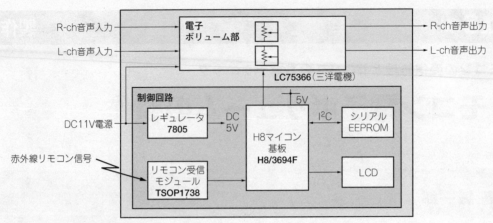

図18-1 赤外線リモコンで制御する電子ボリュームの構成

切れてもデータが保持されるので，登録は一度行うだけで済みます．

● **通常使用時は受信・解析とボリューム設定**

　通常の使用モードでは，受信したリモコン・コードと登録してあるリモコン・コードを比較し，押されたキーを判断します．

　さらに，リモコンのキー操作に合わせて電子ボリュームICの設定を行い，音量を調整するとともに現在のボリューム設定状態をLCDに表示します．

● **回路の構成**

　図18-1に，リモコン電子ボリュームのブロック図を示します．Rチャネル（R-ch），Lチャネル（L-ch）の音声を入力し，音量を調整して出力するアナログ回路部とH8/3694Fを中心としたディジタル回路部で構成します．

　H8/3694Fは，リモコンの受信処理とLCDへの情報表示，シリアルEEPROMの読み書き，電子ボリューム部の制御を行います．

18-2　赤外線リモコンの詳細

● **赤外線リモコンのしくみ**

　図18-2に赤外線リモコンの送受信の概要を示します．リモコン送信機の各キーには，リモコン・コードが割り当てられています．キーが押されると対応するリモコン・コードを変調したパルスが生成され，そのパルスで赤外線LEDを点滅させます．

　リモコン受信部では，フォト・ダイオードで受光した赤外線を電気パルスに変換します．このパルスを復調してリモコン・コードにすると，どのキーが押されたのかを判断できます．

● **リモコン・データのフォーマット**

　赤外線リモコンの送信信号フォーマットは，メーカ独自のフォーマットのほか，家電製品協会フォーマットがあります．広く利用されているNEC送信フォーマットを**図18-3**に示します．

　赤外線パルスのキャリア周波数は38kHzです．キーが押されたときの信号は，リーダ・コード，カスタム・コード，データ・コードから構成されています．

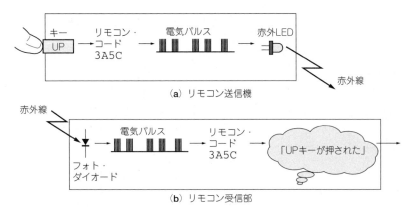

（a）リモコン送信機

（b）リモコン受信部

図18-2 赤外線リモコンの送受信の概要

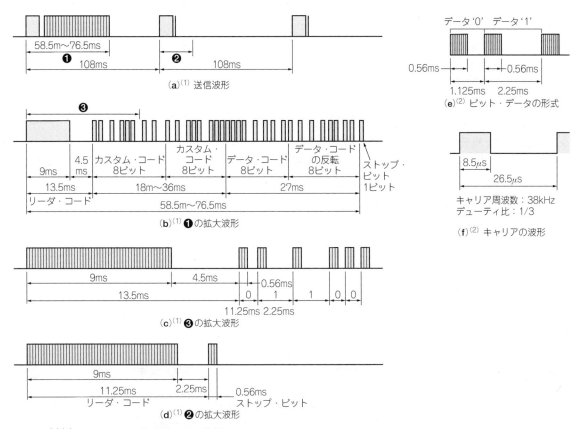

（a）[1] 送信波形

（b）[1] ❶の拡大波形

（c）[1] ❸の拡大波形

（d）[1] ❷の拡大波形

（e）[2] ビット・データの形式

（f）[2] キャリアの波形

キャリア周波数：38kHz
デューティ比：1/3

図18-3 [1][2] リモコン・データのNEC送信フォーマット

　リーダ・コードは，シリアル通信のスタート・ビットに相当する役割をもち，これからリモコン・コードが送られることを示します．

　カスタム・コードは，送信された信号がどのメーカのものなのかを表し，メーカごとにコードが割り振られています．

　データ・コードは，各メーカが割り当てるリモコン・キーに対応するコードです．後半の8ビットは前

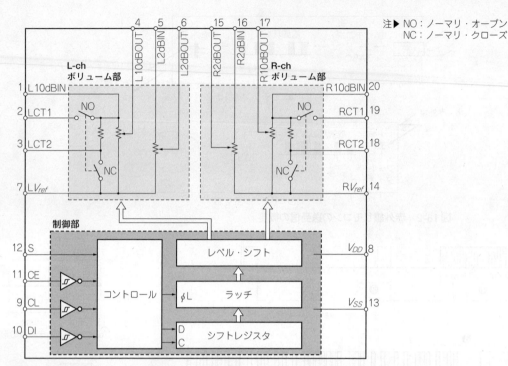

図18-4[(3)]　電子ボリュームIC LC75366の内部ブロック図
S：セレクト端子，CL：クロック端子，DI：データ入力端子

半8ビットを反転したデータで送信されます．

　リモコンのどのキーが押されたのかを判断するためには，カスタム・コードとデータ・コードだけを取り出してリモコン・コードに変換することになります．

　カスタム・コードとデータ・コードは，PPM（Pulse Position Modulation）という変調方式でデータの1/0を表しています．ここでは，キャリアのある時間に比べてキャリアのない時間が長い（1.5倍以上）ならば‘1’，そうでなければ‘0’を表します．

　リモコン信号の受信処理では，キャリアのある時間とない時間を測定し，それぞれの時間の長さを解析することによってリモコン・コードを得ることになります．

18-3　電子ボリュームIC LC75366の概要

　電子ボリュームIC LC75366の内部ブロック図を図18-4に示します．LC75366は，左右の音量を独立して調整するためのR-ch/L-chボリューム部と，ボリュームを設定するための制御部で構成されています．

　R-ch/L-chボリューム部は，音量を10 dBステップで調整するための粗調ボリュームと2 dBステップで調整するための微調ボリュームで構成されています．2 dBステップの細かな音調調整は，音声信号を粗調ボリュームに通した後に微調ボリュームに通して行います．

　また，ラウドネス用端子（LCT1，LCT2，RCT1，RCT2）にコンデンサと抵抗を接続することで，ラウドネス機能を追加できます．

　LC75366の各設定は，CE，CL，DI端子に規定のシリアル・データを入力します．シリアル転送のタイ

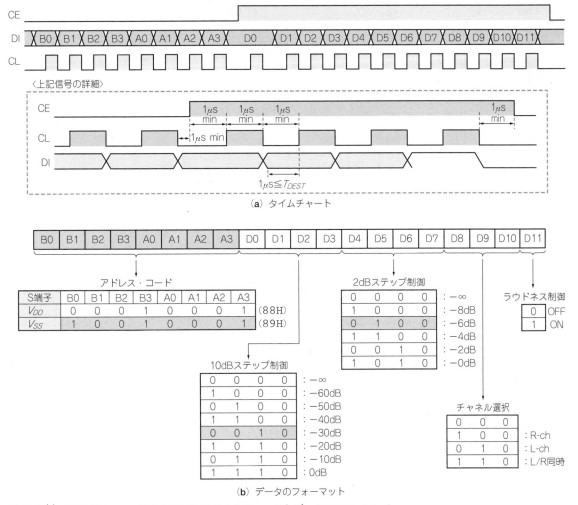

(a) タイムチャート

| B0 | B1 | B2 | B3 | A0 | A1 | A2 | A3 | D0 | D1 | D2 | D3 | D4 | D5 | D6 | D7 | D8 | D9 | D10 | D11 |

アドレス・コード

S端子	B0	B1	B2	B3	A0	A1	A2	A3	
V_{DD}	0	0	0	1	0	0	0	1	(88H)
V_{SS}	1	0	0	1	0	0	0	1	(89H)

2dBステップ制御

0	0	0	0	: $-\infty$
1	0	0	0	: -8dB
0	1	0	0	: -6dB
1	1	0	0	: -4dB
0	0	1	0	: -2dB
1	0	1	0	: -0dB

ラウドネス制御

0	OFF
1	ON

10dBステップ制御

0	0	0	0	: $-\infty$
1	0	0	0	: -60dB
0	1	0	0	: -50dB
1	1	0	0	: -40dB
0	0	1	0	: -30dB
1	0	1	0	: -20dB
0	1	1	0	: -10dB
1	1	1	0	: 0dB

チャネル選択

0	0	0	
1	0	0	: R-ch
0	1	0	: L-ch
1	1	0	: L/R同時

(b) データのフォーマット

図18-5[(3)] 電子ボリュームIC LC75366のタイムチャートとデータのフォーマット

ムチャートとデータのフォーマットを**図18-5**に示します.

このデータは全20ビットで,アドレス8ビット,データ12ビットから構成されています.LC75366のS端子をGNDに接続すると,アドレス・コードが89Hのときにデータを受け付けます.

音量は,たとえば10dBステップ制御を-30dB,2dBステップ制御を-6dBに設定した場合,トータルで-36dBになります.

18-4 リモコン電子ボリュームの回路設計と製作

● アナログ回路部と制御回路部

図18-6にリモコン電子ボリュームの回路図を示します.LC75366(三洋電機.入手先:千石電商)を中心としたアナログ回路の電源電圧は11V,H8/3694Fやキャラクタ・ディスプレイ・モジュール(LCDモジュール)などの制御回路の電源電圧は5Vです.

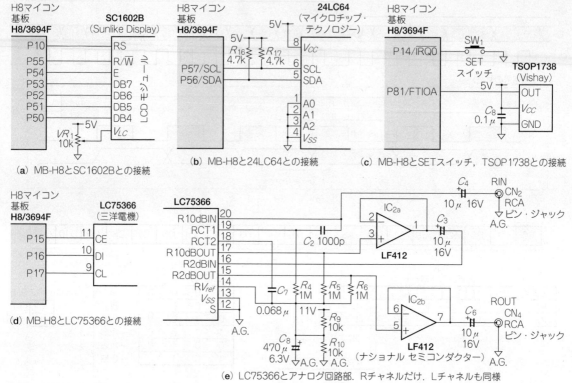

(a) MB-H8とSC1602Bとの接続

(b) MB-H8と24LC64との接続

(c) MB-H8とSETスイッチ，TSOP1738との接続

(d) MB-H8とLC75366との接続

(e) LC75366とアナログ回路部．Rチャネルだけ．Lチャネルも同様

図18-6　リモコン電子ボリュームの回路図

　LC75366は出力インピーダンスが高いため，FET入力のOPアンプLF412をバッファとして使用します．

● リモコン受信モジュールの接続

　赤外線リモコン受信モジュールTSOP1738（Vishay Intertechnology．入手先：秋月電子通商．旧CRVP1738）は，PINフォト・ダイオード，プリアンプ，復調回路が内蔵されており，赤外線パルスを受光し復調した信号を出力します．

　キャリアがあるときには“L”，ないときには“H”を出力します．TSOP1738の出力は，H8/3694FのP81/FTIOA端子に入力します．

● I²CバスとシリアルEEPROMの接続

　リモコン・コードを保存するために，I²Cバス接続のシリアルEEPROM 24LC64を使いました．

　H8/3694Fと24LC64との接続は，2本の信号線SDA，SCLを使用し，それぞれをプルアップします．H8/3694FのI²Cバス専用端子は，P57/SCL，P56/SDA端子です．

　24LC64のスレーブ・アドレスは，A0〜A2端子で設定します．A0〜A2をすべてGNDに接続した場合，スレーブ・アドレスはA0Hに設定されます．

　I²Cバスに複数のデバイスを接続する場合でも，SDA，SCLにそれぞれのデバイスを接続するだけですが，同じスレーブ・アドレスのデバイスは接続できないので注意が必要です．

● 電子ボリュームICとの接続

　LC75366とH8/3694Fは，汎用I/Oポートで接続します．

　ソフトウェアで汎用I/Oポートを操作し，送信するデータとクロックを1ビットずつ出力することでシ

リアル転送を実現します.

● スイッチの接続

セットアップ・モードに入るためのSETスイッチは，P14/$\overline{\text{IRQ0}}$端子に接続します.

H8/3694Fに内蔵されているプルアップ抵抗を利用するため，外付けのプルアップ抵抗は不要です.

18-5　ソフトウェアの実装

● 受信・解析処理はタイマWを使用

受信・解析処理のフローチャートを図18-7に示します．この処理は，read_remocon関数（リスト18-1）で行っています.

Column … 1　H8マイコンの聴診器E7エミュレータ(注)とその接続回路

H8/3694Fには，デバッグ機能が実装されており，マイコンの内部動作を専用端子から読み出すことができます．この機能を一般にオンチップ・デバッグ機能といいます.

オンチップ・デバッグ機能を組み込んだH8/3694Fと通信を行い，エミュレーションを行う装置をオンチップ・デバッギング・エミュレータといいます.

H8/3694Fに対応するオンチップ・デバッギング・エミュレータにはE10Tエミュレータ（ルネサス テクノロジ）やE7エミュレータ（ルネサス テクノロジ）があります.

E7エミュレータのパッケージの内容は，以下のとおりです.
・E7エミュレータ本体
・USBケーブル

・ユーザ・システム用インターフェース・ケーブル
・CD-ROM（E7用のHEW，マニュアル，自己診断プログラム．Tiny/SLP無償版コンパイラ，R8C/Tiny用無償版コンパイラ，アプリケーション・ノート）

E7エミュレータ本体の外観を写真18-Aに示します.

E7を使うとマイコンの動作を監視したり，プログラムの実行を少しずつ進めてようすを見ることができます．マイコンがプリント基板に実装された状態でも使用できます.

E7エミュレータはホストとのインターフェースにUSBが使用でき，MAX232などのレベル・コンバータは不要です．本書でも製作編・第18章と第19章でE7エミュレータを使っています.

E7エミュレータとH8/3694Fの接続回路を図18-Aに示します.　　　　　　　　　〈大中 邦彦〉

写真18-A　E7エミュレータの外観

注：E7は，2011年2月現在，保守製品となっている．後継製品はE8aである.

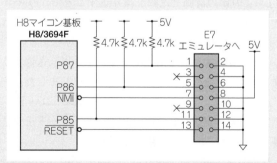

図18-A　E7エミュレータとH8マイコン基板との接続回路

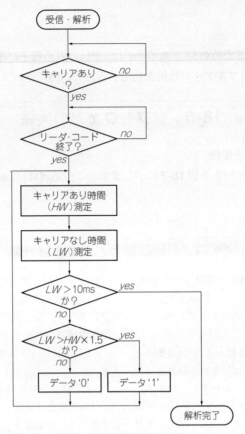

図18-7　受信・解析処理のフローチャート

　まず，キャリアが検出されるまで待ちます．キャリアが検出されたら，リーダ・コードが終了するまで待ちます．

　リーダ・コードの後は，リモコン・コードが送られてくるので，タイマ W をフリーラン・カウンタとして利用し，キャリアありの時間（HW）となしの時間（LW）を計測します．LW が $HW \times 1.5$ よりも大きければデータ '1' を，小さければデータ '0' を表します．

　LW，HW の計測と比較を繰り返すことで，リモコン・コードを1ビットずつ解析していきます．データ・コードが終了すると LW が 10 ms 以上になるため，受信・解析処理が終了したことがわかります．

　NEC 送信フォーマットの信号だけに対応するのであれば，リモコン・コードは4バイトに限定してよいのですが，柔軟性をもたせて4バイト以上送信するリモコンにも対応するために，最大8バイトのリモコン・コードを受信できるプログラムにしました．

　read_remocon 関数により，リモコン・コードと受信したコードのバイト数が得られます．なお，リモコン・コードが存在しないリピート・コードを受信した場合には，バイト数は0バイトとなります．

● リモコン・コードの保存と読み込み

　リモコン・コードの保存は，read_and_save_remocon_code 関数内で行っています（**リスト18-2**）．リモコン・キーごとにROMのアドレスを割り振り，それぞれのキーに対応するリモコン・コードとバイト数を保存します．

リスト18-1 リモコン・データの受信・解析処理関数（read_remocon）

```
// receive the remocon signal and analyze the signal
int read_remocon(struct REMOCON_CODE *premocon){

        unsigned int h_width, l_width;
        unsigned char tmp_code, mask;
        unsigned char bit, byte, end;
        end = 0;

        while(IR_IN);                      カウンタの動作
        TW.TCNT = 0x0000;                                      キャリアが検出されたら，
        TW.TMRW.BIT.CTS = 1;                                   カウントをスタート

        while(!IR_IN);                                                         リーダ・コード受信
        h_width = TW.TCNT;
        TW.TCNT = 0x0000;         HW 測定

        if(h_width < MIN_LEADER_HW || MAX_LEADER_HW < h_width){
                return 0;                              リーダ・コードの
        }                                              パルス幅チェック

        while(IR_IN);
        TW.TCNT = 0x0000;
        for(byte = 0; byte < MAX_REMOCON_CODE_BYTE && !end; byte++){
                tmp_code = 0;                     カウンタの動作
                mask = 0x80;
                for(bit = 0; bit< 8; bit++){
                        while(!IR_IN);
                        h_width = TW.TCNT;       HW 測定
                        TW.TCNT = 0x0000;

                        while(IR_IN);
                        l_width = TW.TCNT;       LW 測定
                        TW.TCNT = 0x0000;

                        if(l_width > MIN_TRAILER_LW){          LW が大きければ
                                end = 1;                       測定終了
                                break;
                        }
                                                                                リモコン・コード受信
                        // PPM demodulation
                        if(l_width > (h_width + h_width >> 1))   HWとLWから
                                tmp_code |= mask;               1/0判定
                        mask >>= 1;
                }
                premocon->code[byte] = tmp_code;               リモコン・コード
                premocon->nbyte = byte;                        を保存
        }
        return 1;
}
```

リスト18-3 リモコン・コードの読み込み関数（load_remocon_code）

```
void load_remocon_code(){

        int i, code_no;
        unsigned int addr;

        for(code_no = 0; code_no < REG_REMOCON_CODE_NUM; code_no++){   すべてのリモコン・コードを読み出す
                addr = REMOCON_CODE_START_ADDR + (code_no << 5);       保存されている ROM アドレスを計算

                for(i = 0; i< MAX_REMOCON_CODE_BYTE; i++){
                        reg_remocon[code_no].code[i] = 0;              リモコン・コードを記憶する
                }                                                      RAM 領域を初期化

                while(is_iic_rom_busy());
                reg_remocon[code_no].nbyte = read_iic_rom(addr++);
                for(i = 0; i < reg_remocon[code_no].nbyte; i++){       リモコン・コードを
                        reg_remocon[code_no].code[i] = read_iic_rom(addr++);   ROM から読み出す
                }
        }
}
```

リスト18-2　リモコン・コードの保存関数（read_and_save_remocon_code）

```
void read_and_save_remocon_code(unsigned int code_no){        // recevie remocon code and write it into IIC ROM
        int i;
        unsigned int addr;
        struct REMOCON_CODE rd_remocon;

        while(!read_remocon(&rd_remocon));  ◀───リモコン・コードの受信・解析
        clear_lcd();
        puts_lcd("ok");
        wait130ms(4);
        clear_lcd();
        putc_lcd('0' + rd_remocon.nbyte);  ┐
        puts_lcd("byte code");             │
        set_cursor_lcd(1, 0);              │  リモコン・コード解析
        for(i = 0; i < rd_remocon.nbyte; i++){  │  結果の表示
                puth_lcd(rd_remocon.code[i]);   │
        }                                  │
        puts_lcd("               ");       ┘

        addr = REMOCON_CODE_START_ADDR + (code_no << 5);  ◀───保存先ROMアドレスを計算
        while(is_iic_rom_busy());
        write_iic_rom(addr++, rd_remocon.nbyte);          ┐
        for(i = 0; i< rd_remocon.nbyte; i++){             │
                while(is_iic_rom_busy());                 │  リモコン・コードを
                write_iic_rom(addr++, rd_remocon.code[i]);│  ROMに保存
        }                                                 ┘
        wait130ms(20);
        clear_lcd();
}
```

リスト18-4　リモコン・コードの検索関数（search_remocon_code）

```
int search_remocon_code(struct REMOCON_CODE *premocon){
        int code_no;
        if(premocon->nbyte == 0){          ┐ リモコン・コードの長さ＝0なら，
                return REMOCON_REPEAT;     ┘ リピート・コードと判定する
        }
        for(code_no = 0; code_no < REG_REMOCON_CODE_NUM; code_no++){
                if(compare_remocon_code(premocon, &reg_remocon[code_no])){  ┐ 記憶しているすべての
                        return code_no;                                     ┘ コードと順次比較
                }
        }
        return REMOCON_CODE_NOT_FOUND;  ◀───一致するコードが見つからなかった
}
```

リスト18-5　ボリュームの設定とLCDへの情報表示関数（volumeUD）

```
void volumeUD(int ud){
        int db;

        volume.master += ud;
        volume.master = (volume.master > MAX_VOLUME) ? MAX_VOLUME : volume.master;
        volume.master = (volume.master < MIN_VOLUME) ? MIN_VOLUME : volume.master;

        set_cursor_lcd(0, 9);
        if(volume.master == MIN_VOLUME){              // if mute
                putc_lcd('-');
                putc_lcd(0xf3);                       // inifinity character
                puts_lcd("      ");
        }
        else{
                db = (MAX_VOLUME - volume.master) * 2;
                if(db != 0)
                        putc_lcd('-');
                puti_lcd(db);
                puts_lcd("dB    ");
        }
        set_volume();
}
```

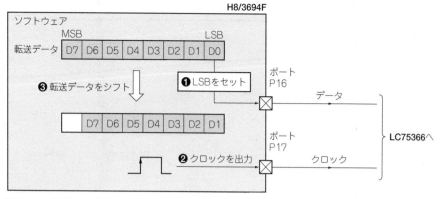

図18-8　汎用I/Oポートによるシリアル転送

リモコン・コードの読み込みは，`load_remocon_code`関数で行っています（**リスト18-3**）．

● **リモコン・コード検索処理**

`search_remocon_code`関数は，受信したリモコン・コードに対応するキーを検索します（**リスト18-4**）．

登録されているリモコン・コードと受信したコードを一つずつ比較し，一致すれば押されたリモコン・キーが判明します．

登録されているコードの中に一致するものが見つからなかった場合，ほかの機器のリモコン信号を受信したか，赤外線パルスのノイズが入ったと判断します．

● **ボリュームの設定とLCDへの表示**

`volumeUD`関数は，リモコン操作に対応してボリュームの設定とLCDへの情報表示を行います（**リスト18-5**）．

ボリュームUP/DOWN用のキーが1回押された場合，ボリュームを1ステップ上下させますが，リピート・コードを受信した場合は4ステップ上下させ，キーを連続で押したときにボリュームが速く変化するようにしています．

LC75366へのシリアル転送処理は，`send_LC75366`関数で行っています（**リスト18-6**）．汎用I/Oポート（P16とP17）をプログラムで操作して同期式シリアル転送を行うようすを**図18-8**に示します．

まず，送信するデータの最下位ビット（LSB）であるD0を，データを出力するポート（P16）にセットします．そして，クロックを出力するポート（P17）を"H"から"L"にセットすることでクロック・パルスを出力します．これにより，LC75366は1ビットのデータを受け取ります．続けて送信するデータを1ビット右にシフトし，D1がLSBになるようにします．

以上の操作を，転送するビット数だけ繰り返すことで，データをシリアルに転送することでができます．

18-6　製作したリモコン電子ボリュームの使いかた

SETスイッチを押しながらRESETスイッチを押すと，セットアップ・モードになります．

LCDに表示されたリモコン・キーを押し，登録するリモコン信号を受信させるとリモコン・コードの解析結果がLCDに表示されます．数秒間，結果の表示を行った後，自動的に次の表示へと移ります．こ

リスト18-6　シリアル転送（send_LC75366）

```
void send_LC75366(unsigned int data){
        int     i;
        unsigned int addr = LC75366_ADDRESS;

        VOL_CE = 0;
        VOL_CLK = 0;

        // send address
        for(i = 0; i < 8;i++){
                VOL_DATA = addr & 0x01;          // get LSB & set data port
                VOL_CLK = 1;                      // output clock pulse
                VOL_CLK = 0;
                addr >>= 1;                              // 1bit right shift address
        }
        VOL_CE = 1;

        // send data
        for(i = 0; i< 12; i++){
                VOL_DATA = data & 0x01;          // get LSB & set data port
                VOL_CLK = 1;                      // output clock pulse
                VOL_CLK = 0;
                data >>= 1;                              // 1bit right shift data
        }
        VOL_CE = 0;
}
```

のときの待ち時間は，タイマAを利用して作っています．

すべてのリモコン・コードの登録が終わると，通常の使用モードに移行します．

ボリュームUP/DOWN用のキーを押せば，左右のボリュームを同時に2dBステップで上下でき，バランスL/Rキーを押せば，ステレオのバランス調整ができます．ラウドネス・キーを押すと，ラウドネスのON/OFFが切り替えられます．

● まとめ

今回は，H8/3694Fの割り込み機能を使用していません．

タイマWのインプット・キャプチャ割り込みを使用すれば，何らかの処理をしながらリモコンの受信を待つことも可能です．

□引用文献□

(1) μPD67B，68Bデータシート，U16792JJ1V0DS00，第1版，2003年10月，NECエレクトロニクス(株)．

(2) μPD6133シリーズ アプリケーション・ノート，リモコン送信プログラム例，第1版，1996年7月，NECエレクトロニクス(株)．

(3) LC75366，LC75366M 2チャネル用電子ボリウム，三洋半導体ニューズ，No.4929B，三洋電機(株)．

VFDモジュールの制御テクニック

ステレオ・レベル・メータの製作

北野 優

　本章では，VFD（Vacuum Fluorescent Display．蛍光表示管）モジュールを使ったステレオ・レベル・メータの製作を通して，H8/3694FからVFDを制御する方法を解説します．

　VFDは明るく鮮明な表示で視認性が高く，定評のある表示デバイスであり，自己発光素子で視野角が広い，明るく高コントラスト，蛍光体により多色が可能，発光効率が良く低消費電力，動作温度が広い，といった特徴があります（**写真19-1**）．

　しかし，特注品的性格が強く，一般には入手しにくいものでした．また，VFDを駆動するためにはフィラメントのAC電源やアノードに数十Vの電圧が必要なうえ，駆動するためには専用ICあるいは多くのディスクリート部品で回路を作る必要がありました．

　最近では，使いやすい汎用VFDモジュールが安価に市販されています．本章では，このVFDモジュールを使って解説します．

　なお，本器の製作には，E7エミュレータを使いました（p.274参照）．E7エミュレータについては，p.269のコラムを参照してください．

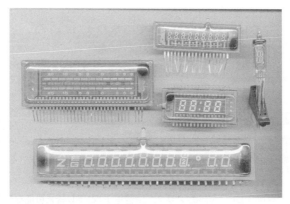

写真19-1　いろいろなVFD（蛍光表示管）

19-1　使用した二つのVFDモジュール

● H8/3694Fで制御しやすいものを使う

本章では，ノリタケ伊勢電子製のVFDモジュールを使用しました．同社では，市販されているLCDモジュールと互換性のあるキャラクタ・タイプ，自由な文字・図形の表示が可能なドット・マトリクス・タイプ，さらには評価に必要なものが一式入ったVFDモジュール・キット，そして各種アダプタ，ユーティリティ・ソフトウェアなど，VFDモジュールを使うに当たって必要なものを提供しています．

そのなかでも，H8/3694Fで制御しやすく，価格も手頃な二つのモジュールのVFDモジュール・キットを使用しました．使用したVFDモジュール・キットは，5×7ドットのキャラクタ・モジュールCU-Cシリーズをベースにした SCK-Character シリーズの中から SCK16025-W6J-A とアクティブ・マトリクス型VFDモジュール MW25616L の制御評価を行うために用意された SCK-アクティブ・マトリクスから SCK25616L です．

● キャラクタ表示タイプのCU16025ECPB-W6J

▶ LCDモジュールと互換のCU-Cシリーズ

CU-Cシリーズは，ほかの章にも登場し入手の容易なキャラクタ・ディスプレイ・モジュール（LCDモジュール）と互換性のあるVFDモジュールです．

本章では，SCK16025-W6J-A に含まれる16文字×2行のCU16025ECPB-W6Jを使用しました．CU16025ECPB-W6Jは，市販の16文字×2行のLCDモジュールと取り付け寸法が同一です（**写真19-2**）．

▶ 使いかた

CU16025ECPB-W6Jのピン配置を**表19-1**に示します．このように，LCDコントローラHD44780互換のLCDモジュールが数多く採用しているピン配置と同一です．したがって，数多くのLCDモジュールとほとんど同じように使用できます．

LCDモジュールとの違いなど，注意すべき点は以下のとおりです．

① 消費電流

消費電流を**表19-2**に示します．バック・ライトをつけたLCDモジュールとはほぼ同等のレベルですが，バック・ライトをもたないLCDモジュールとは大きく違います．

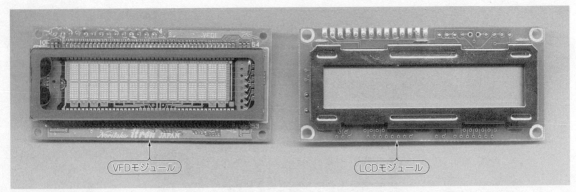

写真19-2　VFDモジュールCU16025ECPB-W6J（ノリタケ伊勢電子）と差し替え可能なLCDモジュールの例
入手先：㈱ノリタケカンパニーリミテド，URL：http://www.noritake-itron.jp/

電源投入時にはフィラメントの加熱やアノードのチャージ・アップに通常時の約2倍の電流を消費することに注意してください.

② 電源投入時の初期化

CU16025ECPB-W6Jは，電源投入時に内部で自動的に初期化動作を行います. このため，電源投入から約260 msの間はコマンドを受け付けません.

LCDモジュールなどはより速くコマンドが受け付け可能となる場合が多いのですが，このVFDモジュールの場合，電源投入時にタイマなどで初期化時間をきちんと守る必要があります.

また，本章のプログラムでは初期化処理のうち表示クリア・コマンドを実行後，ビジー・フラグ（BFビット）をポーリングして，コマンド終了を待ってから次のコマンドを実行したところ，初期化に失敗することがありました.

本章のプログラムでは，表示クリア・コマンドだけ，コマンド実行時間に相当する時間に若干の余裕をみた3 msのウェイト・ループを挿入しています.

もし，初期化に失敗する場合は試してみてください.

Column···1 VFDの構造と動作原理

VFD（蛍光表示管）の発光原理を図19-Aに示します.

構造は直熱三極管そのもので，内部を高真空に保った容器内にフィラメント，グリッド，アノードの各電極から構成されています. 動作原理は数百度に熱せられたフィラメントから飛び出した熱電子が数十Vのプラスの電圧が印加されたアノードに引き寄せられ衝突します. アノードには蛍光体が塗布されたおり，電子の衝突のエネルギで励起して発光しま

す. これをガラス越しに見ることにより，表示器としての機能を果たしています.

フィラメントとアノードの間にはグリッドが挟んであり，グリッドに印加する電圧でフィラメントからの電子をコントロールできるようになっています. 似たような原理をもつものにCRTがありますが，CRTが高電圧で電子を加速するのに対してVFDは比較的低圧で電子を加速して得られる低速電子線を利用しています.

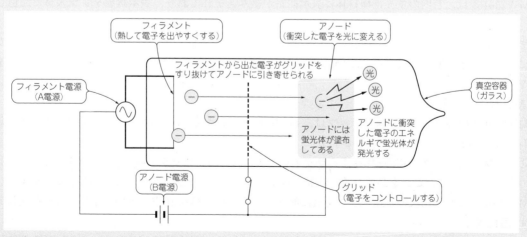

図19-A　VFDの原理（模式図）

表19-1(1)　VFDモジュールCU-U
シリーズのピン配置

ピン番号	信号名	ピン番号	信号名
1	GND	8	DB1
2	+5V	9	DB2
3	NC(Res)	10	DB3
4	RS	11	DB4
5	R/$\overline{\text{W}}$	12	DB5
6	E	13	DB6
7	DB0	14	DB7

表19-2　キャラクタ・タイプのVFDモジュールCU-Uシリーズの消費電流（DC 5 V入力・全ドット点灯時のtyp.値）

桁×行	型名	消費電流（mA）
16×2	CU16025ECPB‑W6J	150
20×2	CU20025ECPB‑W1J	130
20×2	CU20029ECPB‑W1J	400
20×4	CU20045SCPB‑W5J	275
20×4	CU20049SCPB‑W2J	650
24×2	CU24025SCPB‑W1J	155
40×2	CU40025SCPB‑W2J	330

③ ピン接続

　輝度調整はソフトウェアで行います．手順は初期化時に，ファンクション・セット・コマンドの直後に輝度データを書き込むことにより実現します．ファンクション・セット・コマンドの直後に輝度データを書き込まない場合は，初期値である100％の輝度になります．

　表19-1のように3番ピンは通常非接続となっていますが，モジュール上のJP$_1$を短絡することによりリセット入力になります．また，JP$_2$を短絡するとコントロール信号のEとR/$\overline{\text{W}}$がWRとRDに変わります．WRとRDについての説明は省略します．

④ コマンド処理時間

　ほとんどのコマンドの処理時間は，LCDモジュールと同等かそれ以上で実行されます．

　表示クリア（Clear Display）コマンドの処理時間は，2.3 msと通常のLCDモジュールより長めになっています．

● ドット・マトリクス・タイプのMW25616L

▶ 仕様

　SCK25616L-Aは，ドット・マトリクス・タイプのアクティブ・マトリクス型VFDモジュールCL-VFDの中から256×16ドットのMW25616Lを使用した評価キットです．

　MW25616Lは，管内の蛍光電極自体に表示回路が組み込まれており，表示状態をレジスタで記憶します．そのため，外部に駆動回路は必要ありません．

　また，全ドットがスタティックに点灯するためアノード電圧も低く，フィラメント電源や駆動回路が大幅に簡略化でき，明るく長寿命で安価に使用できます．MW25616Lの電源電圧は5 V（アノード電圧は17 V）です．

▶ MW25616Lの構造

　MW25616Lの心臓部である電極チップは，16×16ドットで構成され，論理回路的には256ビットのシフトレジスタの形になっています（図19-1）．

　このシフトレジスタに状態を保持するラッチが接続されており，ラッチの1/0がそのまま対応するドットの点滅となります．これを必要な数だけ敷き詰めたものをパッケージ化して製品としています．

　MW25616Lには，16枚の電極チップが横に配列されており，256×16ドットのマトリクスを形成しています（図19-2）．

　各チップのシフト・データはカスケードに接続されており，合計4096ビットのシフトレジスタとして機能します（図19-3）．

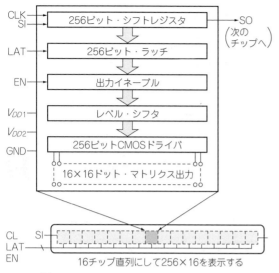

図19-1[(2)] MW25616Lの論理構造

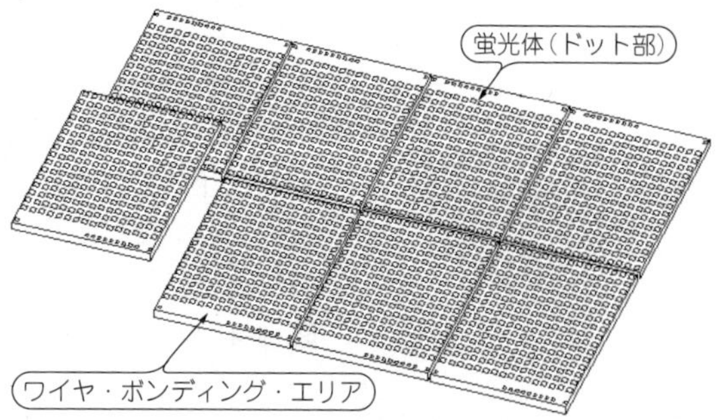

256ビット・シフトレジスタ — CLK, SI → SO (次のチップへ)

256ビット・ラッチ — LAT

出力イネーブル — EN

レベル・シフタ — V_{DD1}

256ビットCMOSドライバ — V_{DD2}, GND

16×16ドット・マトリクス出力

CL / LAT / EN / SI

16チップ直列にして256×16を表示する

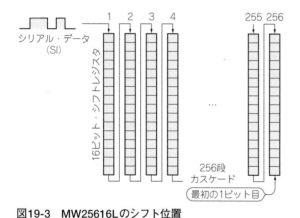

図19-3 MW25616Lのシフト位置

シリアル・データ (SI)
16ビット・シフトレジスタ
256段カスケード
最初の1ビット目

図19-2[(2)] MW25616Lの構造

蛍光体(ドット部)
ワイヤ・ボンディング・エリア

写真表19-3 MW25616Lのピン配置(動作温度範囲:0〜50℃)

端子名	ピン番号	機能説明
SI	4	表示データ入力端子. クロック(CLK)同期転送のデータ入力として使用する "H":ドット点灯 "L":ドット消灯
CLK	5	同期クロック入力端子. 表示データ(SI)を立ち上がりエッジにより転送する
LAT	6	表示データ・ラッチ入力端子. 転送した表示データを各ドット・メモリに保持する "H":データ通過 "L":データ保持
EN	7	表示イネーブル入力端子. メモリされている各ドット・データを表示する "H":メモリ上のデータを表示 "L":非表示
V_{CC}	2	5V電源入力端子. この5V電源から表示管用の電源(フィラメント電圧, グリッド電圧, アノード電圧, ディスプレイ電圧)を作り出している
GND	1, 3	1番ピンは電源接地端子. 3番ピンは信号接地端子

▶ MW25616Lの使いかた

MW25616Lのピン配置を表19-3に示します. 7ピンのシンプルなピン配列には, 電源, シフトレジスタのクロック(CLK), シフト・データ(SI), ラッチ信号(LAT), 表示イネーブル(EN)の4信号だけです.

シフト・データは, 表示器の一番右下のドットを最初に順次転送していき, 最後の4096番目に対応するドットが一番左上のドットとなります.

MW25616Lの制御タイムチャートを図19-4に示します. このように, マイコン側から見ると単なるシフトレジスタと同じなので, コマンドによる初期化や各種設定などの煩雑な操作が不要です.

そこで, マイコン内に同じ構造のメモリ配列を作って, そこに自由に描画したものを一気に転送すれば自由な図形を表示させることができます.

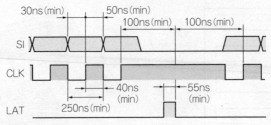

図19-4　MW25616Lのタイム・チャート

19-2　ハードウェアの設計とソフトウェアの概要

● 回路の設計

　ステレオ・レベル・メータの回路図を**図19-5**に示します．筆者は，H8マイコン基板に対応する書き込み・拡張I/OボードMB-RS10（サンハヤト）を使いました（**写真19-3**）．MB-RS10については，p.282のコラムを参照してください．

　入力されたオーディオ信号は，レベル調整VRを経てOPアンプで約11倍に増幅します．このOPアンプには，低電源電圧で動作するものが良いでしょう．また，A-Dコンバータの入力レンジを使い切るために，出力が電源レベル付近まで振れるレール・ツー・レールCMOS型が好ましいでしょう．今回はNJU7032Dを使いました．

　H8/3694FとVFDの接続に追加回路などは必要なく，H8/3694FのI/Oを直接1対1で配線しているだけです．なお，アナログ入力は必要最小限の回路で構成されています．

　大きな帯域外入力や過大入力の恐れがある場合は，入力に適切なフィルタやリミッタを付加しないと表示の狂いや故障の原因になります．

● ソフトウェアの概要

　図19-6に本器の動作の流れをわかりやすくした模式図を示します．

　タイマ割り込みで定期的にA-D変換されたオーディオ信号は，まずDCオフセットを除去したうえで絶対値を算出し平均化します．その後，折れ線近似テーブルでデシベル値に変換した値をピーク・レベル・ホールド付きでバーグラフ形状に描画します．メイン関数mainを**リスト19-1**に示します．

　キャラクタ・タイプのCU16025-W6Jは，表示面に自由に描画することができないので，ユーザー定義フォントとしてバーグラフの形状をCGRAMに書き込み，それを利用しました．また，MW25616LにはH8/3694Fの内蔵RAMに512バイトのフレーム・バッファを作り，それに描画してから転送するようにしました．詳しくは，付属CD-ROMを参考にしてください．

● デバッグ時はLCDを使ってダメージを減らす

　キャラクタ・タイプのVFDモジュールは，多くのLCDモジュールと互換性があるため，コントラスト調整VRを追加して差し替えるだけでLCDでも表示できます．

　そのため，デバッグは壊してもダメージの少ないLCDを使用して，最後の完成時にVFDに差し替えて楽しむということも可能です．

□引用文献□
（1）ディスプレイモジュール仕様書，CU16025ECPB-W6J，ノリタケ電子工業（株）．
（2）評価キットSCK25616L-A/取扱説明書，㈱ノリタケカンパニーリミテッド・ノリタケ伊勢電子（株）．

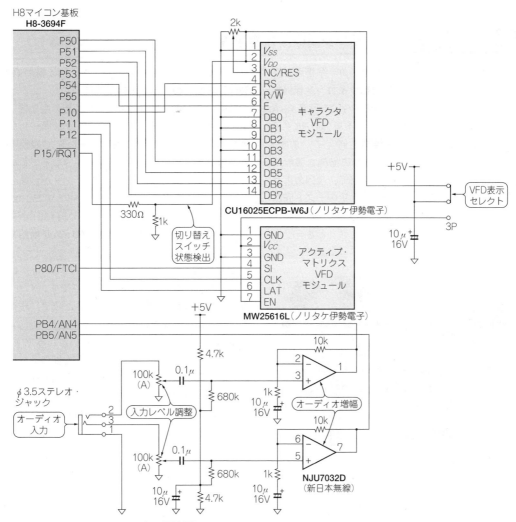

図19-5　ステレオ・レベル・メータの回路図

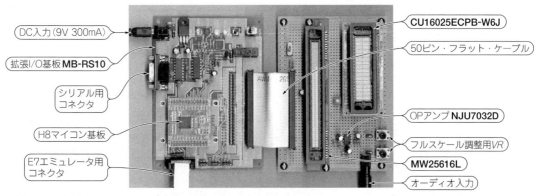

写真19-3　製作したステレオ・レベル・メータ
VFDモジュールの制御テクニック

Column…2　H8マイコン基板用書き込み・拡張I/OボードMB-RS10

MB-RS10(サンハヤト)はH8マイコン基板用の書き込み・拡張I/Oボードです．H8マイコン基板MB-H8A(サンハヤト)を実装したMB-RS10を写真19-Aに示します．表19-Aのようにボード単体でH8マイコン基板のテストに必要な機能を備えています．H8マイコン基板を動作させるために必要な機能が基本回路として搭載されていることで，今回のような新しいデバイスのテスト時などはそのテスト回路だけを製作すればよく，基本回路部分は作る必要がありません．基本回路部分の配線ミスなどをチェックする必要もなくなるのでテスト回路に集中でき，製作，実験時の負担が大幅に減ります．

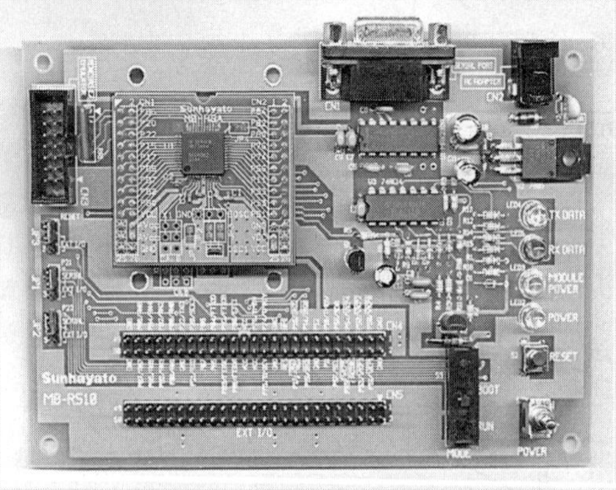

写真19-A　H8マイコン基板(MB-H8A)を実装したMB-RS10の外観
問い合わせ先：サンハヤト(株)，URL http://www.sunhayato.co.jp/

拡張I/OヘッダにはH8マイコン基板の主な信号が引き出されています．拡張I/Oヘッダは同一ピン配列のものが2組用意されており，一つをI/O接続用50ピンのフラット・ケーブル・コネクタなどで接続することができます．また，ACアダプタが付属しており，オンボードのレギュレータから5V 250mAが供給されています．MB-RS10内部で約100mAを消費するので，外部には残りの約150mAが供給できます．

電源に関しては，CU16025ECPB-W6Jが最大300mAを消費するので定格オーバです．しかし，実際には150mA程度で動作していたので，短時間のテストには問題ないようです．

電源の供給容量はもう少し欲しいところですが，これはミスや故障時に本体や接続した製作品へのダメージを最小限にするために選ばれた値です．

MB-RS10には0.25Aの自己復帰型ヒューズやモジュールの誤挿入防止回路などが搭載され，配線ミスなどの事故への配慮がありますが，電源などは小容量とはいえ最悪は火災など，安全性にかかわる部分です．自作機器の接続などは，最終的に自己責任で行う必要があります．

表19-A　MB-RS10の主な機能

安定化電源，各種保護回路	付属ACアダプタより電源を供給． 外部拡張コネクタへ+5V 150mAの電源供給が可能． 過電流，モジュールの誤挿入防止など各種保護回路を内蔵している
シリアル通信インターフェース	シリアル通信用レベル・コンバータおよびDB-9タイプのシリアル通信コネクタを備えている． 通信状態をLEDでモニタできるモニタ機能を搭載
エミュレータ・インターフェース	ルネサステクノロジ社製E7などのエミュレータを接続できるコネクタを搭載
フラッシュ・メモリ書き込み機能	ブート・モードで書き込み可能なようにモード・スイッチを搭載
拡張I/O引き出しパターン	拡張I/O引き出しパターンを搭載
リセット回路	手動リセット・ボタン付きリセット回路を内蔵
テスト・ピン機能	拡張I/Oコネクタと同一配列のテスト・ピンを搭載

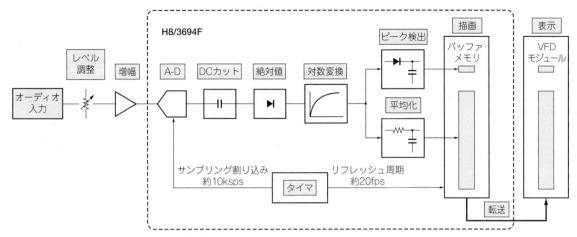

図19-6 ステレオ・レベル・メータの処理

リスト19-1 ステレオ・レベル・メータのプログラム（抜粋）

```
#define   MAX_GAUGE_CH          2
#define   REFLESH_SAMPLE      512
#define   LCD_PEAK_HOLD_TIME     8
#define   VFD_PEAK_HOLD_TIME    12
#define   LCD_TRAIL             4
#define   VFD_TRAIL             6

#define MODE_SW  IO.PDR1.BIT.B5

// 折線近似テーブルの構造体
typedef struct{
  unsigned int  x;
  int           y;
} ST_POLYGON_TABLE;

// 折線近似関数の構造体
typedef struct{
  unsigned int    input_data;
  int             output_data;

  ST_POLYGON_TABLE   *table;
  unsigned int     table_member;
  enum{
    NO_ERROR,
    INPUT_OVER,
    INPUT_UNDER
  }        result;
}ST_APPROX_DATA_BLOCK;

// 折線近似テーブルのメンバー数を数える
#define  POLYGON_TABLE_MEMBER(table)  (sizeof (table)
/sizeof (table[0]) )

// メイン関数
void main(void)
{
  char buff_s[16];
  int  i,j;
  int  max_temp,  min_temp;
  ST_APPROX_DATA_BLOCK    t;
  unsigned long      ad_data,level_ad[MAX_GAUGE_CH];

  set_imask_ccr(1); /* Interrupt Disable  */
  init_port_ddr();
```

```
  set_imask_ccr(0); /* Interrupt ENABLE   */
  sys_timer.loop_const   = 28;
  IO.PCR8        = 0x01;
  IO.PDR8.BYTE   = 0;

  sample_data_block.mode = VFD;
  sample_data_block.data[0].zero =
0x8000*REFLESH_SAMPLE;
  sample_data_block.data[1].zero =
0x8000*REFLESH_SAMPLE;
  level_gauge[0].peak    = 0;
  level_gauge[1].peak    = 0;
  init_gauge_timer();

  clar_vfd_fram((unsigned
char*)vfd_fram_buffer,(sizeof vfd_fram_buffer));
  update_vfd((unsigned char*)vfd_fram_buffer,(sizeof
vfd_fram_buffer));

  while(1){
    if (MODE_SW == 0){                      // MODEスイ
ッチでどちらかのVFDモジュールか選択する
      if(sample_data_block.mode != LCD){   // 以下キャラ
クターVFDの処理
        wait100us(450);                    // 350mSEC
待つ
        init_lcd();
        init_lcd();
        init_cg_ram((unsigned char*)gauge_init,size-
of(gauge_init));
        sample_data_block.mode = LCD;
        reflesh_lcd(&lcd_disp);
      }
      if (sample_data_block.sample_counter >=
REFLESH_SAMPLE){
        sample_data_block.sample_counter = 0;
        IO.PDR8.BIT.B2 = 1;
        for(i=0; i<MAX_GAUGE_CH; i++){
          level_ad[i] =
sample_data_block.data[i].av/REFLESH_SAMPLE*4;
          sample_data_block.data[i].av = 0x00;
        }
        t.table        = db_table;
        t.table_member =
```

```
POLYGON_TABLE_MEMBER(db_table);
      for(i=0; i<MAX_GAUGE_CH; i++){
        t.input_data  = (unsigned int)level_ad[i];
        polygon_approx(&t);
        level_gauge[i].level  = t.output_data;
        if(level_gauge[i].level >= level_gauge[i].peak ){
          level_gauge[i].peak    = level_gauge[i].level;
          level_gauge[i].peak_hold_timer = LCD_PEAK_HOLD_TIME;
        }
        if(level_gauge[i].peak_hold_timer <= 0){
          level_gauge[i].peak -= LCD_TRAIL;
          if (level_gauge[i].peak<0){
            level_gauge[i].peak = 0;
          }
          level_gauge[i].peak_hold_timer = 0;
        } else {
          level_gauge[i].peak_hold_timer--;
        }
      }
      draw_graph(level_gauge, &lcd_disp);
      set_lcd_font(level_gauge);
      reflesh_lcd(&lcd_disp);
      IO.PDR8.BIT.B2 = 0;
    }
  }else{                        //  マトリックスVFDの処理
    sample_data_block.mode = VFD;
    if (sample_data_block.sample_counter >= REFLESH_SAMPLE){
      sample_data_block.sample_counter = 0;
      for(i=0; i<MAX_GAUGE_CH; i++){
        level_ad[i]  = sample_data_block.data[i].av/REFLESH_SAMPLE*4;
        sample_data_block.data[i].av = 0x00;
      }
      t.table        = vfd_db_table;
      t.table_member = POLYGON_TABLE_MEMBER(vfd_db_table);
      for(i=0; i<MAX_GAUGE_CH; i++){
        t.input_data  = (unsigned int)level_ad[i];
        polygon_approx(&t);
        vfd_level_gauge[i].level  = t.output_data;
        if(vfd_level_gauge[i].level >= vfd_level_gauge[i].peak ){
          vfd_level_gauge[i].peak    = vfd_level_gauge[i].level;
          vfd_level_gauge[i].peak_hold_timer = VFD_PEAK_HOLD_TIME;
        }
        if(vfd_level_gauge[i].peak_hold_timer <= 0){
          vfd_level_gauge[i].peak -= VFD_TRAIL;
          if (vfd_level_gauge[i].peak<0){
            vfd_level_gauge[i].peak = 0;
          }
          vfd_level_gauge[i].peak_hold_timer = 0;
        } else {
          vfd_level_gauge[i].peak_hold_timer--;
        }
      }
      clar_vfd_fram((unsigned char*)vfd_fram_buffer,(sizeof vfd_fram_buffer));
      vfd_draw_graph(vfd_level_gauge, vfd_fram_buffer);
      update_vfd((unsigned char*)vfd_fram_buffer,(sizeof vfd_fram_buffer));
    }
  }
 }
}
```

キューを使ったタスク管理のプログラミング

赤外線リモコン・レシーバの製作

成松 宏

本章では，赤外線リモコン・レシーバの製作を通して，キュー（queue）を使ったタスク管理を解説します．製作した赤外線リモコン・レシーバの構成を図20-1に示します．この装置は，テレビの赤外線リモコンを使って，AC100VをON/OFFするものです．リモコンの学習機能があるので，既存のリモコンの任意のキーでON/OFFすることができます（写真20-1）．

本器のソフトウェアの開発には，GCCとCygwinを使いました．GCC，Cygwinのインストール，使いかたは，付属CD-ROMを参照してください．

■ 20-1 リモコンのデータ・フォーマットとハードウェア

● 回路の構成

赤外線リモコン・レシーバの回路図を図20-2に示します．使用した赤外線リモコン受信モジュールTSOP1738（Vishay Intertechnology．入手先：秋月電子通商．旧CRVP1738）はノイズの影響を受けやすいので，電源にバイパス・コンデンサを入れます．

シリアルEEPROM AT93C46（Atmel）は，学習したリモコンの情報を記録するために使います．汎用I/Oポートに接続して使います．

使用中の
リモコン・
レシーバ
（正面）

赤外線受信モジュール
TSOP1738

H8マイコン基板

SSR．トライアック素子
はケースに固定し放熱で
きるようにした

ケース．
タカチ製YM-200

写真20-1　製作したリモコン・レシーバ

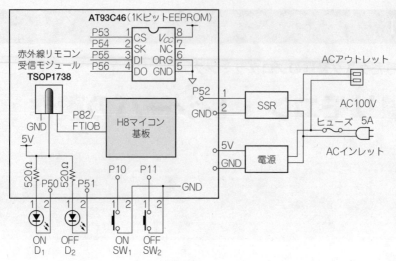

図20-1 赤外線リモコン・レシーバの構成図

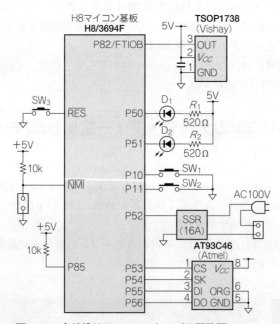

図20-2 赤外線リモコン・レシーバの回路図

　SSR（Solid State Relay）は，最大定格電流16Aタイプを使いました．SSRは秋月電子通商から入手しました．SSR内部のトライアックは，1.5V程度の電圧降下があるので放熱に気を付けてください．

● リモコンのデータ・フォーマット

　よく使われている赤外線リモコンのデータ・フォーマットは，NEC送信フォーマットと家電製品協会（家製協）フォーマットです．NEC送信フォーマットとは，NECの赤外線リモコン送信機用マイコンの送信フォーマットです．NEC送信フォーマットについては，第18章の図18-3を参照してください．

　NEC送信フォーマットでは，リモコンのボタンを押すと一つのフレーム信号が送信されます．ボタン

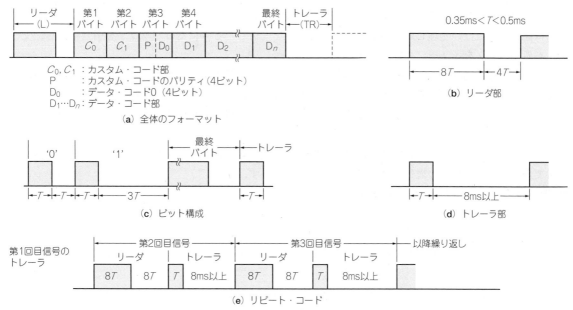

C_0, C_1：カスタム・コード部
P　　　：カスタム・コードのパリティ（4ビット）
D_0　　：データ・コード0（4ビット）
$D_1 \cdots D_n$：データ・コード部

（a）全体のフォーマット

0.35ms＜T＜0.5ms

（b）リーダ部

（c）ビット構成

（d）トレーラ部

（e）リピート・コード

図20-3[(1)]　リモコン・データの家製協フォーマット

を押し続けると，それに続けてリピート・コードが108 ms間隔で送信されます．

　送信信号は，キャリア周波数38 kHzで変調した赤外線のパルスで，0.56 msの送信の後，次のパルスまでの間隔でビットの'0'または'1'が決まります．

　フレームには，4バイトのデータが含まれています．最初の2バイトはカスタム・コードで受信する機器を指定します．次の1バイトはデータ・コード，最後の1バイトはデータ・コードをビット反転させたものです．参考として，**図20-3**に家製協フォーマットを示します．家製協フォーマットでは，図（**a**）からわかるようにデータ部を長くできるようになっています．キャリア周波数は33 kHz～40 kHzが推奨されています．

20-2　ソフトウェアの実装

● キューを使ったタスク管理のテクニック

　プログラムの構造を**図20-4**に示します．**リスト20-1**にメイン関数を示します．`nprintf`関数は自作の`printf`関数で，メッセージをシリアル・ポートに出力します．

　メイン関数では各機能の初期化処理を行った後，タスク・キュー（変数`queue`）にタスクが登録されるのを待ち，登録されていればそのタスクを`task_queue_exec`関数で実行しています．

　タスク・キュー（構造体`task_queue_t`）の構造を**図20-5**に示します．タスク・キューは，タスク（構造体`task_t`）のリストの先頭と末尾の二つのポインタをもつ構造体で，タスクのリストの先頭からタスクを取り除いたり，末尾にタスクを追加するために使います．タスクは関数のポインタと引き数を保持する構造体で，処理すべき仕事（関数）を記憶するために使います．

　タスクは，割り込みによってキューに登録されます．割り込み処理ルーチンは最小限の処理を行い，時間がかかる処理はタスクとしてキューに登録します．

たとえば，SCI（Serial Communication Interface）の割り込み処理ルーチンは，通常受信した文字をバッファに記録するだけの処理しか行いません．改行文字を受信したときにだけバッファを引き数とし，受信データ処理タスクをキューに登録します．

もし，割り込み処理から時間のかかる処理ルーチンを直接呼び出すと，ほかの割り込みを処理するために多重割り込みを許可する必要が生じたり，処理の中でさらにほかの割り込みを待つ必要が生じます．すると，デッド・ロックが発生しやすくなるなど，プログラムが複雑でわかりにくいものになりがちです．

タスク・キューを使うと，割り込み処理時間が短いので多重割り込みを許可しなくても割り込みにすばやく応答できます．キューに登録されたタスク間では処理の切り替えが発生しないため，面倒な排他制御が必要なく，プログラムの構造を単純に保つことができます．

● 赤外線リモコン・レシーバの状態遷移

赤外線リモコン・レシーバには，六つの状態（ON，OFF，ON学習，OFF学習，ON学習完了，OFF学習完了）があります．図20-6に，これらの状態遷移図を示します．

ONとOFFは，AC 100 V出力をONまたはOFFにする状態です．スイッチの操作あるいは赤外線リモコンからの信号でON/OFFが切り替わります．

スイッチを長押し（1.6秒以上）すると学習モードに移行しLEDを点滅させます．このモードで赤外線リモコンの信号を受信すると，それをONまたはOFFの信号として記憶します．

学習が完了すると学習完了モードに移行し，LEDを速く点滅させます．学習完了モードは2秒で終了しONまたはOFFのモードに移行します．

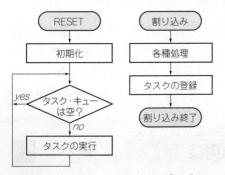

図20-4 リモコン・レシーバのプログラムの構造

リスト20-1 赤外線リモコン・レシーバのメイン関数（main）

```
task_queue_t queue;

int main()
{
    extern char *ver_str;

    task_queue_init(&queue);
    sciInit()0;
    nprintf_init();
    task_init();
    sci_intr_init(&queue,llcmd);
    nprintf("----------------------------------------¥n");
    nprintf("- IRCON %s¥n",ver_str);
    nprintf("----------------------------------------¥n");
    nprintf("Ok.¥n");
    bNMI = 0;
    chip_init();    rcir_init();
    at93c46_init();
    ircode_read_all();
    state_set(STATE_NORMAL, 0);
    watchdog_start(0);

    for(;;){
        watchdog_reset();     ← ウォッチ・ドッグ・タイマをリセット
        if(bNMI){
            bNMI = 0;
            nprintf("NMI!¥n");
        }                      ← タスク・キューにタスクはあるか？
        else if(queue.head != NULL){
            task_queue_exec(&queue);  ← タスクの処理
        }
    }
    return 0;
}
```

各処理の初期化

● LEDの点滅，時間，そして信号の処理は割り込みで処理

LEDの点滅や時間の処理は，タイマAで約8ms間隔の割り込みを発生させて処理しています．赤外線リモコンの信号処理も，タイマWの割り込みで処理しています．

TSOP1738とタイマWとの接続関係を**図20-7**に示します．P82/FTIOB端子（タイマWの端子）の信号が変化したときに，タイマWの値をGRBレジスタに読み込むように設定します．それと同時に割り込み

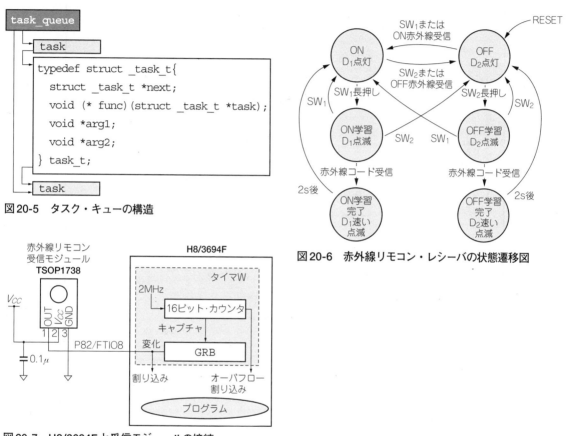

```
task_queue
  task
  typedef struct _task_t{
      struct _task_t *next;
      void (* func)(struct _task_t *task);
      void *arg1;
      void *arg2;
  } task_t;
  task
```

図20-5 タスク・キューの構造

図20-6 赤外線リモコン・レシーバの状態遷移図

図20-7 H8/3694Fと受信モジュールの接続

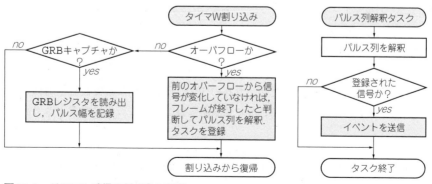

図20-8 リモコン受信の割り込み処理

リスト20-2　タイマW割り込み処理関数(tw_intr)

```c
#pragma interrupt (tw_intr)
void tw_intr()
{
  unsigned char tsrw = TW.TSRW.BYTE;

  if(current_rcir == NULL) return;

  if(tsrw & 0x80 ){        /* オーバフロー */
    cOv++;
    if(cOv == 2) {
      if(current_rcir->idx < 3)
        current_rcir->idx = 0;
      else {
        extern task_queue_t queue;
        task_queue_add(&queue,rcir_event,current_rcir);
        if(!rcir_buf_new(&current_rcir)){
          current_rcir = NULL;
          nprintf("rcir buffer allocation failed.In");
          return;
        }
      }
      bPstart = 0;
    }
    if(cOv > 2) cOv = 2;
    TW.TSRW.BIT.OVF = 0;
  }
  if(tsrw & 0x02){        /* IMFBフラグ'1' */
    unsigned t = TW.GRB;
    cOv = 0;
    if(!bPstart) bPstart = 1;
    else {
      unsigned pw = t - pst;

     .if(current_rcir->idx >= RCIR_PWB_SIZE)
        current_rcir->bOv = 1;
      else {
        current_rcir->pwb[current_rcir->idx++] = pw;
      }
    }
    pst = t;
    TW.TSRW.BIT.IMFB = 0;
  }
}
```

を発生させ，GRBレジスタの値を読み出し，前回変化したときのタイマWの値との差からパルス幅を求めて記録します．

　タイマWのクロックは2.5 MHzに設定したので，16ビット・カウンタでは約26.2 ms $(0.4 \times 10^{-6} \times 2^{16})$でオーバフローします．オーバフロー割り込みの処理で，前回のオーバフロー時から端子の信号に変化がなければ，フレームが終了したとみなしてパルス幅のデータをコードに変換するタスクを登録しています．**図20-8**に，リモコン受信の割り込み処理のフローチャートを示します．タイマW割り込み処理関数tw_intrを**リスト20-2**に示します．

● まとめ

　赤外線リモコン受信器に学習機能をもたせ，既存のTVのリモコンなどで機器を制御するというアイディアは，九州プログラミング研究会の乃村さんの発表から得ました．ここで感謝の意を表します．

□引用文献□
(1) 高木弘之/中塚重行；赤外線リモコンを理解する，トランジスタ技術1996年11月号，pp.261〜279，CQ出版(株)．

タイマ割り込みを使った**LEDマトリクスの制御テクニック**

イベント・タイマの製作

成松 宏

　LEDマトリクス・モジュールと赤外線リモコンを使ったイベント・タイマを製作しました．イベント・タイマとは，研究会や講演でもち時間の残りを表示する装置です．発表者と聴衆の双方が見ることができるように，前後両面にLEDマトリクス・モジュールを配置し同じ文字を表示しています（図21-1）．

　持ち時間が終るとブザーが鳴り，その後1分ごとにブザーが鳴ります．タイマの時刻のセット，スタート，停止，リセットなどの操作は離れた場所から赤外線リモコンで行うことができます．

　本器のソフトウェアの開発には，GCCとCygwinを使いました．GCC，Cygwinのインストール，使い

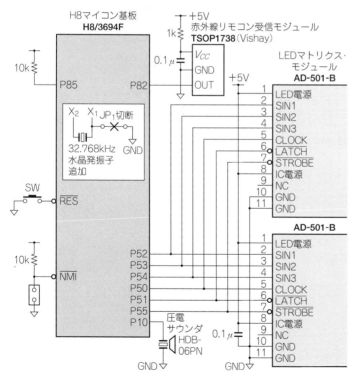

図21-1　イベント・タイマの回路図

写真21-1　製作したイベント・タイマ

かたは，付属CD-ROMを参照してください．

21-1　ハードウェアの構成と動作のしくみ

● **イベント・タイマの構成**

イベント・タイマの回路図を**図21-1**に示します．タイマAで使用するために，H8マイコン基板上に32.768 kHzの水晶発振子を追加しました．水晶発振子だけで正常に発振したのでコンデンサは付けていません．発振しないようであれば，C_{10}とC_{20}に22 pF程度のコンデンサを付けてください．

使用した赤外線リモコン受信モジュールはTSOP1738（Vishay Intertechnology．入手先：秋月電子通商．旧CRVP1738）です．この装置では，ノイズの影響が大きかったので，電源ラインに1 kΩの抵抗を入れました．

操作用の赤外線リモコンは家電用でも使用できますが，筆者は赤外線リモコン・キット（入手先：秋月電子通商）付属のリモコン（**写真21-2**）を使いました．

使用したLEDモジュールは，AD-501-B（入手先：秋月電子通商．p.203参照）です．表と裏に表示させるために2個使います．表，裏ともに同じ表示なのですべての信号がパラレルに接続されていますが，ク

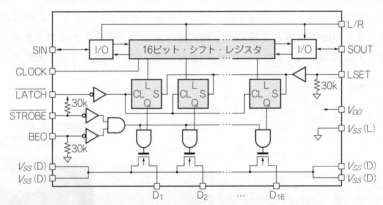

図21-2　LEDドライバLC7932Mの内部ブロック

写真21-2　使用したリモコン送信機

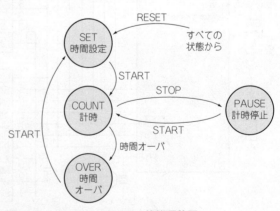

図21-3　イベント・タイマの状態遷移図

ロック信号を別にすれば異なる表示が可能です.

　AD-501-Bに使用されているLEDドライバは，LC7932Mです．LC7932Mは**図21-2**に示すようにシフト・レジスタとラッチ，出力ドライバで構成されています．同様のICとしてTB62705（東芝）があります．また，74HC595とトランジスタ・アレーでも作ることができます.

● イベント・タイマの状態遷移

　イベント・タイマの状態遷移図を**図21-3**に示します.

　RESETキーを押すとSETモードになります．このモードでは［+5 min　−5 min］，［+1 min　−1 min］キーで時間を設定します.

　STARTキーを押すと，SETモードからCOUNTモードに移り，タイマがスタートして表示時間が減っていきます．このモードでSTOPキーを押すとPAUSEモードに移り，タイマを一時停止することができます．PAUSEモードからCOUNTモードへはSTARTキーで復帰します.

　残り時間が0になると圧電サウンダが5回鳴り，OVERモードになります．このモードでは，超過時間がマイナスの値で表示され，1分ごとにブザーが鳴ります．OVERモードでSTARTキーを押すとSETモードに戻ります.

21-2　タイマ割り込みを使ったLEDマトリクスの点灯

　512個のLEDの状態を保持するために`unsigned short`型の16×2個の配列`lmbuf`を用意します．`short`型は16ビットなので16×2×16で512ビットの情報を保持することができます．この配列の各ビットとLEDの場所の対応を**図21-4**に示します．配列`lmbuf`の1行，たとえば一番上の行を表示させるには，

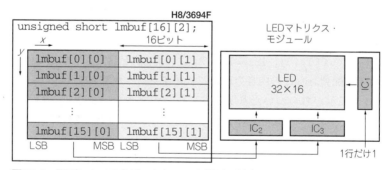

図21-4　配列lmbufの各ビットとLEDの場所の対応

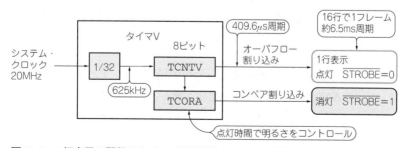

図21-5　1行表示の関数はタイマVの割り込みによって起動する

リスト21-1　1行表示関数(lmbuf_disp)はタイマVのオーバフロー割り込みによって起動

```
#pragma interrupt
void tv_intr()
{

  if(TV.TCSRV.BIT.OVF){
    lmbuf_disp();
    TV.TCSRV.BIT.OVF = 0;
  }

  if(TV.TCSRV.BIT.CMFA){
    LM_PORT |= M_STROB;
    TV.TCSRV.BIT.CMFA = 0;
  }

}
```

オーバフロー
割り込みがかかった

1行表示関数

コンペア・マッチA
割り込みがかかった

消灯

(a) タイマV割り込み関数tv_intr

```
void lmbuf_disp()
{
  extern task_queue_t queue;
  int y = lmbuf_y;
  unsigned m;

  if(y < 0 || y > 15) y = 0;
  m = 0x8000 >> y;
  lm_set_line(m, lmbuf[y][0], lmbuf[y][1]);
  lmbuf_y = y + 1;

  if(lmbuf_y > 15)
    task_queue_add(&queue, ktDisp, NULL);
}
```

(b) 1行表示関数lmbuf_disp

```
void lm_set_line(unsigned int ic1,
 unsigned int ic2, unsigned int ic3)
{
  unsigned char i,d;
  unsigned int m;

  LM_PORT = M_LATCH;
  for(i=0,m=0x8000; i<16; i++, m>>=1){
    d = (LM_PORT&M_STROB)|M_LATCH;
    if(ic1 & m) d |= M_SIN1;
    if(ic2 & m) d |= M_SIN2;
    if(ic3 & m) d |= M_SIN3;
    LM_PORT = d;
    LM_PORT |=  M_CLOCK;
  }
  LM_PORT &=   ~M_LATCH;
  LM_PORT |=    M_LATCH;
}
```

(c) 1行セット関数lm_set_line

IC_1に0x8000，IC_2にlmbuf[0][0]，IC_3にlmbuf[0][1]の値を設定します．この処理を16行すべての行について行うことで，配列lmbufの内容をLEDに表示することができます．

　ほかの処理によって表示がちらついたり明るさにむらができないように，1行表示の関数(lmbuf_disp)は，タイマVのオーバフロー割り込みによって起動します(**リスト21-1**)．**図21-5**にこれらの対応関係を示します．

　タイマVのクロックは，20 MHzのシステム・クロックを32分周して使用するので409.6 μs $(32 \times 2^8/20 \times 10^6)$ごとに割り込みが発生します．1画面分は16回で約6.5 ms周期になります(当初，30 ms周期程度で表示させたが，ちらついて見えたため，現在の周期にした)．

　また，コンペア・マッチA割り込みを発生させ，LEDモジュールの$\overline{STROBE}$信号を制御し，LEDの点灯時間を変化させることによってLEDの明るさを調整しています．

● まとめ

　LEDの明るさ調整に割り込みを使う必要はなく，$\overline{STROBE}$信号をタイマVのP76/TMOV端子に直接接続し，コンペア・マッチAでTMOV端子の値を変化させることでコントロールすることができます．

[第22章] 製作編

加速度センサ・インターフェースとウェーブ・ファイル再生のテクニック

加速度計の製作

渡辺 明禎

　本章では，加速度計の製作を通して，加速度センサとH8マイコン基板とのインターフェース，そしてWindowsでよく使われているウェーブ・ファイルの再生テクニックを解説します．製作した加速度計のブロック図を図22-1に示します．車の場合，加速度は進行方向，左右方向の2次元なので，厳密には2次元LEDアレーなどで加速度をXY表示する必要があります．

　しかし，LEDアレーは入手しにくい，回路も複雑になる，といったような理由により，加速度を音声で知らせるようにしました．この結果，回路が簡単になり，加速度計の大きさも小さくなりました．

　加速度センサは，ADXL202Eを使いました．このセンサのアナログ出力をH8/3694FのA-Dコンバータで直接サンプリングします．得られた加速度はその絶対値を計算し，測定値に対応する音声データを設定します．

　音声データは，タイマVのPWMを使ったD-A変換によりアナログ化しました．各種設定値の保存用にシリアルEEPROMを実装したので，加速度データのアクイジョンも容易です．

　なお，本器のソフトウェア開発には，秋月電子通商のH8/3048Fマイコン・ボードに付属するアセンブラ（p.204参照）と自作のモニタ（p.305参照）を使いました．

22-1　加速度センサADXL202Eの基礎知識

使用したADXL202Eは，2軸の加速度センサです．ディジタル出力を備えているので，マイコンとの

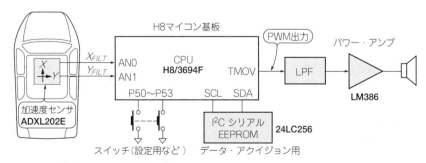

図22-1　製作した加速度計のブロック図

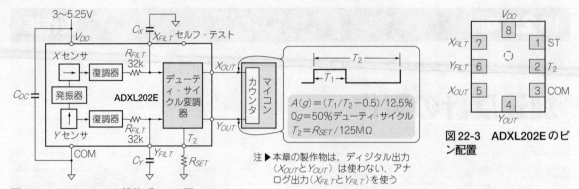

図22-2 ADXL202Eの機能ブロック図

$A(g) = (T_1/T_2 - 0.5)/12.5\%$
$0g = 50\%$デューティ・サイクル
$T_2 = R_{SET}/125\mathrm{M}\Omega$

注▶本章の製作物は,ディジタル出力
(X_{OUT}とY_{OUT})は使わない.アナ
ログ出力(X_{FILT}とY_{FILT})を使う

図22-3 ADXL202Eのピ
ン配置

表22-1 ADXL202Eのピン機能

ピン番号	記号	説明
1	ST	セルフテスト
2	T_2	周期T_2を設定するためにR_{SET}を接続
3	COM	コモン
4	Y_{OUT}	Y軸デューティ・サイクル出力
5	X_{OUT}	X軸デューティ・サイクル出力
6	Y_{FILT}	Y軸フィルタ用のコンデンサを接続
7	X_{FILT}	X軸フィルタ用のコンデンサを接続
8	V_{DD}	3.0 V ~ 5.25 V

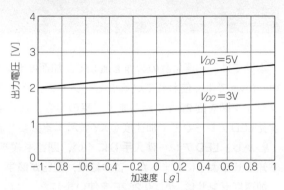

図22-4 ADXL202Eの加速度-出力電圧特性

インターフェースが容易です.

ADXL202Eは,$\pm2g$のフルスケール・レンジで加速度を計測でき,かつ動的加速度(振動など)と静的加速度(重力など)を計測することができます.また,傾斜センサとしても使用できます.

ADXL202Eの機能ブロック図を図22-2に示します.復調器の出力は,R_{FILT}を通してデューティ・サイクル変調器段をドライブし,加速度をT_1とT_2のデューティ比で得ることができます.また,アナログ信号を得る場合は,X_{FILT},Y_{FILT}端子に帯域制限用コンデンサを接続します.

R_{FILT}とC_X,C_Yで形成されるLPFは,信号の帯域を制限し,ノイズを低減することができます.その帯域幅は次式で求めることができます.

$$f = \frac{1}{2\pi \times 32 \times 10^3 \times C_X}$$

帯域幅を小さくするとノイズが小さくなり,加速度をより正確に求めることができますが,レスポンスは低下します.

たとえば,帯域幅が500 Hzのときノイズ(実効値)は5.7 mg,10 Hzのとき0.8 mgとなります.

ディジタル出力時の周期T_2は,次式で求めることができます.

$$T_2 = \frac{R_{SET}}{125 \times 10^6}$$

今回はアナログ出力を使うので,ディジタル出力は不要ですが,その場合でもR_{SET}は必須です.

ADXL202Eのピン配置を図22-3に,ピン機能を表22-1に示します.図22-4に,ADXL202Eの加速

度-出力電圧特性を示します．$V_{DD}=5\,V$ 時の感度は $0.3\,V/g$ 程度と小さいので，より正確な加速度値を得たい場合は，OP アンプなどで増幅する必要があります．また，V_{DD} で中心電圧，感度が変化するので注意が必要です．

22-2　ハードウェアの設計

　加速度計の回路図を**図22-5**に，外観を**写真22-1**に示します．

● 加速度センサ部

　帯域制限用コンデンサは $0.1\,\mu F$ としたので，帯域は $50\,Hz$ となります．ディジタル出力の周期 T_2 は，R_{SET} が $1\,M\Omega$ なので $8\,ms$ です．

　ADXL202E は表面実装用ハーメチック LCC パッケージなので，ユニバーサル基板にはそのまま実装できません．そこで，IC を逆さにして基板に取り付け，各端子から，$\phi 0.1\,mm$ のすずメッキ線でユニバー

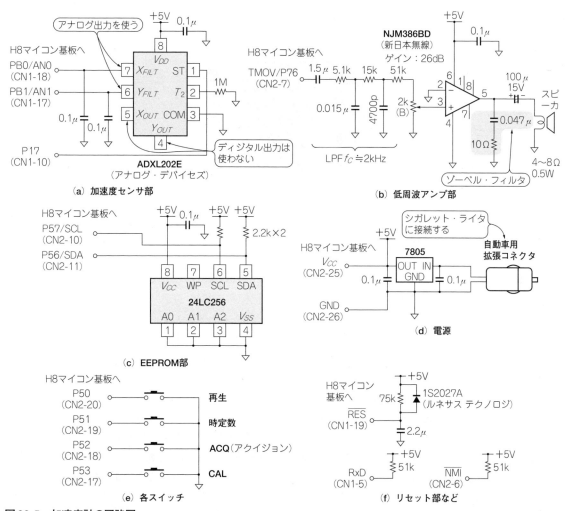

図22-5　加速度計の回路図

（a）加速度計の基板

（b）ケースに入れた加速度計

写真22-1　製作した加速度計

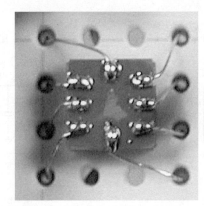

写真22-2　すずメッキ線でADXL202Eを接続

サル基板へ接続しました（**写真22-2**）.

● 低周波アンプ部

アンプはNJM386BDを使いました. 電源電圧5 V時の出力は0.15 W程度です. 回路は必要最小限の部品で構成しました. ゲインは26 dBです.

スピーカに並列に接続した10 Ωと0.047 μFのコンデンサはゾーベル・フィルタといい, スピーカの高域周波数におけるインピーダンスの増加を抑え, アンプが発振するのを防ぎます.

アンプの入力端子には, $f_c ≒ 2$ kHzの2次LPFを通します. これにより, タイマVの出力端子からのPWM波を平均化し, 高周波成分を除去します.

● I²Cバス対応のシリアルEEPROMを接続

加速度センサは, 平坦地においてキャリブレーションが必須です. 使用時に毎回行うのはたいへんですが, かといって, キャリブレーション・データをH8/3694FのROMに書き込むのもたいへんです. そこで, H8/3694FのI²Cバスを使い, シリアルEEPROM 24LC256を実装しました.

これにより, 設定値を保存しておくだけでなく, 加速度のアクイジョンができるようにしました. そのデータをパソコンで解析することにより, 車の走行性能を客観的に知ることができます.

24LC256の容量は256 Kビットなので, 0.2秒単位でデータを保存しても数十分のデータを保存できます.

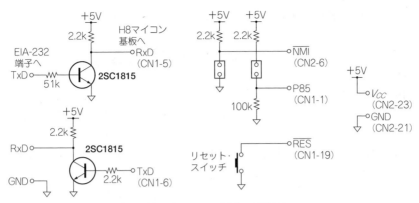

図22-6 ソフトウェア開発に使用するライタ回路の回路図

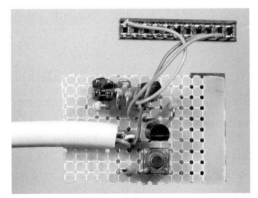

写真22-3 ライタ回路の基板

写真22-4 ソフトウェア開発中のようす

● H8マイコン基板をスタンドアローンで動作させるときの注意点

H8マイコン基板をスタンドアローンで動作させるためには，リセット回路，RxDと$\overline{\text{NMI}}$のプルアップが必要です．外部書き込み器(ライタ回路)などを使用している場合，これらがなくても動作するので注意してください．

● ソフトウェア開発に使うライタ回路の製作

H8/3694Fの内蔵フラッシュROMの内容を書き換えるためには，以下の回路が必要になります．

① ブート・モード設定回路
② リセット回路
③ EIA-232インターフェース回路

マイコン・ボード側にパソコンとのEIA-232通信用インターフェースが必要ない場合，すべての回路をライタ回路として別に組んだほうが，複数のマイコン・ボードに共通に使えるので便利です．そこで，製作したライタ回路を図22-6に，その外観を写真22-3にそれぞれ示します．

EIA-232インターフェース回路は，簡単化のために，トランジスタを使いました．ブート・モードの設定は短絡ピンを使いましたが，頻繁にフラッシュを書き換える必要がある場合はスイッチにしたほうが便利です．その場合，P85を使わないのであれば，つねにプルアップし，$\overline{\text{NMI}}$だけをスイッチでGNDに接続してもよいでしょう．

実際に，このライタ回路を使い，ソフトウェアを開発しているようすを**写真22-4**に示します．

22-3　ソフトウェアの実装

● 加速度センサ出力のサンプリング

H8/3694FのA-Dコンバータは，8チャネルの入力端子をもっています．これらは，個別に特定のチャネルをサンプリングすることも，指定のチャネルを自動的にスキャンしながら変換することもできます．

1回のサンプリング時間は134ステートなので，6.7 μsで2チャネルをスキャンした場合13.4 μsです．

A-Dコンバータの分解能は10ビットなので，1回のサンプリングで精度の良いデータを取得できると思われましたが，実際にADXL202Eのデータをサンプリングした結果，1回のサンプリングだけでは±5LSB程度のばらつきが見られました．

そこで，データの平均化処理を行い，サンプリング精度を上げることにしました．その概要を**図22-7**に示します．A-D変換はスキャン・モードでAN0とAN1を常にサンプリングします．そのA-D変換値はADDRA，ADDRBレジスタから得られます．

▶ A-D変換値の読み取りにタイマAを使用

このA-D変換値を読み取るために，タイマAのオーバフロー割り込みを使いました．その周期は102.4 μsです．得られたA－D変換値は256サンプル分積算するので，結果的に得られるデータは，

$$102.4 \times 10^{-6} \times 256 = 26.2 \text{ ms}$$

すなわち，26.2 ms周期となります．

26.2 ms周期で得られた加速度センサのサンプル値は，256バイトのループ・メモリに保存します．1サンプルは16ビットとしたので，128サンプルのループ・メモリとなります．時定数を大きくした場合は，このループ・メモリのデータを積算することにより，サンプル値を得ることができます．

▶ タイマAを使ってA-D変換結果をループ・メモリに取り込む

タイマAをA-D変換用インターバル・タイマとして使います．クロックを $\phi/8$，オーバフロー割り込みを可にするので，割り込み周期は，

$$\frac{8}{20 \times 10^6} = 102.4 \ \mu s$$

となります．

割り込み処理ルーチンでは，スキャン・モードで得られているA-D変換値を256回分積算し，この積算値をループ・メモリに保存します．

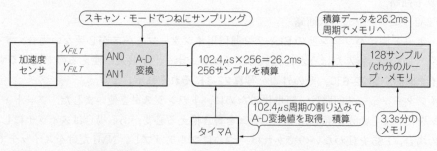

図22-7　A-D変換部の概要

▶ 加速度の絶対値を計算する方法

加速度センサから得られるデータは，進行方向(X)と左右方向(Y)の2次元情報です.

音声の場合，2次元で再生すると，非常にわかりにくいものとなります. そこで，加速度はベクトルの絶対値とし，進行方向に対しての発声だけとします.

加速度の絶対値aは，次式から求めます.

$$a=\sqrt{x^2+y^2}$$

平方根の計算は，C言語では標準関数なので特に問題ありません. また，今回のようにアセンブラで組む場合でも，数値演算ライブラリを使用すれば容易に処理することができます. 自作する場合は，以下の式を使います.

$$x_{n+1}=0.5\times(x_n+a/x_n)$$

まず，平方根を求めたいデータをaとx_nに代入し，x_{n+1}を求めます. 次にx_{n+1}とx_nを比較し，一致していなければx_{n+1}をx_nに代入し，再計算します. そして，$x_{n+1}=x_n$になるまで繰り返し，一致したときに，答えはx_nとなります.

● 音声データの再生

▶ 音声データはウェーブ・ファイルを使用

音声データは，Windowsで使われているウェーブ・ファイル(拡張子wav形式)から必要なデータ(音声)を取り出して利用することにしました. そのために，図22-8に示すアプリケーション「Wave To SRC」を作りました(プログラムは付属CD-ROMに収録).

ウェーブ・ファイルを指定すると，波形が表示されるので，必要な部分だけ(図で波形の色が反転している領域)を選択します.

次に，[抽出]ボタンをクリックすると，選択された部分だけが再生され，その部分のウェーブ・データがリスト22-1に示す形式でクリップボードに出力されます. このデータをH8/3694F用ウェーブ・データとして使用します.

図22-9にウエーブ・ファイルの構造を示します. WAVEファイルはRIFF (Resource Interchange File Format)ファイルと呼ばれる形式となっており，チャンクと呼ばれる階層化されたデータの固まりから構成されています. チャンクは内容識別のためのID(4バイト)，データの長さ(4バイト)，およびデータか

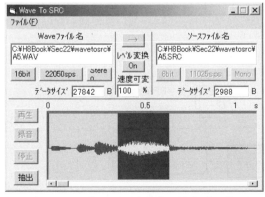

図22-8 ウェーブ・ファイル変換，抽出プログラムの画面

リスト22-1 ウェーブ・ファイルから抽出した部分のリスト

```
.DATA.LH'7B7A8287,H'7A797E80,H'7B788080,H'867E7F7E
.DATA.LH'7D827C7E,H'7E777D7A,H'7C798C92,H'8D8B9F8E
.DATA.LH'A083888B,H'7E7C717C,H'6C766D78,H'7B71807F
.DATA.LH'84868488,H'88898888,H'86828481,H'80817E82
.DATA.LH'7D818181,H'7E7E7C7B,H'7F797679,H'7C807B80
.DATA.LH'807D7C76,H'7A79797C,H'76777876,H'746E6E6D
.DATA.LH'686A6C73,H'91ABA7B4,H'C5BCBAA4,H'9C8C7D5F
.DATA.LH'60574853,H'4B606A6F,H'84909498,H'9898958A

.DATA.LH'7F7A746B,H'716C757E,H'808C9093,H'95928C89
.DATA.LH'7E78736D,H'6E6D6F75,H'787D8081,H'8181807A
```

ら構成されています.

● 音声再生プログラムの概要

図22-10に，音声再生プログラムの概要を示します．H8/3694Fの場合，D-Aコンバータがないので，代わりにタイマVのPWM出力を使うことにしました．

ウェーブ・データ再生用の基準タイマとしてはタイマWを使います．ウェーブ・データ(音声データ)は8ビット，11025 spsとするので，タイマの割り込み周期は90.7 μsとなります．

割り込みは，GRAレジスタのコンペア・マッチ割り込みを使います．したがって，GRAの値は，

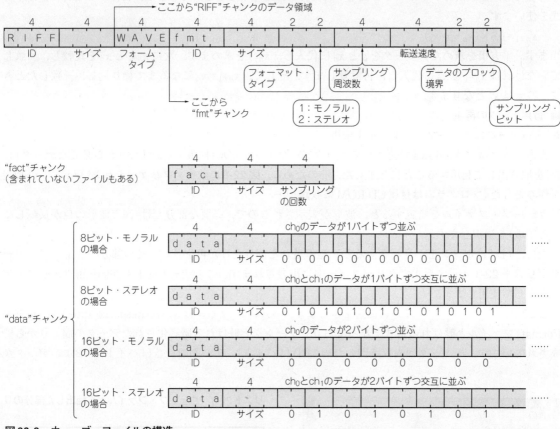

図22-9　ウェーブ・ファイルの構造

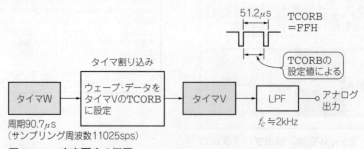

図22-10　音声再生の概要

$$90.7 \times 10^{-6} \times 20 \times 10^{6} = 1814$$

となります.

タイマ V は，音声用 D-A コンバータとして使います．クロックを $\phi/4$，TCORA を 255 とするので，周期は，

リスト 22-2 I^2C バスに接続された EEPROM への書き込みルーチン

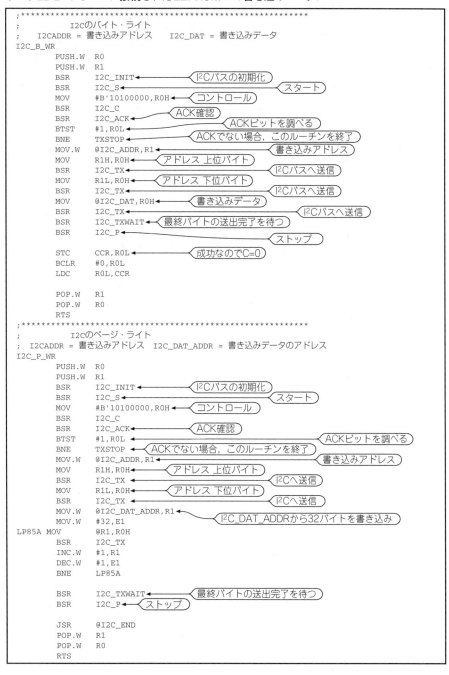

```
;******************************************************
;           I2Cのバイト・ライト
;   I2CADDR = 書き込みアドレス   I2C_DAT = 書き込みデータ
I2C_B_WR
        PUSH.W  R0
        PUSH.W  R1
        BSR     I2C_INIT          ← I2Cバスの初期化
        BSR     I2C_S             ← スタート
        MOV     #B'10100000,R0H   ← コントロール
        BSR     I2C_C
        BSR     I2C_ACK           ← ACK確認
        BTST    #1,R0L            ← ACKビットを調べる
        BNE     TXSTOP            ← ACKでない場合，このルーチンを終了
        MOV.W   @I2C_ADDR,R1      ← 書き込みアドレス
        MOV     R1H,R0H           ← アドレス 上位バイト
        BSR     I2C_TX            ← I2Cバスへ送信
        MOV     R1L,R0H           ← アドレス 下位バイト
        BSR     I2C_TX            ← I2Cバスへ送信
        MOV     @I2C_DAT,R0H      ← 書き込みデータ
        BSR     I2C_TX            ← I2Cバスへ送信
        BSR     I2C_TXWAIT        ← 最終バイトの送出完了を待つ
        BSR     I2C_P             ← ストップ

        STC     CCR,R0L           ← 成功なのでC=0
        BCLR    #0,R0L
        LDC     R0L,CCR

        POP.W   R1
        POP.W   R0
        RTS
;******************************************************
;           I2Cのページ・ライト
;   I2CADDR = 書き込みアドレス   I2C_DAT_ADDR = 書き込みデータのアドレス
I2C_P_WR
        PUSH.W  R0
        PUSH.W  R1
        BSR     I2C_INIT          ← I2Cバスの初期化
        BSR     I2C_S             ← スタート
        MOV     #B'10100000,R0H   ← コントロール
        BSR     I2C_C
        BSR     I2C_ACK           ← ACK確認
        BTST    #1,R0L            ← ACKビットを調べる
        BNE     TXSTOP            ← ACKでない場合，このルーチンを終了
        MOV.W   @I2C_ADDR,R1      ← 書き込みアドレス
        MOV     R1H,R0H           ← アドレス 上位バイト
        BSR     I2C_TX            ← I2Cへ送信
        MOV     R1L,R0H           ← アドレス 下位バイト
        BSR     I2C_TX            ← I2Cへ送信
        MOV.W   @I2C_DAT_ADDR,R1
        MOV.W   #32,E1            ← I2C_DAT_ADDRから32バイトを書き込み
LP85A   MOV     @R1,R0H
        BSR     I2C_TX
        INC.W   #1,R1
        DEC.W   #1,E1
        BNE     LP85A

        BSR     I2C_TXWAIT        ← 最終バイトの送出完了を待つ
        BSR     I2C_P             ← ストップ

        JSR     @I2C_END
        POP.W   R1
        POP.W   R0
        RTS
```

$$\frac{4}{20 \times 10^6} \times 2^8 = 51.2\,\mu s$$

となります．TCORBを0〜255に設定することによりデューティ比（TCORB/TCORA）を変更し，8ビット相当のD-Aコンバータとして使うことができます．

● I²Cバスに接続したEEPROMへの書き込み

I²Cバスに関連するサブルーチンは，I2C_B_WR，I2C_P_WR，I2C_CA_RD，I2C_RND_RD，I2C_SEQ_RDなどです．詳細は，プログラムを参照してください（付属CD-ROMに収録）．参考として，**リスト22-2**に，I²Cバスに接続されたEEPROMへのI2C_B_WR，I2C_P_WRを示します．

● 傾斜計への応用

加速度のサンプリング時定数を大きくすると，傾斜計として使うこともできます．

そこで，傾斜計でのサンプリング時定数を大きくするために，加速度データをメモリします．そのメモリ・サイズを128ワードとすると，

$$26.2 \times 10^{-3} \times 128 = 3.3\,s$$

となります．傾斜計として使う場合，この時定数では少し小さいので，1 sごとの積算値を求めてメモリに保存します．そして，0.2，1，3，10 sと切り替えて使用することにしました．

また，時定数が1 s以上の場合は，［再生］ボタンを押したときに測定値を発声するようにしました．

22-4　使いかたおよび実験結果

ここでは，車に装着する場合の使いかたを説明します．まず，装置を車に固定します．加速，減速時に装置が動いてしまうようでは正確な測定はできません．

車を平坦地で停止し，［CAL］ボタンを押して，加速度センサのキャリブレーションを行います．EEP-ROMを実装した場合は，その値が自動的に保存されます．EEPROMがない場合は，発声させて，それに基づいたデータをH8/3694Fのフラッシュ ROMに書き込むルーチンを自作するとよいでしょう．

［再生］ボタンを押すと，加速度を聞くことができます．ただし，つねに音が出ているとうるさいので，±0.1 gを越えたときだけ音が出ます．後述の傾斜計として使う場合は，このボタンを押したときだ

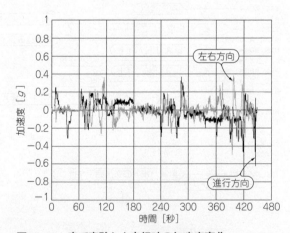

図22-11　車で実験した走行時の加速度変化

け音が出ます.

[時定数]ボタンを押すと,時定数を0.2,1,3,10 sとスクロールを切り替えることができます.時定数が長い場合は傾斜計として使うことができます.

[ACQ]ボタンを押すと,加速度の時間的変化のアクイジションをON/OFFすることができます.ただし,時間情報は保存されません.

実際の走行時の加速度の変化を図22-11に示します.黒が進行方向,グレーが左右方向の加速度です.一番大きかったのはブレーキング時の0.6 gでした.一定時間,加速度が発生している領域は,坂の上り下りです.

▶ 電池で長時間動作させるためのくふう

ADXL202Eの消費電流は小さいので,クロック周波数を低くしてH8/3694Fの消費電流を小さくすれば,電池で動作させることができます.1.2Vの2次電池を使う場合,3.6 V(3本)か4.8 V(4本)で使用するとよいでしょう.

注意点は,センサの中点電圧と感度が電源電圧で変わってしまうことです.定電圧回路を入れるか,あるいはセルフ・テスト機能を使い,電池の消耗に伴うキャリブレーションが必要となるでしょう.

なお,3.6 Vで動作させる場合はNJM386BDは使えないので,TA7368Pなどを使うとよいでしょう.

■ 22-5　補足：自作モニタ「H8 Monitor」を使ったプログラム開発について

「H8 Monitor」は,秋月電子通商のH8/3048Fマイコン・ボード(p.204参照)に付属するアセンブラなどに対応するモニタ・プログラムです.H8 Monitorは,もともとH8/3048用に筆者が開発したモニタですが,今回H8/3694F用に移植しました.

モニタの大きさは1Kバイト程度です.また,スタンドアローンで動かす場合,モニタ部分を削除しなくても,特に影響なく安定して動作しています.

本モニタを付属CD-ROMに収録し,ソースを公開しますので,機能を追加するのもよいと思います.本節では,本モニタについて簡単に紹介します.

● モニタを使ったプログラム開発

モニタの実行画面を図22-12に,そのときのメモリ・マップを図22-13にそれぞれ示します.

RAM側で割り込みルーチンを開発できるように,ROMの割り込みベクタに,RAM側へのジャンプ・アドレスを記述しています.割り込みルーチンをROMに記述する場合は,割り込みベクタにそのまま割り込みルーチンのアドレスを記述します.

リセット・スタートすると,0034H番地からコードが実行され,モニタの管理下でコマンド待ちになります.そこで,[RUN]ボタンをクリックすると,F880Hからのプログラムが実行されるので,ここに開発したいプログラムを記述し,そしてデバッグします.デバッグを終えたコードは随時ROM領域に移すことにより,効率的にプログラムを開発できます.

● モニタの使いかた

本モニタの使いかたの概略を説明します.

▶ [WRITE]ボタン

RAM用ソース・ファイル(MOTファイル)を書き込みます.H8/3694Fが接続されていなかったり,通信時にエラーが発生すると,エラー・メッセージが表示され書き込みを中止します.

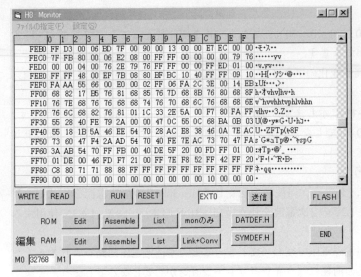

図22-12 自作モニタ「H8 Monitor」の画面

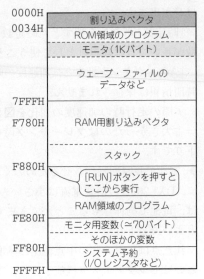

図22-13 「H8 Monitor」のメモリ・マップ

▶ [READ]ボタン

指定されたアドレスから512バイト分のデータを読み込んで表示します．アドレスは，データ表示グリッドのアドレス表示カラムをダブル・クリックして指定します．

▶ [RUN]ボタン

F880Hからのコードを実行します．

▶ [RESET]ボタン

プログラムの実行を停止しリセットします．リセットはウォッチ・ドッグ・タイマ（WDT）を起動し，WDTタイム・アウト割り込みによるソフトウェア・リセットを利用しています．

したがって，定期的にWDTカウンタをクリアする割り込み処理ルーチンを組んでいると，このリセット機能は使用できません．

また，H8/3694F自体が暴走中の場合，シリアル通信そのものができない可能性があり，モニタを使えない場合もあります．その場合は，H8/3694Fの $\overline{\text{RESET}}$ 端子をグラウンドに接続し，ハードウェア・リセットをしてください．

▶ 拡張コマンド用テキスト・ボックス

後述の拡張コマンドを送信するためのコマンド入力用テキスト・ボックスです．たとえば，ここにEXT2と入力し，［送信］ボタンをクリックすれば，H8/3694FにEXT2というコマンドを送ることができます．

▶ [Edit]ボタン

ROM，RAM用のソース・コードをメモ帳（あるいはワードパッド）により編集することができます．変更したコードを有効にするためには，メモ帳においてファイルを上書き保存します．

▶ [Assemble]ボタン

ROM，RAM用のソース・コードをアセンブルします．DOSプロンプト画面が表示されるので，エラーがないことを確認して，DOSプロンプトを終了します．アセンブラは，秋月電子通商のH8/3048F用A38H.EXEなどが標準です．

図22-14 フラッシュROMへの書き込み

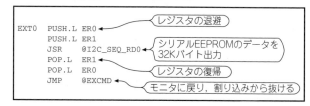

リスト22-3 拡張コマンドの使いかた

```
EXT0    PUSH.L  ER0     ← レジスタの退避
        PUSH.L  ER1
        JSR     @I2C_SEQ_RD0  ← シリアルEEPROMのデータを32Kバイト出力
        POP.L   ER1     ← レジスタの復帰
        POP.L   ER0
        JMP     @EXCMD  ← モニタに戻り，割り込みから抜ける
```

▶［List］ボタン

ROM，RAM用のソース・コードをアセンブルしたあとのLISファイルを，ワードパッドを使って表示します．

▶［monのみ］ボタン

ROM用ソース・コードだけをリンクし，MOTファイルに変換します．これにより，ROM領域の実行コードがROM用ファイル（MOTファイル）に得られるので，書き込み器を使ってフラッシュROMに書き込むことができます．

▶［Link + Conv］ボタン

ROM，RAMのOBJファイルをリンク，MOTファイルに変換します．これによりRAM用ファイルが得られます．［WRITE］ボタンでRAM領域に書き込まれるコードはRAM用ファイルのRAM領域のコードだけです．

▶［DATDEF.H］ボタン

メモ帳（あるいはワードパッド）でDATDEF.Hの編集をするときにクリックします．DATDEF.Hはモニタが使用する変数，開発プログラムの変数を宣言するために使っています．

▶［SYMDEF.H］ボタン

メモ帳（またはワードパッド）でSYMDEF.Hを編集するときにクリックします．SYMDEF.HはH8/3694Fに関する定数，モニタが使用する定数，開発プログラム用の定数を宣言するために使っています．

▶［FLASH］ボタン

フラッシュROMにコードを書き込みます．ボタンをクリックすると，**図22-14**に示す「FLASH」ダイアログが表示されます．

H8/3694Fをブート・モードにし，リセット・スタートさせた後に，［書込み］ボタンをクリックすると，指定のMOTファイルがフラッシュROMに書き込まれます．

▶ 拡張コマンドの使いかた

プログラムの開発中に，特定のプログラムを実行したり，データなどを取得したい場合がよくあります．**リスト22-3**にそれらの目的に使える拡張コマンドの使用例を示します．EXT0をモニタから送信すると，RAM領域のEXT0に制御が移るので，そこに実行したいコードを記述します．この例では，シリアルEEPROMから32Kバイトのデータを取得し，ファイルに保存することができます．

CPUの概要からI/Oポートのしくみまで

H8/3694Fマイコンの基礎知識

島田 義人

　本章では，H8マイコン基板に使われている，H8/3694Fの概要について解説していきます．まずは，H8マイコンとは何か，そのファミリからお話していきましょう．

23-1　H8マイコンとは

　H8マイコンはルネサス テクノロジが開発・製造しているワンチップ・マイコンです．H8マイコンの展開を**図23-1**に示します．最初に製品化されたH8マイコンが，H8/500シリーズです．H8/500シリーズはほかのシリーズとの命令互換性はありませんが，高機能タイマやA-Dコンバータなどの機能を搭載したリアル・タイム制御向きの16ビット・マイコンです．自動車のエンジン制御，計測機器，FA，ロボットなどに用いられています．

　H8/300シリーズは，8ビットの標準的なマイコンです．タイマやA-D，D-Aコンバータなどの内蔵周辺機能が豊富で，PCキーボードや電子楽器，自動車などに広く使われています．

　H8/300LシリーズはH8/300シリーズと命令互換性があり，消費電力を少なくした8ビット・マイコン

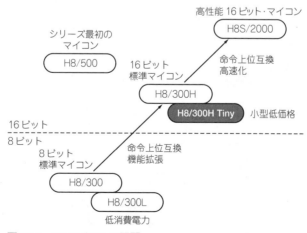

図23-1　H8マイコンの展開

です．1.8Vの低電圧で動作し，テレビ，エアコン，洗濯機といった家電製品への組み込み用に使われています．

H8/300Hシリーズは，符号付きの乗算や除算を行う命令を備え，H8/300シリーズの処理能力を向上した16ビットの標準的なマイコンです．データを直接転送できる機能としてDMAC（Direct Memory Access Controller）や，モータ制御に使われる三相PWM（Pulse Width Modulation）などの機能を搭載しています．

H8/300H Tinyシリーズは，H8/300Hを小型化したマイコンです．本書で取り上げているH8マイコン基板に実装されたH8/3694Fは，このシリーズに分類されます．

H8S/2000シリーズは，1命令を1クロックで動作させ，積和演算命令を備えるなど，H8/300Hシリーズを高性能・高速度化した命令上位互換の16ビット・マイコンです．プリンタ，DVDプレーヤ，カメラなどの高機能機器に使われています．

23-2　H8/300H Tinyシリーズ

それでは，H8/3694FマイコンのH8/300H Tinyシリーズについて，もう少し詳しく見てみましょう．

H8/300H Tinyシリーズは，H8/300Hシリーズの小型・低コスト化したマイコンで，一般的な制御を行うには十分な機能をもち，価格も比較的に安くなっています．また，H8/Tinyシリーズは，オンチップ・デバッギング・エミュレータ「E7」や無償コンパイラなどにより低価格な開発環境がサポートされているため，入門用のマイコンに最適です．H8/300H Tinyマイコンの種類は，**図23-2**に示すように豊富にあります．

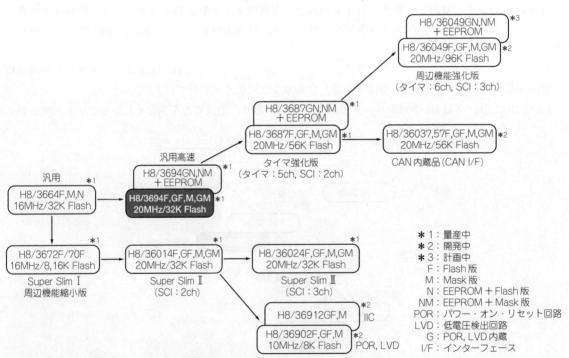

図23-2(2)　**H8/300H Tinyシリーズの展開**（2004年5月現在）

H8/3694グループは，H8/300H Tinyマイコンの汎用品であるH8/3664をベースに使い勝手を向上したマイコンです．システム構成に必要な周辺機能として，4種類のタイマ，I²Cバス・インターフェース，シリアル・コミュニケーション・インターフェース，10ビットのA-Dコンバータを内蔵しており，高度な制御システムの組み込み用マイコンとして活用できます．また，最大動作周波数を16 MHzから20 MHzに高速化したことにより，処理性能がさらに高くなっています．

H8/3672グループは，H8/3664グループをベースに機能を簡素化し，より小規模なシステム向けに最適化したマイコンです．16 Kまたは8 Kバイトの単一電源フラッシュ・メモリを内蔵しています．

H8/36014，H8/36024グループは，H8/3672グループをベースに通信機能を強化し，小規模ネットワーク・システムに使えるようにしたマイコンです．

H8/36902，H8/36912グループは，H8/300H Tinyシリーズの中でもっとも少ピン（32ピン）・小容量メモリ（8 Kバイト）のグループで，小物家電のシステム制御や各種センサ制御の応用などに適しています．

H8/3687グループは，H8/3664グループの周辺機能を強化し高機能システム向けに対応させたマイコンです．16ビット・タイマを2チャネル内蔵し，それらを組み合わせてモータ制御を行うこともできます．また，シリアル・コミュニケーション・インターフェースを2チャネル，I²Cバス・インターフェースを1チャネル内蔵しているため，ネットワーク家電も実現できます．

H8/36037，H8/36057グループは，自動車・産業分野で広く使用されている通信プロトコルCANを内蔵したマイコンです．

H8/36049グループは，H8/3687グループの周辺機能とI/Oを強化したマイコンで，モータ制御が必要なエアコン室内機などの高機能民生機器への応用に適しています．モータ制御用に16ビット・タイマを3チャネル内蔵しており，DCブラシレス・モータの制御やDCモータを複数個同時制御などが容易に可能です．さらに，シリアル・コミュニケーション・インターフェースを3チャネルとI²Cバス・インターフェースを1チャネル内蔵しており，周辺LSIや外部のICなど複数のICとのインターフェースが必要なシステムにも容易に対応可能です．

23-3　H8/3694Fの端子機能

H8/3694Fの端子配置図を**図23-3**に示します．パッケージの4辺から各12本の端子が出ており，総端子数は48本あります．H8/3694Fの端子の機能について**表23-1**に示します．

頭文字が，"P"で始まる名前の端子は，入出力端子で計37本あります．入出力端子の中には，"/"の入った端子名がありますが，これはほかの機能と兼用している端子を示しています．たとえばP14/$\overline{\text{IRQ0}}$とある端子名は，汎用入出力ポートの機能のほかに，外部割り込み入力機能があることを意味しています．

23-4　H8/3694Fの内部ブロック

H8/3694Fの内部ブロック図は第1章の**図1-6**を参照してください．

H8/3694Fは，H8/300H CPUを中心に，2 KバイトのRAMと32 KバイトのROM（フラッシュ・メモリ），各種タイマ，A-Dコンバータ，SCI3やI²Cなどの周辺機能を搭載しているシングル・チップ・マイコンです．

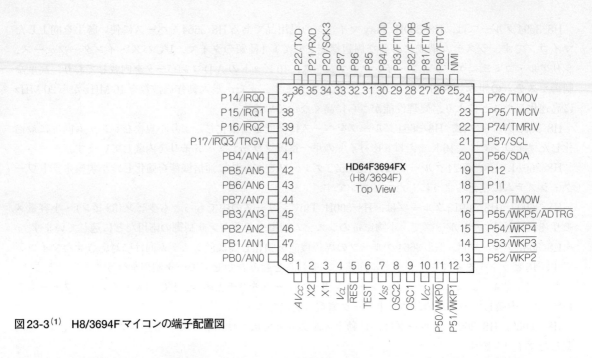

図23-3 (1)　H8/3694F マイコンの端子配置図

表23-1 (1)　H8/3694F マイコンの端子機能

端子番号	端子名	端子機能
1	AV_{CC}	A-D コンバータ用電源端子
2	X2	サブ・クロック用 32.768 kHz
3	X1	水晶発振子接続端子
4	V_{CL}	内部電源引き出し端子．安定化のため，この端子と V_{SS} 端子間に 0.1 μF 程度のコンデンサを付ける
5	$\overline{RES}$	リセット端子
6	TEST	テスト端子（通常 V_{SS} に接続する）
7	V_{SS}	グラウンド端子
8	OSC2	システム・クロック用水晶発振子またはセラミック発振子接続端子
9	OSC1	
10	V_{CC}	5V 電源入力端子
11	P50/$\overline{WKP0}$	汎用入出力ポート，割り込み入力端子兼用
12	P51/$\overline{WKP1}$	汎用入出力ポート，割り込み入力端子兼用
13	P52/$\overline{WKP2}$	汎用入出力ポート，割り込み入力端子兼用
14	P53/$\overline{WKP3}$	汎用入出力ポート，割り込み入力端子兼用
15	P54/$\overline{WKP4}$	汎用入出力ポート，割り込み入力端子兼用
16	P55/$\overline{WKP5}$/ADTRG	汎用入出力ポート，割り込み入力端子，A-D トリガ入力端子兼用
17	P10/TMOW	汎用入出力ポート，分周クロック出力端子兼用
18	P11	汎用入出力ポート
19	P12	汎用入出力ポート
20	P56/SDA	汎用入出力ポート，I^2C データ入出力端子兼用
21	P57/SCL	汎用入出力ポート，I^2C クロック入出力端子兼用
22	P74/TMRIV	汎用入出力ポート，タイマ V 端子兼用
23	P75/TMCIV	汎用入出力ポート，タイマ V 端子兼用
24	P76/TMOV	汎用入出力ポート，タイマ V 端子兼用
25	$\overline{NMI}$	ノン・マスカブル割り込み要求入力端子
26	P80/FTCI	汎用入出力ポート，タイマ端子兼用
27	P81/FTIOA	汎用入出力ポート，タイマ端子兼用
28	P82/FTIOB	汎用入出力ポート，タイマ端子兼用
29	P83/FTIOC	汎用入出力ポート，タイマ端子兼用
30	P84/FTIOD	汎用入出力ポート，タイマ端子兼用
31	P85	汎用入出力ポート
32	P86	汎用入出力ポート
33	P87	汎用入出力ポート
34	P20/SCK3	汎用入出力ポート，SCI 接続端子
35	P21/RXD	汎用入出力ポート，SCI 接続端子
36	P22/TXD	汎用入出力ポート，SCI 接続端子
37	P14/$\overline{IRQ0}$	汎用入出力ポート，割り込み入力端子兼用
38	P15/$\overline{IRQ1}$	汎用入出力ポート，割り込み入力端子兼用
39	P16/$\overline{IRQ2}$	汎用入出力ポート，割り込み入力端子兼用
40	P17/$\overline{IRQ3}$/TRGV	汎用入出力ポート，割り込み入力端子，タイマ V 端子兼用
41	PB4/AN4	汎用入力ポート，A-D コンバータ入力兼用
42	PB5/AN5	汎用入力ポート，A-D コンバータ入力兼用
43	PB6/AN6	汎用入力ポート，A-D コンバータ入力兼用
44	PB7/AN7	汎用入力ポート，A-D コンバータ入力兼用
45	PB3/AN3	汎用入力ポート，A-D コンバータ入力兼用
46	PB2/AN2	汎用入力ポート，A-D コンバータ入力兼用
47	PB1/AN1	汎用入力ポート，A-D コンバータ入力兼用
48	PB0/AN0	汎用入力ポート，A-D コンバータ入力兼用

　H8/3694 グループのアドレス空間はプログラム領域とデータ領域合わせて 64 K バイトです．H8/3694F
のメモリ・マップを**図23-4**に示します．本書の基礎編・第1章で述べたように，メモリはプログラムや
データを記録するとても重要なユニットです．電源を切っても内容が消えない読み出し専用メモリの
ROM（Read Only Memory）が H'0000 ～ H'7FFF 番地，電源を切ると記録内容が消滅する読み書き可能
な RAM（Random Access Memory）が H'F780 ～ H'FF7F 番地に割り当てられています．

　H'F730 ～ H'F74F 番地，および H'FF80 ～ H'FFFF 番地には，内蔵周辺機能の動作やポートの設定を
行うための内部I/Oレジスタが割り当てられています．H8/3694F のレジスタ・アドレス表を**表23-2**に示
します．それぞれに割り当てられた内部I/Oレジスタのアドレスをアクセスすることで，あたかもメモリ
内のデータを扱うかのように，周辺機能を操作することができます．このように，メモリ・マップに周辺
機能を割り当てて使用する方式を，メモリ・マップトI/O方式といいます．

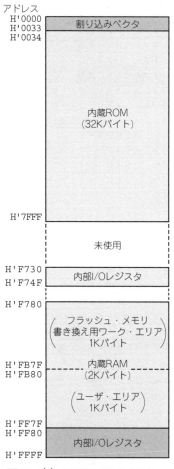

図23-4[(1)]　**H8/3694F のメモリ・マップ**

表23-2⁽¹⁾　H8/3694Fのレジスタ・アドレス

（網掛けは16ビットのレジスタ，ほかは8ビットのレジスタ）

アドレス		レジスタ名	モジュール
H'F730	LVDCR	低電圧検出コントロール・レジスタ	低電圧検出回路^(注)
H'F731	LVDSR	低電圧検出ステータス・レジスタ	
H'F748	ICCR1	I²Cバス・コントロール・レジスタ1	
H'F749	ICCR2	I²Cバス・コントロール・レジスタ2	
H'F74A	ICMR	I²Cバス・モード・レジスタ	
H'F74B	ICIER	I²Cバス・インタラプト・イネーブル・レジスタ	
H'F74C	ICSR	I²Cバス・ステータス・レジスタ	IIC2
H'F74D	SAR	スレーブ・アドレス・レジスタ	
H'F74E	ICDRT	I²Cバス送信データ・レジスタ	
H'F74F	ICDRR	I²Cバス受信データ・レジスタ	
H'FF80	TMRW	タイマ・モード・レジスタW	
H'FF81	TCRW	タイマ・コントロール・レジスタW	
H'FF82	TIERW	タイマ・インタラプト・イネーブル・レジスタW	
H'FF83	TSRW	タイマ・ステータス・レジスタW	
H'FF84	TIOR0	タイマI/Oコントロール・レジスタ0	
H'FF85	TIOR1	タイマI/Oコントロール・レジスタ1	タイマW
H'FF86	TCNT	タイマ・カウンタ	
H'FF88	GRA	ジェネラル・レジスタA	
H'FF8A	GRB	ジェネラル・レジスタB	
H'FF8C	GRC	ジェネラル・レジスタC	
H'FF8E	GRD	ジェネラル・レジスタD	
H'FF90	FLMCR1	フラッシュ・メモリ・コントロール・レジスタ1	
H'FF91	FLMCR2	フラッシュ・メモリ・コントロール・レジスタ2	
H'FF92	FLPWCR	フラッシュ・メモリ・パワー・コントロール・レジスタ	ROM
H'FF93	EBR1	ブロック指定レジスタ1	
H'FF9B	FENR	フラッシュ・メモリ・イネーブル・レジスタ	
H'FFA0	TCRV0	タイマ・コントロール・レジスタV0	
H'FFA1	TCSRV	タイマ・コントロール/ステータス・レジスタV	
H'FFA2	TCORA	タイマ・コンスタント・レジスタA	
H'FFA3	TCORB	タイマ・コンスタント・レジスタB	
H'FFA4	TCNTV	タイマ・カウンタV	タイマV
H'FFA5	TCRV1	タイマ・コントロール・レジスタV1	
H'FFA6	TMA	タイマ・モード・レジスタA	
H'FFA7	TCA	タイマ・カウンタA	
H'FFA8	SMR	シリアル・モード・レジスタ	
H'FFA9	BRR	ビット・レート・レジスタ	
H'FFAA	SCR3	シリアル・コントロール・レジスタ3	
H'FFAB	TDR	トランスミット・データ・レジスタ	SCI3
H'FFAC	SSR	シリアル・ステータス・レジスタ	
H'FFAD	RDR	レシーブ・データ・レジスタ	

注▶ 低電圧検出回路はオプションのモジュール

アドレス	レジスタ名		モジュール
H'FFB0	ADDRA	A-D データ・レジスタ A	A-D
H'FFB2	ADDRB	A-D データ・レジスタ B	
H'FFB4	ADDRC	A-D データ・レジスタ C	
H'FFB6	ADDRD	A-D データ・レジスタ D	
H'FFB8	ADCSR	A-D コントロール / ステータス・レジスタ	
H'FFB9	ADCR	A-D コントロール・レジスタ	
H'FFC0	TCSRWD	タイマ・コントロール / ステータス・レジスタ WD	WDT
H'FFC1	TCWD	タイマ・カウンタ WD	
H'FFC2	TMWD	タイマ・モード・レジスタ WD	
H'FFC8	ABRKCR	アドレス・ブレーク・コントロール・レジスタ	アドレス・ブレーク
H'FFC9	ABRKSR	アドレス・ブレーク・ステータス・レジスタ	
H'FFCA	BARH	ブレーク・アドレス・レジスタ H	
H'FFCB	BARL	ブレーク・アドレス・レジスタ L	
H'FFCC	BDRH	ブレーク・データ・レジスタ H	
H'FFCD	BDRL	ブレーク・データ・レジスタ L	
H'FFD0	PUCR1	ポート・プルアップ・コントロール・レジスタ 1	I/O ポート
H'FFD1	PUCR5	ポート・プルアップ・コントロール・レジスタ 5	
H'FFD4	PDR1	ポート・データ・レジスタ 1	
H'FFD5	PDR2	ポート・データ・レジスタ 2	
H'FFD8	PDR5	ポート・データ・レジスタ 5	
H'FFDA	PDR7	ポート・データ・レジスタ 7	
H'FFDB	PDR8	ポート・データ・レジスタ 8	
H'FFDD	PDRB	ポート・データ・レジスタ B	
H'FFE0	PMR1	ポート・モード・レジスタ 1	
H'FFE1	PMR5	ポート・モード・レジスタ 5	
H'FFE4	PCR1	ポート・コントロール・レジスタ 1	
H'FFE5	PCR2	ポート・コントロール・レジスタ 2	
H'FFE8	PCR5	ポート・コントロール・レジスタ 5	
H'FFEA	PCR7	ポート・コントロール・レジスタ 7	
H'FFEB	PCR8	ポート・コントロール・レジスタ 8	
H'FFF0	SYSCR1	システム・コントロール・レジスタ 1	低消費電力
H'FFF1	SYSCR2	システム・コントロール・レジスタ 2	
H'FFF2	IEGR1	割り込みエッジ・セレクト・レジスタ 1	割り込み
H'FFF3	IEGR2	割り込みエッジ・セレクト・レジスタ 2	
H'FFF4	IENR1	割り込みイネーブル・レジスタ 1	
H'FFF6	IRR1	割り込みフラグ・レジスタ 1	
H'FFF8	IWPR	ウェイクアップ割り込みフラグ・レジスタ	
H'FFF9	MSTCR1	モジュール・スタンバイ・コントロール・レジスタ 1	低消費電力

23-6　CPUの内部レジスタ

　C言語によるプログラムでは，CPUの内部レジスタをほとんど意識せずにマイコンを動作させることができます．しかし，メモリを効率良く使い，かつ動作速度の速いプログラムを作成するにはレジスタを意識する必要があります．

　CPUの内部レジスタの構成について**図23-5**に示します．レジスタには計算用などに使える汎用レジスタと，使用目的が決まっている専用レジスタ，たとえばプログラム・カウンタ(PC)や，コンディション・コード・レジスタ(CCR)といったコントロール・レジスタ(CR)があります．

● 汎用レジスタ(ER0～ER7)

　32ビットの汎用レジスタが，ER0～ER7まで8個あります．このレジスタは32ビットをそれぞれ16ビットずつ二つに分けて使うこともできますし，さらに下位の16ビットは8ビットずつ二つに分けて使うこともできます．制御プログラムでは8ビットが多く使われます．

　ER7はスタック・ポインタと呼ばれる特別なレジスタです．スタック・ポインタは，レジスタの内容をメモリに退避する際にメモリ・アドレスを指定するレジスタです．C言語ではほとんど意識しませんが，ある関数からある関数を呼び出すときにデータやアドレスの退避が行われています．

● コントロール・レジスタ(CR)

　コントロール・レジスタは，24ビットのプログラム・カウンタ(PC)と8ビットのコンディション・コード・レジスタ(CCR)の2種類があります．

　マイコンのプログラムは，メモリに記憶されている命令やデータを順番に読み出して実行していきます．命令をメモリから次々と読み出して実行していくためには，次に読むメモリ・アドレスを覚えておくことが必要です．プログラム・カウンタは，命令を読み出すたびに，次の命令のアドレスにカウント・アップされるカウンタのことです．

　コンディション・コード・レジスタは，CPUの内部状態を示すレジスタで，**図23-5**に示すように割り込みマスク・ビット(I)，ハーフ・キャリ(H)，ネガティブ(N)，ゼロ(Z)，オーバフロー (V)，キャリ(C)

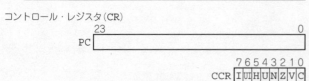

図23-5(1)　**CPUの内部レジスタ構成**

の各フラグを含む8ビットで構成されています．割り込みマスク・ビットは‘1’にセットすると割り込みが禁止されます．このビットは割り込みを使ったプログラムによく使われます．HEWによるC言語プログラム作成では，割り込みをマスクする組み込み関数set_imask_ccr(1)を使って，このビットを制御することができます．その他のビットについては，C言語ではほとんど意識することはありません．

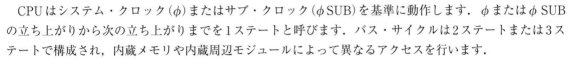

23-7　基本バス・サイクル

　CPUはシステム・クロック(ϕ)またはサブ・クロック(ϕSUB)を基準に動作します．ϕまたはϕSUBの立ち上がりから次の立ち上がりまでを1ステートと呼びます．バス・サイクルは2ステートまたは3ステートで構成され，内蔵メモリや内蔵周辺モジュールによって異なるアクセスを行います．

● 内蔵メモリ（RAM・ROM）のアクセス・サイクル

　内蔵メモリのアクセス・サイクルを図23-6(a)に示します．内蔵メモリのアクセスは2ステートで行われます．データ・バスはCPUから内蔵メモリへ，または内蔵メモリからCPUへの情報転送がありますから双方向です．情報転送の方向はCPUを中心に考え，CPUからメモリへの転送をライト，逆にメモリからCPUへの転送をリードと定義しています．データ・バス幅は16ビットあるため，バイト・アクセスやワード・アクセス（2バイト同時）が可能です．

　リード信号のタイミングは，まず内部アドレスが出力された後，それから約半クロック遅れて"L"で出力されます．一方，ライトのときは内部アドレスが出力された後，それから約半クロック遅れてデータが出力され，ライト信号は1クロック後（T_2ステート目）に出力されます．

● 内蔵周辺モジュールのアクセス・サイクル

　内蔵周辺モジュールのアクセスは，2ステートまたは3ステートで行われます．3ステート・アクセスの場合の動作タイミングを図23-6(b)に示します．2ステート・アクセスの場合の動作タイミングは内蔵メモリと同じです．3ステート・アクセスには，SCI3，A-Dコンバータ，タイマVといった内蔵周辺モジュールがあります．

　データ・バス幅は8ビットまたは16ビットでレジスタにより異なります．データ・バス幅が16ビット

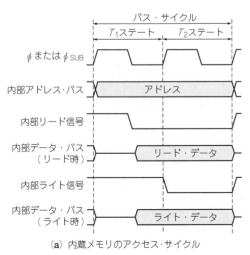

（a）内蔵メモリのアクセス・サイクル

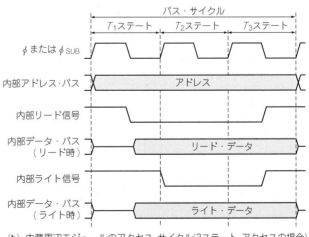

（b）内蔵周辺モジュールのアクセス・サイクル（3ステート・アクセスの場合）

図23-6(1)　H8/3694Fの基本バス・サイクル

のレジスタはワード・アクセスのみ可能で，8ビットのレジスタはバイト・アクセスおよびワード・アクセスが可能です．

23-8　汎用入出力ポート

　H8/3694Fは汎用入出力ポートを29本，汎用入力ポートを8本備えています．このうちポート8は大電流ポートで，"L"出力時に20 mA（V_{OL}=1.5 V時）まで駆動できます．いずれも内蔵周辺モジュールの入出力端子や外部割り込み入力端子と兼用になっていて，リセット直後は入力ポートになっていますが，レジスタの設定により機能が切り替わります．

　これらの機能を選択するためのレジスタはI/Oポートに含まれるものと，各内蔵周辺モジュールに含まれるものがあります．汎用入出力ポートは入出力を制御するポート・コントロール・レジスタ（PCR）と出力データを格納するポート・データ・レジスタ（PDR）から構成され，ビット単位で入出力を選択できます．

　ここでは，代表的なI/O入出力ポートを取り上げて，その内部回路と動作について解説していきます．

● I/Oポート8（P85～P87）の内部回路

　ポート8（P85～P87）のブロック構成を図23-7に示します．ポート8（P85～P87）は，汎用入出力ポートの中で比較的に内部回路が簡単なI/Oポートです．レジスタは，PDRとPCRの二つのレジスタがあります．PCRは，ビットを'1'にセットすると入出力端子が出力ポートとなり，'0'にクリアすると入力ポートとなります．$\overline{\text{SBY}}$はリセットしたときやスタンバイ・モードの時に"L"になる信号です．

▶ 出力回路の動作

　データの出力に関わる部分は，CMOS（Complementary Metal-Oxide Semiconductor）で構成されるドライブ回路です．CMOSとは日本語で相補型金属酸化膜半導体の意味で，pチャネルMOSFET（PMOS）とnチャネルMOSFET（NMOS）の2種類のMOSFETが組み合わされています．

　図23-8に示すように，PMOSとNMOSの動作を簡単なスイッチに例えて解説していきましょう．まず，PMOSはゲートが"L"のときにON状態になり，"H"のときにOFF状態になります．一方，NMOSはその反対にゲートが"L"のときにOFF状態になり，"H"のときにON状態になります．

　それではポート8の出力について見てみましょう．まず，図23-9（a）に示すようにポート・コントロー

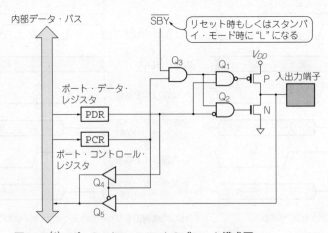

図23-7[(1)]　ポート8（P85～P87）のブロック構成図

ル・レジスタ（PCR）を '1' に設定したとき，AND回路 Q_1 と Q_2 の一方の入力はつねに"H"になります．このときポート・データ・レジスタ（PDR）からの信号は，Q_1 と Q_2 を通り CMOS 回路を動作させます．PDR = '1' のとき，CMOS 回路の入力レベルは"L"となり，V_{DD} 側の PMOS が ON 状態に，そして接地側の NMOS が OFF 状態になるため，出力は V_{DD} 電圧（"H"）になります．一方，PDR = '0' のときは，CMOS 回路の入力レベルは"H"となり，V_{DD} 側の PMOS が OFF 状態，接地側の NMOS が ON 状態になるため，出力はほぼ 0 V（"L"）になります．

次に，図 23-9（b）に示すように PCR を '0' に設定した場合を考えてみましょう．このとき AND 回路 Q_1 と Q_2 の一方の入力はつねに"L"になっています．したがって，PDR からの信号は Q_1 と Q_2 を通過することができず，PMOS 側の入力が"H"で，NMOS 側が"L"になります．このように，CMOS 回路は出力をドライブする機能以外に，端子へ出力情報を出さないようにする機能もあります．このとき PMOS と

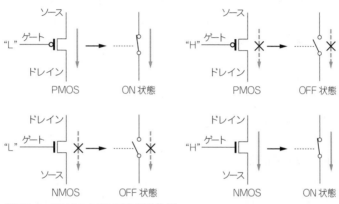

図23-8　PMOS と NMOS の動作例

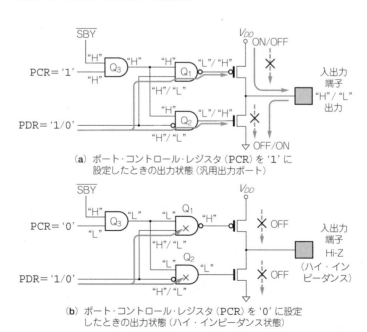

（a）ポート・コントロール・レジスタ（PCR）を '1' に
設定したときの出力状態（汎用出力ポート）

（b）ポート・コントロール・レジスタ（PCR）を '0' に設定
したときの出力状態（ハイ・インピーダンス状態）

図23-9(1)　ポート8（P85～P87）の出力状態

NMOSは両方OFFになり，端子はハイ・インピーダンス(Hi-Z)の状態になります．

▶ 入力回路の動作

　データの入力に関わる部分は，**図23-10**に示すようにトライ・ステート・ゲート回路です．**図23-10(a)**に示すようにポート・コントロール・レジスタ(PCR)を '1' に設定したとき，ゲート回路Q_4とQ_5のコントロール信号端子は"H"になります．このとき，Q_5からの入力信号は阻止され，PDRの信号が内部データ・バスへ流れます．

　一方，**図23-10(b)**に示すようにPCRを '0' に設定したとき，ゲート回路Q_4とQ_5のコントロール信号端子は"L"になります．このときPDRの信号は阻止され，Q_5からの入力信号が内部データ・バスへ流れます．

● I/Oポート1(P11，P12)の内部回路

　入出力端子にプルアップMOSが付いた代表的なI/Oポートとして，ポート1(P11，P12)があります．内部ブロック構成図を**図23-11**に示します．レジスタには，PCRとPDRのほかにプルアップMOSを制御するポート・プルアップ・コントロール・レジスタ(PUCR)があります．

▶ プルアップ回路の動作

　図23-12はプルアップMOSの周辺回路を抜粋した図です．プルアップMOSを動作させる条件は，PUCRが '1' であることと，PCRが '0' に設定されたときです．$\overline{RES}$はリセット時に"L"になる信号ですが，通常は"H"になっています．プルアップMOSがONになると，端子が開放された状態でV_{DD}電圧になります．また端子入力電圧を0Vにした場合には，$50\,\mu A \sim 300\,\mu A$程度のプルアップMOS電流が流れます．

● I/Oポート1(P14〜P16)の内部回路

　入出力端子に外部割り込み($\overline{IRQ}$)入力回路のある代表的なI/Oポートとして，ポート1(P14〜P16)があります．内部ブロック構成図を**図23-13**に示します．レジスタには，PCR，PDR，PUCRのほかに外部割り込み($\overline{IRQ}$)機能を選択するレジスタ(PMR)があります．

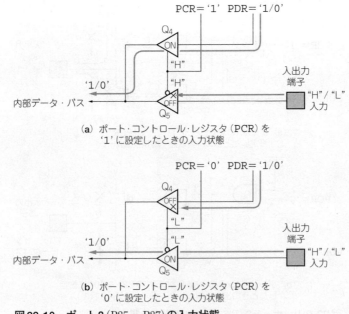

(a) ポート・コントロール・レジスタ(PCR)を
'1' に設定したときの入力状態

(b) ポート・コントロール・レジスタ(PCR)を
'0' に設定したときの入力状態

図23-10　ポート8(P85〜P87)の入力状態

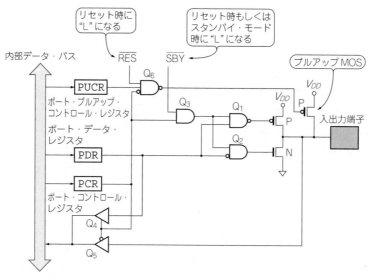

図23-11(1)　ポート1 (P11, P12) のブロック構成図

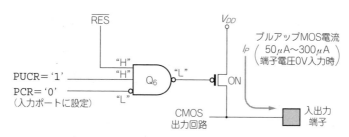

図23-12　プルアップMOSの動作

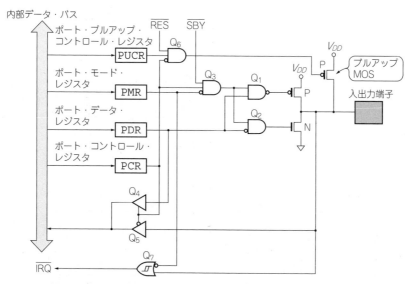

図23-13(1)　ポート1 (P14 ～ P16) のブロック構成図

▶ IRQ 入力回路の動作

図 23-14 は $\overline{\mathrm{IRQ}}$ 入力回路の部分を抜粋した図です．ノイズの乗った入力信号でも誤動作なく処理できるように，ヒステリシス特性をもたせたシュミット・トリガ回路を内蔵した OR ゲート Q_7 で構成されています．図 23-14 (a) に示すように PMR が '1' に設定されたとき，入力信号が OR ゲートを通過し，外部割り込み信号として $\overline{\mathrm{IRQ}}$ に入力されます．一方，図 23-14 (b) に示すように PMR が '0' のときは OR ゲート Q_7 の出力はつねに "H" となり $\overline{\mathrm{IRQ}}$ 動作はしません．

● I/O ポート 8（P81 〜 P84）の内部回路

タイマ W 機能をもった I/O ポートとして，ポート 8（P81 〜 P84）があります．そのブロック構成図を図 23-15 に示します．PCR や PDR といったレジスタからの信号のほかに，タイマ W 制御信号を出す内蔵周辺モジュールがあります．

▶ タイマ W 出力回路の動作

図 23-16 はタイマ W 出力回路の部分を抜粋した図です．タイマ W 出力制御信号が '0' に設定されたとき，図 23-16 (a) に示すように汎用 I/O ポートとして動作します．このとき，トライ・ステート・ゲート回路 Q_8 のコントロール信号端子が "L" になっているため，タイマ W の出力信号（FTIOA 〜 D）は阻止されます．

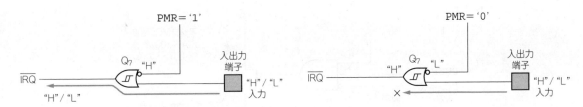

(a) ポート・モード・レジスタ（PMR）が '1' に設定されたとき　(b) ポート・モード・レジスタ（PMR）が '0' に設定されたとき

図 23-14　IRQ 入力回路の動作

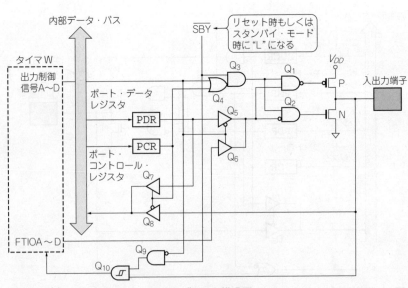

図 23-15(1)　ポート 8（P81 〜 P84）のブロック構成図

一方，タイマW出力制御信号が‘1’に設定されると，図23-16(b)に示すようにタイマW出力ポートとして動作します．このとき，トライ・ステート・ゲート回路Q_7のコントロール信号端子が"H"になっているため，汎用I/O出力信号(PDRによる設定信号)は阻止されます．

▶タイマW入力回路の動作

　図23-17はタイマW入力回路の部分を抜粋した図です．図23-17(a)に示すように，タイマW出力制御信号が‘0’に設定されたとき，入力信号がAND回路Q_{10}を通過し，タイマW入力信号(FTIOA～D)として入力されます．一方，図23-17(b)に示すようにタイマW出力制御信号が‘1’のときはAND回路Q_{10}の

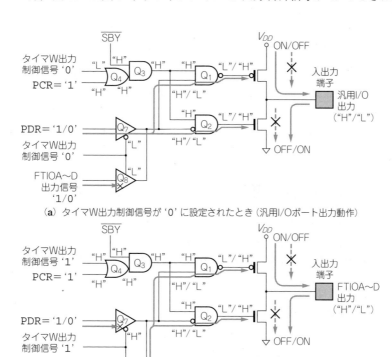

(a) タイマW出力制御信号が‘0’に設定されたとき(汎用I/Oポート出力動作)

(b) タイマW出力制御信号が‘1’に設定されたとき(タイマW出力動作)

図23-16　タイマW出力回路の動作

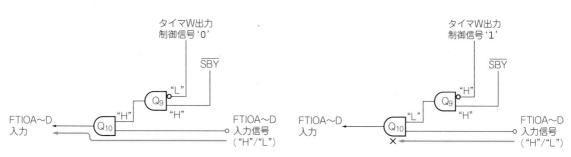

(a) タイマW出力制御信号が‘0’に設定されたとき　　　　(b) タイマW出力制御信号が‘1’に設定されたとき

図23-17　タイマW入力回路の動作

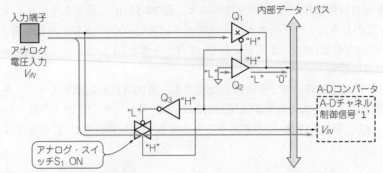

(**a**) A-Dチャネル制御信号が '1' に設定されたとき(A-D入力ポート動作)

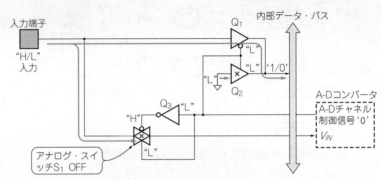

(**b**) A-Dチャネル制御信号が '0' に設定されたとき(汎用入力ポート動作)

図23-18　ポートB(PB0～PB7)のブロック構成図

出力はつねに "L" となり信号は入力されません.

● **A-D変換入力ポートB(PB0～PB7)の内部回路とその動作**

　A-D変換の入力ポートとして,ポートB(PB0～PB7)があります.そのブロック構成図を**図23-18**に示します.このポートは入力専用であり出力機能はありません.

　図23-18(**a**)に示すように,A-Dチャネル制御信号が '1' のときアナログ・スイッチS_1がONになり,A-Dコンバータにアナログ電圧V_{IN}が入力されます.このとき,ポート・データ・レジスタの値をリードした場合は '0' が読み出されます.

　一方,A-Dチャネル制御信号が '0' に設定されると,**図23-18**(**b**)に示すように汎用入力ポートとして動作します.このとき,アナログ・スイッチS_1はOFFにあるため,A-Dコンバータには信号が入力されません.

□引用文献□
(1) H8/3694シリーズ　ハードウェアマニュアル,第3版,2003年3月,(株)ルネサス テクノロジ.
(2) (株)ルネサステクノロジのホームページ.
　　▶http://www.renesas.com/jpn/index.html

フラッシュ・メモリ書き込みツール・キットFDTを使いこなすために

オンボード書き込み/消去の基礎知識

島田 義人

　H8/3694Fは基板実装後でも，ROMに書き込んだプログラムやデータの内容を変更することができます．これをオンボード書き込みといいます．このように不揮発性で電気的に書き換え/消去が可能なフラッシュ・メモリを内蔵したH8マイコンをF-ZTAT（Flexible Zero Turn-Around Time）マイコンと呼んでいます．

　フラッシュ・メモリにプログラムを書き込んだり消去したりする場合には，一括書き込み/一括消去を行うブート・モードと，ブロック・エリアごとに書き込み/消去範囲を設定できるユーザ・モードの2種類があります．このほか，ROMライタを使った書き込み/消去を行うライタ・モードもあります．ここでは，よく使われているブート・モードを使ったオンボード書き込みと消去について解説していきましょう．

24-1　フラッシュ・メモリのブロック構成

　ブート・モードは，H8/3694Fに内蔵されているブート・プログラムを起動することで，フラッシュ・メモリにアプリケーション・プログラムの書き込み/消去を行います．

　H8/3694Fのフラッシュ・メモリのブロック構成図を**図24-1**に示します．H8/3694Fのフラッシュ・メモリは32Kバイトあり，1Kバイト×4ブロックと28Kバイト×1ブロックに分割されています．

　消去はブロック単位で行い，全消去を行う場合も1ブロック単位ずつ消去していきます．**図24-1**の太線枠は消去ブロックを表します．細線枠は書き込みの単位を表し，枠内の数値はアドレスを示します．書き込みは，下位アドレスが00または80で始まる128バイト単位で行います．

24-2　ブート・モードの概要

　ブート・モードの概要を**図24-2**に示します．ブート・モードによる書き込みにはPC（転送元）を使います．最終的にフラッシュ・メモリへ書き込まれるプログラムはアプリケーション・プログラムですが，その書き込みを制御するプログラムが別途必要になります．書き込み制御プログラムには，ルネサスF-ZTATマイコン用オンボードFlash書き込みツール・キット（FDT：FLASH Development Toolkit）があります．

　PCからプログラムを転送するためには，H8/3694Fに内蔵されているシリアル・コミュニケーション・

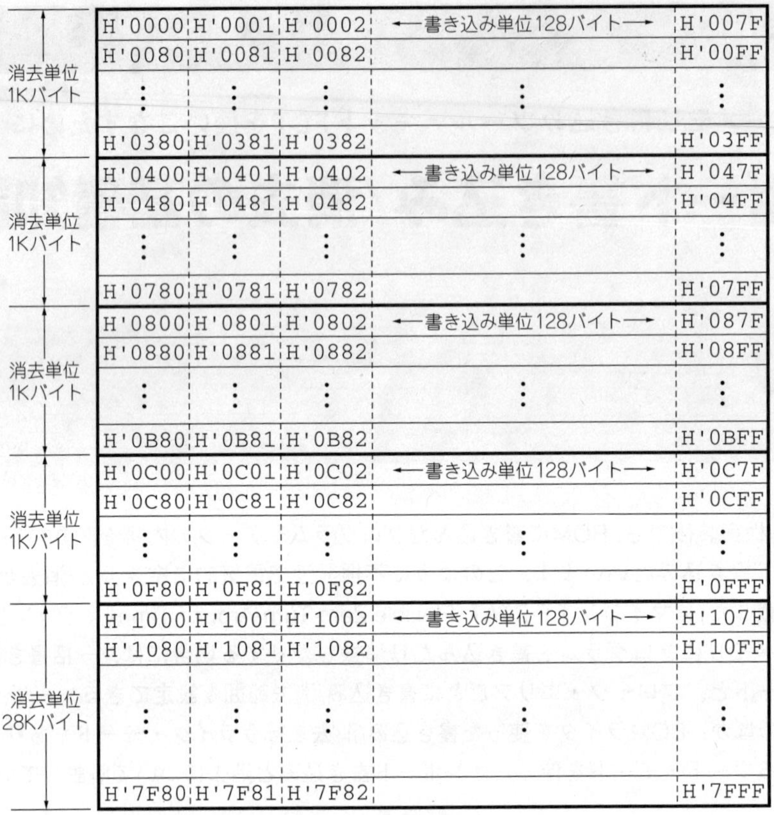

H'0000	H'0001	H'0002	←書き込み単位128バイト→	H'007F
H'0080	H'0081	H'0082		H'00FF
⋮	⋮	⋮	⋮	⋮
H'0380	H'0381	H'0382		H'03FF
H'0400	H'0401	H'0402	←書き込み単位128バイト→	H'047F
H'0480	H'0481	H'0482		H'04FF
⋮	⋮	⋮	⋮	⋮
H'0780	H'0781	H'0782		H'07FF
H'0800	H'0801	H'0802	←書き込み単位128バイト→	H'087F
H'0880	H'0881	H'0882		H'08FF
⋮	⋮	⋮	⋮	⋮
H'0B80	H'0B81	H'0B82		H'0BFF
H'0C00	H'0C01	H'0C02	←書き込み単位128バイト→	H'0C7F
H'0C80	H'0C81	H'0C82		H'0CFF
⋮	⋮	⋮	⋮	⋮
H'0F80	H'0F81	H'0F82		H'0FFF
H'1000	H'1001	H'1002	←書き込み単位128バイト→	H'107F
H'1080	H'1081	H'1082		H'10FF
⋮	⋮	⋮	⋮	⋮
H'7F80	H'7F81	H'7F82		H'7FFF

消去単位 1Kバイト（H'0000～H'03FF）／消去単位 1Kバイト（H'0400～H'07FF）／消去単位 1Kバイト（H'0800～H'0BFF）／消去単位 1Kバイト（H'0C00～H'0FFF）／消去単位 28Kバイト（H'1000～H'7FFF）

図24-1　フラッシュ・メモリのブロック構成

インターフェース3（SCI3）機能を使用します．H8/3694FはTEST端子，$\overline{\text{NMI}}$端子，およびポートの入力レベルによって，マイコンをリセット・スタートすると，**表24-1**に示すように異なるモードへ遷移します．ブート・モードへ遷移するための具体的な端子の接続としては，$\overline{\text{NMI}}$端子はグラウンドへ，P85端子はプルアップ抵抗を介して+5V電源に接続します．なおTEST端子は，H8マイコン基板ではグラウンドに接続されていますので接続は不要です．

　ブート・モードによるプログラムの書き込み用の回路例を**図24-3**（p.328）に示しておきます．スイッチSW$_4$を押して$\overline{\text{NMI}}$端子を"L"にした状態でリセット・スタートすると，H8/3694F内部に組み込まれているブート・プログラムが起動します．

　ブート・モードによる一連の処理過程を，**図24-4**のフローチャートに示します．

　① ブート・モードが起動すると，ビット・レートの自動合わせ込み処理が行われる

　② ブート・プログラムは内蔵フラッシュ・メモリの全エリアを消去した後

　③ PCからSCI3を経由して書き込み制御プログラムを内蔵RAMへ転送する

　④ 内蔵RAMに転送された書き込み制御プログラムは，転送元からアプリケーション・プログラムを
　　　フラッシュ・メモリへ書き込む

それでは，それぞれの処理過程についてもう少し詳しく解説していきましょう．

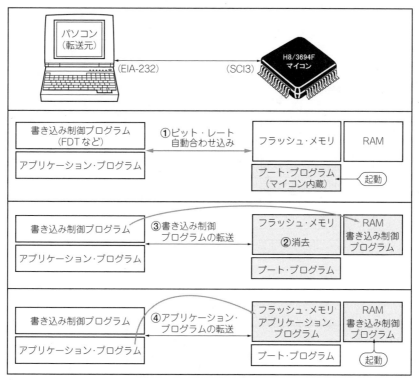

図24-2　ブート・モードの概要

表24-1　端子の入力状態と，リセット解除後のプログラミング・モード

TEST	$\overline{\text{NMI}}$	P85	PB0	PB1	PB2	リセット解除後のモード
L	H	×	×	×	×	ユーザ・モード
L	L	H	×	×	×	ブート・モード
H	×	×	L	L	L	ライタ・モード

注▶（1）H8マイコン基板は，TEST端子は"L"固定
　　（2）×：Don't care

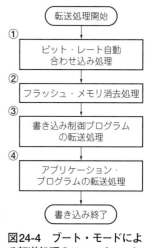

図24-4　ブート・モードによる転送処理のフローチャート

24-3　ビット・レートの自動合わせ込み【処理過程①】

　ビット・レートの自動合わせ込みの処理過程を**図24-5**に示します．処理の流れは以下のようになります．

【1】 H8/3694Fの端子をブート・モード起動用に設定し，リセット・スタートするとマイコンに内蔵され

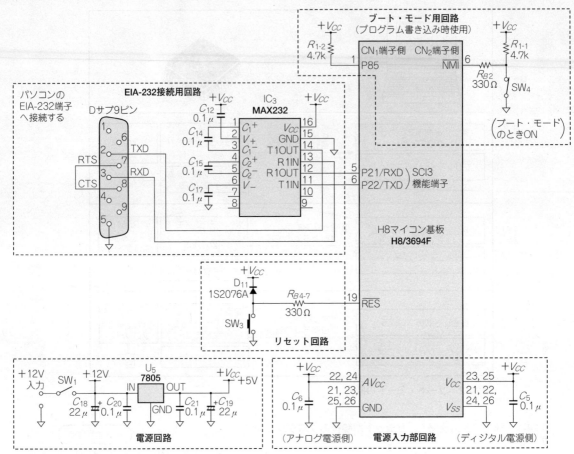

図24-3 プログラムの書き込み用の回路例

ているブート・プログラムが起動します.

【2】FDTをPC側で立ち上げます.FDTの設定は「8ビット・データ,1ストップ・ビット,パリティなし」の調歩同期式モードの送受信フォーマットで,データ信号(0x00)を連続的に送信します.

【3】ブート・プログラムは,PC側から送られてきたデータ信号(0x00)の"L"期間を測定します.そしてビット・レートを計算し,自動的にSCI3のビット・レートをPCのビット・レートに合わせ込みます.

【4】ブート・プログラムは,ビット・レートの自動合わせ込みが終了すると,終了合図(0xAA)を返信します.

【5】PC側が終了合図(0xAA)を受信すると,ビット・レート自動合わせ込み処理を終了します.

● FDTによるビット・レートの自動合わせ込み処理

　FDTはデフォルトの設定では,図24-6(a)に示すように9600 bpsの転送速度でビット・レートの自動合わせ込み処理を行います.この転送速度で自動合わせ込み処理ができない場合は,4800 bps,2400 bps,1200 bpsの順に転送速度を下げ,受信できるまで連続送信します.それでも受信できない場合は,図24-6(b)に示すようにエラー・メッセージを表示して停止します.

　エラーの原因は,SCI3の配線が正しく接続されていなかったり,あるいはブート・モードでマイコン側が正しく起動していなかった場合などが考えられます.

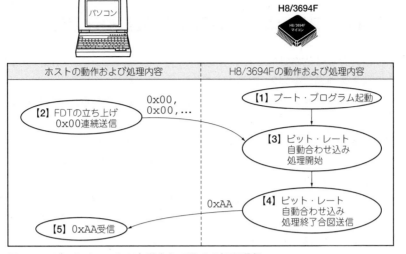

図24-5 ビット・レートの自動合わせ込みの処理過程

（a）ビット・レートの自動合わせ込み処理に成功した例

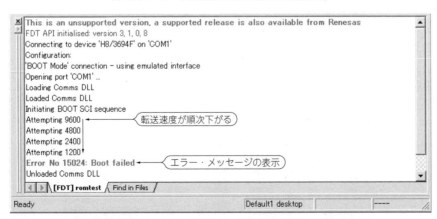

（b）ビット・レートの自動合わせ込み処理に失敗した例

図24-6 Flash書き込みツール・キット（FDT）によるビット・レートの自動合わせ込み処理の画面

　ビット・レートの自動合わせ込み処理が終了すると，フラッシュ・メモリの消去処理が行われます．フラッシュ・メモリの消去処理過程を**図24-7**に示します．

【1】 ビット・レートの自動合わせ込み処理の終了合図をPC側が受信したら，応答して完了の合図（0x55）を送信します．

【2】 ブート・プログラムは，完了の合図（0x55）を受信するとフラッシュ・メモリの全消去を始めます．フラッシュ・メモリは1Kバイト×4ブロック，28Kバイト×1ブロックに分割して消去します．

　FDTのErase Blocksウィンドウを**図24-8**に示します．このウィンドウでフラッシュ・メモリの消去状態を確認することができます．EB0～EB3が1Kバイト，EB4が28Kバイトのブロック・サイズに分けられています．StartおよびEndは，フラッシュ・メモリのアドレスで，開始番地と終了番地を示しています．WrittenがNoとなっていればブロック内のメモリ内容は消去されています．

【3】 (a) フラッシュ・メモリの全エリアが正常に消去された場合は，ブート・プログラムは消去終了の合図（0xAA）を送信します．(b) もしフラッシュ・メモリが正常に消去できなかった場合は，消去エラーの合図（0xFF）を送信して動作を停止します．

【4】 (a) PC側は消去終了の合図（0xAA）を受信した場合は，書き込み制御プログラムの転送処理へ移ります．(b) もし消去エラーの合図（0xFF）を受信した場合はエラー・メッセージを表示して処理を終了します．

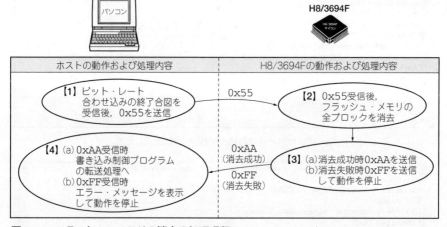

図24-7　フラッシュ・メモリの消去の処理過程

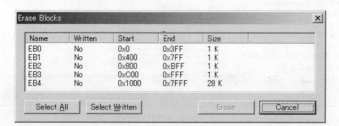

図24-8　Flash書き込みツール・キット（FDT）のErase Blocksウィンドウ

24-5　書き込み制御プログラムの転送【処理過程③】

　書き込み制御プログラムの転送の処理過程を**図24-9**に示します.

【1】　フラッシュ・メモリ消去終了の合図(0xAA)をPC側が受信したら，書き込み制御プログラムのバイト数(N)を上位バイト，下位バイトの順に2バイトずつ送信します.

【2】　ブート・プログラムは，受信した2バイトのデータを返信(エコー・バック)します.

【3】　PC側はエコー・バック・データを受信すると，書き込み制御プログラムを1バイトごとに送信します.

【4】　ブート・プログラムは，受信した書き込み制御プログラムを，1バイトごとに返信(エコー・バック)します.

【5】　ブート・プログラムは，受信した書き込み制御プログラムのデータを，1バイトごとに内蔵RAMへ転送します.

【6】　ブート・プログラムは，書き込み制御プログラムを内蔵RAMへ転送終了後，終了合図(0xAA)を送信し，内蔵RAMに転送した書き込み制御プログラムを起動させます.

【7】　PC側は，書き込み制御プログラム転送終了合図(0xAA)を受信し，アプリケーション・プログラムの転送処理へ移行します.

24-6　アプリケーション・プログラムの転送【処理過程④】

　アプリケーション・プログラムの転送処理を**図24-10**に示します.

【1】　フラッシュ・メモリに書き込むアプリケーション・プログラムの転送合図(「w」コマンド)をPC側が送信します.

【2】　書き込み制御プログラムは，転送合図を受信すると，送信許可合図(0x11)を送信し，PC側へアプリ

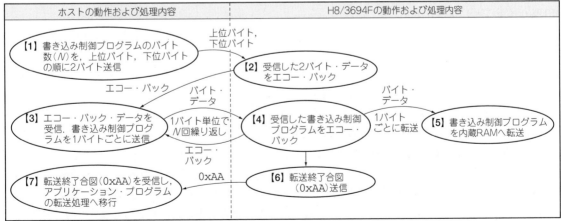

図24-9　書き込み制御プログラムの転送の処理過程

H8/3694F

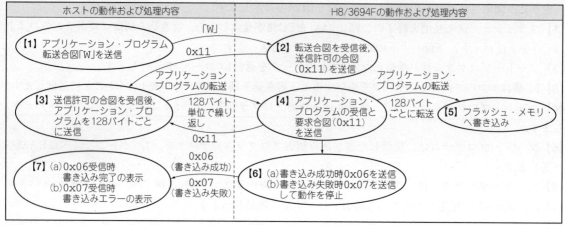

ホストの動作および処理内容	H8/3694Fの動作および処理内容

【1】アプリケーション・プログラム 転送合図「W」を送信

「W」
0x11

【2】転送合図を受信後, 送信許可の合図 (0x11)を送信

アプリケーション・ プログラムの転送

アプリケーション・ プログラムの転送

【3】送信許可の合図を受信後, アプリケーション・プロ グラムを128バイトごと に送信

128バイト 単位で繰り 返し
0x11

【4】アプリケーション・ プログラムの受信と 要求合図(0x11) を送信

128バイト ごとに転送

【5】フラッシュ・メモリ へ書き込み

【7】(a)0x06受信時 書き込み完了の表示 (b)0x07受信時 書き込みエラーの表示

0x06 (書き込み成功)
0x07 (書き込み失敗)

【6】(a)書き込み成功時0x06を送信 (b)書き込み失敗時0x07を送信 して動作を停止

図24-10　アプリケーション・プログラムの転送処理過程

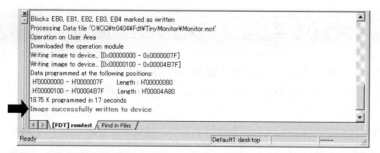

図24-11　書き込みが完了した場合に表示されるメッセージ画面の例

ケーション・プログラムの送信を要求します.

【3】PC側が送信許可の合図を受信すると,アプリケーション・プログラムをバイナリ・データに変換して128バイトごとに送信します.

【4】書き込み制御プログラムは,128バイトごとにバイナリ・データを受信し,そのつどPC側へ要求合図(0x11)を送信します.

【5】書き込み制御プログラムは,アプリケーション・プログラムのバイナリ・データを128バイトごとにフラッシュ・メモリへ転送して書き込みます.

【6】(a)書き込み制御プログラムは,データの最終レコード(S9,S8レコード)を受信すると,書き込みが成功したと判断して,書き込み成功の合図(0x06)を送信します.(b)書き込みエラーが発生した場合は,書き込み失敗の合図(0x07)を送信します.

【7】(a)書き込み成功の合図(0x06)をPC側が受信した場合は,書き込み完了のメッセージを表示します.(b)書き込み失敗の合図(0x07)を受信した場合は,エラー・メッセージを表示して停止します.

　以上で,ブート・モードによるアプリケーション・プログラムの書き込みが完了します.書き込み完了時に表示されるメッセージ画面例を**図24-11**に示します.

CPUの動作状態の理解と関連レジスタの設定方法

低消費電力モードの基礎知識

島田 義人

H8/300H Tinyシリーズは，機器に組み込んでバッテリ（乾電池など）で動作させる用途に向いています．間欠的にマイコンを動作させるような場合は，休止中はスリープ・モードやスタンバイ・モードといった低消費電力モードをうまく使うと，消費電力が節約できてバッテリが長持ちします．

本章では，低消費電力モードの基本を解説していきましょう．

25-1 CPUの状態の分類

最初にCPUの状態を解説します．CPUの各状態の分類を**図25-1**に示します．CPUの状態は，リセット状態，プログラム実行状態，プログラム停止状態，例外処理状態の4種類があります．

プログラム実行状態には，アクティブ・モード，サブアクティブ・モードの2種類があり，プログラム停止状態には，スリープ・モード，スタンバイ・モード，サブスリープ・モードの3種類があります．低消費電力モードは，プログラム停止状態の三つのモードと，サブアクティブ・モードを合わせた4種類になります．

● リセット状態

リセット状態とは，CPUのイニシャライズを行っている状態です．$\overline{\text{RES}}$端子を"L"に設定することでリセット状態にすることができます．

$\overline{\text{RES}}$端子が"L"になると実行中の処理はすべて打ち切られます．すなわち，リセットによってCPUの内部状態と内蔵周辺モジュールの各レジスタは初期化されます．

● プログラム実行状態

プログラム実行状態とは，CPUがアクティブ・モードあるいはサブアクティブ・モードにより，順次プログラムを実行している状態です．

アクティブ・モードは通常の動作状態で，CPUおよび内蔵周辺モジュールがシステム・クロックで動作しています．システム・クロックの周波数はギア機能により，基本周波数に加えて，8，16，32，64分周といった5種類の周波数に設定できます．システム・クロックのデフォルト周波数は，20 MHz（H8マイコン基板のクロック周波数）です．

サブアクティブ・モードは，CPUおよび内蔵周辺モジュールがサブクロックで動作します．サブクロ

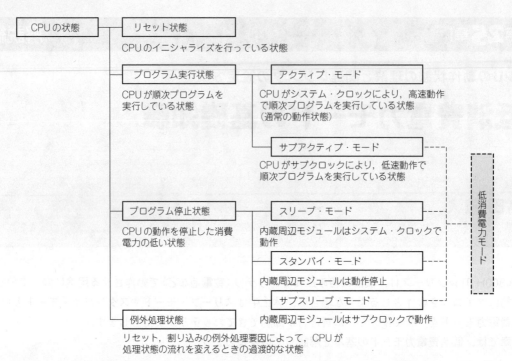

図25-1　CPUの状態の分類

ックの周波数は2，4，8分周の3種類の中から選択できます．サブクロックで動作させる場合には，別途 H8マイコン基板に32.768 kHzの水晶発振子を取り付ける必要があります．

● プログラム停止状態

　プログラム停止状態は，CPUの動作を停止した消費電力の低い状態です．スリープ・モード，スタンバイ・モード，サブスリープ・モードの3種類があります．

　スリープ・モードでは，CPUは動作を停止していますが，内蔵周辺モジュールはシステム・クロックで動作しています．

　サブスリープ・モードではCPUは動作を停止していますが，内蔵周辺モジュールがサブクロックで動作しています．

　スタンバイ・モードは，CPUおよびすべての内蔵周辺モジュールが動作を停止します．そのためスタンバイ・モードがもっとも低い電力消費の状態であることになります．スタンバイ・モードでは，マイコンの内蔵周辺モジュールは停止しますが，RAMへは電力が供給され続けるので，作業中の内容が失われるということはありません．

● 例外処理状態

　例外処理状態とは，リセットや割り込みの例外処理要因によって，CPUが処理状態の流れを変えるときの過渡的な状態です．

25-2　CPUの状態遷移

　CPUの4種類の状態遷移を図25-2に示します．通常マイコンを動作させる場合，CPUはリセット状態

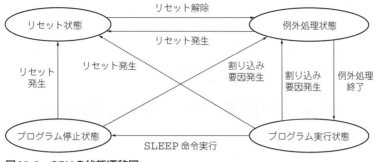

図25-2　CPUの状態遷移図

からスタートします．リセット解除後は例外処理状態を経てプログラム実行状態へと遷移します．またプログラムの実行中に割り込み要因が発生した場合は，例外処理状態へ遷移します．例外処理が終了した後，プログラムの実行状態へ戻ります．

　プログラム実行状態からプログラム停止状態へは，SLEEP命令を実行することで遷移します．プログラム停止状態からプログラム実行状態へは，割り込み要因の発生により例外処理状態を経て戻ります．リセット状態へは，リセット入力によりすべてのモードから遷移することができます．

25-3　プログラムの実行状態/停止状態のモード間遷移

　プログラム実行状態とプログラム停止状態のモード間での遷移を図25-3に示します．プログラム実行状態には，アクティブ・モードとサブアクティブ・モードの2種類があり，プログラム停止状態には，スリープ・モード，スタンバイ・モード，サブスリープ・モードの3種類があります．プログラム実行状態から停止状態へは，SLEEP命令の実行によって遷移します．逆にプログラム停止状態から実行状態へは

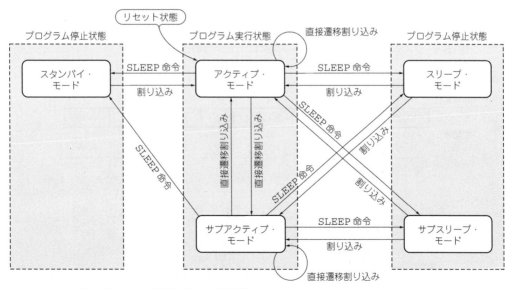

図25-3　プログラム実行/停止状態のモード間遷移図

割り込みによって復帰します．アクティブ・モードとサブアクティブ・モードの間ではプログラムの実行を停止することなく直接遷移することもできます．

また，アクティブ・モードからアクティブ・モード，サブアクティブ・モードからサブアクティブ・モードといった同一モードへ直接遷移することにより動作周波数を変更することができます．

25-4　低消費電力モード関連のレジスタ

低消費電力モードに関連するレジスタには，システム・コントロール・レジスタ1（SYSCR1），システム・コントロール・レジスタ2（SYSCR2），モジュール・スタンバイ・コントロール・レジスタ1（MSTCR1）の3種類の制御レジスタがあります．

これら低消費電力モードに関連するレジスタについて解説していきましょう．

● 低消費電力モード遷移先の設定

SYSCR1とSYSCR2の二つのレジスタのビット構成を**図25-4**および**図25-5**に示します．この二つのレジスタにより，低消費電力モードの制御を行うことができます．

プログラム実行状態からSLEEP命令の実行により，スタンバイ・モード，スリープ・モード，サブス

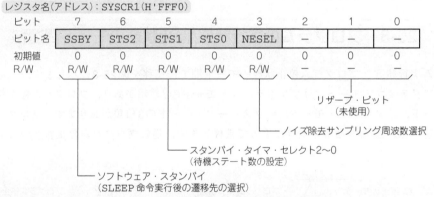

図25-4　システム・コントロール・レジスタ1（SYSCR1）のビット構成

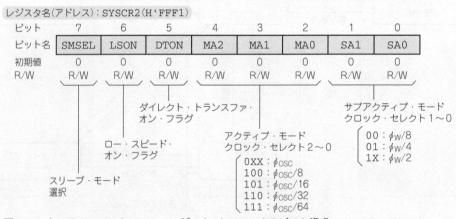

図25-5　システム・コントロール・レジスタ2（SYSCR2）のビット構成

表25-1　SLEEP命令実行時の各モードへの遷移条件と割り込みによる復帰先

DTON	SSBY	SMSEL	LSON	SLEEP命令実行後の状態	割り込みによる復帰先
0	0	0	0	スリープ・モード	アクティブ・モード
0	0	0	1	スリープ・モード	サブアクティブ・モード
0	0	1	0	サブスリープ・モード	アクティブ・モード
0	0	1	1	サブスリープ・モード	サブアクティブ・モード
0	1	×	×	スタンバイ・モード	アクティブ・モード
1	×	0	0	アクティブ・モード（直接遷移）	✕
1	×	×	1	サブアクティブ・モード（直接遷移）	✕

注 ▶ ×：Don't care

リープ・モードといった3種類のプログラム停止状態へそれぞれ遷移しますが，それぞれの遷移先は，SYSCR1レジスタのソフトウェア・スタンバイ・ビット（SSBY），SYSCR2レジスタのスリープ・モード選択ビット（SMSEL）およびダイレクト・トランスファ・オン・フラグ・ビット（DTON）の3種類のビットの組み合わせにより選択されます．

　各ビットの役割として，DTONビットは主にプログラム実行状態であるアクティブ・モードとサブアクティブ・モードの間で直接遷移をさせたり，同一モードへ直接遷移をさせたりします．またSSBYとSMSELビットの設定では，スリープ・モード，サブスリープ・モード，スタンバイ・モードへの遷移を選択します．

　さらに，プログラム停止状態から，アクティブ・モードおよびサブアクティブ・モードといったプログラム実行状態へは割り込みにより遷移しますが，どちらに遷移するかは，SYSCR2レジスタのロー・スピード・オン・フラグ・ビット（LSON）により選択されます．**表25-1**にSLEEP命令実行時の各モードへの遷移条件と，割り込みによる復帰先についてまとめたものです．

● **待機時間の設定**

　SYSCR1のスタンバイ・タイマ・セレクト・ビット2〜0（STS2〜STS0）は，システム・クロックが停止しているいずれかのモード（スタンバイ・モード，サブアクティブ・モード，サブスリープ・モード）から，システム・クロックが動作するモード（アクティブ・モード，スリープ・モード）へ遷移するときの待機時間を設定するビットです．システム・クロック発振器の発振開始直後は不安定であるため，安定したクロックが供給できるまでの待ち時間が必要になります．ハードウェア仕様書を見ると，待機時間は6.5 ms以上に設定しなければならない規定があります．

　表25-2にスタンバイ・セレクト・ビットと待機ステート数，および各動作周波数に対する待機時間と

表25-2　スタンバイ・タイマ・セレクト・ビットと待機ステート数，および各動作周波数に対する待機時間との関係

スタンバイ・タイマ・セレクト・ビット			待機ステート数	動作周波数に対する待機時間［ms］							
STS2	STS1	STS0		20MHz	16MHz	10MHz	8MHz	4MHz	2MHz	1MHz	0.5MHz
0	0	0	8,192	0.4	0.5	0.8	1.0	2.0	4.1	8.1	16.4
0	0	1	16,384	0.8	1.0	1.6	2.0	4.1	8.2	16.4	32.8
0	1	0	32,768	1.6	2.0	3.3	4.1	8.2	16.4	32.8	65.5
0	1	1	65,536	3.3	4.1	6.6	8.2	16.4	32.8	65.5	131.1
1	0	0	131,072	6.6	8.2	13.1	16.4	32.8	65.5	131.1	262.1
1	0	1	1,024	0.05	0.06	0.10	0.13	0.26	0.51	1.02	2.05
1	1	0	128	0.00	0.00	0.01	0.02	0.03	0.06	0.13	0.26
1	1	1	16	0.00	0.00	0.00	0.00	0.00	0.01	0.02	0.03

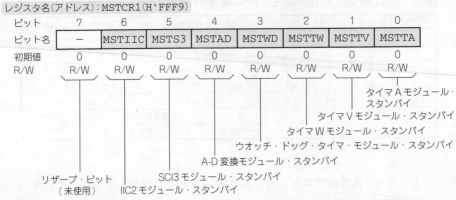

レジスタ名(アドレス):MSTCR1(H'FFF9)

ビット	7	6	5	4	3	2	1	0
ビット名	−	MSTIIC	MSTS3	MSTAD	MSTWD	MSTTW	MSTTV	MSTTA
初期値	0	0	0	0	0	0	0	0
R/W	R/W	R/W	R/W	R/W	R/W	R/W	R/W	R/W

タイマAモジュール・
スタンバイ

タイマVモジュール・スタンバイ

タイマWモジュール・スタンバイ

ウォッチ・ドッグ・タイマ・モジュール・スタンバイ

A-D変換モジュール・スタンバイ

SCI3モジュール・スタンバイ

IIC2モジュール・スタンバイ

リザーブ・ビット
(未使用)

図25-6 モジュール・スタンバイ・コントロール・レジスタ1(MSTCR1)のビット構成

の関係を示します.0.5MHz～20MHzまでの動作周波数別に待機時間が記載されていますが,H8マイコン基板は20MHzのセラミック発振子が装着されているので,この動作周波数に着目します.20MHzの場合,待機時間が6.5ms以上確保できているステート数は131,072ステートのみです.したがって,スタンバイ・セレクト・ビットは,STS2～STS0=100に設定する必要があります.

● 動作クロック周波数の設定

　動作クロック周波数の設定は,SYSCR2のアクティブ・モード・クロック・セレクト・ビット2～0(MA2～MA0),およびサブアクティブ・モード・クロック・セレクト・ビット1,0(SA1,SA0)によって設定されます.MA2～MA0は,アクティブ・モードおよびスリープ・モードの動作クロック周波数を選択します.またSA1,SA0は,サブアクティブ・モードおよびサブスリープ・モードの動作クロック周波数を選択します.クロックはSLEEP命令実行後,設定した周波数に切り替わります.

　各ビットによる動作クロック周波数の設定については**図25-5**に記載されています.

● モジュール・スタンバイ機能の設定

　モジュール・スタンバイ・コントロール・レジスタ1(MSTCR1)を使うと,動作モードとは独立に,使用しない内蔵周辺モジュールの動作をモジュール単位で停止させることができます.このレジスタの設定により,使用しない内蔵周辺モジュールを選択的に停止して消費電力を節約させることができます.

　MSTCR1レジスタのビット構成を**図25-6**に示します.個別に設定できる内蔵周辺モジュールとしては,IIC2モジュール(MSTIIC),SCI3モジュール(MSTS3),A-D変換モジュール(MSTAD),ウォッチ・ドッグ・タイマ・モジュール(MSTWD),タイマWモジュール(MSTTW),タイマVモジュール(MSTTV),タイマAモジュール(MSTTA)といった各種タイマです.このように,モジュール・スタンバイ機能はすべての内蔵周辺モジュールに対して設定可能であることがわかります.

　MSTCR1レジスタの各モジュールに対応したビットを'1'にセットすると,そのモジュールへのクロックの供給が停止してモジュール・スタンバイ状態となります.またクリアすると解除されます.

25-5　低消費電力モードでのマイコンの内部状態

　各動作モードにおけるマイコンの内部状態を**表25-3**に示します.内部状態としては,システム・クロ

表25-3　各動作モードでのマイコンの内部状態

機能		アクティブ	スリープ	サブアクティブ	サブスリープ	スタンバイ
システム・クロック発振器		動作	動作	停止	停止	停止
サブクロック発振器		動作	動作	動作	動作	動作
CPU	命令実行	動作	停止	動作	停止	停止
	レジスタ	動作	保持	動作	保持	保持
RAM		動作	保持	動作	保持	保持
I/Oポート		動作	保持	動作	保持	レジスタは保持，出力はハイ・インピーダンス
外部割り込み	IRQ3～IRQ0	動作	動作	動作	動作	動作
	WKP5～WKP0	動作	動作	動作	動作	動作
周辺モジュール	タイマA	動作	動作	時計用タイムベース機能選択時は動作，インターバル・タイマ選択時は保持		
	タイマV	動作	動作	リセット	リセット	リセット
	タイマW	動作	動作	保持（カウント・クロックに内部クロックφを選択した場合，カウンタはサブクロックでカウント・アップする*）		保持
	ウォッチ・ドッグ・タイマ	動作	動作	保持（カウント・クロックに内部発振器を選択した場合は動作する*）		
	SCI3	動作	動作	リセット	リセット	リセット
	IIC2	動作	動作	保持*	保持	保持
	A-D変換器	動作	動作	リセット	リセット	リセット

注▶ ＊サブアクティブ・モードではレジスタのリード/ライトが可能

ックおよびサブクロックといった発振器の動作状況，CPUの命令実行の動作状況，CPUレジスタ，RAM，I/Oポートの動作状況，外部割り込みの動作状況，各種タイマ，SCI3，IIC2，A-Dコンバータといった各内蔵周辺モジュールの動作状況について示してあります．

　次に各モードに対する内部状態の特徴について説明します．

● スリープ・モード

　スリープ・モードでは，CPUの命令実行の動作は停止しますが，内蔵周辺モジュールはSYSCR2レジスタのMA2～MA0で設定した周波数のクロックで動作します．CPUのレジスタの内容は保持されます．

● スタンバイ・モード

　スタンバイ・モードではシステム・クロック発振器が停止し，CPUおよび内蔵周辺モジュールが停止します．CPUのレジスタと一部の内蔵周辺モジュールの内部レジスタ，内蔵RAMのデータは保持されます．また，I/Oポートの出力はハイ・インピーダンス状態となります．したがって，ポートの状態に影響される周辺機器を接続される場合には注意が必要です．

● サブスリープ・モード

　サブスリープ・モードではCPUは停止し，タイマA以外の内蔵周辺モジュールも停止します．CPUと一部の内蔵周辺モジュールの内部レジスタ，内蔵RAMの内容は保持され，I/Oポートは遷移前の状態を保持します．

● サブアクティブ・モード

　CPUおよび内蔵周辺モジュールがサブクロックで動作します．サブアクティブ・モードの動作周波数は，SYSCR2のSA1，SA0により，ウォッチ・クロックの2，4，8分周から選択できます．動作周波数はSLEEP命令実行後，選択した周波数に切り替わります．

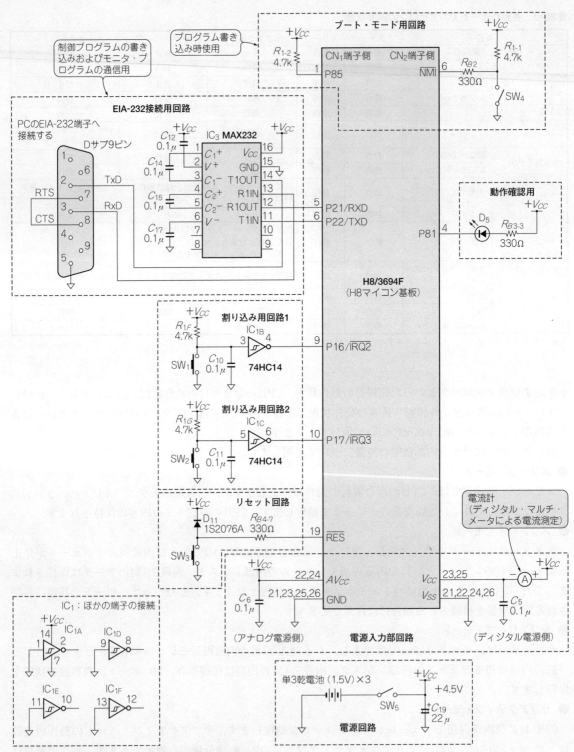

図25-7　低消費電力モードの動作確認用の回路例

● 回路構成

　低消費電力モードの動作確認用の回路例を**図25-7**に示します．電源はバッテリ駆動を前提として話をしているため，ここでは単3乾電池を3本使用して4.5 V電源としました．システム・クロック発振器の周波数が20 MHzの場合，マイコンの電源電圧は4 V〜5.5 Vの範囲内で使用することができます．マイコンの消費電流は，V_{CC}端子にディジタル・マルチ・メータを接続して電流を測定します．

　テスト・プログラムでは，割り込みを発生させて各モードへ遷移させるため，P16/$\overline{\text{IRQ2}}$端子およびP17/$\overline{\text{IRQ3}}$端子にスイッチSW₁とSW₂を取り付けています．スイッチとマイコンの入力端子に接続されたシュミット・トリガ・インバータ(74HC14)は，チャタリングの発生を防止します．また，P81端子に接続されたLEDは，動作モード確認用として点灯させます．その他にリセット回路や，プログラムを書き込むために使用するブート・モード用回路，EIA-232接続用回路が付いています．

● テスト・プログラム

　本章のプログラムは，アクティブ・モードとスタンバイ・モード間の遷移をテストします．テスト・プログラムのフローチャートを**図25-8**に示し，プログラムを**リスト25-1**に示します．フローチャートの流

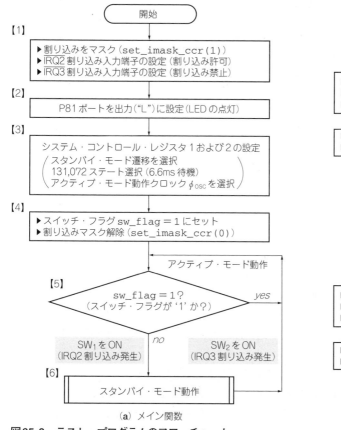

（a）メイン関数

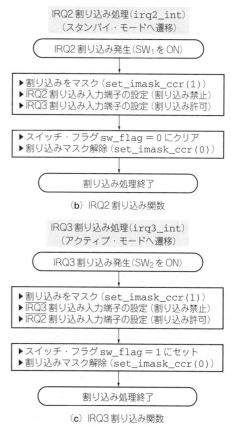

図25-8　テスト・プログラムのフローチャート

リスト25-1　低消費電力モード・テスト・プログラム(Stanby_test.c)

```
void main(void)
{                                 // 【1】
    set_imask_ccr(1);             // 割り込みをマスクする(組み込み関数)
                                  //
    IO.PMR1.BIT.IRQ2 = 1;         // P16/IRQ2 端子機能を IRQ2 入力端子に設定
    IEGR1.BIT.IEG2   = 1;         // IRQ2 端子入力の立ち上がりエッジを検出
    IRR1.BIT.IRRI2   = 0;         // IRQ2 割り込み要求フラグをクリア
    IENR1.BIT.IEN2   = 1;         // IRQ2 割り込み要求イネーブル(1:割り込み許可)
                                  //
    IO.PMR1.BIT.IRQ3 = 1;         // P17/IRQ3/TRGV 端子機能を IRQ3 入力端子に設定
    IEGR1.BIT.IEG3   = 1;         // IRQ3 端子入力の立ち上がりエッジを検出
    IRR1.BIT.IRRI3   = 0;         // IRQ3 割り込み要求フラグをクリア
    IENR1.BIT.IEN3   = 0;         // IRQ3 割り込み要求イネーブル(0:割り込み禁止)
                                  // 【2】
    IO.PCR8          = 0x02;      // H8 P81 端子を出力ポートに設定
    IO.PDR8.BIT.B1   = 0;         // H8 P81 端子の出力を Low レベルに設定(LED は点灯)
                                  // 【3】
    SYSCR1.BYTE      = 0xC0;      // スタンバイ・モード遷移を選択
    SYSCR2.BYTE      = 0x0C;      // 131,072 ステート選択(20MHz 時 6.6ms 待機)
                                  // アクティブ・モード動作クロック φosc を選択
                                  // 【4】
    sw_flag = 1;                  // スイッチ・フラグをセット
    set_imask_ccr(0);             // 割り込みマスクの解除(組み込み関数)
    while(1){                     //
        while(sw_flag != 0);      // 【5】アクティブ・モード動作
        sleep();                  // 【6】スタンバイ・モード動作
    }
}

void irq2_int(void)              // IRQ2 割り込み処理(SW1 をオン:スタンバイ・モードへ遷移)
{                                //
    set_imask_ccr(1);            // 割り込みをマスクする(組み込み関数)
    IRR1.BIT.IRRI2   = 0;        // IRQ2 割り込み要求フラグのクリア
    IENR1.BIT.IEN2   = 0;        // IRQ2 割り込み要求イネーブル(0:割り込み禁止)
    IRR1.BIT.IRRI3   = 0;        // IRQ3 割り込み要求フラグのクリア
    IENR1.BIT.IEN3   = 1;        // IRQ3 割り込み要求イネーブル(1:割り込み許可)
    sw_flag = 0;                 // スイッチ・フラグをクリア
    set_imask_ccr(0);            // 割り込みマスクの解除(組み込み関数)
}

void irq3_int(void)              // IRQ3 割り込み処理(SW2 をオン:アクティブ・モードへ遷移)
{                                //
    set_imask_ccr(1);            // 割り込みをマスクする(組み込み関数)
    IRR1.BIT.IRRI3   = 0;        // IRQ3 割り込み要求フラグをクリア
    IENR1.BIT.IEN3   = 0;        // IRQ3 割り込み要求イネーブル(0:割り込み禁止)
    IRR1.BIT.IRRI2   = 0;        // IRQ2 割り込み要求フラグのクリア
    IENR1.BIT.IEN2   = 1;        // IRQ2 割り込み要求イネーブル(1:割り込み許可)
    sw_flag = 1;                 // スイッチ・フラグをセット
    set_imask_ccr(0);            // 割り込みマスクの解除(組み込み関数)
}
```

れは以下のようになります.

▶ メイン関数

【1】 まず組み込み関数(set_imask_ccr)を使って割り込みをマスクします. 次に $\overline{\text{IRQ2}}$ および $\overline{\text{IRQ3}}$ の割り込み入力端子の設定を行い, 割り込み要求イネーブル・ビットにより割り込みの許可/禁止を設定します. スタンバイ・モードへ遷移する前は, IRQ2割り込みは許可に設定し, IRQ3割り込みは禁止に設定します.

【2】 P81ポートを出力に設定します. 出力は"L"に設定してLEDを点灯させます.

【3】 システム・コントロール・レジスタ1および2(SYSCR1, SYSCR2)を設定します. 設定はスタンバイ・モード遷移の選択で待機時間は6.6 ms, アクティブ・モード動作のクロックは ϕ_{osc} を選択します.

【4】 スイッチが押されたことを示すフラグ(sw_flag)を'1'に設定します. また, 組み込み関数(set_

imask_ccr）を使って，割り込みマスクを解除します．

【5】スイッチ・フラグ（sw_flag）は動作モードの遷移判定に使います．'1'である間はアクティブ・モード動作を継続します．IRQ2割り込み処理でスイッチ・フラグが'0'に設定されるとスタンバイ・モードへ遷移します．

【6】SW₁をONするとIRQ2割り込み処理によりスタンバイ・モードへ遷移します．一方SW₂をONするとIRQ3割り込みが発生して再びアクティブ・モードへ遷移します．

▶IRQ2割り込み関数

IRQ2割り込み処理によりスタンバイ・モードへ遷移させます．割り込み要求イネーブル・ビットによりIRQ2割り込みは禁止に設定し，IRQ3割り込みは許可に設定します．また，スイッチ・フラグ（sw_flag）は'0'にクリアします．

▶IRQ3割り込み関数

IRQ3割り込み処理によりアクティブ・モードへ遷移させます．処理内容はIRQ2と逆の設定になります．IRQ2割り込みは許可に設定し，IRQ3割り込みは禁止に設定します．また，スイッチ・フラグ（sw_flag）を'1'に設定します．

25-7　動作確認

テスト・プログラムを実行した直後はアクティブ・モードで動作しています．動作中はP81端子に接続されたLEDが点灯します．このときV_{DD}電源端子に流れる電流値を測定すると，約17.8 mA程度ありました．したがって，消費電力は4.5 V×17.8 mA＝約80 mWということになります．

さて，次にSW₁を押してスタンバイ・モードへ遷移させてみましょう．スタンバイ・モードでは，I/Oポートの出力がハイ・インピーダンスになるため，P81端子に接続されたLEDには電流が流れず消灯します．このとき，V_{DD}端子の電流値を測定すると約4 μA程度まで減少しました．消費電力に換算すると，4.5 V×4 μA＝18 μWとなります．H8/3694Fのハードウェア仕様書を見ると，スタンバイ・モード時の消費電流は5 μA（max）と記載されていますので，スタンバイ・モードに遷移したことがわかります．

[第26章] 解説編

マイコンの異常検知のしくみと関連レジスタの設定方法

ウォッチ・ドッグ・タイマの基礎知識

島田 義人

　PCを操作していると，突然画面がフリーズしたり，キーボードやマウスが動作しなくなったという経験を一度はおもちでしょう．同じくマイコンの場合でもプログラムされたとおりに動作できない状態に陥ってしまい，外部入力信号やスイッチ操作などを受け付けなくなることが稀にあります．これは，プログラムの実行を定めているプログラム・カウンタがなんらかの原因で異常となり，正規のプログラム・エリア外をアクセスするときに生じます．

　システムの正規の動作ステップが異常となる現象は暴走といわれ，マイコンには暴走を検知するウォッチ・ドッグ・タイマ機能（Watch Dog Timer：WDT）が備わっています．本章ではウォッチ・ドッグ・タイマについて解説します．システムの信頼性向上のため，ウォッチ・ドッグ・タイマ機能を使ってみましょう．

■■■ **26-1　ウォッチ・ドッグ・タイマのしくみ** ■■■

　ウォッチ・ドッグ・タイマは，8ビットのアップ・カウンタを備えており，常時一定間隔でカウント・アップします．カウント値がH'FFからオーバフローすると内部リセット信号を発生します．リセットがかかると当然マイコンは初期状態から再スタートすることになります．

　通常はウォッチ・ドッグ・タイマのカウンタは，一定時間以内にクリアするように動作させるため，リセットは発生しません．もしプログラムの実行が異常になった場合には，このクリア命令が実行されないため，リセットがかかりプログラムを再開させることが可能になります．

　このように，ウォッチ・ドッグ・タイマはマイコンのプログラムの異常をつねに監視しており，万一異常になったときには，初期スタートから再開させて正常状態に戻す働きをします．つまり，一定時間以内にタイマ・カウンタをクリアしないと異常が発生したと判断します．

　ウォッチ・ドッグは，その名前の通り「番犬」という意味があります．ウォッチ・ドッグ・タイマと名付けた先人は，一定時間以内に餌を与えないと吠え出すといったようすを連想して，これを「番犬」に例えたのでしょう．

　ウォッチ・ドッグ・タイマの内部構成は，**図26-1**のようになっています．タイマ・カウンタWD（TCWD）は，8ビットのリード/ライト可能なアップ・カウンタです．入力する内部クロックによりカウント・アップされ，フル・カウントに達してオーバフローすると内部リセット信号を発生します．

　システム・クロックϕは，20 MHzのクロック信号で，CPUおよび周辺機能を動作させるための基準クロックです．TCWDの入力クロックは，システム・クロックϕを分周した8種類の内部クロック，または内部発振器から選択できます．

　プリスケーラS（PSS）は，ϕを入力とする13 ビットのカウンタで，1サイクルごとにカウント・アップします．入力クロックの選択は，タイマ・モード・レジスタWD（TMWD）で設定します．

　タイマ・コントロール/ステータス・レジスタWD（TCSRWD）は，8 ビットのリード/ライト可能なレジスタで，TCSRWD自身とTCWDの書き込み制御を行い，ウォッチ・ドッグ・タイマの動作制御と動作状態を示す機能をもっています．

● ウォッチ・ドッグ・タイマ関連のレジスタ

　ウォッチ・ドッグ・タイマには以下のレジスタがあります．

▶ タイマ・コントロール/ステータス・レジスタWD（TCSRWD）

　TCSRWDは，ウォッチ・ドッグ・タイマの動作制御と動作状態を示す機能をもっています．TCSRWDのビット構成図を**図26-2**に示します．奇数ビットであるB6WI，B4WI，B2WI，B0WIは，それぞれ偶数ビットであるTCWE，TCSRWE，WDON，WRSTの書き込み禁止ビットになっています．たとえば，B6WI（ビット7）は，TCWE（ビット6）への書き込み禁止ビットとなっており，TCWEにデータを書き込む場合は，B6WIを‘0’に設定する必要があります．TCWEはTCWDレジスタの書き込み許可ビットで，このビットが‘1’のときTCWDにデータを書き込むことができます．

　TCSRWEは，このビットが‘1’のときWDONおよびWRSTに書き込むことができるようになります．WDONを‘1’にセットすると，TCWDがカウント・アップを開始し，‘0’にクリアすると停止します．

　WDONビットを書き換えるための条件は複雑です．まずB4WI＝‘0’の状態でTCSRWE＝‘1’と設定した後，

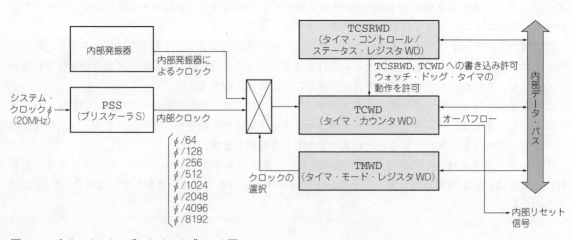

図26-1　ウオッチ・ドッグ・タイマのブロック図

次にB2WI='0'の状態でWDONへ書き込みます．このように，ウォッチ・ドッグ・タイマを動作させるためには，TCSRWDへ2回のライト・アクセスが必要となります．これはマイコンが異常動作した場合，プログラムの暴走によりレジスタの内容が容易に書き換えられてウォッチ・ドッグ・タイマの動作に支障をきたさないようにしたくふうです．

WRSTはTCWDレジスタがオーバフローして内部リセット信号が発生したときにセットされます．ビット操作によりこのビットをクリアする場合にも，TCSRWDへ2回のライト・アクセスが必要となります．まずB4WI='0'の状態でTCSRWE='1'と設定した後，次にB2WI='0'の状態でWRST='0'を書き込みます．もちろん$\overline{\text{RES}}$端子を使って初期スタートから再開させれば，このビットは'0'にクリアされます．

▶ タイマ・カウンタWD（TCWD）

TCWDは，8ビットのリード/ライト可能なアップ・カウンタです．TCWDがH'FFからH'00にオーバフローすると内部リセット信号が発生し，TCSRWDのWRSTが'1'にセットされます．TCWDの初期値はH'00です．

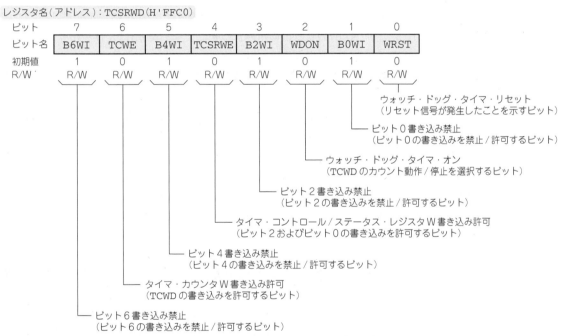

図26-2　タイマ・コントロール/ステータス・レジスタWD（TCSRWD）のビット構成

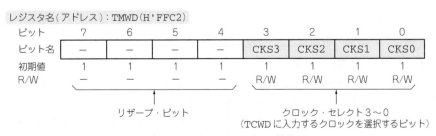

図26-3　タイマ・モード・レジスタWD（TMWD）のビット構成

クロック・セレクト・ビット3〜0				クロックの選択
CKS3	CKS2	CKS1	CKS0	
1	0	0	0	内部クロック：$\phi/64$
1	0	0	1	内部クロック：$\phi/128$
1	0	1	0	内部クロック：$\phi/256$
1	0	1	1	内部クロック：$\phi/512$
1	1	0	0	内部クロック：$\phi/1024$
1	1	0	1	内部クロック：$\phi/2048$
1	1	1	0	内部クロック：$\phi/4096$
1	1	1	1	内部クロック：$\phi/8192$
0	×	×	×	内部発振器

注 ▶ ×：Don't care

▶ **タイマ・モード・レジスタWD（TMWD）**

　TMWDは入力クロックを選択するレジスタです．TMWDのビット構成図を**図26-3**に示します．クロック・セレクト・ビット3〜0（CKS3〜CKS0）のビットの組み合わせにより，TCWDに入力されるクロックを選択します．ビット7〜4はリザーブ・ビットで未使用です．

　CKS3〜CKS0の組み合わせにより選択されるクロックの種類を**表26-1**に示します．内部クロックもしくは内部発振器を選択するかは，CKS3ビットにより設定されます．CKS3＝'1'のときシステム・クロックφを分周した8種類の内部クロックを選択し，CKS3＝'0'のとき内部発振器を選択します．

　内部クロックが選択された場合には，CKS2〜CKS0ビットの組み合わせにより8種類の内部クロック（$\phi/64$〜$\phi/8192$）が選択されます．

　内部発振器を選択した場合には，内部の専用RC発振回路で動作しており，低消費電力モードでもカウントし続けます．内部発振器のオーバフロー時間（0〜255までカウント・アップし，内部リセットが発生するまでの時間）は，仕様では0.4秒となっています．この時間は周囲温度にかなり影響されるため，実際の使用に際しては，この半分くらいの時間（0.2秒）と考えて余裕をみておく必要があります．

26-3　ウォッチ・ドッグ・タイマ機能を確認してみよう！

● **ウォッチ・ドッグ・タイマ動作の確認回路**

　ウォッチ・ドッグ・タイマの動作確認用の回路例を**図26-4**に示します．P16/$\overline{\text{IRQ2}}$端子に接続されたスイッチSW₁は，TCWDをオーバフローさせる目的のために使用します．スイッチをONすることにより，プログラムが無限ループに遷移します．

　P81端子に接続されたLEDは，通常動作時に点灯させます．また，P82端子に接続されたLEDは，内部リセット信号が発生した場合の確認用としてWRSTがセットされたときに点灯するようにします．

● **ウォッチ・ドッグ・タイマ動作の概略**

　ウォッチ・ドッグ・タイマの動作例を**図26-5**に示します．横軸を時間にとり，縦軸はタイマ・カウンタWD（TCWD）の値を示します．ここではTCWDのオーバフロー周期を約100 msに設定し，100 ms以内にタイマ・カウンタWDをイニシャライズしなければ，内部リセット信号が発生するように動作させます．

　リセット直後のTCWDの値はH'00ですが，この例ではTCWDをH'0Cにイニシャライズしています．

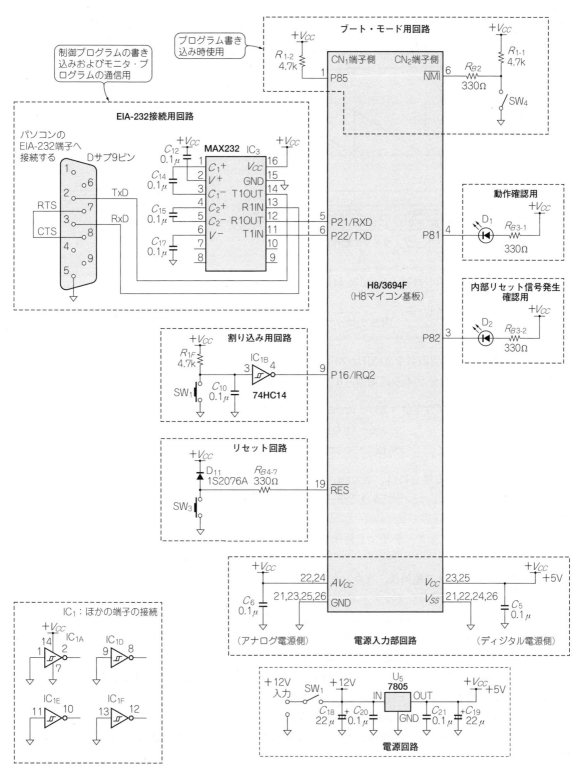

図26-4 ウォッチ・ドッグ・タイマ動作確認用の回路例

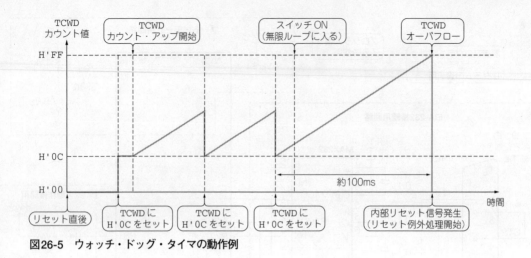

図26-5 ウォッチ・ドッグ・タイマの動作例

TCWDのオーバフロー周期の計算式を式(26-1)に示します.

$$\text{TCWDオーバフロー周期} = \frac{1}{\text{内部クロック周波数}} \times (256 - \text{TCWDイニシャライズ設定値}) \quad \cdots\cdots (26\text{-}1)$$

ここで，内部クロック周波数を20 MHz/8192分周とし，TCWDオーバフロー周期を100 msとすると，式(26-2)から，TCWDイニシャライズ設定値はH'0Cになります.

$$\begin{aligned}
\text{TCWDイニシャライズ設定値} &= 256 - (\text{TCWDオーバフロー周期} \times \text{内部クロック周波数}) \\
&= 256 - (100\,[\text{ms}] \times 20\,[\text{MHz}]/8192) \\
&\fallingdotseq 12\,(= \text{H'0C}) \qquad\qquad\cdots\cdots\cdots\cdots\cdots\cdots\cdots\cdots (26\text{-}2)
\end{aligned}$$

TCWDの値を書き換える場合には，TCSRWDのB6WI = '0' の状態でTCWDにH'0Cをセットします. 次にWDONを '1' セットすると，TCWDがカウント・アップを開始します. WDONビットをセットするための条件は，まずB4WI = '0' の状態でTCSRWE = '1' と設定した後，次にB2WI = '0' の状態でWDON = '1' とします. すなわち，ウォッチ・ドッグ・タイマを動作させるためには，TCSRWDへ2回のライト・アクセスが必要です.

TCWDのカウント・アップ開始後，カウント値がオーバフロー(H'FF)に達する前にTCWDにH'0Cをセットします. このように通常はウォッチ・ドッグ・タイマのカウンタを，一定時間以内にクリアするように動作させるため，リセットは発生しません. しかし，どこかで無限ループしたりすると，このカウントのクリアができなくなり，TCWDがオーバフローしてしまいます. この動作例では，スイッチSW₁をONすることにより無限ループへ移行するようにしています.

カウント値がH'FFからオーバフローすると内部リセット信号を発生します. リセットがかかると当然マイコンは初期状態から再スタートすることになります.

● ウォッチ・ドッグ・タイマ動作の確認用プログラム

ウォッチ・ドッグ・タイマの動作確認用プログラムのフローチャートを**図26-6**に示し，プログラムを**リスト26-1**に示します. フローチャートの流れは以下のようになっています.

【1】割り込みに関する設定を行う前に，組み込み関数(set_imask_ccr)を使って割り込みをマスクしま

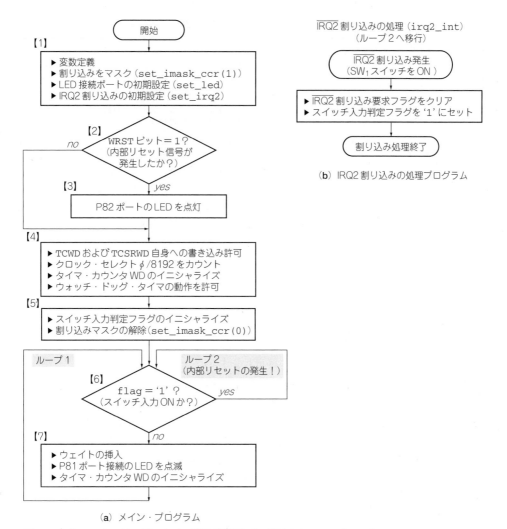

（a）メイン・プログラム

図26-6　ウォッチ・ドッグ・タイマ動作確認用プログラムのフローチャート

す．LED接続ポートの初期設定(set_led)では，P81端子およびP82端子を出力ポート("H")に設定して
LEDを消灯させておきます．IRQ2割り込みの初期設定(set_irq2)では，P16/$\overline{IRQ2}$端子機能を$\overline{IRQ2}$入
力端子に設定します．

【2】 TCWDがオーバフローして，内部リセット信号の発生があったかどうか調べるため，WRSTビットが
'1'になっているか判定します．

【3】 内部リセット信号が発生していた場合，P82端子の出力を"L"に設定してLEDを点灯させます．

【4】 ウォッチ・ドッグ・タイマの設定を行います．まずTCWDとTCSRWD自身の書き込みを許可します．
クロック・セレクト・ビットによりϕ/8192のカウントを選択し，TCWDに入力するクロックを設定してお
きます．タイマ・カウンタWDをイニシャライズしたら，ウォッチ・ドッグ・タイマの動作を許可します．
許可すると同時にTCWDのカウント・アップが開始されます．

【5】 スイッチ入力判定フラグをイニシャライズします．また，組み込み関数(set_imask_ccr)を使って，

リスト26-1　ウォッチ・ドッグ・タイマ動作確認用のプログラム(wdt_test.c)

```
void main(void)
{
    unsigned int i;                       // 【1】変数定義
    set_imask_ccr(1);                     //     割り込みをマスクする(組み込み関数)
    set_led();                            //     LED接続ポートの初期設定
    set_irq2();                           //     IRQ2割り込みの初期設定
    if (WDT.TCSRWD.BIT.WRST == 1) {       // 【2】ウォッチ・ドッグ・タイマ・リセット・ビットの判定
        IO.PDR8.BIT.B2 = 0;               // 【3】H8 P82端子の出力を "L" に設定
    }                                     //     (LEDは点灯)
    WDT.TCSRWD.BYTE = 0x5A;               // 【4】TCWDとTCSRWDの書き込み許可
    WDT.TMWD.BYTE   = 0xFF;               //     クロックセレクトφ/8192をカウント
    WDT.TCWD        = 0x0C;               //     タイマ・カウンタWDのイニシャライズ
    WDT.TCSRWD.BYTE = 0xF4;               //     ウォッチ・ドッグ・タイマ・オン
    flag = 0;                             // 【5】スイッチ入力判定フラグをイニシャライズ
    set_imask_ccr(0);                     //     割り込みマスクの解除(組み込み関数)
    while (1) {                           // 【6】ループ1
        while (flag == 1);                //     ループ2(内部リセット発生!)
        for (i=1; i<0xffff; i++);         // 【7】forループによるウエイト
        IO.PDR8.BIT.B1 = ~IO.PDR8.BIT.B1; //     P81ポートのLEDを点滅
        WDT.TCWD = 0x0C;                  //     タイマ・カウンタWDのイニシャライズ
    }
}

void irq2_int(void)                       // IRQ2割り込み処理(SW1スイッチON:ループ2へ移行)
{                                         //
    IRR1.BIT.IRRI2 = 0;                   // IRQ2割り込み要求フラグのクリア
    flag = 1;                             // スイッチ入力判定フラグを '1' にセット
}
```

割り込みマスクの解除を行い，IRQ2割り込みを許可します．

【6】スイッチ入力の有無をフラグ(flag)を使って判定します．スイッチ入力前はflag = '0' に設定されており，ループ1を繰り返します．スイッチ入力があると，flag = '1' に設定されてループ2へ移行します．ループ2ではTCWDのイニシャライズが行われず，やがてTCWDがオーバフローして内部リセット信号が発生します．リセットがかかると，マイコンは初期状態から再スタートします．

【7】適当なウェイトを挿入し，P81端子の出力レベルを反転させながらLEDを点滅させます．このとき，TCWDのイニシャライズを行い，ループ1を繰り返します．TCWDは一定時間以内にクリアするように動作させるため，内部リセット信号は発生しません．

▶IRQ2割り込み処理(irq2_int)

SW1をONするとIRQ2割り込みが発生し，割り込み処理プログラムを実行します．ここでスイッチ入力フラグが '1' にセットされます．

● Htermを使って動作を確認する

まず，H8/3694Fマイコンにモニタ・プログラムを書き込んでおきましょう．パソコン上ではHtermを起動します．HtermのConsoleウィンドウの表示例を**図26-7**に示します．Htermが正しく起動するとConsoleウィンドウが開きます．ここでスイッチSW3を押してリセットすると，オープニング・メッセージが表示されます．次に，コマンド(M)メニューのLoad(L)コマンドを使って，動作確認用プログラムをダウンロードします．

ここで，周辺機能のレジスタ値を表示するPeripheralウィンドウを開いておきます．このウィンドウは，表示(V)メニューの[Peripheral]コマンドで生成することができます．周辺機能の選択ダイアログもドロップ・ダウン・メニューで，[WDT](ウォッチ・ドッグ・タイマ関連)を選択すると，**図26-8**に示すようなウォッチ・ドッグ・タイマ周辺機能のレジスタ値が表示されます．

ここで着目するレジスタはTCSRWDのビット0(WRST)です．WRSTはTCWDがオーバフローして内部リセ

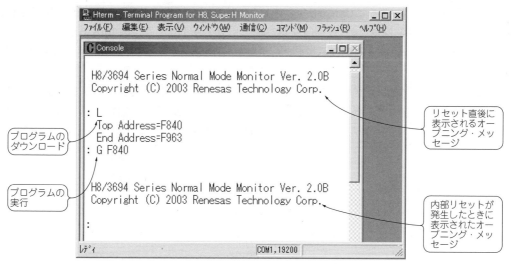

図26-7 Hterm Consoleウィンドウの表示例

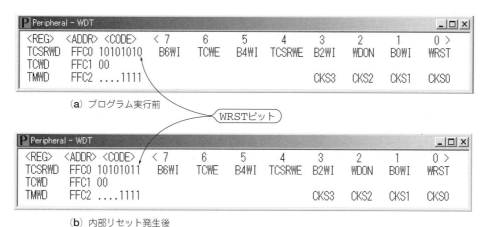

（a）プログラム実行前

WRSTビット

（b）内部リセット発生後

図26-8 Peripheralウィンドウの表示例

ット信号が発生したときにセットされます．**図26-8（a）**に示すようにプログラム実行前では'0'になっています．

　それでは，実際にプログラムを実行してみましょう．組み込み型モニタに対して，Goコマンド"G"を送信します．プログラムを実行するとP81端子に接続されたLED₁が点滅します．点滅することでプログラムが正常に動作していることを確認します．

　一方，内部リセット信号の発生確認用にP82端子に接続されたLED₂は消灯したままです．この状態ではウォッチ・ドッグ・タイマのカウンタは，一定時間以内にクリアされているため，リセットは発生しません．

　さて，スイッチSW₁を押してみましょう．SW₁がONされるとIRQ2割り込み処理によって，ループ2（無限ループ）へ移行します．するとTCWDのイニシャライズが行われなくなり，TCWDがオーバフローして内部リセット信号が発生します．リセットがかかるとマイコンは初期状態から再スタートします．

このとき，**図26-7**に示すようにConsoleウィンドウに再びオープニング・メッセージが表示されます．この段階でPeripheralウィンドウの［WDT］を再び開いて見てみましょう．**図26-8（b）**に示すように，今度はWRSTが'1'になっていることがわかります．すなわち，TCWDがオーバフローして内部リセット信号が発生したのです．

　さて，この状態で動作確認用プログラムをもう一度ダウンロードし，実行してみましょう．実行後，P81端子に接続されたLED$_1$は先ほどと同様に点滅し，プログラムが正常に動作していることが確認できます．一方，P82端子に接続されたLED$_2$が今度は点灯し，内部リセット信号が発生したことがわかります．

SCI3を使った基本的なデータ通信テクニックをマスタする

シリアル通信機能の基礎知識

島田 義人

　H8マイコン基板とPCとの間のシリアル通信は，フラッシュ・メモリへプログラムを書き込むときにすでに行っています．しかし，それはFDTという書き込み用アプリケーション・ソフトウェアと，H8/3694Fに内蔵されているブート・プログラムが行っていることで，私たちが通信を制御しているわけではありません．

　本章では，H8/3694Fのシリアル・コミュニケーション・インターフェース3（SCI3）機能について解説します．SCI3機能を使って自由にPCとデータ通信を行ってみましょう．SCI3機能を自由に使えるようになると，たとえばPCからH8/3694Fの動作パターンのデータを通信で送ってH8/3694Fの設定をしたり，H8/3694Fの状態をPC側でモニタリングしたりといったことができるようになり，いろいろと便利です．

■ 27-1　シリアル・コミュニケーション・インターフェース3の特徴

　シリアル通信にはクロック同期式と調歩同期式（非同期式とも呼ばれる）の2種類の通信方式があります．H8/3694Fのシリアル・コミュニケーション・インターフェース3（SCI3）機能は，この2方式のシリアル・データ通信に対応しています．

● クロック同期式

　相互間で同期をとり，そのタイミングに従ってデータを送受信します．送受信データの有無に関わらず制御用の信号が流れているため，相手との同期をつねに保つことができます．データがないときには待ち状態を示す信号をやりとりしなければならない欠点がありますが，データを送受信するのにデータの始まりと終了を示す信号が存在しないので，データ転送速度はその分速くなります．

● 調歩同期式

　PCでは一般に調歩同期式が使われています．この方式では，データをビット（bit）という単位に分け，1文字分のデータごとに同期をとることによって，送受信間の正常なデータのやりとりを行っています．データの先頭と最後には，必ずデータの開始を示すスタート・ビットとデータの終了を示すストップ・ビットが付きます．したがってクロック同期式に比べ，調歩同期式の速度は遅くなる欠点はありますが，待ち状態のときに余分な情報を処理する必要がありません．

　また，調歩同期式におけるアイドル状態は，マークと呼ばれる '1' 値をもちます．このマークにより，

アイドル状態の場合とケーブルが外れている状態を判別することができます．さらに，調歩同期方式では
マルチ・プロセッサ通信機能を備えており，複数のプロセッサ間で通信回線を共有してデータの送受信を
行うことができます．

27-2　調歩同期式モードのデータ・フォーマット

　ここではH8/3694Fを使って，PCと調歩同期式によるシリアル通信をしてみましょう．調歩同期式モー
ドの一般的なデータ・フォーマット構造を図27-1に示します．通信データの1キャラクタもしくは1フレー
ムは，スタート・ビット（"L"）から始まり，送信/受信データ（LSBからMSBの順），パリティ・ビット，
ストップ・ビット（"H"）の順で構成されています．

● スタート・ビットとストップ・ビット

　シリアル通信では，送受信するデータが1列になって送られるため，そのままでは文字データの区切り
がわかりません．そこで，文字データの前と後ろに識別のためのビットが付加されています．この前後に
付加されるビットのうち，1文字分のデータ・ビットの前に付けて，データの先頭を示すビットのことを
「スタート・ビット」と呼びます．そして1文字分のデータ・ビットの後ろに付けて，データの終了を示す
ビットのことを「ストップ・ビット」と呼びます．すなわち，データの最初と終わりを示すマークのこと
です．

　スタート・ビットは，必ず'0'で1ビット分の幅が割り当てられています．一方のストップ・ビットは，
'1'と決められていますが，ビットの幅は1ビットないしは2ビットがあります．通常は1ビットを使用す
ることが多いようです．

● パリティ・ビットとは

　パリティ・ビットとは，データの送受信を行う際に，データが正しく伝達されたものであるかどうかを
チェックするためのビットです．パリティ・ビットは，データ・ビットの後，ストップ・ビットの前に設
けられた，1ビットの幅をもっています．パリティには偶数パリティ（Even Parity），奇数パリティ（Odd
Parity），そしてパリティなし（Non Parity）という選択肢があります．

　ビットの状態は，送信時に7ないしは8ビットの単位に分けられたデータ・ビットの中の，'1'になっ
ている部分の数を数え，その結果によって'1'か'0'かの状態をとります．そして受信の際には，その値
を参照して送られてきたデータに誤りがないかどうかを検出します．

　奇数パリティでは，'1'の数が必ず奇数個になるようにパリティ・ビットを'1'か'0'に調整します．偶

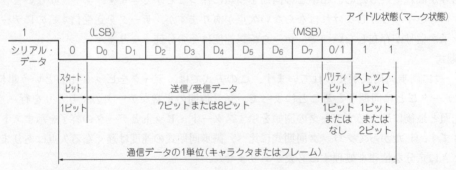

図27-1　調歩同期式モードのデータ・フォーマット

数パリティでは，同様に '1' の数が必ず偶数個になるようにパリティ・ビットを調整します.

　具体的に例を示してみましょう. たとえば，8ビット・データ "1001 1011" では '1' の数が奇数あります. このとき偶数パリティの場合では '1' になります. 一方，奇数パリティの場合では '0' になります. 実際にエラーが発生したときに，エラーの存在を知らせることはできますが，それがどのデータ中にあるか，その所在を知らせる機能はありません. また，偶数個のエラーがデータ中に発生した場合には，パリティ・ビットでエラーを検出することが不可能であることは明らかです. したがって，通常ではパリティなしでの設定が多いようです.

27-3　SCI3のブロック構造とレジスタ

　H8/3694FマイコンのSCI3のブロック図を図27-2に示します. 独立した送信部と受信部を備えているので，送信と受信を同時に行うことができます. また，送信部および受信部ともにダブル・バッファ構造になっているため，連続送信・連続受信が可能です. SCI3には以下に述べる8種類のレジスタがあります.

● レシーブ・シフト・レジスタ(RSR)

　RSRレジスタは，受信データ入力端子(RXD端子)から入力されたシリアル・データをLSB(ビット0)から受信した順にセットしてパラレル変換するための受信用シフト・レジスタです. 1フレーム分のデータを受信すると，データは自動的にレシーブ・データ・レジスタ(RDR)へ転送されます.

● レシーブ・データ・レジスタ(RDR)

　RDRレジスタは受信データを格納するための8ビットのレジスタです. 1フレーム分のデータを受信す

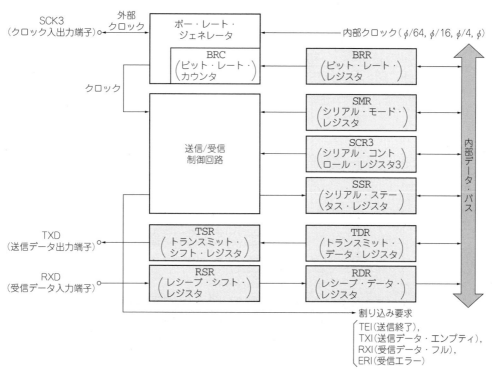

図27-2　シリアル・コミュニケーション・インターフェース3のブロック図

るとRSRレジスタから受信データがこのレジスタへ転送され，RSRは次のデータを受信可能となります．RSRとRDRはダブル・バッファ構造になっているため連続受信動作が可能です．

● **トランスミット・シフト・レジスタ(TSR)**

TSRレジスタはシリアル・データを送信するためのシフト・レジスタです．トランスミット・データ・レジスタ(TDR)に書き込まれた送信データは自動的にTSRに転送され，LSBから順にトランスミット・データ出力端子(TXD端子)に送出することでシリアル・データ送信を行います．

● **トランスミット・データ・レジスタ(TDR)**

TDRレジスタは，送信データを格納するための8ビットのレジスタです．TSRレジスタ内のデータが空になると，TDRに書き込まれた送信データはTSRに転送されて送信を開始します．TDRとTSRはダブル・バッファ構造になっているため連続送信動作が可能です．1フレーム分のデータを送信したとき，TDRに次の送信データが書き込まれていればTSRへ転送して送信を継続します．

● **シリアル・モード・レジスタ(SMR)**

SMRレジスタはシリアル・データ通信フォーマットと内蔵ボー・レート・ジェネレータのクロック・ソースを選択するためのレジスタです．SMRのビット構成を**図27-3**に示します．

▶ コミュニケーション・モード・ビット(COM)は，COM='0'のとき調歩同期式モードに設定し，COM='1'のときクロック同期式モードに設定します．PCとの通信には調歩同期式を選択します．

▶ キャラクタ・レングス・ビット(CHR)は，CHR='0'のときデータ長を8ビットに設定し，CHR='1'のとき7ビットに設定します．このビットは調歩同期式モードに設定された場合で有効になります．欧米諸国の多くは，英数字(数字とアルファベットの大文字と小文字)だけの文字データでコミュニケーションを行

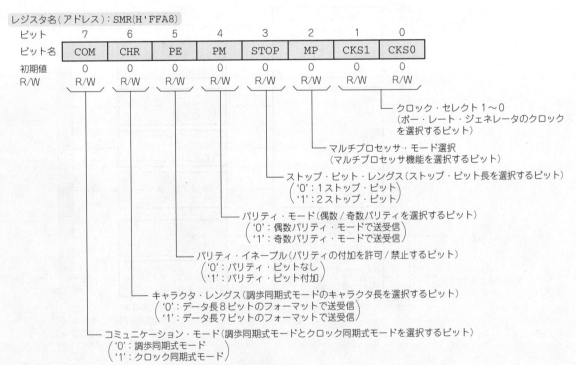

図27-3　シリアル・モード・レジスタ(SMR)のビット構成

ビット・レート B [bit/s]	クロック・セレクト・ ビットの値 n	ボー・レート・ジェネレータ の BRR の値 N	誤差 [%]
110	3	88	-0.25
150	3	64	0.16
300	2	129	0.16
600	2	64	0.16
1200	1	129	0.16
2400	1	64	0.16
4800	0	129	0.16
9600	0	64	0.16
19200	0	32	-1.36
31250	0	19	0.00
38400	0	15	1.73

（注）n および N は設定値の 10 進表示

うことができるため，ビット長に7ビットが使われることが多いようです．しかし，カナ漢字文字を使う日本においては，一般的に多く8ビットを採用しています．とくに，シフトJIS方式を扱った全角のカナ漢字の場合には，データ長は必ず8ビットにしなければなりません．

▶パリティ・イネーブル・ビット（PE）は，PE='1'のとき，送信時はパリティ・ビットを付加し，受信時はパリティ・チェックを行います．パリティ・ビットとは，通信途中でビットが化けた場合に，誤りを検出するためのビットのことです．このビットは調歩同期式モードに設定された場合で有効になります．通常はパリティなしでPE='0'に設定します．

▶パリティ・モード・ビット（PM）は，PM='0'のときパリティ・モードを偶数パリティに設定し，PM='1'のとき奇数パリティに設定します．このビットは調歩同期式モードを選択し，PE='1'ときに有効になります．

▶ストップ・ビット・レングス・ビット（STOP）は，STOP='0'で送信時のストップ・ビット長を1ビットに設定し，STOP='1'で2ビットに設定します．通常はストップ・ビット長を1ビットにすることが多いようです．

▶マルチプロセッサ・モード・ビット（MP）は，MP='0'でマルチプロセッサ通信機能を禁止し，MP='1'で許可します．マルチプロセッサ通信機能を使用すると，マルチプロセッサ・ビットを付加した調歩同期式シリアル通信により，複数のプロセッサ間で通信回線を共有してデータの送受信を行うことができるようになります．

▶クロック・セレクト1〜0ビット（CKS1〜CKS0）は，内部ボー・レート・ジェネレータに使用する4種類のクロック・ソースを選択します．表27-1に示すように，このビットはビット・レート・レジスタ（BRR）の設定と関連して設定され，シリアル通信のボー・レートを決定します．

● シリアル・コントロール・レジスタ3（SCR3）

SCR3は，送受信動作，割り込み制御，送受信クロック・ソースの選択を行うためのレジスタです．SCR3のビット構成を図27-4に示します．

トランスミット・インタラプト・イネーブル・ビット（TIE）は，送信データをセットするレジスタのデ

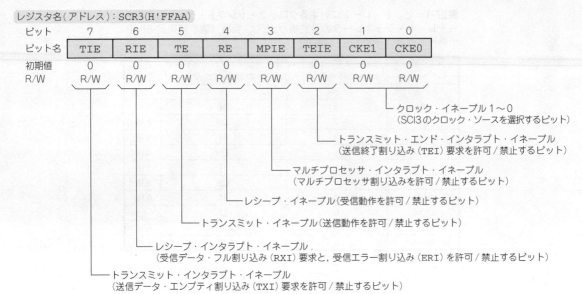

レジスタ名(アドレス):SCR3(H'FFAA)

ビット	7	6	5	4	3	2	1	0
ビット名	TIE	RIE	TE	RE	MPIE	TEIE	CKE1	CKE0
初期値	0	0	0	0	0	0	0	0
R/W	R/W	R/W	R/W	R/W	R/W	R/W	R/W	R/W

クロック・イネーブル1〜0
(SCI3のクロック・ソースを選択するビット)

トランスミット・エンド・インタラプト・イネーブル
(送信終了割り込み(TEI)要求を許可/禁止するビット)

マルチプロセッサ・インタラプト・イネーブル
(マルチプロセッサ割り込みを許可/禁止するビット)

レシーブ・イネーブル(受信動作を許可/禁止するビット)

トランスミット・イネーブル(送信動作を許可/禁止するビット)

レシーブ・インタラプト・イネーブル
(受信データ・フル割り込み(RXI)要求と,受信エラー割り込み(ERI)を許可/禁止するビット)

トランスミット・インタラプト・イネーブル
(送信データ・エンプティ割り込み(TXI)要求を許可/禁止するビット)

図27-4 シリアル・コントロール・レジスタ3(SCR3)のビット構成

表27-2 クロック・イネーブル・ビットとクロック・ソースの選択

クロック・イネーブル・ビット		コミュニケーション・モード	
CKE1	CKE0	調歩同期式の場合	クロック同期式の場合
0	0	内部ボー・レート・ジェネレータを選択	内部クロックを選択 (SCK3端子機能はクロック出力端子)
0	1	内部ボー・レート・ジェネレータを選択 (SCK3端子からビット・レートと 同じ周波数のクロックを出力)	リザーブ・ビット
1	0	外部クロックを選択 (SCK3端子からビット・レートの 16倍の周波数のクロックを入力)	外部クロックを選択 (SCK3端子機能はクロック入力端子)
1	1	リザーブ・ビット	リザーブ・ビット

ータが空になったときに発生する割り込み(TXI割り込み要求)を,許可/禁止するビットです.一方,レシーブ・インタラプト・イネーブル・ビット(RIE)は,データの受信時に発生する割り込み(RXI割り込み要求)と受信エラー時に発生する割り込み(ERI割り込み要求)を許可/禁止します.トランスミット・イネーブル・ビット(TE)は送信動作を,レシーブ・イネーブル・ビット(RE)は受信動作を許可/禁止します.

トランスミット・エンド・インタラプト・イネーブル・ビット(TEIE)は,送信終了時に送信データをセットするレジスタが空だったときに発生する割り込み(TEI割り込み要求)を許可/禁止します.

クロック・イネーブル・ビット1〜0(CKE1〜CKE0)は,**表27-2**に示すように,通信に使用するクロックの選択と,クロックの入出力動作を選択します.今回使用する調歩同期式モードでは,CKE1='0',CKE0='0'に設定し,内部ボー・レート・ジェネレータを選択します.

● シリアル・ステータス・レジスタ(SSR)

SSRレジスタはシリアル・コミュニケーション・インターフェース3のステータス・フラグと送受信マルチ・プロセッサ・ビットで構成されます.SSRのビット構成を**図27-5**に示します.

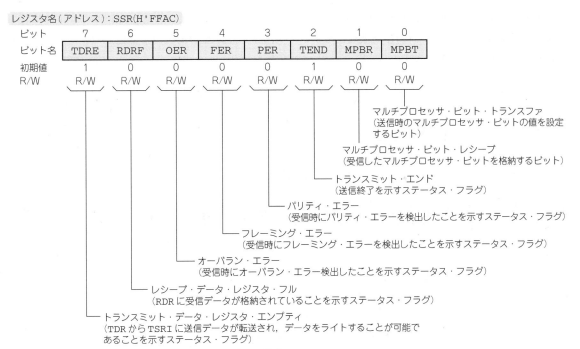

レジスタ名（アドレス）：SSR(H'FFAC)

ビット	7	6	5	4	3	2	1	0
ビット名	TDRE	RDRF	OER	FER	PER	TEND	MPBR	MPBT
初期値	1	0	0	0	0	1	0	0
R/W	R/W	R/W	R/W	R/W	R/W	R/W	R/W	R/W

マルチプロセッサ・ピット・トランスファ
（送信時のマルチプロセッサ・ピットの値を設定
するビット）

マルチプロセッサ・ピット・レシーブ
（受信したマルチプロセッサ・ピットを格納するビット）

トランスミット・エンド
（送信終了を示すステータス・フラグ）

パリティ・エラー
（受信時にパリティ・エラーを検出したことを示すステータス・フラグ）

フレーミング・エラー
（受信時にフレーミング・エラーを検出したことを示すステータス・フラグ）

オーバラン・エラー
（受信時にオーバラン・エラー検出したことを示すステータス・フラグ）

レシーブ・データ・レジスタ・フル
（RDR に受信データが格納されていることを示すステータス・フラグ）

トランスミット・データ・レジスタ・エンプティ
（TDR から TSRI に送信データが転送され，データをライトすることが可能で
あることを示すステータス・フラグ）

図27-5　シリアル・データ・レジスタ（SSR）のビット構成

　トランスミット・データ・レジスタ・エンプティ・ビット（TDRE）は，TDR内の送信データの有無を表示するステータス・フラグ・ビットです．TDRへ送信データの書き込みが可能であるときにTDRE = '1'になります．一方，レシーブ・データ・レジスタ・フル・ビット（RDRF）は，RDR内の受信データの有無を表示するステータス・フラグ・ビットです．受信が完了して，データの読み出しが可能な状態であるときにRDRF = '1'になります．

　オーバラン・エラー・ビット（OER）は，オーバラン・エラーの発生を示すステータス・フラグ・ビットです．受信時にオーバラン・エラーが発生するとOER = '1'になります．オーバラン・エラーとは，1キャラクタを受信した後，H8/3694Fが受信バッファからその受信データを読み出す前に次のデータを受信してしまった場合に発生するエラーです．通信のボー・レートが高すぎる場合に発生する可能性があります．

　フレーミング・エラー・ビット（FER）は，フレーミング・エラーの発生を示すステータス・フラグ・ビットです．受信時にフレーミング・エラーが発生するとFER = '1'になります．フレーミング・エラーとは，調歩同期式モードにおいて，ストップ・ビットがあるべき位置になかった場合，すなわちストップ・ビット（通常"H"）が"L"のとき発生するエラーです．ボー・レートの設定や，パリティの設定が合っていないときによく発生します．

　パリティ・エラー・ビット（PER）は，パリティ・エラーの発生を示すステータス・フラグ・ビットです．付加したパリティ・ビットによりエラーが検出された場合に，PER = '1'になります．

　トランスミット・エンド・ビット（TEND）は，送信の終了を示すステータス・ビットで，送信が終了するとPER = '1'になります．

● **ビット・レート・レジスタ（BRR）**

　BRRレジスタはビット・レートを設定する8ビットのレジスタです．BRRの初期値はH' FFです．ビッ

ト・レートに対するSMRレジスタのクロック・セレクト・ビット（CKS1, CKS0）の値 n とBRRの値 N の設定例を表27-1に示します．動作周波数とビット・レートの組み合わせに対するBRRの設定値 N と誤差は，以下の計算式で求まります．

$$N = \frac{\phi}{64 \times 2^{2n-1} \times B} \times 10^6 - 1 \quad \cdots\cdots\cdots\cdots\cdots\cdots\cdots\cdots\cdots\cdots\cdots (27\text{-}1)$$

$$誤差[\%] = \left\{ \frac{\phi \times 10^6}{(N+1) \times B \times 64 \times 2^{2n-1}} - 1 \right\} \times 100 \quad \cdots\cdots\cdots\cdots\cdots\cdots (27\text{-}2)$$

ここで，B：ビット・レート[bit/s]，N：ボー・レート・ジェネレータのBRRの設定値（$0 \le N \le 255$），ϕ：動作周波数[MHz]，n：SMRのCKS1, CKS0の設定値（$0 \le n \le 3$）です．

27-4　SCI3の使いかたとテスト・プログラムの作成

● SCI3の初期化
まずSCI3機能を使用するためには，送受信フォーマットの設定やビット・レートなどの設定が必要で

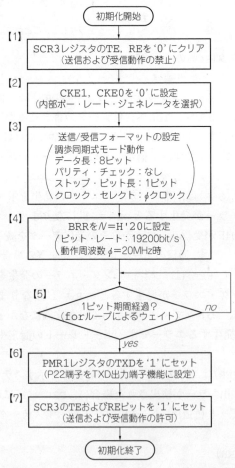

図27-6　シリアル・コミュニケーション・インターフェース3の初期化のフローチャート

す．SCI3の初期化について**図27-6**にフローチャートを示します．フローチャートの流れは以下のように
なっています．プログラムは，**リスト27-1**(p.366)のset_SCI3関数に相当します．

【1】SCR3レジスタのTE，REを'0'にクリアし，初期化が完了する間は送信および受信動作を禁止します．

【2】CKE1，CKE0を'0'に設定し，クロック・ソースを内部ボー・レート・ジェネレータに選択します．

【3】SMRレジスタにより，送受信フォーマットを設定します．主な設定内容は，調歩同期式モード動作の
選択，データ長8ビット，パリティ・チェックなし，ストップ・ビット長1ビット，クロック・セレクト
は次のBBRの設定と関連しますが，ϕクロック(n='0')に設定します．

【4】BRRの値を設定します．動作周波数がϕ=20 MHzで，ビット・レートを19200 bit/sにすると，**表27-
1**よりN=32(=H'20)となります．

【5】1ビット期間のウェイトを挿入します．送受信動作を許可する前に，仕様により少なくとも1ビット
期間のウェイトが必要になります．プログラムではダミーとしてforループによるウェイトを挿入してい
ます．

【6】P22端子をTXD出力端子機能に設定するため，ポート・モード・レジスタ1(PMR1)のTXDビットを
'1'にセットします．P21端子をRXD入力端子機能に設定する場合は，REビットを'1'にすればRXD端子
が使用可能となりますが，送信の場合は，TEビットとTXDビットの両方を'1'に設定する必要があります．

【7】SCR3レジスタのTEおよびREビットを'1'にセットし，送受信動作を使用可能にします．このとき，
調歩同期式モードでは送信時にはマーク状態となり，受信時にはスタート・ビット待ちのアイドル状態に
なります．

● **調歩同期式モードによるデータ受信の方法**

調歩同期式モードによるデータ受信のフローチャートを**図27-7**に示します．受信の全体的なフローと

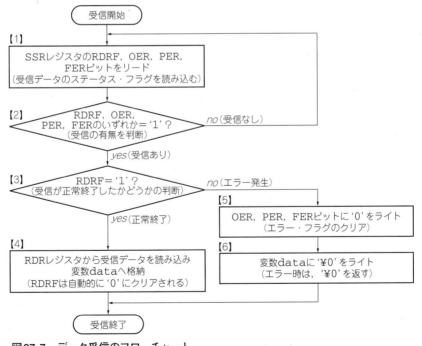

図27-7　データ受信のフローチャート

しては，受信したデータを読み込んで変数へ格納します．本来は受信エラーが発生した場合，エラー処理を実行しますが，とくにここでは受信エラーの種類を判別するような処理はしていません．フローチャートの流れは以下のようになっています．プログラムは，**リスト27-1**(p.366)のsci3_rx関数に相当します．

【1】 SSRレジスタのレシーブ・データ・レジスタ・フル・ビット(RDRF)，オーバラン・エラー・ビット(OER)，パリティ・エラー・ビット(PER)，フレーミング・エラー・ビット(FER)をリードし，受信データのステータス・フラグを読み込みます．

【2】 RDRF，OER，PER，FERのいずれかのビットが'1'であることで受信の有無を判断します．'0'であれば受信データが入力されるまで待ちます．

【3】 RDRFが'1'であれば受信が正常終了したと判断します．'0'であれば受信エラーの種類は問わず，OER，PER，FERのいずれかの受信エラーが発生したと判断します．

【4】 受信が正常終了したと判断された場合は，レシーブ・データ・レジスタ(RDR)から受信データを読み込み，変数dataへ受信データを格納します．このときRDRFは自動的に'0'にクリアされます．

【5】 一方，受信エラーが発生した場合は，OER，PER，FERの各ビットに'0'をライトしてエラー・フラグをクリアします．

【6】 また受信エラー時には，ダミー・データとして変数dataに'¥0'をライトします．

● **調歩同期式モードによるデータ送信の方法**

調歩同期式モードによるデータ送信のフローチャートを**図27-8**に示します．送信の全体的なフローとしては，変数に格納された文字列データを順次1文字ずつ送信して，文字列最後の文字コード'¥0'でデータ送信を終了します．フローチャートの流れは以下のようになっています．プログラムは，**リスト27-1**(p.366)のsci3_tx関数に相当します．

【1】 SSRレジスタのトランスミット・データ・レジスタ・エンプティ・ビット(TDRE)をリードし，送信データのステータス・フラグを読み込みます．

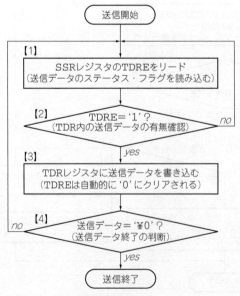

図27-8 データ送信のフローチャート

【2】 TDRE＝'1'であればトランスミット・データ・レジスタ(TDR)内には送信データが空であると判断します．TDRE＝'0'であれば前の送信データが残っているため，TDRからデータが転送されるまで待ちます．シリアル送信を確実に行うため，TDRへの送信データの書き込みは，必ずTDREビットが'1'にセットされていることを確認して書き込みます．

【3】 送信データが空と判断された場合は，TDRレジスタに送信データを書き込みます．このときTDREは自動的に'0'にクリアされます．

【4】 文字列の最後に付加されている文字コード'¥0'で送信データの終了を判断します．

● **データ送受信の使用例**

データ送受信全体のフローチャートを図27-9に示します．全体的なフローとしては，まずH8/3694FからPCへ向けて文字列データの送信を試みます．このときPC側では文字列データを受信します．次に，PC側からH8/3694Fへ向けて文字列データを送信します．このときH8/3694F側では文字データを受信してRAMに格納します．送信データの終了合図として，ここでは，'!'の文字入力としています．H8/3694F側がデータ送信終了の合図を送ると，H8/3694F側はRAMに格納された文字列データをPC側へ送信(エコー・バック)します．フローチャートの流れは以下のようになっています．また，プログラムをリスト27-1 (p.366)に示します．

【1】 シリアル・コミュニケーション・インターフェース3(SCI3)の初期化を実施します．

【2】 文字列データ"H8/3694F SCI3 Test Ready..."を，H8/3694FからPCへ向けて送信します．

【3】 次にPC側から文字列データを送信すると，H8/3694F側はデータを受信してRAMに格納します．

【4】 H8/3694F側がデータ終了の合図として'!'の文字を送ると，H8/3694F側はデータの終了と判断します．

【5】 受信した文字列の最後尾に'¥0'を付加します．

【6】 RAMに格納された文字列データを順次送信します．送信終了後はPCから次のデータを待ちます．

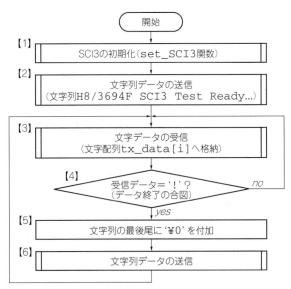

図27-9 データ送受信全体(メイン・ルーチン)のフローチャート

リスト27-1　シリアル・コミュニケーション・インターフェース3（SCI3）のテスト・プログラム（sci_test.c）

```
void set_SCI3 (void)                      // SCI3初期化関数
{
    int i;
    SCI3.SCR3.BIT.TE   = 0;               //【1】トランスミット・イネーブル・ビット：送信動作を禁止
    SCI3.SCR3.BIT.RE   = 0;               //     レシーブ・イネーブル・ビット：受信動作を禁止
    SCI3.SCR3.BIT.CKE  = 0;               //【2】クロック・ソースを内部ボー・レート・ジェネレータに設定
    SCI3.SMR.BYTE = 0x00;                 //【3】送受信フォーマットの設定
    SCI3.BRR = 0x20;                      //【4】ビット・レートの設定（19200［bit/s］）
    for (i = 0; i < 1; i++) ;             //【5】1ビット期間以上待つ（dummy wait）
    IO.PMR1.BIT.TXD   = 1;                //【6】P22端子をTXD出力端子機能に設定
    SCI3.SCR3.BIT.TE   = 1;               //【7】トランスミット・イネーブル・ビット：送信動作を許可
    SCI3.SCR3.BIT.RE   = 1;               //     レシーブ・イネーブル・ビット：受信動作を許可
}

void sci3_tx (char data)                  // 1文字送信関数
{
    while (SCI3.SSR.BIT.TDRE == 0) ;      //【1,2】0でデータあり，1になるまで待つ
    SCI3.TDR = data;                      //【3】　受け取った文字を送信
}

void sci3_tx_str (char *str)              // 文字列送信関数
{
    while(*str != '\0'){                  //【4】文字が\0になるまで繰り返す
        sci3_tx(*str);                    //     1文字送信
        str++;                            //     次の文字に移る
    }
}

char sci3_rx (void)                       // 1文字受信関数
{
    char data;                            // 受信データ格納変数
    while (!(SCI3.SSR.BYTE & 0x78)) ;     //【1,2】受信またはエラー・フラグが立つまで待つ
    if (SCI3.SSR.BIT.RDRF == 1) {         //【3】受信完了なら
        data = SCI3.RDR;                  //【4】データ取り出し
    }
    else {
        SCI3.SSR.BYTE &= 0xC7;            //【5】エラー発生時，エラー・フラグをクリア
        data = '\0';                      //【6】ダミー・データとして '\0' を返す
    }
    return data;
}

void main(void)
{
    int i;
    char rx_data;                                  // 受信データ格納変数
    char tx_data[100];                             // 送信データ格納変数

    set_SCI3();                                    //【1】SCI3初期化
    sci3_tx_str("H8/3694F SCI3 Test Ready...");    //【2】文字列送信
    while(1) {                                      //
        i = 0;                                     //
        do{                                        //     受信入力処理
            rx_data = sci3_rx();                   //【3】文字データ受信
            tx_data[i] = rx_data;                  //     文字配列に格納
            i++;                                   //
        }while(rx_data != '!');                    //【4】送受信終了の合図 '!' の検出
        tx_data[i] = '\0';                         //【5】ヌル文字の付加
        sci3_tx_str(tx_data);                      //【6】文字列の送信
    }
}
```

● **動作確認用回路**

　SCI3機能の動作確認用の回路例を**図27-10**に示します．これまでPCとEIA-232接続用回路を介して制御プログラムをフラッシュ・メモリに書き込んでいますので，これまでのハード構成をそのまま使用することもできます．

● **ハイパーターミナルを使う**

　SCI3機能の動作確認には，Windowsに標準で付属しているアプリケーション通信ソフト「ハイパーターミナル」を使います．このハイパーターミナルを利用すると，PCからH8/3694Fへデータを入力したり，また，H8/3694Fからの出力データをWindows上で確認することができます．

　ハイパーターミナルの操作方法について簡単に解説します．ここで紹介した例は，Windows 2000での例です．詳細についてはハイパーターミナルのヘルプなどを参照してください．

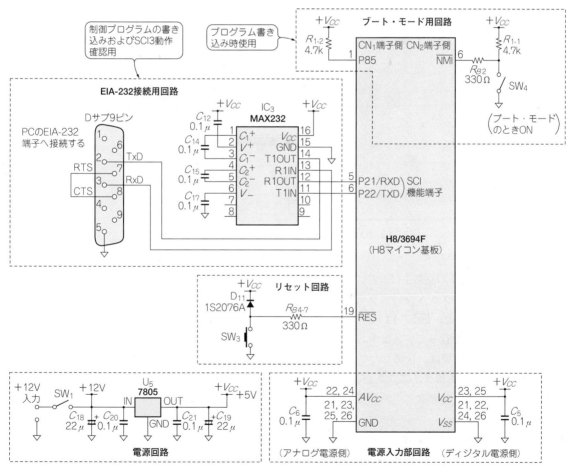

図27-10　シリアル通信動作確認用の回路例

図27-11　ハイパーターミナルの「接続の設定」①

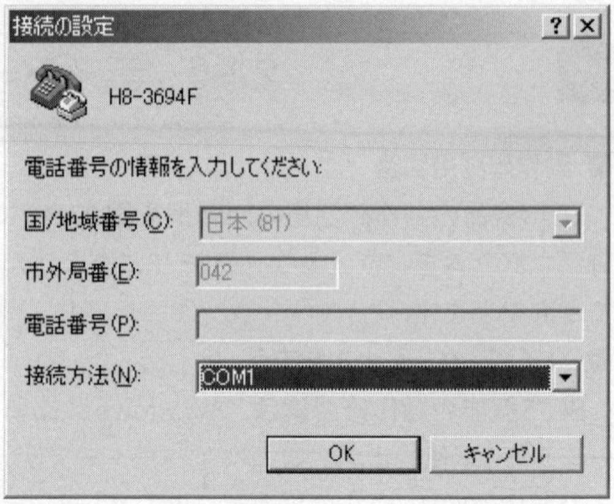

図27-12　ハイパーターミナルの「接続の設定」②

図27-13　ハイパーターミナルの「COM1のプロパティ」

▶ハイパーターミナルの立ち上げ

　[スタート]→[プログラム]→[アクセサリ]→[通信]→[ハイパーターミナル]とたどってハイパーター
ミナルを立ち上げると，**図27-11**に示す画面が現れます．この画面で新しい接続の設定，つまりH8/
3694Fとの通信設定を行っていきます．ここではとりあえず，接続の名前に“H8-3694F”などと入力して
OKを押します．名前欄は，接続したウィンドウを識別する単なる文字ですので，任意の文字でかまいま
せん．また，所在地情報ダイアログが表示された場合には，「市外局番」に“042”などの市外局番を入力
して，OKボタンをクリックしてください(実際に電話をかけるわけではないので，市外局番には適当な
数字を入力してよい).

▶パソコンの通信ポートの設定

　次に，H8/3694Fと接続しているPCのシリアル・ポートを設定します．**図27-12**に示すように，ここで
は「接続方法」欄にCOM1を選択しました．ポート番号は環境に合わせて選んでください．設定したらOK

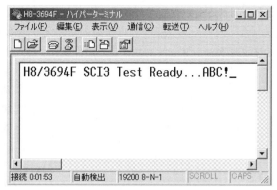

図27-14　ハイパーターミナルの動作画面例

を押します.

▶通信の設定

図27-13に示すように，それぞれの設定を以下のようにします.

「ビット/秒」　　　　：19200

「データ・ビット」　：8

「パリティ」　　　　：なし

「ストップ・ビット」：1

「フロー制御」　　　：なし

これらの設定は，シリアル通信の初期化の関数set_SCI3で行った設定といっしょです．つまり，PCとH8/3694Fの通信条件をここで合わせるのです．この設定をまちがえると，シリアル通信が正常にできません．設定したらOKを押します.

▶ハイパーターミナル準備完了

これでハイパーターミナルの準備が完了しました．次回の立ち上げからは，スタートからたどって，［H8-3694F］という接続名のハイパーターミナルを選べばOKです．では，H8/3694Fとの接続を確認したら，H8/3694Fの電源を入れてみましょう．もちろんあらかじめ，H8/3694FにSCI3_test.motを書き込んでおきます.

▶H8/3694Fの電源を入れる

H8/3694Fの電源を入れると，図27-14のようにメッセージが表示されます.

▶キーボードから文字を入力する

ここでは例として「ABC」と入力しました．まだハイパーターミナルには文字が表示されませんが，H8/3694Fが受信動作を開始して，これらの文字列をRAMに格納しています.

▶「!」を入力して文字列を確定

さて，何か文字列を入力したら終了の合図として「!」の文字を最後に入力してみましょう．入力後，H8/3694Fがこれまで入力した文字列を送り返してくれば，SCI3機能は正常に動作しています.

■ 割り込みを使った受信方法

ここでは初歩的なSCI3機能を学ぶため，割り込みを使った受信方法は割愛しました．受信時に割り込

みを使えば，つねに受信フラグを調べるというむだが省けます．

　　送信の場合は，データを送りたくなったら送信すればよいので，割り込み処理は不要です．ぜひとも
SCI3機能を使ったさまざまなアプリケーション・プログラムの作成にチャレンジしてみてください．

応用範囲の広いシリアル・バスのしくみと使いかたをマスタする

I²C 通信機能の基礎知識

島田 義人

I²C (Inter Integrated Circuit) は，1980 年代にフィリップス社が提唱したシリアル通信方式です．

I²C 通信は，主に同一基板内などの近距離に配置されたデバイス間で，データをやりとりするためによく使われています．たとえば，本書の応用編では H8/3694F と EEPROM を接続し，EEPROM へデータを書き込んだり読み出したりしています．本章では，H8/3694F の I²C 通信機能について詳しく解説します．

28-1　I²C バスの特徴

I²C は**図 28-1** に示すように，複数のデバイスが SCL（シリアル・クロック）と SDA（シリアル・データ）の 2 本の信号線を使ったバス構成で接続された形態をとります．フィリップス社の仕様書によれば，バスの静電容量が 400 pF 以内であれば，一つのバス上にいくつでもデバイスを接続することが可能となっています．信号ラインは複数のデバイスを接続するため，オープン・ドレイン出力でドライブするようになっています．信号の "L" はデバイスが出力し，"H" はプルアップ抵抗で供給されます．

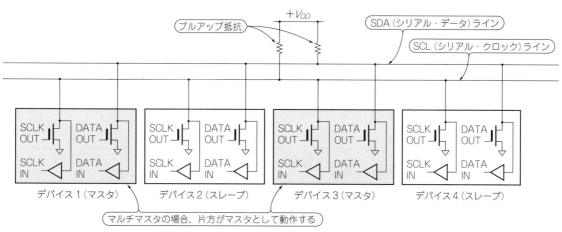

図 28-1　I²C バスによるデバイス間の接続構成

I²Cの通信はシリアル・クロックに同期して行われます．転送速度としては，標準モード(～100 kbit/s)，ファースト・モード(～400 kbit/s)，高速モード(～3.4 Mbit/s)の3種類があります．接続されたデバイスはマスタとスレーブに分かれ，それぞれ固有のアドレスをもっていて，マスタからアドレスを指定することで1対1の通信ができます．

マスタとは，シリアル・クロックを出力し，通信相手を指定して通信を制御するデバイスのことです．一方，スレーブとはマスタからアドレス指定されるデバイスのことです．マスタは複数存在することが許されています．これをマルチマスタと呼びます．複数のマスタが同時に通信を始めようとした場合でも，衝突検出機能と各マスタに対してバスの使用権を順次割り振っていく機能(アービトレーション機能)により，データ送信の衝突を防いで共存させることができます．このため，データのやりとりだけではなく，アドレスの指定やバス・アービトレーションなどのプロトコルが規定されています．

マイコンは，アプリケーションによってはスレーブとして使用することもありますが，通常はマスタとしての使いかたが主です．スレーブ専用デバイスとしては，EEPROMやA-D，D-Aなどがあります．

● I²C通信の基本的な信号シーケンス

I²C通信の信号シーケンスを**図28-2**に示します．通信はシリアル・クロック(SCL)で同期を取りながら行います．通常SCLはマスタが出力し，送信側はSCLが"L"の期間にシリアル・データ(SDA)を変更し，SCLが"H"の期間では保持することで通信を行います．

スレーブで通信の準備ができていない場合には，SCLを"L"にすることで待ち合わせを行い，データの同期を取ることができます．SCLが"H"の状態でSDAが変化すると，スタートやストップの制御信号となります．

▶ 開始条件(Start Condition)

マスタが通信をスタートする際，最初にバスの使用権を獲得する必要があるため，開始条件を発行します．SCLが"H"の状態でSDAを"L"にすることで通信がスタートします．

▶ アクノリッジ(acknowledge：以降ACKと表記)

アクノリッジ(ACK)とは承認するという意味で，送信側が転送したデータが受信側で正しく受信されたことを送信側に知らせる信号です．I²C通信では受信側がデータを正しく受け取った場合，SDAを"L"にしてアクノリッジを返します．一方，データの受け取りができなかった場合には，アクノリッジを返さないことで受信が失敗したことを送信側に知らせます．

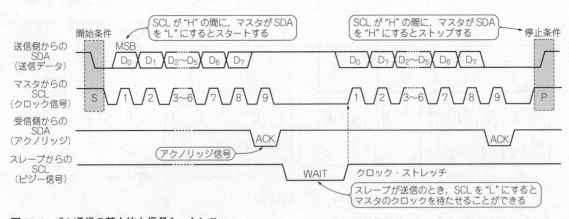

図28-2 I²C通信の基本的な信号シーケンス

例外として，マスタが受信する場合には受信した最後のデータに対してはアクノリッジを戻さないことで，スレーブに対して通信の終了を知らせます．このような処理を行わないと，スレーブが次のデータの送信を開始し，SDAを"L"にすると，マスタが停止条件を発行できなくなってしまうからです．

▶ クロック・ストレッチ

スレーブ側から送信するとき処理時間が間に合わないときには，SCLを強制的に"L"にすることで，マスタ側のクロック送信を待たせることができます．

▶ 停止条件(Stop Condition)

データ転送が終了すると，停止条件を発行してバスを開放します．クロックが終了してSCLが"H"になったときに，SDAを"H"に変化させると，通信はそこで終了します．

28-2　IIC2のブロック構造とレジスタ

H8/3694FのI²Cバス・インターフェース2(IIC2)のブロック図を**図28-3**に示します．IIC2の特徴として，シフト・レジスタ，送信データ・レジスタ，受信データ・レジスタがそれぞれ独立しているため，連続送信/連続受信が可能です．SCL，SDAの2端子は，バス駆動機能の選択時にNMOSオープン・ドレイン出力になり，バスを直接駆動することが可能となっています．マスタ・モードではビットごとにSCLの状態をモニタして自動的に同期を取るビット同期機能や，転送準備ができていない場合には，SCLを

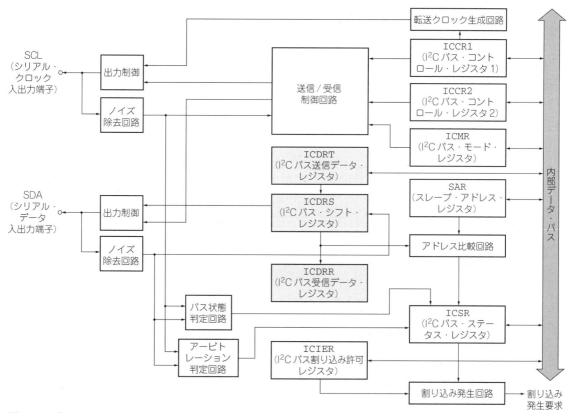

図28-3　I²Cバス・インターフェース2のブロック図

"L"にして待機させるウェイト機能があります．IIC2には以下に述べる9種類のレジスタがあります．

● I²Cバス・コントロール・レジスタ1（ICCR1）

ICCR1レジスタはI²Cバス・インターフェース2の動作/停止，送信/受信制御，マスタ・モード/スレーブ・モード，送信/受信，マスタ・モード転送クロック周波数の選択を行います．ICCR1レジスタのビット構成を図28-4に示します．

I²Cバス・インターフェース2イネーブル・ビット（ICE）は，ICE = '0' のときSCL/SDA端子をポート機能に設定し，ICE = '1' のときI²Cバス駆動機能に設定します．

受信ディセーブル・ビット（RCVD）は，受信データ・レジスタ（ICDRR）をリードしたときに，RCVD = '0' で次の受信動作を継続するか，RCVD = '1' で禁止するかを設定します．

マスタ/スレーブ・セレクト・ビット（MST）は，H8/3694Fをマスタ・デバイス（MST = '1'）にするか，スレーブ・デバイス（MST = '0'）にするかを設定します．通常マイコンは主にマスタとして使います．

送信/受信セレクト・ビット（TRS）は，H8/3694Fを送信モード（TRS = '1'）にするか，受信モード（TRS = '0'）にするかを設定します．

転送クロック・セレクト・ビット3〜0（CKS3〜CKS0）は，I²Cバスの転送レートを設定します．転送レートの値はスレーブ・デバイスの性能を考慮して決めます．使用したEEPROMの仕様は，ファースト・モード（最大400 kHz）となっているため，この場合は転送レートを357 kHzにしてCKS3〜CKS0 = '1000' に設定します（表28-1参照）．

● I²Cバス・コントロール・レジスタ2（ICCR2）

ICCR2レジスタは，開始/停止条件の発行，SDA端子の操作，SCL端子のモニタ，IIC2のコントロール部のリセットを制御します．ICCR2レジスタのビット構成を図28-5に示します．このレジスタでよく使用されるビットが，バス・ビジー・ビット（BBSY）と開始/停止条件発行禁止ビット（SCP）です．

BBSYは，I²Cバスの占有/開放状態を示すフラグ機能とマスタ・モードの開始/停止条件発行機能の二つの機能があります．フラグ機能の場合，SCL = "H" の状態でSDAが "H" から "L" に変化すると，開始条

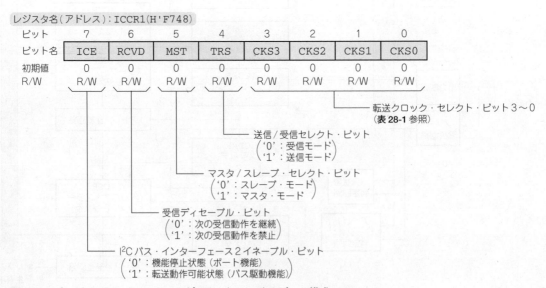

図28-4　I²Cバス・コントロール・レジスタ1（ICCR1）のビット構成

件が発行されたと認識して BBSY = '1' にセットされます．一方，SCL = "H" の状態で SDA が "L" から "H" に変化すると，停止条件が発行されたと認識して BBSY = '0' にクリアされます．

SCP は，BBSY と組み合わせてマスタ・モードの開始条件/停止条件の発行を制御します．マスタ・モードの開始条件を発行する場合は，BBSY = '1'，SCP = '0' をライトし，停止条件を発行する場合は，BBSY = '0'，SCP = '0' をライトすることで行います．

● I²C バス・モード・レジスタ（ICMR）

ICMR レジスタは，MSB ファースト/LSB ファーストの選択，マスタ・モード・ウェイトの制御，転送ビット数の選択を行います．ICMR レジスタのビット構成を**図28-6**に示します．通常，I²C バス・フォー

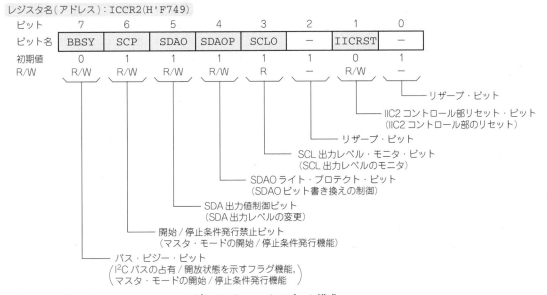

図28-5 I²C バス・コントロール・レジスタ2（ICCR2）のビット構成

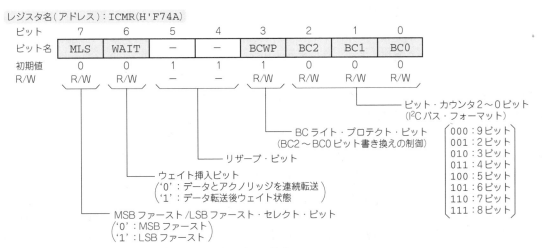

図28-6 I²C バス・モード・レジスタ（ICMR）のビット構成

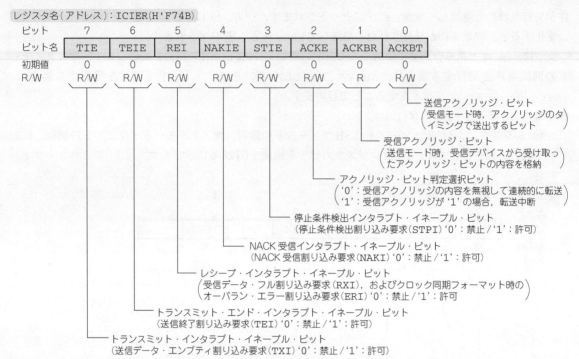

レジスタ名（アドレス）：ICIER(H'F74B)

ビット	7	6	5	4	3	2	1	0
ビット名	TIE	TEIE	REI	NAKIE	STIE	ACKE	ACKBR	ACKBT
初期値	0	0	0	0	0	0	0	0
R/W	R/W	R/W	R/W	R/W	R/W	R/W	R	R/W

送信アクノリッジ・ビット
（受信モード時，アクノリッジのタ
イミングで送出するビット）

受信アクノリッジ・ビット
（送信モード時，受信デバイスから受け取っ
たアクノリッジ・ビットの内容を格納）

アクノリッジ・ビット判定選択ビット
（'0'：受信アクノリッジの内容を無視して連続的に転送）
（'1'：受信アクノリッジが '1' の場合，転送中断）

停止条件検出インタラプト・イネーブル・ビット
（停止条件検出割り込み要求（STPI）'0'：禁止 / '1'：許可）

NACK 受信インタラプト・イネーブル・ビット
（NACK 受信割り込み要求（NAKI）'0'：禁止 / '1'：許可）

レシーブ・インタラプト・イネーブル・ビット
（受信データ・フル割り込み要求（RXI），およびクロック同期フォーマット時の）
（オーバラン・エラー割り込み要求（ERI）'0'：禁止 / '1'：許可）

トランスミット・エンド・インタラプト・イネーブル・ビット
（送信終了割り込み要求（TEI）'0'：禁止 / '1'：許可）

トランスミット・インタラプト・イネーブル・ビット
（送信データ・エンプティ割り込み要求（TXI）'0'：禁止 / '1'：許可）

図28-7　I²C バス・インタラプト・イネーブル・レジスタ（ICIER）のビット構成

マットで使用するときは，MSB ファースト（MLS = '0'）に設定します．またウェイトは挿入せず（WAIT = '0'），データとアクノリッジを連続して転送します．転送ビット数はアクノリッジを含めて9ビットです．したがって，レジスタの設定値はデフォルトでかまいません．

● I²C バス・インタラプト・イネーブル・レジスタ（ICIER）

ICIER レジスタは各種割り込み要因の許可，アクノリッジの有効/無効の選択，送信アクノリッジの設定および受信アクノリッジの確認を行います．ICIER レジスタのビット構成を**図28-7**に示します．ここではアクノリッジ関連のビットがよく使われます．

アクノリッジ・ビット判定選択ビット（ACKE）は，受信アクノリッジの内容により，連続的に転送を行うか，転送を中断するかを選択します．受信アクノリッジ・ビット（ACKBR）は，送信モード時に，受信デバイスから受け取ったアクノリッジ・ビットの内容を格納しておくビットです．送信アクノリッジ・ビット（ACKBT）は，受信モード時に，送信するアクノリッジを設定します．

● I²C バス・ステータス・レジスタ（ICSR）

ICSR レジスタは各種割り込み要求フラグおよびステータスの確認を行います．ICSR のビット構成を**図28-8**に示します．

トランスミット・データ・エンプティ・ビット（TDRE）は，ICDRT から ICDRS にデータ転送が行われ，次のデータをライトすることが可能であることを示すステータス・フラグです．

トランスミット・エンド・ビット（TEND）は，I²C バス・フォーマットの場合，TDRE = '1' の状態でSCL の9クロック目が立ち上がったときセットされ，データの転送が終了したことを示すステータス・フラグです．TDRE = '1' の状態では，送信が完了して，アクノリッジを受信しています．アクノリッジを

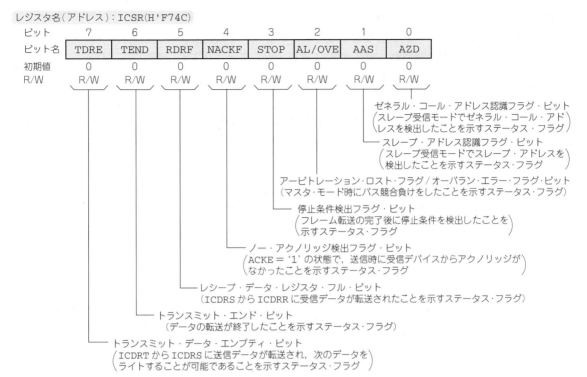

レジスタ名（アドレス）：ICSR(H'F74C)

ビット	7	6	5	4	3	2	1	0
ビット名	TDRE	TEND	RDRF	NACKF	STOP	AL/OVE	AAS	AZD
初期値	0	0	0	0	0	0	0	0
R/W	R/W	R/W	R/W	R/W	R/W	R/W	R/W	R/W

ゼネラル・コール・アドレス認識フラグ・ビット
（スレーブ受信モードでゼネラル・コール・アドレスを検出したことを示すステータス・フラグ）

スレーブ・アドレス認識フラグ・ビット
（スレーブ受信モードでスレーブ・アドレスを検出したことを示すステータス・フラグ）

アービトレーション・ロスト・フラグ/オーバラン・エラー・フラグ・ビット
（マスタ・モード時にバス競合負けをしたことを示すステータス・フラグ）

停止条件検出フラグ・ビット
（フレーム転送の完了後に停止条件を検出したことを示すステータス・フラグ）

ノー・アクノリッジ検出フラグ・ビット
（ACKE＝‘1’の状態で，送信時に受信デバイスからアクノリッジがなかったことを示すステータス・フラグ）

レシーブ・データ・レジスタ・フル・ビット
（ICDRS から ICDRR に受信データが転送されたことを示すステータス・フラグ）

トランスミット・エンド・ビット
（データの転送が終了したことを示すステータス・フラグ）

トランスミット・データ・エンプティ・ビット
（ICDRT から ICDRS に送信データが転送され，次のデータをライトすることが可能であることを示すステータス・フラグ）

図28-8 I²Cバス・ステータス・レジスタ（ICSR）のビット構成

確認しながらデータを転送する必要があるときは，TENDフラグを利用できます．スレーブ・アドレスの送信後，最終データの送信後には，TENDフラグを利用すると，確実に送信完了が確認できます．

　レシーブ・データ・レジスタ・フル（RDRF）は，ICDRSレジスタからICDRRレジスタに受信データが転送されたことを示すステータス・フラグです．

　ノー・アクノリッジ検出フラグ・ビット（NACKF）は，ICIERレジスタのACKE＝‘1’の状態で，送信時に，受信デバイスからアクノリッジがなかったことを示すステータス・フラグです．

　停止条件検出フラグ・ビット（STOP）は，フレームの転送の完了後に停止条件を検出したことを示すステータス・フラグです．

● **スレーブ・アドレス・レジスタ（SAR）**

　SARレジスタは，フォーマットの選択，スレーブ・アドレスを設定します．I²Cバス・フォーマットでスレーブ・モードの場合，開始条件後に送られてくる第1フレームの上位7ビットとSARレジスタの上位7ビットが一致したとき，スレーブ・デバイスとして動作します．

● **I²Cバス送信データ・レジスタ（ICDRT）**

　ICDRTレジスタは，送信データを格納する8ビットのリード/ライト可能なレジスタで，ICDRSレジスタの空きを検出するとICDRTに書き込まれた送信データをICDRSに転送し，データ送信を開始します．ICDRSのデータ送信中に，次に送信するデータをICDRTにライトしておくと，連続送信が可能です．

● **I²Cバス受信データ・レジスタ（ICDRR）**

　ICDRRレジスタは，受信データを格納する8ビットのレジスタです．1バイトのデータの受信が終了すると受信したデータをICDRSレジスタからICDRRレジスタへ転送し，次のデータを受信可能にします．

● I²Cバス・シフト・レジスタ（ICDRS）

ICDRSレジスタは，データを送信/受信するためのレジスタです．送信時はICDRTレジスタから送信データがICDRSレジスタに転送され，データがSDA端子から送出されます．受信時は1バイトのデータの受信が終了すると，データがICDRSレジスタからICDRRレジスタへ転送されます．

28-3　I²Cバス対応EEPROMの動作概要

● EEPROMの概要

EEPROMとは，電源を切ってもデータが保持され電気的に書き込み，消去のできるROMのことです．マイクロチップ社やアトメル社がI²C通信用のEEPROMを開発し供給しています．EEPROMの種類としてメモリ・サイズの異なった製品がラインナップされています．

EEPROMはフラッシュ・メモリのため，書き込み速度が5～10 msと比較的遅く，また書き込み回数の保証回数に制限があり，100万回となっています．

● スレーブ・デバイスの設定とコントロール・バイト

EEPROMとのI²C通信では，開始条件の発行後にマスタからスレーブ・アドレスとリード/ライトを指定するコントロール・バイトと呼ばれる8ビットのデータを送信します．EEPROMのスレーブ・アドレスは，図28-9に示すようにデバイス・コードとチップ・セレクト・ビットにより割り付けられています．

デバイス・コードD3～D0は，'1010'でEEPROMデバイス固有の値です．チップ・セレクト・ビットは，A_0，A_1，A_2端子の接続によって設定されます，端子をGNDに接続した場合は'0'，V_{CC}に接続した場合は'1'になります．

したがって，この3ビットの設定によりEEPROMを8個までI²Cバスに接続しても区別がつくようになっています．ビット0はR/Wビットで，読み出し時が'0'，書き込み時が'1'として設定されます．

● EEPROMのライト仕様

I²Cバス・インターフェースのEEPROMに対してアクセスするためのライト仕様では，図28-10（a）に示すように，任意のメモリ・アドレスに対して，1バイトのデータを書き込むバイト・ライト（1バイト書き込み）と，図28-10（b）任意のアドレスから，1ページ（Nバイト）のデータを連続して書き込むページ・ライト（Nバイト書き込み）の2種類があります．

▶ バイト・ライト

まず，マスタ側（H8/3694F）から開始条件を発行して通信が開始されます．最初にスレーブ・アドレスと書き込み指定をするコントロール・バイトを送信し，続いて2バイトのEEPROMメモリ・アドレスを上位/下位に分けて1バイトずつ送信します．

図28-9　EEPROMのコントロール・バイトのビット構成

このメモリ・アドレス設定ビットはA_{15}〜A_0の16ビットですが，24LC64ではA_{15}〜A_{13}の3ビット，24LC256ではA_{15}が，それぞれ任意ビット（Don't Care）になっています．書き込みデータはその次に送信し，最後に停止条件を発行して通信を終了します．送信のつど，メモリ側はACK信号を返送してくるので，マスタ側ではそのACK信号を確認しながら送信します．

▶ ページ・ライト

ページ単位の書き込みは，1バイトを送る場合と同じ手順でデータを連続的にNバイト分送信してから停止条件を発行します．ただし，24LC64が32バイト，または24LC256が64バイトを1ページ単位として扱っています．もし，1ページの範囲を越えた場合は，EEPROMの書き込みアドレス・ポインタがロール・オーバされて，そのページの先頭アドレスから，上書きをしてしまいます．

メモリ側は，1ページの受信を完了してから実際の書き込み動作を実行するため，1バイト書き込みより書き込み回数が少なくてすみます．

● EEPROMのリード仕様

リード仕様には，図28-11（a）に示すように，任意のメモリ・アドレスのデータを読み出すランダム・リード（1バイト読み出し）と，図28-11（b）の任意のメモリ・アドレスから，Nバイトのデータを連続して読み出すシーケンシャル・リード（Nバイト読み出し）の2種類があります．

▶ ランダム・リード（バイト単位読み出し）

読み出しの場合は，書き込みよりやや複雑な手順となります．最初に開始条件を発行後，まず書き込みモードでコントロール・バイトを送信します．続いて2バイトのEEPROMメモリ・アドレスを上位/下位

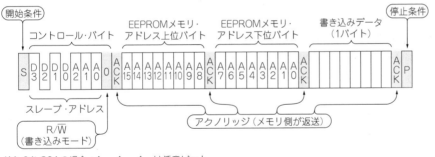

注▶ 24LC64の場合：A_{15}, A_{14}, A_{13}は任意ビット
24LC256の場合：A_{15}は任意ビット

（a）1バイト書き込み

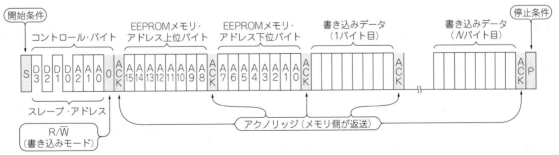

注▶ 24LC64の場合：A_{15}, A_{14}, A_{13}は任意ビット
24LC256の場合：A_{15}は任意ビット

（b）1ページ書き込み

図28-10　EEPROMデータ書き込み用I²C通信フォーマット

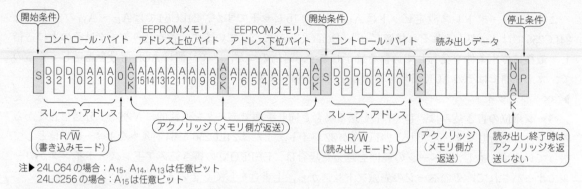

（a）ランダム読み出し（1バイト単位読み出し）

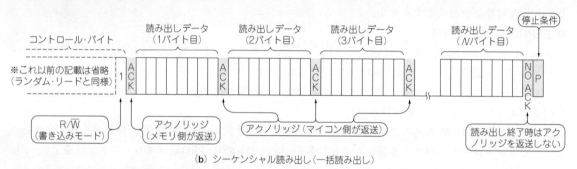

（b）シーケンシャル読み出し（一括読み出し）

図28-11　EEPROMデータ読み出し用I²C通信フォーマット

に分けて1バイトずつ送信した後に再度開始条件を発行し，今度は読み出しモードでコントロール・バイトを再送信します．メモリ側からACKが返送され，続いて1バイトの受信データが送られてきます．マスタ側はそのデータを受信後，ACKを返信しないでNO ACKとすることで終了であることをメモリ側へ通知し，続いて停止条件を発行します．

▶ シーケンシャル・リード（一括読み出し）

ランダム読み出しと同様の手順で1バイトのデータを受信した後，そのつどACKを返信することでデータを連続的に読み出すことができます．任意のバイト数を受信した後，終了する場合にはNO ACKとすることで終了をメモリ側へ通知し，続いて停止条件を発行します．

28-4　IIC2の使いかたとテスト・プログラムの作成

● スレーブ・デバイスの設定シーケンス

EEPROMリード/ライト共通のシーケンスであるスレーブ・デバイス設定のフローチャートを**図28-12**に示します．最初にコントロール・バイトによりスレーブ・デバイス（EEPROM）を特定してから，リード/ライト開始のメモリ・アドレスを設定します．このフローチャートに対応するプログラム（関数）を**リスト28-1**に示します．フローとしては，次のような流れになります．

【1】I²Cバスがフリー（BBSY＝'0'）になるまで待つ．

【2】マスタ送信モード（MST＝'1'，TRS＝'1'）に設定する．

【3】開始条件（BBSY＝'1'，SCP＝'0'）を発行する．

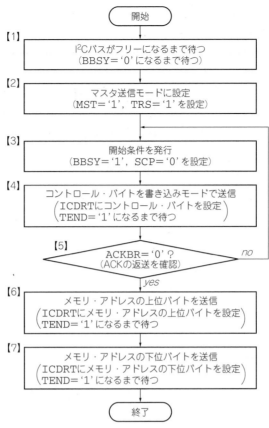

 の説明はフローチャートの各ブロックを示す。

開始

【1】 I²C バスがフリーになるまで待つ
（BBSY='0'になるまで待つ）

【2】 マスタ送信モードに設定
（MST='1', TRS='1'を設定）

【3】 開始条件を発行
（BBSY='1', SCP='0'を設定）

【4】 コントロール・バイトを書き込みモードで送信
（ICDRTにコントロール・バイトを設定）
（TEND='1'になるまで待つ）

【5】 ACKBR='0'？
（ACKの返送を確認）　no

yes

【6】 メモリ・アドレスの上位バイトを送信
（ICDRTにメモリ・アドレスの上位バイトを設定）
（TEND='1'になるまで待つ）

【7】 メモリ・アドレスの下位バイトを送信
（ICDRTにメモリ・アドレスの下位バイトを設定）
（TEND='1'になるまで待つ）

終了

図28-12 スレーブ・デバイス設定のフローチャート

リスト28-1　スレーブ・デバイス設定関数 (set_device)

```
void set_device ( unsigned short Addr )                    // スレーブ・デバイス (EEPROM) の設定
{
        while (IIC2.ICCR2.BIT.BBSY);                        // 【1】 I²Cバスがフリーになるまで待つ
        IIC2.ICCR1.BYTE = (IIC2.ICCR1.BYTE & 0xCF) | 0x30; // 【2】 マスタ送信モードに設定 (MST='1', TRS='1')
        do {                                               //
                IIC2.ICCR2.BYTE = 0xBD;                    // 【3】 開始条件を発行 (BBSY='1', SCP='0')
                IIC2.ICDRT = SLA | Wbit;                   // 【4】 コントロール・バイトを書き込みモードで送信
                while(! IIC2.ICSR.BIT.TEND);               //      TEND をチェックし, 送信が完了するまで待つ
        } while ( IIC2.ICIER.BIT.ACKBR );                  // 【5】 ACKの返送を確認 (返送されるまで繰り返し)
        IIC2.ICDRT =(unsigned char)( Addr >> 8 );          // 【6】 上位メモリ・アドレスを送信
        while(! IIC2.ICSR.BIT.TEND);                       //      TEND をチェックし, 送信が完了するまで待つ
        IIC2.ICDRT = (unsigned char)( Addr & 0x00FF );     // 【7】 下位メモリ・アドレスを送信
        while(! IIC2.ICSR.BIT.TEND);                       //      TEND をチェックし, 送信が完了するまで待つ
}
```

【4】 コントロール・バイトを書き込みモードで送信する．このとき，ICDRT レジスタにコントロール・バイトを設定後，送信終了ステータス（TEND='1'）を待つ．

【5】 メモリ側からの ACK 信号の返送（ACKBR='0'）を確認する．EEPROM が書き込み中で ACK 信号が返ってこない場合は，返送があるまで【3】～【5】を繰り返し実行する．

【6】 メモリ・アドレスの上位バイトを送信する．このとき，ICDRT レジスタにコントロール・バイトを設定後，送信終了ステータス（TEND='1'）を待つ．

【7】同様にメモリ・アドレスの下位バイトを送信する.

● 1バイト・ライトのシーケンス

　図28-10(a)の仕様に従い，1バイト書き込みのフローチャートを図28-13に示します．このフローチャートに対応するプログラム(関数)をリスト28-2に示します．

【1】まずスレーブ・デバイス設定シーケンスを実行し，書き込むEEPROMの特定とメモリ・アドレスの設定を行う．

【2】書き込みデータを送信する．このとき ICDRT レジスタにデータを設定後，送信終了ステータス (TEND = '1') を待つ．

【3】停止条件(BBSY = '0'，SCP = '0')を発行し，停止条件の生成(STOP = '1')まで待つ．

【4】スレーブ受信・モード(MST = '0'，TRS = '0')に設定し，TEND，TDRE をクリアして書き込みシーケンスを終了する．

● ランダム・リードのシーケンス

　図28-12(a)の仕様に従い，ランダム・リードのシーケンスを図28-14に示します．このフローチャートに対応するプログラム(関数)をリスト28-3に示します．

　フローとしては，次のような流れになります．

【1】まずスレーブ・デバイス設定シーケンスを実行し，読み出すEEPROMの特定とメモリ・アドレスの

リスト28-2　1バイト書き込み関数(byte_write)

```
void byte_write (unsigned short Addr, unsigned char Data )   // EEPROMへ1バイト・データ書き込み (バイト・ライト)
{
        set_device( Addr );                                 // 【1】コントロール・バイト，メモリ・アドレスの送信
        IIC2.ICDRT = Data;                                  // 【2】書き込みデータ (1バイト) を送信
        while(! IIC2.ICSR.BIT.TEND);                        //     TENDをチェックし，送信が完了するまで待つ
        IIC2.ICSR.BIT.STOP = 0;                             // 【3】STOPをクリア
        IIC2.ICCR2.BYTE = 0x3D;                             //     停止条件を発行 (BBSY='0'，SCP='0')
        while (! IIC2.ICSR.BIT.STOP);                       //     停止条件が生成されるまで待つ
        IIC2.ICCR1.BYTE = IIC2.ICCR1.BYTE & 0xCF;           // 【4】スレーブ受信モードに設定 (MST='0'，TRS='0')
        IIC2.ICSR.BIT.TEND = 0;                             //     TENDをクリア
        IIC2.ICSR.BIT.TDRE = 0;                             //     TDREをクリア
}
```

リスト28-3　ランダム・リード(1バイト単位読み出し)の関数(random_read)

```
unsigned char random_read ( unsigned short Addr )           // EEPROMから1バイト単位データ読み出し (ランダム・リード)
{
        unsigned char        Data;
        set_device ( Addr );                                // 【1】コントロール・バイト，メモリ・アドレスの送信
        IIC2.ICCR2.BYTE = 0xBD;                             // 【2】開始条件を再発行 (BBSY='1'，SCP='0')
        IIC2.ICDRT = SLA | Rbit;                            // 【3】コントロール・バイト(読み出しモード)を送信
        while(! IIC2.ICSR.BIT.TEND);                        //     TENDをチェックし，送信が完了するまで待つ
        IIC2.ICCR1.BYTE = (IIC2.ICCR1.BYTE & 0xCF) | 0x20;  // 【4】マスタ受信モードに設定 (MST='1'，TRS='0')
        IIC2.ICSR.BIT.TEND = 0;                             //     TENDをクリア
        IIC2.ICSR.BIT.TDRE = 0;                             //     TDREをクリア
        IIC2.ICIER.BIT.ACKBT = 1;                           // 【5】データ送信の準備，NO ACKを設定
        IIC2.ICCR1.BIT.RCVD = 1;                            //     連続受信を禁止に設定
        Data = IIC2.ICDRR;                                  // 【6】ダミー・データのリード (ICDRRをリードすると受
                                                            //     信を開始)
        while(! IIC2.ICSR.BIT.RDRF);                        //     データが転送されるまで待つ
        Data = IIC2.ICDRR;                                  // 【7】データをリード (受信データの読み出し)
        IIC2.ICSR.BIT.STOP = 0;                             // 【8】STOPをクリア
        IIC2.ICCR2.BYTE = 0x3D;                             //     停止条件を発行 (BBSY='0'，SCP='0')
        while (! IIC2.ICSR.BIT.STOP);                       //     停止条件が生成されるまで待つ
        IIC2.ICCR1.BIT.RCVD = 0;                            // 【9】RCVDをクリア (次の受信動作を継続に設定)
        IIC2.ICCR1.BYTE = IIC2.ICCR1.BYTE & 0xCF;           //     スレーブ受信モードに設定 (MST='0'，TRS='0')
        return ( Data );                                    //     受信データをリターン
}
```

設定を行う.

【2】開始条件(BBSY = '1', SCP = '0')を再発行する.

【3】コントロール・バイトをリード・モードで送信する. すなわち ICDRT レジスタにコントロール・バイトを設定後, 送信終了ステータス(TEND = '1')を待つ.

【4】マスタ受信モード(MST = '1', TRS = '0')に設定する. このとき TEND, TDRE をクリアしておく.

【5】NO ACK(ACKBT = '1')および連続受信不可(RCVD = '1')に設定し, データ受信の準備をする.

【6】ICDRR レジスタをリードし, 受信を開始する. この操作はダミー・リードで, 読み出したデータは無効. 受信データが ICDRS レジスタから ICDRR レジスタに転送される(RDRF = '1' になる)まで待つ.

【7】ICDRR レジスタをリードし, 受信データを読み出す.

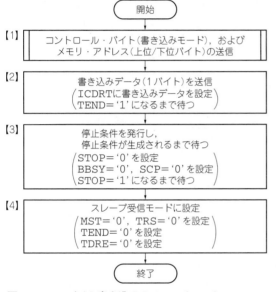

図28-13 1バイト書き込みのフローチャート

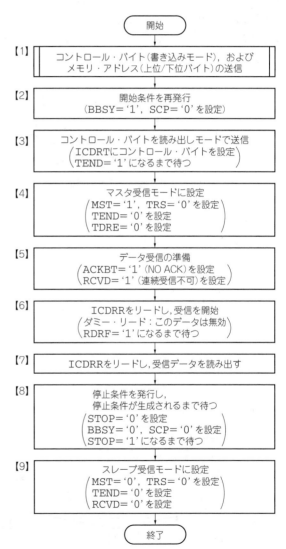

図28-14 ランダム・リード(1バイト単位読み出し)のフローチャート

【8】 停止条件（BBSY = '0'，SCP = '0'）を発行し，停止条件の生成（STOP = '1'）まで待つ.

【9】 スレーブ受信モード（MST = '0'，TRS = '0'）に設定し，TEND，RCVD をクリアして読み出しシーケンスを終了する.

● I²C 通信のメイン・シーケンス

全体の通信の概略構成を**図28-15**に示します．まず SCI3 機能（第27章参照）を使って，EIA-232 通信により，PC から H8/3694F へ，文字データを送ります．この文字データを，IIC2 機能を使って I²C 通信により EEPROM へ書き込みます．今度は逆に，書き込んだ文字データを I²C 通信により読み出し，H8/3694F の RAM へデータを一時保存します．この読み出したデータは EIA-232 通信により PC へ送り返されるという流れです.

全体のメイン・フローチャートを**図28-16**に，メイン関数を**リスト28-4**に示します．まず，SCI3 を初期化設定し，PC へタイトル表示を送って，EIA-232 通信が正常に動作していることを確認します．次に，IIC2 インターフェース・モジュールを使うために初期設定を行います．使用した EEPROM は仕様はファ

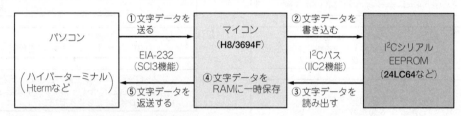

図28-15　I²C通信テストの概略構成

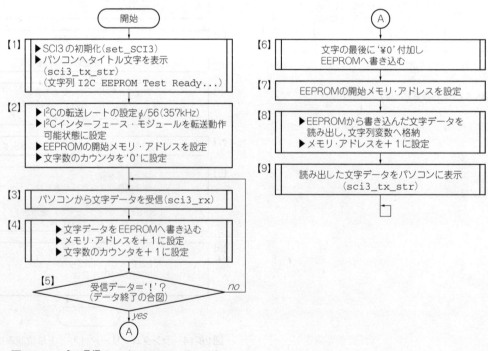

図28-16　I²C通信のメイン・フローチャート

ースト・モード（最大400 kHz）のため，**表28-1**より転送レートをφ/56（357 kHz）に設定します．設定完了後，パソコンから文字データを送ります．パソコンから転送文字データは，EEPROMへバイト・ライトで次々書き込みます．ここでは'!'の文字を転送最終文字とし，文字データの最後には，NULL文字'¥0'を付加してEEPROMへの書き込みを終了します．

　次にEEPROMからランダム・リードで1バイト単位に文字データを読み出します．読み出したデータは文字列変数（RAM）へ一時格納します．最後にEIA-232通信によりPCへデータを送り返して終了します．

リスト28-4　I²C通信テスト・プログラムのメイン関数（main）

```
void main(void)                                    // I²C通信のメイン関数
{
        int count,k;
        unsigned int Addr;                         // メモリ・アドレス格納変数
        char rx_data;                              // SCI受信データ格納変数

        set_SCI3();                                // 【1】SCI3初期化
        sci3_tx_str(" I2C EEPROM Test Ready...");  //     パソコンへタイトル文字を表示

        IIC2.ICCR1.BIT.CKS = 0x8;                  // 【2】IICの転送レートをφ/56（φ＝20MHz, 357kHz）に設定
        IIC2.ICCR1.BIT.ICE = 1;                    //     IIC2インターフェース・モジュールを転送動作可能状
                                                   //     態に設定
        Addr = First_Addr;                         //     EEPROMの書き込み開始メモリ・アドレスを設定
        count = 0;                                 //     文字数のカウント
        do{                                        //
                rx_data = sci3_rx();               // 【3】パソコンから文字データを受信
                byte_write (Addr++, rx_data);      // 【4】文字データをEEPROMへ書き込む，
                count++;                           //     メモリ・アドレスおよび文字数のカウンタを+1に設定
        }while(rx_data != '!');                    // 【5】SCI受信終了文字'!'の検出
        rx_data = '¥0';                            // 【6】ヌル文字の付加
        byte_write (Addr++, rx_data);              //     EEPROMへ書き込む

        Addr = First_Addr;                         // 【7】EEPROMの開始メモリ・アドレスを設定
        for(k = 0; k <= count; k++){               // 【8】EEPROMから書き込んだ文字データを読み出し，
                rom_data[k] = random_read (Addr++);//     文字列変数へ格納，メモリ・アドレスを+1に設定
        }                                          //
        sci3_tx_str(rom_data);                     // 【10】読み出した文字データをパソコンに表示
        while(1);
}
```

表28-1　転送クロック・セレクト・ビットと転送レートの関係

転送クロック・セレクト・ビット				クロック	転送レート [kHz]（φ＝2MHz 時）
CKS3	CKS2	CKS1	CKS0		
0	0	0	0	φ /28	714
0	0	0	1	φ /40	500
0	0	1	0	φ /48	417
0	0	1	1	φ /64	313
0	1	0	0	φ /80	250
0	1	0	1	φ /100	200
0	1	1	0	φ /112	179
0	1	1	1	φ /128	156
1	0	0	0	φ /56	357
1	0	0	1	φ /80	250
1	0	1	0	φ /96	208
1	0	1	1	φ /128	156
1	1	0	0	φ /160	125
1	1	0	1	φ /200	100
1	1	1	0	φ /224	89.3
1	1	1	1	φ /256	78.1

● 動作確認用回路

I²Cバス・インターフェース2（IIC2）の動作確認用の回路例を**図28-17**に示します．I²Cバスによる通信を行うにあたり，H8/3694Fをマスタ・デバイスとし，24LC64や24LC256などのI²Cシリアル EEPROM をスレーブ・デバイスとして接続します．SDAおよびSCLラインにはプルアップ抵抗（仕様より2kΩ程度）が必要です．

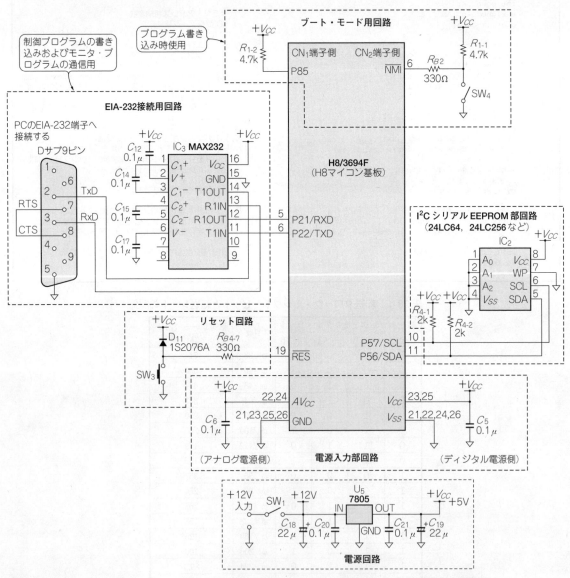

図28-17 I²Cバス・インターフェース（IIC2）に接続したI²CシリアルEEPROMの動作確認用の回路例

I^2C 通信により RAM に格納された EEPROM リード・データを Hterm を使って確認します．プログラムをロードした後，まず**図 28-18** に示すようにメイン関数の最終行（while(1);）をダブルクリックしてブレーク・ポイントを設定します．

それでは [G] コマンドを入力してプログラムを実行してみましょう．EIA-232 通信が正常に動作していれば，**図 28-19** に示すように，「I2C EEPROM Test Ready...」とタイトルが表示されるはずです．もし表示されない場合は，Hterm のビット・レートと SCI3 初期設定のビット・レートが正しく合っていることを確認してください．

続いて EEPROM へ書き込む文字を入力します．ここでは例として，H8/3694F!と入力してみました．入力したデータは順次 EEPROM へ書き込まれます．**図 28-20** に示すように転送最終文字の '!' が入力されると，EEPROM へ書き込んだ文字データが読み出され，返送されて Hterm 画面上に表示されます．

プログラムは，その後ブレークポイントで一時停止します．このとき，EEPROM から読み出されたデータは，H8/3694F の［FB80］以降の RAM 領域に一時保存されていますので，**図 28-21** に示すようにメモリの内容をダンプ表示して確認できます．

● 補足

製作編では IIC2 機能を使った応用例がいくつか紹介されています．IIC2 機能を使って外部の EEPROM へデータを書き込んだり，データを読み出したりすることは，メモリ容量の少ない H8/3694F マイコンにとって大変有用な方法です．なお，本章で紹介したプログラムは，IIC2 機能の基礎を学ぶことを目的としたため，ACK が返ってこなかった場合のエラー処理などは省略しています．

図 28-18　Hterm によるブレークポイントの設定

図 28-19　Hterm によるプログラム実行後の操作画面

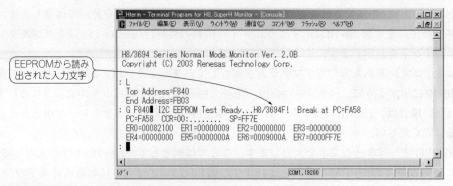

EEPROMから読み
出された入力文字

図28-20 ブレークポイントで一時停止したときのHterm操作画面

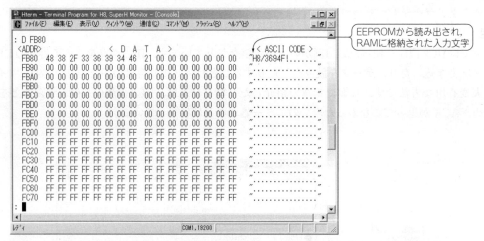

EEPROMから読み出され,
RAMに格納された入力文字

図28-21 メモリの内容をダンプ表示した画面

参考文献

全章共通

(1) H8/3694 シリーズハードウェアマニュアル，第3版，2003年3月，(株)ルネサス テクノロジ.

(2) 横山直隆；C言語によるH8マイコンプログラミング入門，2002年10月1日，技術評論社.

(3) 藤沢幸穂；H8マイコン完全マニュアル，2001年4月15日，オーム社.

(4) 鹿取祐二；C言語でH8マイコンを使いこなす，2003年10月，オーム社.

(5) 今野金顕；マイコン技術教科書 H8編，2002年8月1日，CQ出版(株).

(6) 白土義男；H8ビギナーズガイド，2000年11月20日，東京電機大学出版局.

(7) 堀桂太郎；H8マイコン入門，2003年1月30日，東京電機大学出版局.

第1章

(1) (株)タイガー. ▶http://www.tiger-inc.co.jp/

第3章〜第6章

(1) H8S，H8/300 シリーズ C/C++ コンパイラ，アセンブラ最適化リンケージエディタ ユーザザマニュアル，第2版，2003年3月，(株)ルネサステクノロジ

(2) B. W. Kernighan/D. M. Ritchie 著/石田晴久 訳；プログラミング言語C，第2版，1989年6月，共立出版.

(3) H8S，H8/300 シリーズ High-performance Embedded Workshop3 ユーザーズマニュアル，2003年7月22日，(株)ルネサステクノロジ.

第7章

(1) LCD Modules データシート，Sunlike Display Tech. Corp..

▶http://www.lcd-modules.com.tw/

第8章

(1) サーミスタ・データシート，石塚電子(株).

▶http://www.semitec.co.jp/japanese/indexj.htm

(2) 谷腰欣司；センサのすべて，1998年10月20日，電波新聞社.

第11章

(1) AD-501-B説明書，秋月電子通商.

(2) LC7932M データシート，三洋電機(株).

▶http://service.semic.sanyo.co.jp/semi/ds_pdf_j/LC7932M.pdf

(3) 東雲フォント.

▶http://openlab.ring.gr.jp/efont/shinonome/

(4) 恵梨沙フォント.

▶http://hp.vector.co.jp/authors/VA002310/

第12章

(1) 宮崎 仁；PS/2インターフェース，トランジスタ技術スペシャル No.72，p.170，CQ出版(株).

第14章

(1) LM35データシート，ナショナルセミコンダクタージャパン(株).
▶ http://www.national.com/JPN/ds/LM/LM35.pdf

(2) アプリケーションノート H8/3687 シリアルEEPROM (I²C EEPROM)のアクセス，(株)ルネサス テクノロジ.
▶ http://www.renesas.com/jpn/products/mpumcu/16bit/tiny/application_note/pdf/rjj06b_0081_0196/rjj06b0132_0100z.pdf

(3) W. H. Press 他；ニューメリカル・レシピ in C，1993年，技術評論社.

第16章

(1) 山名宏治；スラローム走行ロボットの製作，トランジスタ技術，2000年7月号，CQ出版(株).

(2) 山名宏治；ボールの間をすり抜けて走りつづける「スラローム走行ロボット」の製作，トランジスタ技術，2001年7月号，CQ出版(株).

第17章

(1) 小澤秀清；ニッケル水素充電回路の実用知識，トランジスタ技術，2002年7月号，p.175，CQ出版(株).

(2) 木村好男/小澤秀清；ニカド/ニッケル水素充電回路の設計，トランジスタ技術，2002年7月号，p.180，CQ出版(株).

(3) 中村尚五；ビギナーズ デジタルフィルタ，東京電機大学出版局.

第18章

(1) LF412データシート，ナショナルセミコンダクタージャパン(株).
▶ http://www.national.com/JPN/ds/LF/LF412.pdf

(2) THE I²C -BUS SPECIFICATION VERSION 2.1，2000年1月，Philips Semiconductors.
▶ http://www.semiconductors.philips.com/buses/i2c/

(3) 24LC64 64K I²C CMOS Serial EEPROM，1999年，Microchip Technology.

第20章

(1) μPD6133シリーズ アプリケーション・ノート，リモコン送信プログラム例，第1版，1996年7月，NECエレクトロニクス(株).

(2) 乃村能成；家庭内情報端末の製作，九州プログラミング研究会発表資料.
▶ http://www.kick4.net/tkk/0212nom/index.html

第24章

(1) ルネサスフラッシュ開発ツールキット3.1 ユーザーズマニュアル，Rev2.0，2003年12月5日，(株)ルネサス テクノロジ.

第28章

(1) THE I²C -BUS SPECIFICATION VERSION 2.1，2000年1月，Philips Semiconductors.
▶ http://www.semiconductors.philips.com/buses/i2c/

(2) 24LC64 64K I²C CMOS Serial EEPROM，1999年，Microchip Technology.

付属CD-ROMについて

● CD-ROMの内容と動作環境

　付属CD-ROMには，本書で解説・登場したほとんどのソフトウェアが含まれています.

　付属CD-ROMに含まれているソフトウェアの動作推奨PC環境は以下のとおりです．各章の内容を試すためには，下記のほか，各章で解説・登場するハードウェアが必要です．

ハードウェア	プロセッサ速度	750MHz以上
	メモリ	384Mバイト以上
	ハード・ドライブ容量	300Mバイト以上
	ディスプレイ領域	1024×768以上
	CD-ROMドライブ	必須
ソフトウェア	Windows 98/Me，NT4.0，2000，XP	いずれか必須（Windows Vista, 7には対応していません）
	Microsoft Internet Explorer 5.0以上	必須
	Adobe Reader 6.0以上	必須

● 収録ソフトウェアの使用方法

　付属CD-ROMをCD-ROMドライブに挿入すると，図1の画面が開きます．最初に「●収録プログラム，データ・ファイル」，続いて下にスクロールすると「●収録プログラム，データ・ファイルのインストール方法など」があります．

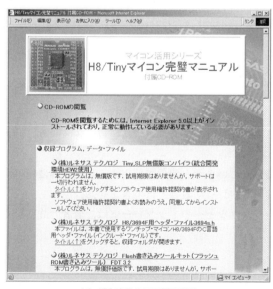

（**a**）挿入直後の画面冒頭部分

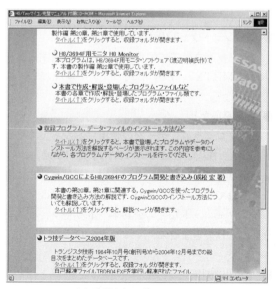

（**b**）中間あたりまでスクロール

図1　付属CD-ROM挿入後，起動する画面

「収録プログラム，データ・ファイルのインストール方法など」をクリックすると，収録ソフトウェアのインストールの説明があります．この説明に従って各ソフトウェアを順番にインストールしてください．

● 収録ソフトウェアのインストール先

収録ソフトウェアのインストール先は以下のとおりです（Windows 2000 の場合）．下記ディレクトリがすでに存在する場合，また下記ディレクトリ以外にインストールした場合，予期しない動作を引き起こすことがあります．

▶ Tiny，SLP 無償版コンパイラ（統合開発環境 HEW2 使用）
C:¥Hew2

▶ H8/3694F 用ヘッダ・ファイル 3694s.h
C:¥Hew2¥Tools¥Hitachi¥Tiny_SLP¥5_0_0¥include

▶ Flash 書き込みツールキット（フラッシュ ROM 書き込みツール）FDT 3.2
C:¥Program Files¥Renesas¥FDT3.2

▶ H8/300H Tiny 用　モニタプログラム（ビルド済み）
C:¥H8Book¥TinyMonitor

▶ モニタプログラム専用通信ソフト Hterm Ver.8.1
C:¥hterm

▶ Cygwin release version 1.5.5-1
C:¥cygwin

▶ H8/3694 用モニタ H8 Monitor
C:¥H8Book¥H8Monitor

▶ 本書に登場したプログラム（各章で製作，実験したプログラム）
C:¥H8Book¥SecXX（XX は章番号）

● 収録ソフトウェアの注意事項

収録ソフトウェアには使用上，注意を要するものがあります．収録ソフトウェアに付属の説明ファイル（README.TXT，PDF 形式のファイルなどで収録されている）がある場合，一読をおすすめします．

● 免責事項など

収録プログラム，データの使用にあたって生じたトラブルなどは，著者，本書に記載の各メーカ，および CQ 出版株式会社は一切の責任を負いません．

収録プログラム，データなどは，著作権法により保護されています．個人で使用する目的以外に使用することはできません．また，貸与，または改変，複写複製（コピー）することはできません．

インターネットなどの公共ネットワーク，構内ネットワークなどへのアップロードは，著者の許可なく行うことはできません．

● ウイルス対策

付属 CD-ROM に含まれるファイルは，トレンドマイクロ社の「ウイルスバスターコーポレートエディション for Windows NT/2000/XP 5.58」でチェックし，問題のないことが確認済みです．

索　引

初出一覧

本書のイントロダクション，基礎編，応用編，製作編は，月刊「トランジスタ技術」2004年4月号，5月号の特集記事を再編集し収録しました．なお，収録にあたり，一部の記事は加筆しました．

■ イントロダクション　H8/3694FとH8マイコン基板について
これが付録マイコン基板だ！，2004年4月号．

■ 基礎編

● 第1章　お話「マイコン」入門
お話「マイコン」入門，2004年4月号．

● 第2章　プログラミング言語の基礎とモニタ・プログラムの書き込み
プログラミング言語の基礎とモニタ・プログラムの書き込み，2004年4月号．

● 第3章　はじめてのマイコン・プログラミング
はじめてのマイコン・プログラミング，2004年4月号．

● 第3章Appendix　マイコンで必要となるC言語プログラミングの基礎知識
C言語を使ったマイコン・プログラミングの必須テクニック，2004年4月号．

● 第4章　モニタ・プログラムの使いかたとデバッグ手法
モニタ・プログラムの使い方とデバッグ手法，2004年4月号．

● 第5章　マイコン・プログラムのROM化手法
マイコン・プログラムのROM化手法，2004年4月号．

● 第6章　マイコンに欠かせない機能「割り込み」をマスタする
最重要機能「割り込み」をマスタする，2004年4月号．

■ 応用編

● 第7章　I/Oポートを使った入出力のテクニック
I/Oポートの活用テクニック，2004年4月号．

● 第8章　内蔵A-Dコンバータを活用するテクニック
内蔵A-Dコンバータを活用するテクニック，2004年4月号．

● 第9章　タイマ機能と外部信号割り込みのテクニック
タイマ機能と外部信号割り込みのテクニック，2004年4月号．

● 第10章　CPUファン・コントローラの製作
ファン・コントローラの製作，2004年4月号．

■ 製作編

● 第11章　電光掲示板の製作
LEDマトリクス・モジュールの制御と漢字表示のテクニック，2004年5月号．

● 第12章　PS/2キーボード・インターフェース対応バーコード表示器の製作
汎用I/Oと割り込みを使った簡単なシリアル通信テクニック，2004年5月号．

● 第13章　エンベロープを可変できる電子オルゴールの製作
タイマA，V，Wの基本操作テクニック，2004年5月号．

■ 編著者 略歴

しま だ よしひと
島田 義人

1965年：東京に生まれる

1988年：東京電機大学・電子工学科卒

1991年：同 大学院工学研究科修士課程修了

1994年：同 大学院工学研究科博士課程修了（工学博士）

　現在：計測・制御機器メーカ勤務

■ 著者一覧《五十音順》

いしじま せいいちろう 石島 誠一郎	第18章 執筆
おおなか くにひこ 大中 邦彦	第1章，第2章 執筆
かさはら まさ じ 笠原 政史	第15章 執筆
きた の まさる 北野 優	イントロダクション，第19章 執筆
しまだ よしひと 島田 義人	第3章，第6章〜第10章，第23章〜第28章 執筆
せり い しげ き 芹井 滋喜	第12章，第13章 執筆
なかばやしあゆみ 中林 歩	第14章 執筆
なりまつ ひろし 成松 宏	第20章，第21章，Cygwin/GCCによるH8/3694Fのプログラム開発と書き込み（CD-ROM）執筆
にしかた としかず 西形 利一	第17章 執筆
み よし たけふみ 三好 健文	第3章，第4章，第5章，第6章 執筆
やまな こう じ 山名 宏治	第16章 執筆
やまもと ひで き 山本 秀樹	第11章 執筆
わたなべ あきよし 渡辺 明禎	第22章 執筆

本書に付属のCD-ROMは，図書館およびそれに準ずる施設において，館外貸し出しを行うことができます．

H8/Tinyマイコン完璧マニュアル【オンデマンド版】　　　　　　　　CD-ROM付き

2005年 5 月 1 日　初版発行
2014年11月 1 日　第 8 版発行
2021年12月 1 日　オンデマンド版発行

© 島田義人 2005
（無断転載を禁じます）

編著者　　島 田 義 人
発行人　　小 澤 拓 治
発行所　　CQ出版株式会社
〒112-8619　東京都文京区千石4-29-14
☎03-5395-2123（編集）
☎03-5395-2141（販売）

ISBN978-4-7898-5284-5

乱丁，落丁本はお取り替えします

編集担当者　熊谷 秀幸
本文イラスト　神崎真理子
DTP　㈲新生社
印刷・製本　大日本印刷㈱
Printed in Japan